航天科技图书出版基金资助出版

中国航天

——伟大的跨越式发展

第 2 版（上）

CHINA IN SPACE

The Great Leap Forward

Second Edition

[爱尔兰] 布莱恩·哈维（Brian Harvey）　著
许永建　郭玲华　陈小群　郭世杰　蔡亚星　译
刘　浩　审校

中国宇航出版社
·北京·

Translation from the English language edition:
China in Space :The Great Leap Forward Second Edition
by Brian Harvey
ISBN 978-3-030-19587-8

著作权合同登记号:图字:01—2021—0378 号

图书在版编目（CIP）数据

中国航天 ：伟大的跨越式发展 /（爱尔兰）布莱恩·哈维著 ；许永建等译．-- 2 版．-- 北京 ：中国宇航出版社，2021.12

书名原文：China in Space ：The Great Leap Forward Second Edition

ISBN 978-7-5159-1825-9

Ⅰ.①中… Ⅱ.①布… ②许… Ⅲ.①航天工程—概况—中国 Ⅳ.①V4

中国版本图书馆 CIP 数据核字(2021)第 032457 号

责任编辑 彭晨光 朱琳琳 **封面设计** 宇星文化

出版发行	中国宇航出版社		
社址	北京市阜成路 8 号 **邮编** 100830	**版次**	2021 年 12 月第 1 版
	(010)60286808 (010)68768548		2021 年 12 月第 1 次印刷
网址	www.caphbook.com	**规格**	787×1092
经销	新华书店	**开本**	1/16
发行部	(010)60286888 (010)68371900	**印张**	28.75 **彩插** 32 面
	(010)60286887 (010)60286804(传真)	**字数**	700 千字
零售店	读者服务部 (010)68371105	**书号**	ISBN 978-7-5159-1825-9
承印	天津画中画印刷有限公司	**定价**	108.00 元

本书如有印装质量问题，可与发行部联系调换

航天科技图书出版基金简介

航天科技图书出版基金是由中国航天科技集团公司于2007年设立的，旨在鼓励航天科技人员著书立说，不断积累和传承航天科技知识，为航天事业提供知识储备和技术支持，繁荣航天科技图书出版工作，促进航天事业又好又快地发展。基金资助项目由航天科技图书出版基金评审委员会审定，由中国宇航出版社出版。

申请出版基金资助的项目包括航天基础理论著作，航天工程技术著作，航天科技工具书，航天型号管理经验与管理思想集萃，世界航天各学科前沿技术发展译著以及有代表性的科研生产、经营管理译著，向社会公众普及航天知识、宣传航天文化的优秀读物等。出版基金每年评审1～2次，资助20～30项。

欢迎广大作者积极申请航天科技图书出版基金。可以登录中国宇航出版社网站，点击“出版基金”专栏查询详情并下载基金申请表；也可以通过电话、信函索取申报指南和基金申请表。

网址：http：//www.caphbook.com

电话：(010) 68767205，68768904

译者序

本书是作者布莱恩·哈维（Brian Harvey）介绍中国航天计划的第四本专著，以中国实现月球背面软着陆和中国空间站建设为亮点工作娓娓道来。本书各章节涉及中国航天的方方面面，包括空间科学、空间技术、空间应用等，具体而言涉及运载火箭、载人航天和空间站、月球探测、火星探测等深空探测，返回式卫星、实践系列卫星、通信卫星、导航卫星、对地观测卫星、气象海洋卫星、空间科学卫星和技术验证卫星等。

本书的价值在于提供了审视中国航天各项成就的一个视角——国外视角。从时间上看，书中讲述了中国航天的过去：从中国古代天文到最近几十年的斐然成绩；讲述了中国航天的现在：探月工程和空间科学等方面的工作正如火如荼地开展；讲述了中国航天的未来：火星探测任务、空间站任务、未来空间科学任务等体现出中国的航天抱负。总而言之，作者结合历史背景，对中国航天进行了全景式综合描述。对于航天爱好者来说，本书是不可多得的了解中国航天的案头材料。

作为长期关注中国航天的国外航天作家，布莱恩·哈维对中国航天计划的描述比较体系化，能够追根溯源，同时又非常客观，对中国航天取得的成就不吝赞扬。同时，作者也长期关注世界主要航天大国和机构的航天计划，针对美国、俄罗斯、欧洲空间局、日本、印度等国家和航天机构都有专著出版。这也使我们有这样一个契机，可以跟着作者对世界航天大国和机构的解读思路，以更宽阔的视野来解读中国航天。正如作者所言，“中国现在已成为和美国、俄罗斯一样的超级航天强国，有能力将航天员送入轨道，建设空间实验室，研制飞往月球和小行星的探测器”。我们有必要为中国航天取得的成绩感到自豪，同时更坚定了我们取长补短、勇攀高峰的信念。

全书行文不仅有对中国航天高度的概览，也有对具体事件的详实描绘，更有对中国航天核心技术及其成就的通透分析。布莱恩·哈维对中国航天所取得成就的赞美之情溢于言表，还特别在本书最后单独以“读懂中国”为章节，通过对中国不同时期持续颁布的《中国的航天》白皮书、《中国至2050科技发展路线图：中国科学院战略总体报告》等的解读，专题性、客观性地展示了中国航天伟大成就对中国国内、国际的军事、政治、经济、文化等方面的积极影响，也亮明了作者的主张与观点：中国航天计划一直是自主的计划，主要驱动力来源于国家抱负、技术、创新、军事、科学和历史使命等；中国寻求加入世界航天共同体，但既不与之竞争，也不与之脱离，是以自己的节奏和方式完成自己的航天目标。

需要说明的是，经作者同意，删除了部分对于中国读者显得冗余的信息和明显错误的信息。本书的翻译力图忠实于原文，但原著中的某些观点我们并不能完全认同。当然，作者面临的是一个中文世界，受限于编写本书时所掌握的英文材料完整度以及信息不对称的问题，英文原文中难免出现了事实性错误，同时某些数据存在出入，信息或许偏颇。对于这些错误，译者采用译者注的形式进行解读。但由于译者知识范围的局限，英文原文中的错误仍然有可能出现在了中译本里，敬请读者予以指正。本书可以作为读者了解中国航天的入门材料，感兴趣的读者可以结合本书的脉络，通过国家航天局网站等了解更详细的信息。

本书译者团队来自中国科学院国家空间科学中心、中国航天科技集团有限公司第五研究院（简称航天五院）、中国航天员中心和中国科学院文献情报中心。本书译者和审校专家信息如下：

许永建，国家一级翻译、中国翻译协会专家会员、中科院科技翻译工作者协会会员。先后毕业于河北工业大学和北京外国语大学，目前在中国科学院国家空间科学中心从事国际合作管理工作，出版翻译作品多部。

郭玲华，研究员，国际空间研究委员会（COSPAR）分专业委员会副主席，国家科技部、北京市科技委专家，《中国空间科学技术》期刊编委。博士毕业于中国科学院，目前是航天五院高层次创新人才。作为项目负责人，多个国家重点项目通过了国家国防技术鉴定，获得授权发明专利10余项，多次应邀参加或组织国际、国内技术宣讲与交流。

鲍晓月，工程师，博士毕业于新加坡国立大学电磁场与电磁波专业，目前在航天五院从事频率兼容分析工作。获得专利3项，发表国际期刊和学术会议论文10余篇。

陈小群，高级工程师，博士毕业于西安电子科技大学，目前就职于航天五院，从事通信卫星系统总体设计工作。获得专利授权10余项，完成国标及航天工业标准等9项，发表国际期刊和学术会议论文50余篇，SCI检索20余篇。

胡伟，博士，中国航天员中心研究员。中国载人航天工程环控生保项目组指挥助理，某项目组指挥兼总师，航天员中心软件专家组副组长、EPG组副组长，航天环控生保工程室副主任。长期从事环境控制与生命保障技术和软件技术研究，主持承担空间站再生生保应用软件等多项国家重大项目。2021年入选部委级软件工程标准化技术委员会委员。出版专著2部，申报专利或软件著作权15项，发表论文19篇。先后获省部级科技进步特等奖1项、一等奖1项、三等奖1项和中国航天基金奖。

郭世杰，副研究员，研究生毕业于中国科学院国家空间科学中心，目前在中国科学院文献情报中心工作，任空间光电与重大科研设施团队咨询师。

蔡亚星，研究员，航天五院科技委空间态势感知专业组成员。研究生毕业于清华大学，目前任航天五院通信与导航总体部通信卫星总体室主任。获得国防科学技术进步一等奖1项，授权发明专利9项，出版著作1部。

刘浩，研究员，博士毕业于中国科学院大学，目前就职于中国科学院国家空间科学中心微波遥感技术重点实验室，中科院青年创新促进会首批成员，2015年入选中美空间科学青年领军人物论坛。主要从事微波遥感技术研究及型号载荷研制工作，获发明专利授权10余项，发表论文数十篇。

在中文版出版之际，译者团队衷心感谢为本书中文版提出过建设性意见的专家学者。中国科学院国家空间科学中心徐琳正高级工程师对第1章进行了校对，王铮助理研究员对第4章进行了校对。国家空间科学中心吴季研究员对第4章空间科学部分提出了修订意见。航天五院张鹏研究员、石梦悦高级工程师，中国电子信息产业发展研究院王凌霞高级工程师以及中国航天科技集团有限公司第一研究院（简称航天一院）尹琰鑫高级工程师分别对第2章和第3章进行了校对。北京控制工程研究所段永颢研究员对第3章、第6章提出了翻译建议。航天五院总体设计部尤睿研究员对第1章进行了校对。中国东方红卫星股份有限公司付丹鹰研究员为第6章提出了翻译建议。航天五院通信与导航总体部李烽研究员、魏鑫与温正高级工程师，兰州空间技术物理研究所孙小菁高级工程师对第 5 章中电推进技术相关内容进行了校对。山东大学凌宗成教授对第 8 章部分内容提出了修改意见。中国航天员中心环控生保室助理研究员沈韫赜、张南、李国靖参与完善了第 7 章的译文。

2017 年 8 月，施普林格全球执行副总裁 Hubertus von Riedesel 先生在访问国家空间科学中心时，介绍了中国空间科学领域的出版情况，并谈及本书英文版第一版。2019 年年底，本书由施普林格出版社出版后，译者就翻译问题和作者取得了联系。作者欣然同意，并就中文版版权事宜主动联系了施普林格出版社。施普林格北京办公室陈青先生和顾能云女士对本书的出版给予了大力支持。

在本书出版之际，衷心感谢对本书提出过意见和建议的各位专家；衷心感谢段永颢研究员和中国科学院空天信息创新研究院杨晓峰研究员在本书申请航天科技图书出版基金时的推荐。

希望本书中文版的出版能给读者带来不一样的阅读收获。

译者团队

2020 年 12 月于北京

前言

如果说美苏太空竞赛是20世纪的太空故事，那么中国崛起为航天大国（a spacefaring nation）则是21世纪初的故事。事实上，新世纪刚刚进入第三年，中国就成为第三个将自己的航天员送入太空的国家。2003年，杨利伟在太空环绕地球飞行了近一天时间。此后，中国航天实现了更长时间的太空飞行，实现了太空行走，发射了天宫空间实验室，并将女航天员刘洋送入太空。中国的探月计划始于2007年，先是发射了一个探月轨道器，随后发射了一个着陆器和一辆月球车。目前正在建设中的中国空间站很有可能成为国际空间站退役后长期在轨的空间站。

如果我们放眼漫长的历史长河，中国崛起为航天大国其实并不意外。中国古代天文学家的观测准确性有口皆碑，中国人发明火箭时，欧洲正处于黑暗时代。进入20世纪，火箭飞行所需的很多工程计算都出自钱学森之手，他是世界上最伟大的航天设计师之一。中国的航天计划始于1956年10月8日，比人类第一颗人造卫星斯普特尼克（Sputnik）的发射还要早一年。那一天，中国成立了国防部第五研究院，来领导中国航天事业，并征用了两个废弃的疗养院作为第一批工作场地。

事实上，各国发射的第一颗人造卫星中，质量最大的要数中国的第一颗人造卫星——东方红一号。中国是第三个具备卫星回收能力的航天大国，也是第三个将动物送入轨道，并研发出氢燃料火箭上面级的航天大国。中国已经发展了一大批空间项目，包括对地观测、导航、通信、天气预报和材料加工等。在年度发射量上，中国超过了欧洲和美国，甚至超过了俄罗斯。中国的火箭不断推陈出新，并在海南岛建立了一个新的航天发射场。在科学上又确定了到2050年成为科技创新强国的目标。中国在地面建立了一个模拟月球基地，这也预示了下一步中国航天的发展方向。

中国的航天计划有时显得神秘，其早期发展历史的细节仍然不清楚。写中国航天早期的历史就像是玩拼图一样，其中一些拼图没有着色，而另一些则丢失了。目前，尽管了解中国航天设施仍然不是简单的事情，但是中国在详细介绍当前航天项目和未来任务方面正变得更加坦率。现在，中国航天任务的发射和运行都进行现场直播，这既是自信的体现，也是中国航天越来越开放的体现。

西方对中国航天计划的误解也带来了同样的挑战。许多本应更了解中国航天发展的西方媒体，却对中国航天的发展五味杂陈，有困惑，也有傲慢的贬低和不屑；当然也有一些真正懂得中国航天的媒体是例外，这些媒体让人尊敬。中国的航天能力经常被低估，他们认为中国航天的装备要么是原始和落后的，要么就是模仿的；而如果中国航天取得了成功，他们会认为这些成功的技术一定是窃取的，或者一定是服务于军事目的。中国在创新、设计和制造自己的航天设备方面取得了成功，而仍然有人极不情愿承认这一点。这个问题不是航天计划特有的，很多西方人总是忘记中国在很多方面的开创性贡献，从药品到数学和公共管理，以及各种发明，如吊桥、造纸、指南针、化学、印刷术、纸币、马镫、犁耙、门锁、手推车和发条等。

本书是“中国航天系列”的第 4 部，主要聚焦中国空间站（中国最大的航天建设项目）、新运载火箭系列、海南的航天发射场、新的空间科学卫星项目和日渐雄心勃勃的太阳系深空探测项目。其他 3 部信息如下：1998 年由 Praxis/Wiley 出版的《中国航天计划——从概念到未来能力建设》（*The Chinese Space Program— From Conception to Future Capabilities*）是该系列的第 1 部，主要内容涉及中国航天计划的前期历史，时间跨度从中国第一颗人造地球卫星东方红一号的发射到 20 世纪 80 年代和 90 年代；2004 年由 Praxis/Springer 出版的《中国航天计划——从概念到载人航天》（*China's Space Program—From Conception to Manned Spaceflight*）是该系列的第 2 部，将中国航天计划的介绍更新到航天员杨利伟实现了环绕地球飞行之后；该系列的第 3 部是 Praxis/Springer 于 2013 年出版的《中国航天——伟大的跨越式发展》（*China in Space—The Great Leap Forward*），主要聚焦天宫一号和中国第一位女航天员刘洋的飞天之旅。

本书开篇介绍了嫦娥四号在月球背面着陆的壮举，这的确是人类太空探索的第一次，第1章还介绍了中国的空间站计划。第2章主要讲述了中国航天的历史背景。第3章主要涉及发射基地、测量船和组织机构。第4章主要涉及空间科学。第5章主要涉及通信卫星。第6章涉及应用卫星。第7章描述了中国的载人航天任务。第8章主要涉及中国的月球和火星探测。第9章以独特视角对中国航天进行了解读。本书向读者侧重介绍了中国航天自2013年以来取得的巨大发展。本书大量削减了对早期中国航天任务的描述以及相关参考资料的篇幅，这些材料可以在第1版中找到。

关于卫星代号，本书使用了一套统一的、可理解的方式。应该注意到，中国有时会按照苏联的做法，不对一个系列的第一颗卫星进行编号。在后续的系列卫星编号中，有几种常见的做法：使用A、B、C编号和使用不同的数字编号，如用1-1（二级编号不带0）和1-01（二级编号带0）。

关于姓名的顺序，本书采用了中国人习惯的姓在前名在后的顺序。本书中称呼中国的宇航员为航天员。最后，根据具体情况，本书采用了三种货币：人民币（¥）、欧元（€）及其前身欧洲货币单位（ECU），以及美元（$）。

布莱恩·哈维

爱尔兰都柏林，2019

目　录

第 1 章　月球背面

本书讲述的中国航天计划的故事要从两个地方说起：第一个地方是月球的背面，中国于 2019 年 1 月在月球背面完成了迄今为止最雄心勃勃的探月任务；第二个地方是位于中国西北戈壁沙漠的酒泉，在那里，中国开始为未来大型空间站的建设做一切必要的准备。

1.1　嫦娥四号

2013 年，嫦娥三号实现了中国首次月球登陆，并搭载了一辆名为“玉兔”的小型月球车。有了这次成功（除了玉兔任务初期的故障），它的备份——嫦娥四号便无须重复相同的任务。

2015 年 5 月，中国宣布将实施嫦娥四号任务，其目标是实现人类历史上首次在月球背面着陆。这的确令很多人感到惊讶，因为没有一个国家曾经尝试过这样一项从未涉足过的雄心勃勃并且富有挑战性的任务。虽然苏联曾经在 20 世纪 70 年代提出过类似的设想，但这将是真正的第一次，对世界进步具有推动作用。

在月球背面着陆无疑将是非常具有挑战性的。不仅仅是因为在地球上无法直接看到月球背面的情况，更重要的是月背地形多为岩石地貌，平坦着陆点有限，齐奥尔科夫斯基陨石坑（crater Tsiolkovsky）和莫斯科海（Mare Moskve）是仅有的平坦区域。但是嫦娥四号的目标着陆点并没有选在这两个地方，后来最终确定为南极-艾特肯盆地（South Pole Aitken Basin），它是月球上最大的撞击坑结构（impact structure），位于月球南极附近，坐标为（45°S～55°S，162°W～144°W）。该地区被早期多次喷发的玄武岩（basalts）覆盖填充。人类探测器第一次在月球背面着陆将揭开月球最古老区域的神秘面纱，这一区域有长达 36 亿年的历史。艾特肯盆地的撞击坑非常深，比月球平均海拔低 6 km，以至于探测器可能会降落到月壳中，这就使此次探测任务极具价值。实际着陆点被缩小到了直径 186 km 的冯·卡门陨石坑（crater Von *Kármán*）（45°S，176°E），如图 1-1 所示，这里布满了溅射物（ejecta）和二次撞击坑（secondary crater）。陨石坑底部相对平坦，这个区域蜿蜒的山脊纵横其中，月壤（regolith）深度为 2.5～7.5 m[1]①。

从地球上几乎看不到月球背面，所以在月球背面着陆需要一颗中继卫星，并要至少提前 3 个月发射到 Halo 轨道上。这颗中继星是一颗小卫星，由长征四号丙火箭送入月球背面 60 000 km 的轨道。卫星搭载了一个大口径通信天线，根据嫦娥四号团队的说法，这是目前深空探测任务所采用的最大天线。

① 根据最新研究，月壤约 12 m 深。

图 1-1 冯·卡门陨石坑［图片来源：Andrei Shcherbakov］

嫦娥四号①的着陆器使用了为嫦娥三号研发的一项技术，着陆点详细的数字化地图可以由先前发射的轨道器来完成，并将地图输入制导系统（guidance system）。当嫦娥四号即将着陆时，这些地图将与实际的雷达成像（radar imaging）相匹配，这样制导系统就可以引导航天器降落在最平滑、最平坦的目标区域。最佳着陆地点的确定取决于如下因素：地形测绘和地貌坡度分析（geomorphological analysis of terrain slopes）、光照、陨石坑分布、岩石数量和着陆地区的地质历史。找到正确的平坦着陆点至关重要，这也是为了规避航天器着陆时歪倒的风险。后来从月球轨道上拍摄的照片发现苏联的月球 23 号就向一边歪倒了。

① 探月工程嫦娥四号任务由两次发射任务组成，一是 2018 年 5 月 21 日在西昌卫星发射中心由长征四号丙运载火箭成功发射鹊桥中继卫星，并围绕地月-拉格朗日 L2 点稳定运行，实现了地球与月球背面的测控及中继通信。二是 2018 年 12 月 8 日由长征三号乙运载火箭发射嫦娥四号探测器，并于 2019 年 1 月 3 日成功落月，顺利实现两器分离、玉兔二号巡视器月面行走，传回世界第一张近距离拍摄月背影像图，实现了世界首次月球背面软着陆和巡视探测。嫦娥四号的主要任务是在古老的月球背面撞击坑内进行着陆区地形地貌探测，巡视区内月表、浅层结构和物质成分探测，空间环境探测，以及开展超地月距离的反射式激光测距技术实验和月表生物圈科普实验。嫦娥四号配置了 13 台载荷，其中包括与德国、瑞典、荷兰、沙特合作的 4 台科学载荷，还搭载了龙江号环月微卫星。

1.1.1 嫦娥四号上的空间科学

嫦娥四号的任务目标是：实现人类航天器首次在月球背面着陆；月尘研究；月球表面剩余磁性（residual magnetism）的测量及其与太阳风的相互作用研究；月球表面温度和粒子辐射环境研究；月球表面拓扑结构（lunar surface topology）和材料组成分析，浅层结构探测；月球表面内部（lunar surface interiors）探测和甚低频观测①。

科学目标确定后，欧洲参与的国际合作计划也随之形成，为此双方于 2015 年 7 月举行了联合研讨会。采用德国基尔大学（University of Kiel）研制的月表中子和辐射剂量探测仪（Lander Neutron Dosimetry，LND）来测量（月面高能粒子）辐射剂量。位于基律纳的瑞典空间物理研究所（Swedish Institute for Space Physics）提供了先进小型中性原子探测仪（Advanced Small Analyzer for Neutrals，ASAN）来测量太阳风与月球表面的相互作用产生的中性原子，该仪器安装于玉兔号巡视器上，以方便在月球表面的不同位置开展测量。

之后，沙特阿拉伯和俄罗斯也参与进来，俄罗斯提供了月尘分析仪[2]。嫦娥四号任务开展了两项射电天文实验：其中一项是搭载在着陆器上的低频射电频谱仪，采用 3 根 5 m 的伸杆，绘制 0.1～40 MHz 的低频天空图（low - frequency sky map）；另一项是搭载在中继星上由荷兰研制的低频射电探测仪（radio spectrometer），绘制低频射电巡天图（low - frequency map of the radio sky），来探测明亮的脉冲星，并接收来自太阳系各大行星的极光信号。位于荷兰奈梅亨的拉德堡德大学（Radboud University）的科学家希望利用这些数据来对宇宙的早期阶段进行模拟。拉德堡德大学的天体粒子物理和射电天文学教授海诺·法尔克（Heino Falke）解释说："这台射电望远镜将搜索被大气阻挡的 30 MHz 以下的无线电波"。充分利用不受地球无线电噪声干扰的优势，发射月球轨道低频卫星任务的想法并不新鲜。美国于 1973 年将探索者 49 号发射到月球轨道并进行了 0.2～20 MHz 的低频观测。

此外，令人吃惊的是着陆器上还搭载了一个月面微型生态系统，即质量为 3 kg 的铝合金罐子，高 18 cm，净容积 0.8 L，包括蚕卵、拟南芥种子和土豆，罐子内部的空气中有营养液，这是第一个登陆月球的生物实验室。它是由重庆大学牵头其他 28 所大学共同研制的，该项目从 200 份项目建议中脱颖而出。该项目的想法是：蚕孵化并产生二氧化碳，而土豆和拟南芥种子会吸收这些二氧化碳，同时释放出氧气，以助力蚕的成长。摄像机将对这一过程进行现场直播。虽然这是一个新奇和大胆的想法，但在月球上进行实验的具体目的尚不清楚，生物污染的影响也不清楚。根据项目说明，第一缕太阳光通过罐子顶部的光导管进入内部后，就会激活这种最初形态的自我持续微型生物圈。土豆花将成为在月球上盛开的第一朵花。

---

① 嫦娥四号的主要科学目标包括：1）月基低频射电天文观测与研究。2）月球背面巡视区形貌和矿物组分探测与研究。3）月球背面巡视区浅层结构探测与研究。4）月面中子辐射剂量、中性原子等月球环境探测与研究。

2018年年初，中继卫星任务有了两名“乘客”，两颗名为超长波天文观测探路者（Discovering the Sky at Longest Wavelengths Pathfinder，DSLWP）的微卫星，即龙江一号和龙江二号卫星。这两颗卫星重45 kg，尺寸为50 cm×50 cm×40 cm，设计为编队飞行，相距大约1～10 km。卫星由哈尔滨工业大学的学生和业余无线电爱好者开发，这个团队也开发了紫丁香小卫星（Lilac satellite）（见第6章）。两颗卫星都搭载了一组接收器来支持射电天文实验。龙江二号还搭载了沙特阿拉伯阿卜杜勒阿齐兹国王科学技术城（King Abdulaziz City for Science and Technology）研制的微型相机。

同样，在月球轨道上部署微卫星的想法也有先例，几年前日本就从母星月亮女神号（Kaguya）① 上释放了两颗微卫星：Okina 和 Ouna。母卫星将两颗微卫星送入月球轨道后，这两颗微卫星就和母卫星分开运行。这些微卫星是绕月轨道运行的最小卫星之一，同时也是同月球探测器和行星际探测器一同发射的未来小卫星的探路者。

中继卫星鹊桥上安装了1个由中山大学研制的激光角反射器（laser reflector），但是和射电实验一样，实际测试推迟到了2019年，即嫦娥四号着陆之后。

2018年8月，中国正式向媒体介绍了月球车，给出的参数为1.5 m长、1.1 m高、135 kg重。嫦娥四号月球车“更轻、更智能、更坚固、更可靠”，在顶部装有2个360°三维全景相机。嫦娥四号月球车保留了嫦娥三号月球车的特征，如两个太阳能电池板和六个轮子。根据程序，月球车将在光线变暗的月球黄昏时停止运行，在月球黎明时重新唤醒。很显然，嫦娥四号月球车最大的设计困难是通过改进线路预防短路，让车轮更加可靠。同年，中国发起了月球车的征名活动，截止日期为9月5日，奖金为3 000元（330欧元），获奖者将受邀参加发射观礼。最终，累计收到征名4万条，提交征名的参与者下到7岁儿童，上到94岁老人。10个候选名字从提交的征名中脱颖而出，在随后的投票中，位居前三的名字是：光明（39%）、望舒（来源于中国民间故事，25%）和行者（16%）。最后的投票中，“玉兔二号”高分入选。着陆器在月夜的保暖通过放射性同位素电源（radio - isotope thermoelectric generator）来实现。位于着陆器顶端的地貌相机将拍摄高质量的照片。

嫦娥四号搭载的仪器见表1-1。这些仪器基本上和嫦娥三号上的一致，但是很意外，去掉了对月球表面进行化学分析的粒子光谱仪。

---

① 月亮女神号于北京时间2007年9月14日上午9点31分发射升空，主要任务是观测月球表面地形、研究元素分布等。月亮女神号重达3 t，也被称为SELENE号探测器（SELENE是Selenological and Engineering Explorer的缩写，意为月球探测工程，而SELENE一词又恰巧是希腊神话中月亮女神的名字，故译为月亮女神）。月亮女神号由一颗主轨道卫星和两颗重53 kg的子卫星构成：Rstar（中继卫星）和VRAD（甚长基线干涉测量无线电卫星）。

表 1－1　嫦娥四号搭载的仪器

航天器	载荷的中文名称	载荷的英文名称
着陆器	月尘分析仪	Lunar Dust Analyzer (LDA)
	电场分析仪	Electric Field Analyzer (EFA)
	等离子体和磁场观测器	Plasma and Magnetic Field Observation Package (PMFOP)
	月震仪	Lunar Seismometer(LS)
	低频射电探测仪	VLF Radio Interferometer (VRI)
	月表中子与辐射剂量探测仪(德国基尔大学)	Lunar Lander Neutron Dosimetry (LND; University of Kiel, Germany)
	低频射电频谱仪(3 根 5 m 长天线)	Low Frequency Spectrometer (LFS), three 5m booms
	降落相机	Landing camera (LCAM)
	地形地貌相机	Terrain camera (TCAM)
巡视器	全景相机	Panoramic camera(PCAM)
	测月雷达	Lunar Penetrating Radar (LPR)
	近红外成像光谱仪	Near Infrared Imaging Spectrometer
	有源震源锤(用于地震实验)	Active Source Hammer (for seismic experiments)
	低频射电接收器	VLF Radio Receiver (VRR), like the lander instrument
	先进小型中性原子探测仪(见图 1－2)(瑞典)	Advanced Small Analyzer for Neutrals (ASAN; Sweden)
	微型生物圈实验	Biosphere experiment
中继卫星鹊桥	中国-荷兰低频射电探测仪	Netherlands－China Low frequency Explorer (NCLE)
	激光角反射器	Laser reflector
龙江微卫星	月球小型光学成像仪	Camera (Saudi Arabia)
	低频接收器	Low frequency receivers

1.1.2　中继卫星鹊桥

嫦娥四号中继卫星的质量为 448 kg，采用现有的 CAST 100 卫星平台，具有 4.2 m 抛物面天线（parabolic antenna），并采用 130 N 肼推进系统（hydrazine propulsion system）。2018 年 4 月 24 日是中国第三个国家航天日，中国宣布对中继卫星开展征名活动，最后入选的名字为“鹊桥”。鹊桥源于牛郎织女跨过银河相会的中国民间传说，相传农历的七月初七，织女在喜鹊的帮助下，迈过喜鹊搭的鹊桥和她的丈夫相会。两颗微卫星名为龙江号。中国也邀请民众留言，最终收到了 12 万条，从中遴选出了 8 000 条送到月球。最受推崇的前三条留言信息的提供者得到了去发射基地现场观看发射的机会。

随着发射日期的临近，远望六号测量船（tracking ship）于 2018 年 5 月 5 日驶离港口，船的两侧悬挂着激动人心的标语。被妈妈们高高举起的孩子们在码头上向测量船挥手告别。另一艘远望号测量船起航时间更早，先协助 Apstar 6C 卫星发射，之后再航行到太

图 1-2　先进小型中性原子探测仪（ASAN）
［图片来源：马丁·维泽（Martin Wieser），瑞典空间物理研究所，基律纳］

平洋上的新位置待命。

2018 年 5 月 21 日晚，在西昌卫星发射中心，鹊桥中继卫星由长征四号丙运载火箭成功送入太空，开启了进入预定轨道之旅，这是西昌卫星发射中心第一次发射长征四号丙运载火箭。第三级火箭在 9 900 km 处飞越月球，最后进入近地点 16 910 km，远地点 444 000 km 的高地球轨道（high Earth orbit），倾角 14.5°。

2018 年 5 月 25 日，鹊桥来到月球上空 100 km 处，制动火箭（braking rocket）点火以实现被月球捕获，同时防止卫星绕月后返回地球。此时，两颗子卫星开始分离。龙江二号卫星成功进入了近月点 395 km，远月点 14 587 km 的轨道，倾角 27.5°，轨道比预期的更加椭圆。但是，遗憾的是与龙江一号卫星失去了联系。哈尔滨工业大学的业余无线电爱好者继续尝试与卫星取得联系，但毫无结果。龙江一号卫星可能仍然在非常遥远的地球轨道上。

2018 年 6 月 14 日，鹊桥进入预定的 halo 轨道，距离月球 65 000 km，轨道周期为 14 天。鹊桥花了 20 天到达这一位置，并开始以不规则的三维曲线运行。该轨道并不是常规轨道，需要每周维护，对轨道轻微的引力干扰（gravitational disturbance）可能会导致卫星失联。这种新型轨道是经过仔细计算的，但是工程师们承认没有这种轨道机动的经验，需要三次点火才能进入稳定轨道。严格地说，鹊桥位于地月拉格朗日 L2 点，与日地拉格朗日 L1 和 L2 点不同。这个 halo 轨道与之前嫦娥二号的拉格朗日 L2 轨道并不完全相同。拉格朗日轨道是以法国科学家约瑟夫·路易斯·拉格朗日（Joseph Louis Lagrange）的名字命名的，是日地月系统中的引力平衡点（gravitational equilibrium）。

2018 年 6 月底，龙江二号卫星上搭载的沙特研制的小型相机发回了首批图像。这些被哈尔滨工业大学的学生和无线电爱好者下载下来的图片展示了半个地球从月球的东部边缘升起（地出），而阿拉伯半岛正好在地球图像的中部。图上显示，雨海（Mare Imbrium）中的彼得罗巴甫洛夫斯基（Petropavlovsky）陨石坑和贝利（Bayley）陨石坑沟纹纵横。图片上还出现了另一组陨石坑：韦格纳（Wegener）、伍德（Wood）、佩林（Perrine）和斯特凡（Stefan）。到了秋天，卫星传回更多照片，如云海（Mare Nubium）的照片。学生们甚至成功地拍下了火星和摩羯座天区（constellation of Capricorn）的照片。7 月 20 日，龙江二号卫星通过推力器将轨道升高了 200 km，如果不这样调整轨道的话，12 月底卫星将撞向月球。因为属于业余卫星，龙江卫星也获得了业余卫星编号：业余卫星月球奥斯卡 94 号（Amsat Lunar Oscar 94）。由于嫦娥四号准备在下个月着陆，于是龙江二号卫星关机，以避免对嫦娥四号产生信号干扰。

1.1.3　嫦娥四号的任务

2018 年 11 月 27 日，中国最新的测量船，220 m 长的远望七号从江苏江阴起航，准备跟踪即将进行的发射任务。12 月 7 日晚上，嫦娥四号的发射非常低调，没有进行电视直播。中国只是简要报道了这次发射和随后进入月球转移轨道（translunar injection）的情况。发射后公布的图片显示，长征三号乙运载火箭处于爬升之中，下面是橘黄色的火焰。从技术上讲，嫦娥四号进入了一个大椭圆地球轨道，近地点 200 km，远地点 420 000 km，倾角 29.4°。第三级火箭将嫦娥四号送入月球轨道，距离月球 4 840 km，最后进入更大的椭圆轨道（181 000 km×735 800 km），倾角 23.6°。

飞往月球的途中，预计会进行最多三次轨道修正。原定于格林尼治时间 12 月 8 日上午 11 点 42 分进行的第一次修正因为轨道精度很高而取消。第二次轨道修正时间是在格林尼治时间 12 月 9 日上午 8 点 42 分。在离开地球大约 110 小时后，嫦娥四号于格林尼治时间 12 月 12 日上午 8 点 39 分实现近月制动，进入月球轨道，6 min 后进入月球极轨轨道（polar orbit），近月点 100 km，远月点 400 km。业余无线电观测人员给出了更精确的数字：近月点 138 km，远月点 445 km，倾角 85°。嫦娥四号于 12 月 18 日和鹊桥卫星取得了联系，建立起良好的通信链路。降落轨道点火指令在 2018 年最后一天发出，将嫦娥四号下降到预选着陆区上空 15 km 处，远月点 100 km。

北京时间 2019 年 1 月 3 日下午，嫦娥四号动力下降（powered descend）开始，当晚和周四凌晨月面着陆区域都是沉沉黑夜。着陆时间是格林尼治时间凌晨 2:26。在控制中心，一群年轻的任务控制人员紧张地坐在各自的电脑屏幕前面，时刻准备着拿起话筒，控制大厅前面巨大的显示屏正在展示着陆的路径（一条虚线），屏幕上的一个点表示预选着陆点，另外一个点表示正在接近着陆点的着陆器。

“下降指令发出”，其中一位控制人员报告道，这条信息通过扩音器传达给了其他同事。信号通过鹊桥卫星传送给嫦娥四号时，除了静静地看着和满心地期待，控制人员此刻能做的事情并不多。美国国家航空航天局（NASA）的科学家将火星着陆称为“恐怖 7 分钟”，此刻中国的任务控制人员要面对更长的 12 分钟制动段。

这次着陆面临的情况与嫦娥三号不同，嫦娥三号的着陆地点是月球最平坦的区域之一，其落月路径呈现出一条温和的抛物线（gentle parabola）。相比之下，嫦娥四号的着陆轨道很短，而且必须从 10 000 m 高山旁边落入着陆区域。大屏幕上的动画显示，嫦娥四号与月球保持平行，当经过下面的陨石坑和山脉时，嫦娥四号的点火方向与下落方向相反，反推发动机工作。着陆相机在嫦娥四号动力下降 5 min 后开始工作，此时航天器仍然与月球保持平行。这次点火使着陆器从 1.7 km/s 的速度逐渐慢下来，到距离月面 6 km 的地方停了下来。在冯·卡门陨石坑的上方进行姿态调整，着陆器倾斜超过 90°，实现与月面垂直。此时，光学和雷达成像系统已经启动，导航计算机努力将着陆器引导到正确的位置。从侧面看，着陆器的六角形清晰可见，着陆器上的相机可以让观众看到它逐渐下降的情景，下方布满了大、中、小陨石坑。在距离月面 100 m 的高度，着陆器停止下降，开始悬停。现在，三维激光成像仪开始工作，以测量小障碍物和表面梯度（gradient of the surface）。在扫描结果令人满意之后，减小推力，并下降到 30 m 高度，其后的下降节奏更慢。一旦监测到距月面还有 2 m 时，指令就会发出，推力器关闭，嫦娥四号就会在没有任何辅助的情况下自由下落。由于月球的引力较低，下落的过程很温和。着陆腿（着陆缓冲机构）弯曲，以吸收冲击，随着嫦娥四号着陆器平台在月面留下了印记，月尘被吹得四处飘散。

这时，来自计算机的信号发送回地球：嫦娥四号已经成功着陆在月球表面。控制大厅的大屏幕上，代表着陆点和着陆器的两个点合并一处，飞行路径的虚线也消失了。控制人员自发地鼓掌，脸上挂满微笑，同时他们也深知要确保一切正常，还有很多事情要做。第一项测试嫦娥四号成功实现软着陆的任务是拍摄月面照片，照片很快传回，第一关迅速闯过。这张照片多让人震惊啊！着陆器正前方是一个尺寸不小的陨石坑，其深度足以引起着陆器侧翻或摧毁着陆器，图片上甚至看不到这个陨石坑的底部。在远处的背景中，陨石坑的边缘高山环绕，一直延伸到远处，中间平坦的月球平原延伸到右侧地平线。小陨石坑、月面上的一块小岩石和嫦娥四号探测器某一部分的阴影构成了这张照片的全景。照片上，褐色和白色月面之上是一片漆黑的天空，黑沉沉地笼罩着远山。这是第一张月背照片。对于那些头发花白的太空时代的老兵来说，这一刻就像 1959 年苏联第一次拍到月球背面的照片时一样令人激动，但苏联人的照片是在月球上空很远处拍到的，不是在月球表面拍摄的。

任务控制人员可能是出于自律和克制，不像美国国家航空航天局的控制人员在火星着陆时表现出的那种张扬和兴高采烈，但这不代表中国年轻人的态度。几分钟后，中国的社交媒体就洋溢出首次实现人类航天器在月球背面着陆而带来的兴奋。社交媒体上表达出的主流情绪是“太空探索，中国人真的来了！”中国的官方媒体对这次任务的报道相对低调，他们知道这次任务的难度和风险，而且失败和成功之间只隔了一个小错误或失误。美国国家航空航天局新任局长吉姆·布里登斯汀（Jim Bridenstine）成为第一个发来贺电的外国人。

当天晚些时候，北京时间晚上 10 点 22 分，下一个最有难度的考验来了：分离月球车。在着陆器的顶部，两个活动着陆坡道（landing ramps）（月球车释放机构）伸展开来。位于着陆器上方的月球车行驶到坡道上，随后坡道将月球车降低到略高于月球表面的位置。然后，坡道分成了两个部分，第一部分坡度较小，第二部分坡度较大。月球车缓慢前行，然后自主驶离，径直开往第一张照片中看到的陨石坑方向。和汽车的轮子在泥泞的土地上行驶会留下一些车辙印记一样，月球车的小轮子也压入了月面土壤。月球车侧面的两个太阳能电池板打开，也可以看到位于月球车大口径天线（dish antenna）上方高高的全景相机。现在，阳光从月球车的左后方照射过来，天线和月球车上的银色部分将明亮的阳光反射回着陆器。在着陆 12 个小时后，太阳在冯・卡门陨石坑上方升起。此时，着陆器和月球车都在月面留下了影子。到这个阶段，月球车已经有了一个名字：玉兔二号（见图 1-3）。玉兔一号是 5 年前嫦娥三号的月球车的名字。尽管全国征名中提出了其他名称，但最终还是决定沿用之前的名称。

图 1-3　玉兔二号巡视月球背面［图片来源：Reuters］（见彩插）

对中国来说，嫦娥四号的软着陆是迄今为止中国航天计划最伟大的胜利，也成为全世界的头条新闻。月球背面的照片就是中国在航天领域努力深耕的生动体现，也是一种明显的肯定和确认：中国现在已经开始跻身于世界空间探索领域前列。不远的将来，中国的空间站将可以和其他航天大国的国际空间站相提并论。

1.2 建设空间站

在太空时代到来之前，建设空间站的想法就已经出现了。20 世纪 50 年代，沃纳·冯·布劳恩（Wernher von Braun）广为人知的文章中就出现了空间站的设计图。20 世纪 60 年代和 70 年代，人类早期的载人航天项目一直围绕两个核心展开，即探索任务（如阿波罗登月）和学习在太空生活（地球轨道上的空间站）。空间站是开展微重力/无重力实验，以及进行对地观测和空间观测的完美平台。第一个空间站是 1971 年由苏联建成的礼炮号（Salyut），美国紧随其后在 1973 年建成了天空实验室（Skylab）。凭借礼炮系列（最后一个是礼炮七号），苏联成为空间站发展的主导者，并在之后建立了第一个永久空间站和平号（Mir）（1986 — 2001 年）。1998 年，俄罗斯、美国、加拿大、日本和欧洲开始合作建造国际空间站。到 2018 年，国际空间站已经运行了 20 年。在首次载人航天飞行后，中国宣布建造大型空间站的计划就再正常不过了。

在这样做之前，中国发射了一个空间实验室天宫一号（2011 年），并分别用神舟九号（2012 年）和神舟十号（2013 年，见第 7 章）将航天员送入天宫一号。天宫一号的体积不大，跟运送航天员的载人飞船差不多，只有一个对接口，一次只能与一艘飞船对接，而且只能让一组航天员在上面连续工作几个星期。一个真正的空间站需要具备多个对接口，可以满足多批航天员以几个月为周期进行轮换使用，并能够携带大量的科学实验载荷。在发射这样的空间站前，中国又发射了第二个空间实验室天宫二号，作为其更宏大、更雄心勃勃的载人航天计划的必要预演。

1.2.1 空间站预演：天宫二号空间实验室

天宫二号任务来源于天宫一号的备份，这个 8 t 级的实验室在北京的工厂建造并被妥善封存。2016 年 7 月 9 日，水平放置在密封的火车车厢中的天宫二号历经两天时间，到达中国西北的酒泉卫星发射中心。工作人员小心翼翼地将其卸下，并转入装配车间，等待长征二号 F 火箭的到来。8 月 6 日，与天宫二号一样，运载火箭的火车也在两天的旅程后到达。酒泉发射基地建于 19 世纪 60 年代初，远离居民区，是中国最早的发射基地。这个基地距离酒泉市很远，由生活区和远离生活区的发射台组成。酒泉市位于长城末端的一个古老绿洲中。发射中心处于北部群山环绕的高原上，具有典型的沙漠气候，空气干燥、纯净，夏季炎热，冬季寒冷，夜晚晴朗，适宜追踪火箭的上升轨迹。

2016 年 9 月 9 日，搭载天宫二号的火箭转运到发射台（见图 1 - 4），并在两天后迅速进行了合练。9 月 15 日，天宫二号划破夜色，奔向茫茫太空。中国电视台进行了全程直播。天宫二号进入 393 km 的轨道，高度略低于国际空间站（400 km），但高于天宫一号。运载火箭与长征二号 F 的试验版本相似，只是没有用于紧急情况的逃逸塔。火箭顶部有一个大整流罩，长 12.7 m，直径 4.2 m，用于封装“天宫”。火箭的总高度为 52 m，而执行载人任务的版本总高度为 58 m。天宫二号长 10.4 m，直径 4 m，重8 600 kg，比天宫一号重 100 kg。每个太阳能电池板展开长 8.4 m。其推进剂并未满载，留出了部分空间，后续由加油货船天舟一号进行在轨补充。

图 1-4　天宫二号准备发射［图片来源：Reuters］（见彩插）

进入轨道后，天宫二号于 9 月 15 日和 16 日两次变轨，以进入理想的交会对接轨道，该模式下，天宫二号每 46 圈经过地球同一点。天宫二号迅速通过天链通信中继卫星网络与地球通信。天链通信中继卫星处于 36 000 km 的轨道上，每 24 小时绕地球一周，只要三颗卫星就足以提供全天候的不间断通信。天宫二号发射前，天链一号 02 星向东移动 10°，到达了 176.2°E 的新位置上，而天链一号 03 星在 7 月的第一周到达了 10.1°E。在海上，由大型测量船远望号组成的舰队竖起形形色色的通信天线和天线阵列，开始执行追踪任务。当年秋天，这支舰队迎来了新成员——排水量大于 25 000 t 的远望七号。天宫二号携带了一个大型实验载荷包，包括自动运行的实验和由航天员操作的实验（见表 1-2），同时等待航天员的到来[3]。

表 1-2 天宫搭载的科学实验载荷包

序号	载荷
1	伽马暴偏振探测仪(即天极望远镜),探测 30～250 keV 范围内的伽马暴(与欧洲联合)
2	具有海洋地形微波传感器的三维干涉测量成像雷达
3	推扫式宽波段成像光谱仪(PWBIS)
4	三维多波段紫外成像光谱仪(MBUEIS)
5	监测空间环境的仪器(如电子、质子)
6	空间冷原子钟
7	高等植物培养箱(种子发芽实验)
8	材料炉
9	紫外临边成像光谱仪
10	用于空气污染、气溶胶、森林、农作物和气候变化的多角度偏振宽带光谱成像仪
11	液桥热毛细对流实验箱
12	辐射监测仪
13	制氧机和水循环系统
14	量子密钥分发实验箱

伽马暴偏振探测仪（POLAR）实验是最引人注目的实验项目，该实验与瑞士、法国和波兰联合开展，耗资 2 300 万元（300 万欧元），利用偏振探测宇宙中的伽马暴（GRB）。该望远镜是一组重 30 kg 的光子敏感器，对伽马射线的爆发和喷射进行精确的统计采样，以研究其起源。其外形像一个盒子，位于天宫外壁的中部位置。其首席科学家张双南来自清华大学，是中国著名的天体物理学家。到 2018 年，POLAR 已检测到 55 次伽马暴，探测到了来自蟹状星云脉冲星的信号和太阳耀斑。

冷原子钟的大小与汽车后备箱差不多，通过捕获、冷却和探测有足够规律性的铷原子，实现精确计时。2018 年，研制方（上海光学精密机械研究所）宣布冷原子钟实验成功。在量子密钥分配实验中，数据通过激光从空间站传输到乌鲁木齐的南山地面站，速率高达 1.6 GB/s。到 2018 年，共进行了 460 次液桥热毛细对流实验。植物培养箱中，拟南芥和水稻种子都发芽了，前者经历了完整的生命周期。样品后来被神舟飞船带回地面，失重对两者都造成很大的影响，导致它们出现“基因表达差异”。推扫式宽波段成像光谱仪使用 14 个波段进行海水遥感，分辨率为 100 m，可准确识别叶绿素浓度和悬浮物，并可以 1 ℃的精度测量海温。雷达高度计生成的海平面图的高度精度为 8.2 cm，可以观察到各种波浪（例如涌浪）和漏油事件。多波段紫外临边成像光谱仪能够测量 10～80 km 高度的大气密度，并同时检测臭氧和其他微量气体。综合材料炉可提供 880 ℃的高温，用于测试新型金属复合材料、铁电薄膜、晶体、合金、半导体和纳米复合材料。

天宫二号（见图 1-5）还携带了一颗子卫星，它是伴星系列中的第二颗，第一颗从神舟七号飞船上释放（2008 年）。这颗子卫星重 40 kg，安装有三个太阳能电池、一个锂离子电池和一个由上海航天动力技术研究所研制的氨基推进系统，相机分辨率为 25 m。中国一开始就明确，天宫二号只有一次载人飞行任务，尽管这次任务的时长是之前神舟九号和神舟十号任务（两周）的两倍。

图 1－5　天宫二号［图片来源：Reuters］

1.2.2　空间站预演：神舟十一号载人飞行任务

当天宫二号在轨道上飞行时，预定执行飞行任务的航天员在酒泉进行了最后检查。在发射前的几周里，他们住在航天员公寓。公寓底部有一个试衣间和一个铺有地毯的房间——他们会穿着航天服，隔着生物医学防护玻璃在房间里与贵宾见面，来访者甚至可能是国家主席。

几天前公布了神舟十一号乘组人员：神舟七号和神舟九号的乘组人员——现年 50 岁的景海鹏（他是中国首位第三次进行太空飞行的人，如图 1－6 所示），以及 38 岁的新人陈冬。后备人员的信息没有公布。陈冬是第三批[①]航天员中第一个执行载人飞行任务的男性（这一批中的两名女航天员此前已执行过载人航天飞行任务）。

陈冬受到中国第一位进入太空的航天员杨利伟飞天的激励，立志成为一名航天员，在参加航天员选拔时，陈冬曾见到过杨利伟（在景海鹏加入航天员队伍时，中国航天员还没有执行过飞行任务）。入选之后，他开始了隔离生活，每周仅探望一次家人。刚开始的学习很艰难，但最终他获得了回报。飞船发射时间定为 2016 年 10 月 17 日（格林尼治时间

① 国内一般将这一批航天员称为第二批航天员。作者把 1971 年选拔的航天员作为第一批航天员，但国内一般将 1998 年选拔的航天员称为第一批航天员，详见第 7 章。

图 1-6　景海鹏［图片来源：Reuter］

10 月 16 日晚)。10 月 10 日，火箭被转运至发射台。

在人们的欢呼声中，航天员穿戴整齐，携带着通风装置离开了生活区，乘坐客车驶向发射台。从乘组人员到达发射现场开始，中央电视台开始了持续三小时的直播。在直播画面里，航天员通过电梯到达塔架顶部，然后进入舱内。安顿好后，他们开始按规定进行检查。随后，火箭周围的抱架收回。黎明到来时，天气晴朗，倒计时进入最后阶段。计数归零时，火箭底部喷出橙红色的火焰。火箭很快起飞，沿着弧形的轨迹爬升，慢慢进入黎明平静的天空。随后，摄像头拍摄到了火箭在红外波段上升的情况，监控逃逸塔分离和级间分离情况。从电视上可以看到航天员正在操作设备，而外部摄像机正在拍摄上方的第三级火箭点火。9 分钟后，飞船进入轨道，舱内小物件开始自由漂浮起来。此时，位于太平洋上的远望七号正在海上观测飞船，这艘测量船对飞船入轨前后的关键 400 秒进行了跟踪测量。1 分钟后，摄像机拍摄到太阳能电池板展开。

神舟十一号在任务开始约 14 小时后提升近地点，29 小时后抬高近地点和远地点，并在 36 小时后与天宫二号的轨道相匹配。10 月 18 日，发射后约 43 小时 55 分钟，神舟十一号缓慢靠近天宫二号，这两个航天器在 393 km 的轨道上对接。在对接途中，分别在距离 5 km，400 m，120 m 和 30 m 时暂停。对接的高度比天宫一号高出 50 km，目的是为日后设计轨道高度更高、规模更大的空间站做测试。

任务控制中心爆发出热烈的掌声，乘组人员进入了天宫二号，这个过程分为两步：先离开飞船进入对接通道，然后打开舱门进入天宫二号。景海鹏首先进入，然后是陈冬（见图 1-7)。他们脱下航天服，穿上蓝色工作服，接下来的一个月，他们都将穿着这套衣服。他们做了简短报告并敬礼。外部摄像头显示连成一体的天宫二号和神舟越过背景中的地球。

图 1-7　陈冬［图片来源：Gerhard Rosenfeld］

为期一个月的驻留进展顺利。为了与社交媒体时代同步，景海鹏从进入天宫开始开设每日博客。他和陈冬测试了天宫外部的一个机械臂，种植了生菜、大米和拟南芥——一种介于卷心菜和芥菜之间的植物。他们在太空跑台和自行车[①]上锻炼，并测试了中继宽带通信系统。第二天，他们开始种植生菜，湿度和温度生长条件由英国剑桥制造的传感器监控。饮食方面，菜单上有一百多种选择。

陈冬负责了至少 38 项实验。其中之一就是心血管功能测试，采用了由法国国家空间研究中心（CNES，即法国航天局）与中国航天员科研训练中心合作开发的用于测量心血管系统循环（circulation of the cardiovascular system）的多普勒激光和超声扫描仪。他参与最多的实验是太空养蚕，该实验由香港基督教宣道会中学与中国农业大学植物保护学院合作设计。其目的是测试蚕的吐丝、做茧和蛹化。这些蚕生活在一个容器中，每天喂食桑叶，内壁上有供攀爬的布，上面有保持空气流通的孔洞。任务时长足够跟踪蚕的整个生命周期。太空蚕丝比地面上的丝绸还要坚固。乘组人员将在材料炉中制成 12 个样品，并将其带回地球。

10 月 20 日，在乘组人员的控制下，天宫二号稍稍降低了轨道。10 月 23 日，第二颗

① 应为自行车功量计。

伴星释放。伴星二号[①]分离并利用红外和可见光为实验室拍照，它与天宫二号编队飞行至11 月 26 日。12 月 20 日，伴星二号进行了最后一次机动。2017 年 3 月 5 日，天宫二号进入更高的轨道以等待天舟飞船的到来。在此之前，伴星二号和天宫二号一直保持较近的距离（见图 1－8）。11 月 15 日，报道称，景海鹏和陈冬将在三天后返回，在返回场早晨光线最好的时候到达。尽管此后不会再有人进入天宫二号，他们仍然清理了多达 50 项废弃物，包括航天员个人排泄物、垃圾、电池和其他腐蚀性物品等。

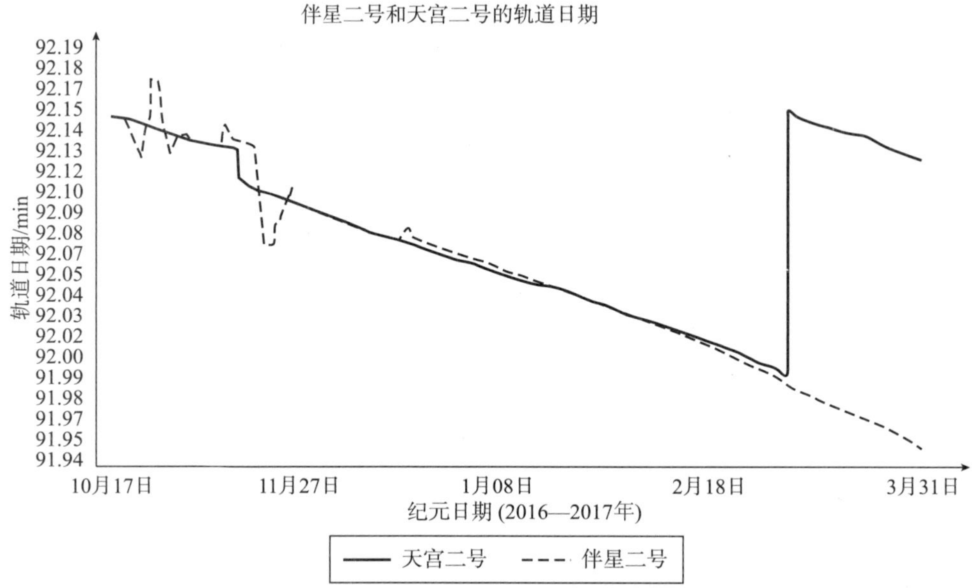

图 1－8　在天宫二号于 2017 年 3 月进入更高的轨道之前，伴星二号一直在天宫二号的周围运转了一个月，图片展示了伴星如何和天宫保持一致的轨道周期

格林尼治时间 2016 年 11 月 17 日凌晨 4:41，乘组人员在经过 29 天 9 个小时的飞行后离开天宫。飞船制动点火前进行了 25 个小时的在轨飞行，相比之下，俄罗斯的惯例是在返回前仅绕轨两圈。11 月 18 日上午 5:59，景海鹏和陈冬返回地球。返回过程中，首先抛弃了轨道舱，推进舱发动机点火制动，之后返回舱与推进舱分离。所有这些事件均由外部的小型摄像机监控。

高分辨率的红外热像仪很快观测到了在纳米比亚上空分离后的返回舱，返回舱的再入过程留下了一条清晰的轨迹。因为着陆点的雾很大，肉眼难以观测，直升机使用红外热成像仪来追踪处在最后下降阶段的返回舱。乘坐全地形车的搜索队在预定着陆点集结，并在距离一个农场约 1 km 的地方发现了侧躺着的返回舱。身着橙色制服的救援人员用警示带封锁了着陆区域，在协助航天员出舱的同时，在返回舱旁边放了两把椅子。随后到来的是

① 官方一般称为天宫二号伴随卫星，该卫星由中国科学院微小卫星创新研究院研制，重约 47 kg，尺寸只相当于一台打印机的大小。搭载了高分辨率、全画幅的可见光相机。在空间绕飞实验中，负责对天宫二号空间实验室和神舟十一号飞船组合体进行高分辨率成像。

穿着蓝色外套、白色长裤、戴着白色帽子的工作人员。景海鹏先出舱，随后是陈冬，他们迅速穿上防寒的蓝色大衣，然后坐上了直升机。他们在太空的总飞行时间为 774 小时 29 分钟，略少于 33 天（792 小时）。他们带回了自己的实验成果——生菜和其他在轨生长的可食用植物、蚕和 28 颗柏树种子（这些种子来自陕西黄陵一棵有 5 000 年历史的柏树）。种子在次年 5 月萌芽。

到这次飞行任务结束时，中国航天员已经执行了 6 次飞行任务，由 16 位航天员中的 11 位完成，在太空中累计飞行 1 089 圈，相当于 68 天飞行时长。这次任务使景海鹏的个人飞行时长达到了 47 天，三次飞行使他成为中国经验最丰富的航天员。51 岁时，他晋级少将。在其他国家，这往往意味着他不会再执行飞行任务，将转而担任管理或公共关系角色。次年 10 月，他在党的代表大会上担任演讲嘉宾。他告诉代表们，他的父母都是农民，并讲述了自己在一个小村庄长大的历程，申明是党提供了机会。他宣布愿意再次进入太空。

任务结束后，陈冬首先与中国香港的学生见面，交接了学生们的养蚕实验成果。接下来，他参观了德国梅克伦堡的伯格斯塔加德（Burg Stagard），这个小镇以中世纪的堡垒和冰淇淋而闻名，是天文学家卡尔·吕姆克（Carl Rümker）（1787 — 1862 年）的出生地。嫦娥五号样品返回任务选择的着陆点吕姆克山脉（Mons Rümker）就是以他的名字命名的。陈冬应邀成为 2017 年 11 月在德国举办的太空日活动的嘉宾（见图 1 - 9），他谈到了在天宫二号的工作，特别是养蚕实验[4]。

这是中国建成大型空间站之前的最后一次载人飞行任务。在与天宫二号交会对接后，景海鹏和陈冬在一个月的时间里做了一切可能的事，来为中国未来空间站铺平道路。接下来是中国从未做过的事情：在地球轨道上自动为空间站加注燃料。这是永久运行大型空间站的另外一个必要步骤。

1.2.3 空间站预演：天舟货运飞船

无人飞船的诞生可以追溯到 1978 年，苏联将联盟号载人飞船改装成进步号无人飞船，为礼炮六号空间站运送补给。进步号无人飞船至今仍在为国际空间站运送补给。进步号无人飞船重达 7 t，能够运载约 2.6 t 的补给品，包括推进剂、水、食物、实验设备、衣物和个人物品等（后来，SpaceX 和 Orbital 公司为国际空间站研制了美国无人货船：龙飞船、天鹅座飞船）。推进剂可能是这些货物中最重要的部分，因为即使在 400 km 轨道上，也有足够的大气将空间站缓慢地拖向地球，因此必须利用推进剂定期重新提高空间站的高度。

中国的做法与其他国家大体相似，只是货船要大得多，其质量为 13 t，是进步号无人飞船的两倍——需要新型的、推力强大的长征七号（CZ - 7）火箭来发射。天舟一号主要是基于较小的、8 t 重的天宫一号设计的。不同的是，为了给航天员提供空间，天宫二号内基本是空的，而天舟一号携带了不少于 6 t 的推进剂和模拟货物。天舟一号长 10.6 m，大柱段直径3.35 m，长 4.5 m，小柱段直径 2.9 m，长 2.9 m，太阳能电池板展开后长

图 1-9　陈冬与莱比锡国际空间教育学院的一些青少年航天员在德国太空日活动上的合影
［图片来源：Lew Tolstonog-Riedel 博士］

14.9 m。天舟一号的质量是 12 910 kg，其中包括 2 000 kg 液体推进剂（甲基肼和四氧化二氮）和 4 000 kg 用于模拟货物的压舱物，相当于 3 名航天员 30 天的补给（水、氧、氮）。此外，还包括一个航天服模型。

天舟一号于 2013 年开始建造，第二年年底，它的飞行件在 KM-6 实验舱中完成了为期 40 天的热实验。2014 年年底，中国空间技术研究院 502 所完成了推进剂加注系统的地面实验。2017 年 2 月 5 日，天舟一号离开了天津的装配车间。与天宫二号和神舟十一号不同的是，它没有通过铁路运往酒泉，而是通过轮船运输，于 2 月 13 日抵达位于中国海南省文昌市的新发射场。3 月 11 日，用于运载的长征七号火箭抵达。4 月 17 日，它们一起出现在了发射平台上（共 2 个发射平台，另一个用于更大的长征五号火箭）。3 月底，远望五号、远望六号和远望七号测量船离开港口驶向跟踪位置。

自 3 月 5 日起，天宫二号一直在经过地球同一地点的周期为 46 圈的轨道上等待天舟。4 月 4 日至 7 日，天宫二号提升了它的轨道，到达理想位置。发射场所在地的文昌市政府进行了宣传，在旅行社的安排下，持票进入发射现场的人摩肩接踵。4 月 20 日，观看发射的人群注视着长征七号火箭拖着长长的橙色火焰升入夜空。摄像机捕捉到了助推器下落，以及随后的火箭上面级分离的过程，它们先消失在云层中，随后在远处再次出现。画面还显示了侧向稳定发动机点火，以及天舟在飞越 126°E，5°N 时与末级火箭分离的情况。长征七号运载火箭将天舟送入近地点 198 km，远地点 372 km，倾角 42.8°的轨道，飞船很快将轨道提升到近地点 311 km，远地点 369 km。

4 月 22 日（发射两天后）凌晨 4 点 16 分和 4 点 23 分，天舟一号分别与天宫二号实现了软对接和硬对接。飞船上的摄像机拍摄到了对接画面，和发射时一样，中国电视台也直播了对接过程。天宫二号的太阳能电池板与地球保持平行，而天舟一号的太阳能电池板是倾斜的。画面显示，舱内装满了用于模拟货物的包裹。对接为期两天，这是空间站的常态。天舟一号还应用于一个新的自动制导系统（automated guidance system）的开发，该系统由中国空间技术研究院 502 所研制，可以将交会时间从 2 天缩短到 6.5 小时，这与俄罗斯为其执行国际空间站任务的联盟号 MS 飞船开发的快速轨道交会技术相同。

天舟一号立即执行了其主要任务，第一次向天宫注入推进剂，这项任务持续了 5 天，于 4 月 27 日完成。推进剂从天舟的 8 个贮箱输送到天宫的 4 个贮箱中。第二次推进剂补加作业（refueling operation）于 6 月 13 日至 15 日开展。6 月 19 日天舟一号与天宫二号分离，90 分钟后两者相距 5 km，再绕天宫二号实验室飞行一圈后返回，进行第二次对接。6 月 21 日，天舟一号再次分离，在 390 km 的高度上开始了为期 3 个月的独立飞行。之后，通过应用快速对接技术，重新对接天宫二号，并进行第三次推进剂补加。

8 月 1 日，天舟一号释放了一颗 3U① 的立方体卫星丝路一号，这倒让人意想不到。丝路一号的质量为 4 kg，携带了一台地球成像相机、一台星载图像处理计算机、一项导航实验和一项磁悬浮技术实验。与天宫二号一样，天舟一号也进行了许多科学实验（见表 1－3）。

表 1－3　天舟一号上的实验载荷

序号	载荷
1	两相系统实验平台开展微重力条件下流体的蒸发和冷凝实验研究，为两相系统实验柜和流体科学实验载荷研发奠定技术基础
2	高精度静电悬浮加速计
3	微重力主动隔离系统（MAIS）②
4	微重力对细胞增殖和分化影响研究③
5	由香港浸会大学中医学院进行的骨形成和骨流失研究

① 立方体卫星以尺寸为 10 cm×10 cm×10 cm，质量不大于 1 kg 的卫星为标准单元（1U）。采用 10 cm×10 cm×20 cm 大小的结构称为 2U，采用 10 cm×10 cm×30 cm 大小的结构称为 3U。这是中国首次通过飞船系统采用在轨储存方式释放立方星，也是非火工智能压紧释放装置首次应用于此类飞行任务。

② 国内一般称为磁悬浮主动隔振系统。

③ 实际上，后面的四个实验从属于"微重力对细胞增殖和分化影响研究"，该实验包括由清华大学和浸会大学负责的骨研究、中国科学院负责的干细胞研究和清华大学负责的生殖细胞研究三个部分。

续表

序号	载荷
6	由清华大学进行的骨质疏松实验
7	由中国科学院动物研究所进行的干细胞实验（实践八号和实践十号上的相关实验）
8	由清华大学医学院进行的生殖细胞实验

9 月 12 日稍晚时候，天舟一号第三次靠近天宫空间实验室，进行了快速交会对接，耗时 6.5 小时。这次，它与天宫二号保持了 5 天连接，加注了第三批也是最后一批 250 kg 的推进剂。9 月 17 日，天舟一号与天宫二号分离，后退了 120 m 的距离，随后进入 400 km 的轨道。9 月 22 日，经过两次制动点火，在飞行 155 天后，在太平洋上空离轨。

天舟一号上开展的科学实验，研究微重力对肝干细胞、神经细胞和免疫细胞的影响。利用高精度静电悬浮加速计，精确测量了微重力的水平，并测试了未来的隔振系统。在一个为期 84 天的实验中，MAIS 测试了如何通过电磁悬浮控制技术来保护仪器设备。在两相实验平台上进行了 234 小时的热传导、蒸发和冷凝实验后，发现微重力对流体影响显著。同时，还研究了水汽云和冷凝的演化过程。天舟一号任务的完成标志着天宫二号主要运行阶段的结束。有报道称，将来会有神舟十二号载人飞行任务，还会有天宫三号空间实验室等。但天宫一号和天宫二号的成功，可能会使中国人认为没有必要再进行后续的试验性发射任务了，可以直接进行空间站的建设。随着时间的推移，天宫二号科学任务的结果陆续公布，其中包括从轨道上拍摄的地球资源照片。

天宫二号分别于 2017 年 3 月 5 日、4 月 5 日、5 月 13 日、6 月 17 日、9 月 17 日和 11 月 14 日多次点火进行了轨道调整。天舟一号加注推进剂后，贮箱里还有 2 000 kg 的推进剂。2018 年 6 月 13 日，时隔 7 个月后，发动机再次点火，将天宫二号的轨道从 388～391 km 降低到 293～299 km。一些观察人员认为，这可能是天宫二号离轨点火的前兆。一周后，6 月 22 日，第二次点火将轨道恢复到 390～399 km。降低和提升轨道的机动（lowering and raising maneuver）最少需要大约 330 kg 推进剂，而离轨点火（de - orbit burn）需要大约 250 kg 推进剂，因此剩余推进剂仍然充足。随后，离轨日期确定为 2019 年 7 月。为了避免重演天宫一号的意外下降，天宫二号安装了自动防故障系统，以便在通信中断时指挥下降。

1.2.4 空间站

天宫二号任务的实施，预示着中国将要进行永久性空间站的建设，这和苏联建设和平号空间站的过程一样。这将是中国航天计划的旗舰项目，投资额约为 920 亿元（120 亿欧元）[5]。

21 世纪初，中国发布了一个空间站的示意图。这个空间站包括 1 个大型核心舱（core block）和 3 个较小的与天宫大小基本相同的 8.5 t 实验舱，总质量为 38 t，常驻人员为 3 人。这个模型与和平号空间站的原始设计非常相似，即由一个大型舱和多个小型舱组成。核心舱预计在 2020 年从海南岛的一个新发射场发射，而其他舱段、神舟号载人飞船和无人货运飞船从酒泉发射。这个空间站将在 400～450 km 的轨道上（倾角 42°）运行十年。

根据中国媒体的各种综合报道来看，在接下来的几年里，空间站的设计经历了各式各样的演变。有一个阶段，公布了一个雄心勃勃的设计方案。在这个方案中，中国空间站与国际空间站的规模较为接近，质量高达 180 t，以一个带有 6 个节点和大型机械臂的基础舱（base block）为主体，还包括 1 个桁架结构（truss structure）、4 块巨大的太阳能电池板、1 个气闸舱和 4 个大型实验室舱。实际上，中国政府在 2010 年 9 月做出了建造大型空间站的决定[6]。这使得空间站的设计最终定稿。2013 年 10 月 31 日，中国宣布了为空间站及其实验舱公开征名结果。很显然，这是重要里程碑。超过 100 000 人参与其中，从9 000 个备选的名称中选出了 1 个。中国最初将这个空间站命名为天宫号，但没有数字代号。这在充满命名歧义的项目中，并不罕见。核心舱称为天和，两个实验舱（laboratory modules）称为问天和巡天。2015 年，巡天成为共面轨道上的自主飞行望远镜的名字，而巡天实验舱被重新命名为梦天舱。随着时间的流逝，空间站的总称天宫很少再被提及，更多是将其称为中国空间站（CSS）。天和核心舱预计在 334～436 km 的轨道上飞行，“行运”模式为每 31 圈重复通过同一个位置（与神舟一样）。

抛开命名不谈，在 2013—2014 年间，中国空间站的设计逐渐接近和平号空间站。中国空间站（见图 1－10）长 37 m，重 66 t，内部空间为 110 m^3，而和平号空间站长 31 m，重 130 t。相比之下，国际空间站长 109 m，重约 430 t。

图 1－10　中国空间站展览［图片来源：Jacqueline Myrrhe］（见彩插）

2013 年，中国空间技术研究院（CAST）开始建造天和核心舱，这是中国建造的最复杂的航天器。为此，专门建造了一座高 12 m、直径 7 m 的组件测试设施。2014 年 9 月，天和核心舱的静态测试在北京空间机电研究所朱庄结构静力试验中心完成，并于次年 6 月开始多对接适配器及节点舱的静态测试，2016 年完成全部测试。天和舱重达22 t，长 16.6 m，后部的大柱段长 7.2 m，直径 4.2 m；前部的小柱段长 5.3 m，直径2.9 m。最前端是节点舱，直径也为 2.9 m，有一个前向端口（front port）和两个径向端口（radial ports）。预计天舟货运飞船将对接在天和舱后方，而该端口也可供神舟使用。不过，预计神舟将在前方对接。其他舱也将从前端对接，之后，通过连接在空间站外部的遥控臂转移到径向端口，其工作方式与和平号空间站上的旋转机械臂类似。天和舱主要是供乘员生活和工作，生活区内，配备有睡觉、餐饮和洗涤的设施。工作区内，有一个控制中心和实验空间。标准流程是由 3 名航天员执行为期 6 个月的任务，乘组交接期间会出现 6 名航天员。天和舱没有第 3 个径向端口，而是配备了一个用于太空行走的气闸舱（airlock）①，气闸舱外面有一圈扶手，方便乘组人员舱外活动。中国计划进行长达 8 小时的太空行走。2017 年公布了完整的前向对接接口（forward docking adaptor）照片；2018 年 5 月公布了整个空间站的照片；同年 11 月的珠海航展上展出了一个全尺寸模型。2018 年 5 月，来自莫斯科生物医学问题研究所（IBMP）的长期飞行领域的世界专家帮助中国在海南省三亚市建设了一个中心，返回后的航天员可以在那里恢复。

空间站的生活条件设定为：温度为 19～26 ℃；压力为 81～104 kPa；噪声＜60 dB（白天）和＜50 dB（晚上）；微重力为 0.001 g 。此外，还配备了用于保持空气清新和维持湿度的大气再生系统（Atmospheric Revitalization System），以及水回收系统和尿液处理系统。天和舱配置了 4 台轨道高度保持推力器和 32 台姿态保持推力器。

第一个实验舱问天的形状和尺寸与天和相似。它可以用作备用控制舱，存储备用消耗品，并具有气闸舱和 1 个小型的遥控机械臂（remote arm），这是空间站的第二个遥控机械臂，用于货物处理。2018 年夏季，问天舱完成了推进系统测试，其中包括上海空间推进研究所制造的 36 台 10 kg 小型发动机。第二个科学实验舱梦天的质量为 22 t，长 15.5 m，带有货物气闸舱（cargo airlock）。已经发布的几张照片显示，两个实验舱的末端会伸出30 m 长的大型太阳翼，这将使中国空间站（见图 1－11）成为天空中非常明亮的物体。太阳翼可为锂电池提供总计 27 kW 的电力。中国工程师说过，可以通过 2.4 m×0.5 m 的传输天线，利用微波向地面传输高达 5 kW 的电能。

天舟货运飞船可以携带 6 个月的补给，因此，我们可以预测每年将进行两次发射。相比之下，俄罗斯为国际空间站运送货物的进步号飞船要小得多，每年需要 3～4 次发射。尽管天舟主要运送增压货物，但是也可以经过改造，运送非增压货物。中国后来宣布，将开发天舟飞船的可回收版本，具备携带 2 000 kg 货物返回的能力。

巡天舱（2022 年）原本是作为中国空间站的舱段，但后来改成了一个可以自主飞行的 2 m 口径的空间望远镜，它将在离空间站不远处飞行。有建议称，天和舱的航天员可以访问巡天，而后者可以与空间站对接。巡天的研究目标包括研究恒星、星系、黑洞和类星体的形成和演化，暗物质和暗能量，引力透镜（gravitational lenses）的作用以及宇宙密

---

① 实际上只有问天舱有气闸舱，天和舱的节点舱兼具气闸舱功能，航天员在节点舱完成出舱任务。

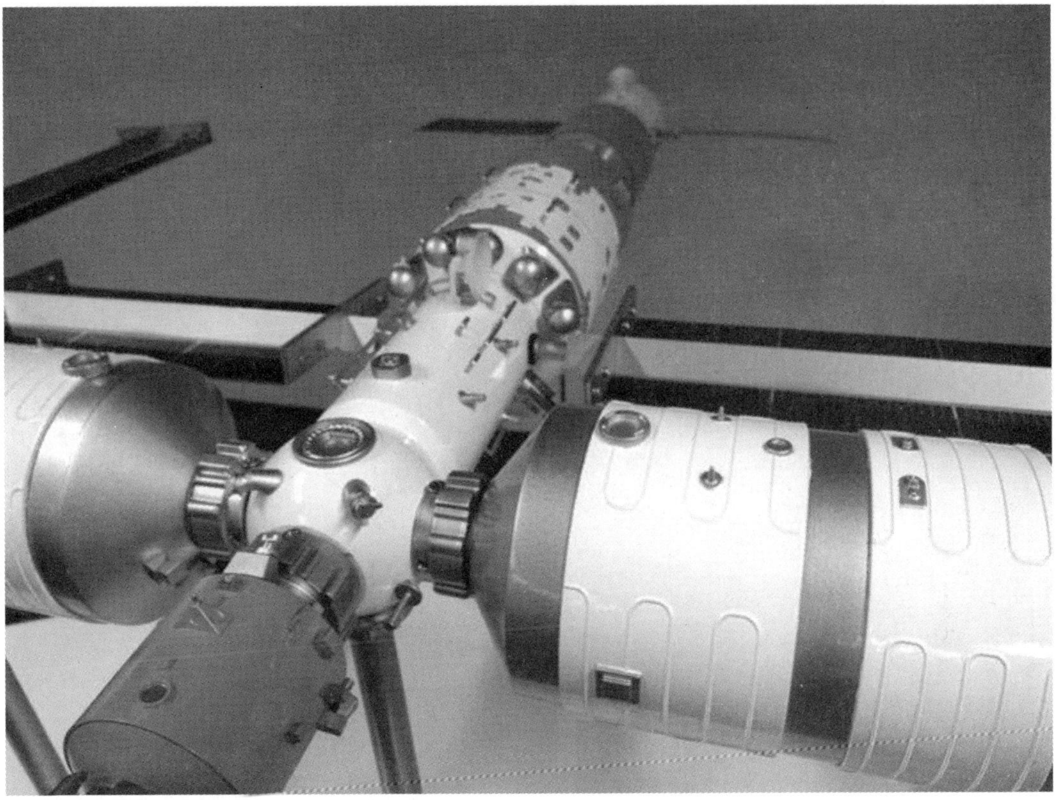

图 1 - 11　中国空间站：组合体 [图片来源：Jacqueline Myrrhe]

度。巡天空间望远镜自由飞行也更合理，因为它可以随时指向任何方向，而不依赖于天宫的姿态。据称，这一望远镜的分辨率将是哈勃太空望远镜的 300 倍，10 年后将能够覆盖 70%以上的天区。巡天望远镜在空间站附近飞行，因此，对其进行维修和访问更加方便，最起码比美国航天飞机长途跋涉修复和升级哈勃太空望远镜容易。

2018 年，中国公布了另外 1 个自由舱，称为光学舱（Optical Module System），上面搭载的 2m 口径望远镜具备多色光度测量、连续光谱测量和地球观测功能，并可以随时与空间站对接。虽然规划中的 4 个舱已经完成，但 2018 年 10 月，中国的航天官员在德国不来梅举办的国际宇航联大会上表示，大概在 21 世纪 20 年代末可能还会增加 2 个舱①。

中国空间站的两个舱段和太阳能电池板如图 1 - 12 所示。

① 上述两段作者有误读，需要说明的是中国空间站光学巡天望远镜（CSST）即巡天号光学舱。在我国最初规划自己的空间站时，核心舱两侧并不是完全相同的两个实验舱，其中一个是实验舱，而另一侧则是一个巡天舱，这个巡天舱的核心装备就是一个直径 2 m 的太空望远镜。后期的研究中发现空间站的震动会对太空望远镜的成像带来影响，因此在后期的设计中，望远镜就从空间站的规划中摘除了，而是做一个独立的光学舱，与空间站一起飞行在 400 km 高的轨道上，于是就变成了共轨飞行。巡天号光学舱还是一种具备长期自主飞行能力、姿态机动能力和精密指向能力的空间飞行器，具有主动交会对接的功能，可以和天宫空间站对接，进行推进剂补加、设备更换升级和维护维修。

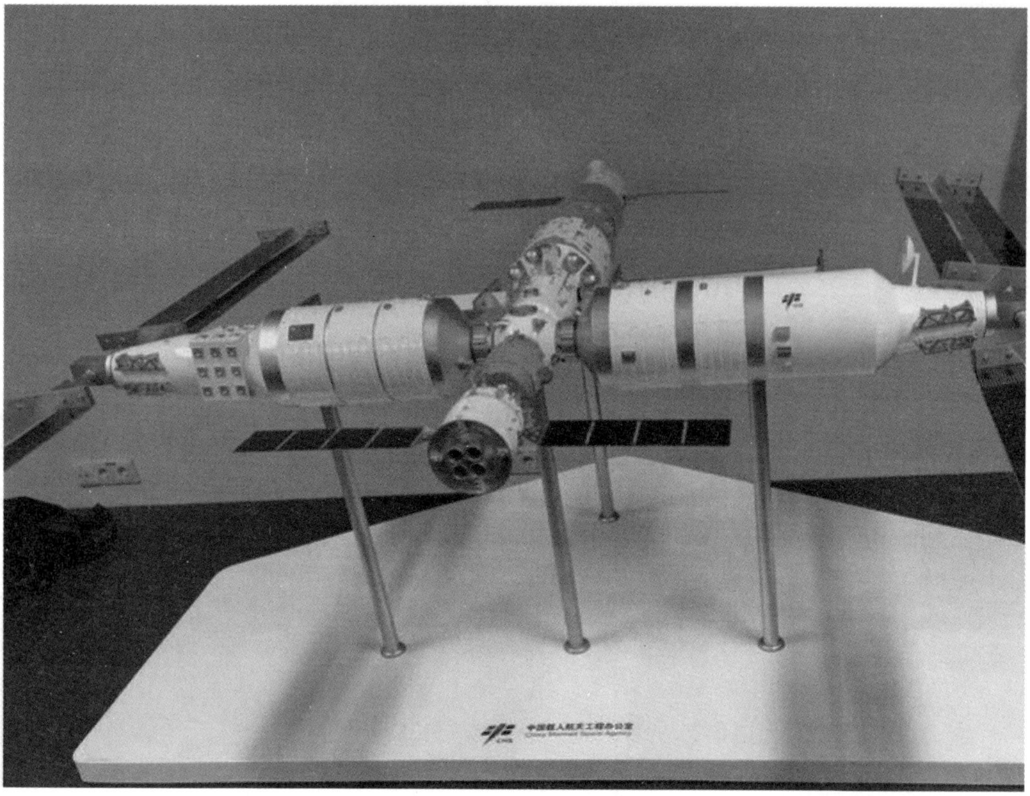

图 1-12 中国空间站的两个舱段和太阳能电池板［图片来源：Jacqueline Myrrhe］

与和平号空间站一样，遥控臂是中国空间站的一个重要特征。在 863 项目科学基金支持下，哈尔滨工业大学与北京机器人研究中心合作，开展了空间站遥控臂的研发。其原型比俄罗斯和加拿大的机械臂要小得多，相当于人类手臂大小，上面装有 96 个传感器、12 个电机和 4 根手指，每根手指有 4 个关节，可以举起 10 kg 的重物。该遥控臂可以使用螺钉旋具和扳手式仪器。根据研制人员的说法，它甚至可以弹奏钢琴。最终，空间站将配备两只机械臂。中国空间技术研究院 502 所为天和舱研制了一只更大的机械臂，该所拥有 20 名专门负责这项任务的专家。天和舱的机械臂长 10.2 m，承重 25 t，能够将一个舱从一个对接端口转移至另一端口。它比国际空间站上的加拿大机械臂（长 17.6 m，承重 116 t）的力量要小。该机械臂的第一个版本于 2015 年 6 月完成。502 所还开发了新一代爬行机械臂，即舱外自由移动机器人系统（Extravehicular free Moving Robotic system，EMR），但并未获准用于早期的空间站。第二只机械臂将安装在问天舱，这只机械臂与原来哈尔滨工业大学的设计相类似。

与此同时，用于出舱活动的新型航天服在 2015 年开始研发。2018 年 5 月，神舟十一号飞船乘员陈冬宣布，出舱活动将是空间站建设的重要组成部分。中国航天员科研训练中心研制完成了 1 套用于水下训练的训练服。表 1-4 详细介绍了中国空间站的具体建设规划。

表 1－4　中国空间站建设规划

时间	规划
2019—2020 年	天和
2020 年	问天
	天舟二号
	神舟十二号
	天舟三号
	神舟十三号
2021 年	梦天
	神舟十四号
2022 年	天舟四号
	神舟十五号
	天舟五号
	巡天自由舱

2013 年 4 月，中国载人航天工程成立了国际合作办公室，以鼓励国际社会参与到空间站建设中，尤其是欧洲空间局（ESA，简称欧空局）。欧空局很快做出回应，开始在德国科隆的航天员训练中心开设汉语课。同年晚些时候，中国航天员科研训练中心的管理人员访问了科隆。随后成立了两个工作组，一个负责空间站运行，另一个负责航天医学。为了能够在候选名单中争取靠前的位置，欧洲的航天员托马斯・佩斯奎特（Thomas Pesquet）、马蒂亚斯・莫雷尔（Matthias Maurer）和安德烈・库珀斯（André Kuipers）开始学习普通话。欧洲和中国航天员在烟台新建的海上训练中心参加了海上训练，参加训练的包括 16 名中国现役航天员，以及萨曼莎・克里斯托福雷蒂（Samantha Cristoforetti）和马蒂亚斯・莫雷尔（Matthias Maurer），如图 1－13、图 1－14 所示。与此同时，中国航天员叶光富参加了欧空局 CAVES“洞穴”地面空间模拟。

克里斯托福雷蒂和莫雷尔认为这次训练与在美国的经历非常不同。在美国，来访航天员分别住在各自的公寓里，只在训练和团建活动时才与同事见面。在中国，所有的建筑和设施都是共享的，使训练成了一种集体活动。中国的海上训练也与俄罗斯形成了鲜明对比。如果联盟号飞船降落在海上，航天员们可能最终落入冰冷的水中，而神舟飞船的空间足以容纳一艘小艇。

在 2014 年的珠海航展上，俄罗斯联邦航天局的奥列格・奥斯塔彭科（Oleg Ostapenko）向中国提供了将航天员送往国际空间站的机会，作为交换，俄罗斯航天员也能够访问中国空间站。美国国家航空航天局对中国航天员来到国际空间站就是另外一种态度了：俄罗斯曾将美国游客带到国际空间站，对此美国采取了漠然处之的态度，并禁止游客进入到美国的国际空间站区域（尽管这一要求没有得到严格遵守）。不过，鉴于中美两国长期的僵持，这种建议方案可能问题缠身。2018 年 7 月，俄罗斯联邦航天局和中国国家航天局（CNSA）开始讨论建立某种形式的联合空间站，以应对将来美国退出国际空间站

图 1－13　马蒂亚斯·莫雷尔、刘伯明和叶光富在一起训练［图片来源：欧空局］（见彩插）

图 1－14　中欧航天员训练［图片来源：欧空局］（见彩插）

或者美俄合作困难的情形。另一个意向国家是巴基斯坦，中国早就为巴基斯坦发射了卫星，巴基斯坦也表示有兴趣派遣候选航天员参加飞往空间站的训练。

1.2.5　中国空间站的科学实验

敲定设计是至关重要的，这样能够便于科学家在两个实验舱上设计飞行实验。科学实验项目仍然经历了许多最后阶段的演变，新项目直到 2018 年才公布。最终确定了空间医学（space medicine）、生命科学（life science）、生物技术（biotechnology）、微重力流体物理学（microgravity fluid physics）、微重力燃烧科学（microgravity combustion science）、材料科学（material science）、基础微重力物理学（basic microgravity physics）、天文学（astronomy）、天体物理学（astrophysics）、物理学（physics）、空间环境（space environment）和地球科学（geosciences）等研究领域的项目。中国空间站将成为令人向往的地方，因为空间站的特色是使用离心机和可再生的生命保障系统为植物、微生物、细胞、组织和小动物提供培养设备。具体内容如下：

1）空间医学研究和实验的侧重点是如何最大程度地保护航天员免受失重的影响，并确定如何才能实现长期在轨生活。

2）生命科学和生物技术侧重于研究人体对重力变化和辐射损伤的反应，研究微重力、磁场和快速昼夜变更对人体的影响，通过发展生物技术来改善人类健康。

3）微重力流体物理学和燃烧科学实验旨在揭示流动物质在微重力下流体力学和燃烧过程的机理。

4）空间材料科学实验侧重于研究改进和发展材料科学理论，生产和测试高性能材料。

5）基础微重力物理学实验着重于研究微重力环境下的物质结构、运动规律以及四种基本相互作用力（万有引力、电磁力、弱核力和强核力）的物理特性。据空间站科学家称，他们想要探索已经确立的物理理论（如相对论、电动力学、核理论）和新理论（如引力规范理论、超引力理论和大统一理论），在低温凝聚态物理实验平台上设计一系列实验，进而验证广义相对论的一个概念——等效原理。

6）空间天文学和天体物理学实验侧重于研究黑洞、暗物质、暗能量、宇宙和天体的起源和演化，利用高精度测光和大规模光谱探测、寻找外星生命。

7）空间物理学和空间环境实验将重点研究和预测太阳质子事件，以及中、低纬度太阳、磁层和电离层之间的关系，特别是弄清楚航天员在太空中可以生存多久、行走多远。

8）空间地球科学的应用实验将重点关注中间层，人类活动对全球环境和自然灾害的影响，新一代高精度遥感技术的发展，获取关于陆地、海洋、大气的多维信息，地球系统、污染监测、海洋观测以及资源勘探。

实验将在实验机柜（rack）中的单元盒、抽屉和储物系统上进行，总质量将达到 17 t。天和舱内有 2 个实验柜，问天舱内有 10 个实验柜（2 个用于材料科学实验），梦天舱内有 8 个实验柜（见表 1-5）。此外，空间站将有 8 个外部平台和 1 个用于发射立方体卫星的装置，数据将以 90 Gbit/s 的下行速率进行传输。

表 1-5　空间站实验区

研究领域	研究领域(关键词)
航天员系统	生理学、心血管系统、细胞、组织、生物、培养、营养、健康、辐射、中医
医学	生物学、体液、健康、辐射、细胞(带离心机)
生态	植物、哺乳动物、昆虫、鱼、微生物、细胞、栽培、营养、辐射
生物技术	细胞、组织、微生物、小动物、生物学、栽培和营养
流体物理	流体、材料、热量和质量、晶体、蛋白质、流体动力学
两相系统	冷凝、沸腾、蒸发、液体、气体、热量
高温材料	加热、熔化、凝固、合金、半导体、磁场、X 射线透视、扩散
燃烧科学	固体、气体、液体、火焰、废气、温度、压力
材料科学	静电悬浮技术、加工、固化、高温材料、过冷
手套箱和冷藏柜	医学、生命科学与生物技术、材料科学、微重力流体物理学、基础物理学
高微重力科学	流体力学、材料、相对论和引力物理学的悬浮技术
可变重力实验	离心机与可变重力对生物的影响、生命科学、生态生命保障系统、流体科学、两相流、相变和转移应用
保障平台	机器人、远程科学技术、结构和电子组装、焊接、润滑、废气、废水、废渣
独立有效载荷暴露实验	按照任务定义

具体实验柜的命名如下：

1）宇宙射线和暗物质研究装置；

2）生命与生态、生物技术实验柜；

3）流体物理学、两相系统和燃烧科学实验柜；

4）高温材料、无容器材料实验柜；

5）冷原子物理，高微重力水平实验柜，高精度时频系统；

6）手套箱和冷藏柜，可变重力实验柜，在轨维护和操作工作台①。

2015 年，选出了首批 150 个科学实验项目，并建立了有效载荷应用中心（POAC）。

空间站配有高科技仪器，如静电悬浮炉（electrostatic levitation furnace）。高温材料的炉温最高可达 1 600 ℃，而激光加热温度最高可达 2 200 ℃②，还配有一台高速摄像机，用于观察样本室中晶体的变化。手套箱和冷藏柜可针对不同生物样本将温度分别设置为 4 ℃、−20 ℃和−80 ℃。可变重力实验柜中有用于生物和流体实验的离心机[7]。空间站中还有一个微重力主动隔离系统（MAIS），这可能看起来很奇怪，整个空间站（见图

① 机柜名称和分组参见《中国空间站空间科学实验资源手册》http://www.cmse.gov.cn/gfgg/201904/P020200225328481496691.pdf。

② 根据《中国空间站空间科学实验资源手册》，此处实际上是 2 500 ℃。

1 - 15）在任何情况下都处于失重状态，为什么还要建立一个实验用的微重力区域呢？原因是受到航天器操纵、航天员活动和电机振动的影响，空间站的微重力环境远不纯净。诸如生物技术、流体物理学和材料科学等实验项目都有自己专属的实验箱，称为浮球，它将被放置在定子上，利用 6 个加速计（accelerometer）吸收扰动，这些实验需要在严格的微重力下进行。

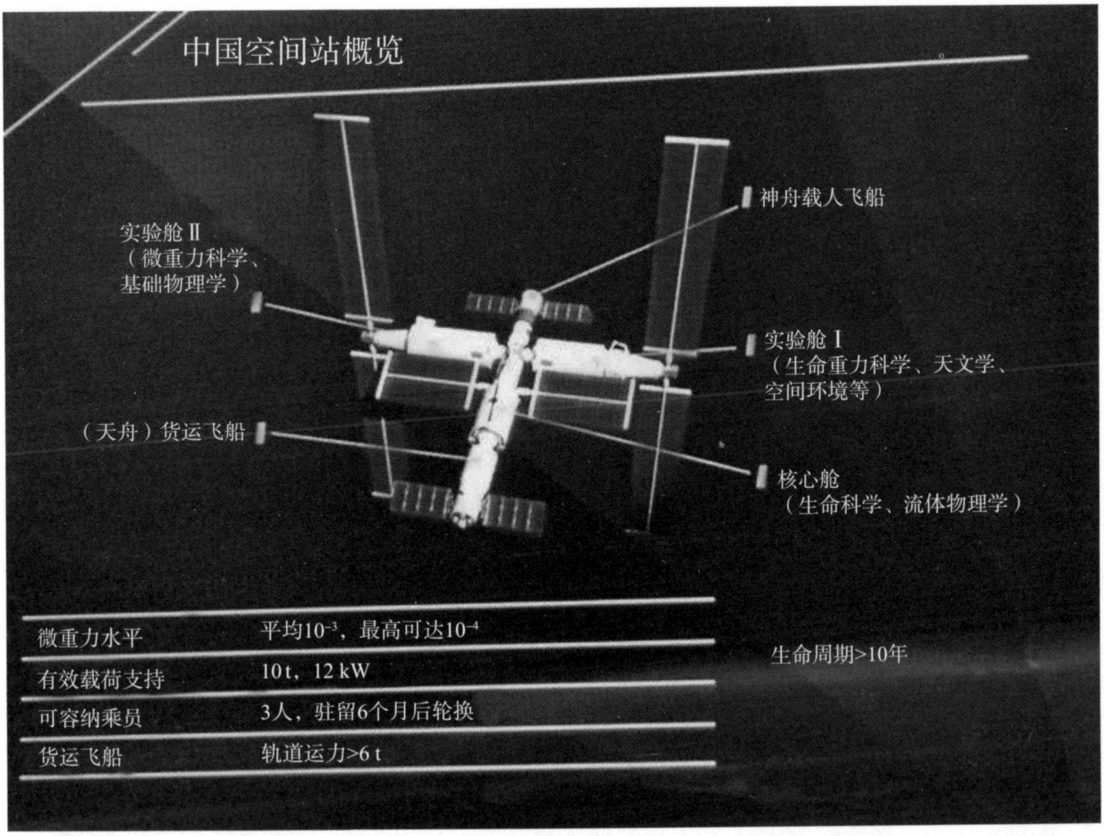

图 1 - 15　中国空间站概览与实验舱［图片来源：Jacqueline Myrrhe］

空间站的一个重要目标是尽可能自给自足，以实现未来飞往月球和火星这样更长的飞行。空间站将携带一个气液分离器（gas/liquid separator）来回收尿液，并将回收水处理成饮用水和氧气，这一点对再生生命保障系统的发展以及减少货运飞船的携水量都很重要。尿液回收方式包括离心式和静态式两种，其中离心式更加简单，不仅容易控制，而且污染程度低。空间站采用离心式尿液回收方式，回收装置的重量只有 8 kg，由可以防止尿液腐蚀的钛制成。2010 年 3 月，法国国家空间研究中心（CNES）的 A300 型飞机通过抛物线飞行（parabolas）进行了失重实验，发现尿液回收存在飞溅问题，进而对其进行了重新设计，并在第二年的再次飞行试验中取得成功。中国航天科工集团有限公司研发了一种蒸汽压缩蒸馏（Vapor Compression Distillation，VCD）装置，可以处理 6 kg 废水（尿液和冲洗水），回收率为 80%，但由于预处理尿液对材料具有腐蚀性[8]，该技术具有一定的挑战性。

2018年，空间站提出增加一些新的空间科学项目，包括：

1）X射线全天监视器，用于探索X射线双星、超新星、伽马射线暴、星系核以及超大质量黑洞对恒星的潮汐扰动；

2）高能宇宙射线探测器（HERD），用于GeV到PeV能量范围的精确光谱测量，以解决银河宇宙线之谜；

3）中子星极端天体物理学和技术探索研究（NEATER），旨在研究中子星、脉冲星计时、吸积盘、射流和极端重力、密度和磁性[9]。

此外，还提出了大面积太阳伽马射线光谱仪（LASGA），用于观测太阳伽马射线，更好地理解太阳周围的高能过程，但由于超出预算，这个项目被取消了。

中国空间站光学测量（CSSOS）项目支持开展相关研究，以确定宇宙模型及其参数，对宇宙的形成和扰动（formation and perturbations of the universe）进行三维重建，并解释它是如何演变的。空间站预计使用天宫二号上研制的冷原子钟，并在普通卫星上安装一个对比仪。同时，空间站将装有一个超高精度的时频系统（在卫星上也安装对比仪），用于测试地面传输和相对论。

2018年5月，在奥地利维也纳的一次活动上，中国正式宣布向国际社会开放空间站（见图1-16）。中国驻联合国大使正式发布了国际合作机会公告（AO），同时发布的还有

图1-16　中国向国际社会开放空间站［图片来源：Jacqueline Myrrhe］（见彩插）

空间站手册和申请表格。申请人可以使用空间站中已有的实验柜，也可以建造自己的实验柜，或者安装舱外实验柜，实验仪器由天舟货运飞船运送。在已经确定的时间安排表中，AO 的截止日期为 2018 年 8 月 31 日，最终遴选结果将于 2019 年 6 月公布[①]，协议将于当年 9 月签订。中国将承担发射和运营成本。中国在 2017 年就已经与意大利签署了一项协议，为意大利的飞行试验提供服务。维也纳的活动在航天界引起了很大的关注，演讲安排得很紧凑，一些坐在后排的美国代表清楚地意识到他们对手的关注点。杨利伟在中途来到现场，人们蜂拥着去见他并拍照。截至 10 月，已有 36 个科学团队申请在中国空间站上进行飞行实验，其中 11 个是舱外实验。

1.3　结语：月球背面

对中国来说，嫦娥四号是一次非同寻常的挑战，这是任何其他航天大国从未执行过的任务。从中继卫星到计算机引导，在地球视野之外的地方着陆对工程和技术要求极高。中国航天计划的严谨性是显而易见的。未来几年内，月球车和着陆器技术的发展将成为这项任务的关键。

早在 21 世纪初，空间站项目就已经被提上议程，从类似和平号空间站的相对小型的空间站，到类似国际空间站的更大型的空间站方案都被论证过。2010 年，中国政府最终批准了空间站的建设，并于 2013 年敲定了最终设计方案，包括核心舱（天和）、2 个实验舱（问天和梦天）和 1 台自由飞行望远镜（巡天）。

2016 年至 2017 年，在发射空间站之前，中国对所有准备工作进行了最后一次演练。航天员乘组在天宫二号实验室里停留了一个月，创造了在太空实验室中停留时间最长的纪录。天舟一号货运飞船与天宫二号对接后进行推进剂补加。作为空间站计划的重要环节，新一代长征七号运载火箭在试验中也取得了成功。

围绕空间站任务，很早就开始设计一套完整的科学实验，旨在为世界科学做出重大贡献。2018 年，扩大了科学实验的参与范围，正式扩展到全球科学界。

空间站的意义在于，中国将赶上俄罗斯和美国在空间站建设方面的成就。中国是继俄罗斯（1961 年）和美国（1962 年）之后第三个进行载人轨道飞行的国家（2003 年）。中国的空间站将与国际空间站同时在太空中运行。生活在地球上 42°N 到 42°S 之间的任何人都可以看到它们从上空飞过，在这方面，中国的成就已经赶上其他航天强国。中国空间站的寿命将超过国际空间站，国际空间站的未来尚不确定，美国和欧洲可能会在 2020 年后结束对国际空间站的支持，俄罗斯可能会将他们的舱段与国际空间站分离，用于自己国家的空间站建设。至少在 21 世纪中叶之前，中国的空间站很可能是夜空中

---

① 2019 年 6 月 12 日，在奥地利维也纳举办的联合国外空委第 62 届会议期间，中国载人航天工程办公室与联合国外空司共同组织召开发布会，宣布了联合国/中国围绕中国空间站开展空间科学实验的第一批项目入选结果，共有来自 17 个国家、23 个实体的 9 个项目成功入选。此次遴选在初选阶段共收到来自亚、非、欧、美等 27 个国家和地区的 42 份项目申请。

一道亮丽的风景。

如图 1 - 17 所示为在中国展出的国际空间站。

图 1 - 17　在中国展出的国际空间站

参考文献

[1] For a description of the landing site, see Huang, Jun et al: Geological characteristics of Von Kármán crater, northwestern South Pole Aitken Basin - Chang e 4 landing site region. Journal of Geophysical Research, Vol 123, #7, July 2018. See also China National Space Administration: Preliminary suggestion for international cooperation of Chang e 4 probe. COPUOS, Vienna, 2015.

[2] Jones, William & Freeman, Marsha: China's mission to lunar far side opens new frontier for mankind. EIR, 12 February, 2016.

[3] Chinese Academy of Sciences: Materials experiment facility on Tiangong 2, COSPAR, Moscow, 2014; Gu, Yidong: Science researches of Chinese manned spaceflight, from Space science activities in China. China COSPAR national report, 2014; Gu, Yidong; Gao Ming & Zhao Guangheng: The space sciences and application projects in space laboratory COSPAR China national report, 2016; Cartlidge, Edwin: China's atomic clock passes space test. Sciencemag, 22 September, 2017.

[4] Myrrhe, Jacqueline: To Mons Rümker and back with Chen Dong - visit by taikonaut Chen Dong to Neubrandenburg. Go Taikonauts, #22, 2018.

[5] Zhang, Xiaobing: China manned space program. COPUOS, Vienna, 2015; Wu, Ping: China manned space program - achievements and future developments. Presentation, COPUOS, Vienna, June 2016. For an analysis, see Clark, Phillip S: China's first space station plans. Spaceflight, vol 59, #8, August 2017.

[6] Gu, Yidong: Scientific utilization planning for China space station. Presentation, COSPAR, Moscow, 6 August 2014; Gu, Yidong: Sciences researches of Chinese manned spaceflight, from Space science activities in China. China COSPAR, 2015; Gu, Yidong; Gao, Ming; Zhao, Guangheng: Space research plan of China's space station. Beijing, COSPAR China National Committee, 2016; Wu, Ji: Calling Taikong - a strategy report and study of China's space science missions. Springer and Science Press Beijing, Singapore, 2017.

[7] Wang, Ke: The varying gravity experiment rack for space sciences in China space station. Paper presented to International Astronautical Congress, Toronto, 2014.

[8] Wu, Zhiqiang et al: Development of a rotary gas/liquid separator for Chinese space application. Paper presented to International Astronautical Congress, Toronto, 2014; Yuguang, Yang & Yu, Cao: Major contribution of CASIC in China manned space program. Paper presented to International Astronautic Congress, Toronto, 2014.

[9] Wu, Ji: Calling Taikong - a strategy report and study of China's space science missions.

第 2 章　从中世纪火箭到第一颗人造卫星

中国在天文学、航天学和火箭学方面有着悠久的历史。尽管古代天文学始于巴比伦，但没过多久也在中国兴起，并且与其他文明相比，中国拥有世界上最长的连续观测历史。早在公元前 13000 年，中国就有了对极光的记录，并在公元前 2165 年观测到了日食，而且还可以追溯到公元前 1400 年雕刻在骨头上的关于恒星记录。公元前 1300 年，中国观测到了心宿二（Antares）的一颗超新星，公元前 687 年观测到了流星雨，并于公元前 467 年发现了哈雷彗星，当时人们就发现哈雷彗星的彗尾指向了远离太阳的方向。后来，人们认识到太阳上有黑子。最早的星表①（star catalogues）是在公元前 350 年绘制的，描绘了天空的星宿，这种描绘类似于西方的星座。公元前 104 年，在南京的紫金山（Purple Mountain）建起了第一座天文台并迎来了第一个日晷（sundials）。天文观测这一传统不仅实用，而且富有想象力，因为在敦煌的石窟中发现了想象人们飞向天空的史前壁画。

自 7 世纪开始，中国的天文学迎来了黄金时代。当时，皇帝下令绘制了第一批星图和日历（公元 650 年），这些星图采用了墨卡托投影系统（Mercator system of projection），包含 1 340 颗恒星、12 个星座和极点俯视图（over - the - pole views）[1]，并制造出了报时装置（clock drives）、浑仪（celestial globes）和浑象（equatorial spheres）等非常复杂的仪器（1090—1092 年）②。自 1056 年 7 月 4 日起，宋朝的天文学家对脉冲星金牛座 θ（θ Tauri）进行了连续 23 天的观测③。到了 1150 年，皇家图书馆已经拥有 369 册与天文学有关的书籍，并于 1193 年绘制出了银河系星图。1276 年，在登封观星台用石圭测量出一

① 星表就是记载天体各种参数（如位置、运动、星等、光谱型等）的表册，是天文学上的目录。公元前 4 世纪，战国时期魏国天文学家石申著有《天文》八卷，后世称为《石氏星经》，其中载有 121 颗恒星的位置。这是世界上最古老的星表，今已失传。当前实际应用中常用星表如《依巴谷星表》（*Hipparcos catalogue*），简称 HIP 或 HP，是欧空局依巴谷天体测量卫星（Hipparcos）计划的主要成果。1997 年发布的第 2 版，是目前位置精确度最高的科学数据，包括的恒星总数为 120 313 个，极限星等为 13 等，精确度在千分之一角秒。

② 该设备应是北宋时期苏颂、韩公廉等人发明制造的以漏刻水力驱动的，集天文观测、天文演示和报时系统为一体的大型自动化天文仪器——水运仪象台，它通过水流驱动齿轮传递，带动浑仪、浑象和报时装置，标志着中国古代天文仪器制造史上的高峰，被誉为世界上最早的天文钟。

③ 脉冲星是超新星爆发之后的产物。

个回归年的精确长度[①]，而南京天文台则建造了第一台装有赤道装置的望远镜[②]。最有意思的也许是中国古代的天文学与欧洲天文学的差异，欧洲天文学视天空为有限的半球形，而中国古代宇宙学的一种（公元 336 年）则认为宇宙是“无限的空旷空间”，恒星在其中高速运动[③]。不论是在理论上还是在实践上，中国人领先欧洲将近 1 000 年。

如图 2－1 所示为位于北京天文台的中国古代天文仪器。

图 2－1　位于北京天文台的中国古代天文仪器

① 石圭的圭面中心和两旁均刻有尺度，用以测量影长。郭守敬和其他天文学家解决了由于太阳运行速度不均造成的历法不准确的问题，推算出的回归年为 365.242 5 天，即 365 天 5 小时 49 分 12 秒，一朔望月的长度为 29.530 593 日，摒弃了沿用几百年的《上元积年法》，并以至正十七年（1280 年）冬至作为历元（即与天文学所列数据、图表相对应的时刻）。它的精确度只比地球绕太阳公转一周的时间差了 26 秒，和现在通用的公历《格里高利历》一年的长度一样，但《格里高利历》是 1582 年（明万历十年）开始使用的，比郭守敬的《授时历》晚了 300 多年。

② 1276 年，元代天文学家郭守敬创制的一种测量天体位置的仪器——简仪。简仪包括相互独立的赤道装置和地平装置，赤道装置用于测量天体的去极度和入宿度（赤道坐标），与现代望远镜中广泛应用的天图式赤道装置的基本结构相同。

③ 中国的古代天文学家认为宇宙是无限的空旷空间，这是其中的一种说法，还有其他观点，如盖天说，认为天圆地方。

火箭（rocket），这个由中国发明的词在汉语中是“燃烧的箭”（firing arrow）的意思，古代中国人在公元220年至265年间就发现了火药的秘密。第一枚用火药而不是弓射出的火箭是由冯继升在970年发明的。而火药配方用了将近1 000年才传到西方，直到1248年，英国的罗杰·培根（Roger Bacon）才获得了火药的配方。当时的箭头部位填装有火药，一旦击中目标便会爆炸，大约也就是在这个时候，有了在节日里放鞭炮的传统。到了1083年，宋朝开始使用这种简易的火箭。后来，蒙古人也学会了使用这种火箭，并把它们作为帝国扩张的工具。1275年，日本侵略中国时，忽必烈可汗用火箭把他们驱逐了出去。后来，中国人开始把火箭放进发射筒里。

著名的中国科学和火箭编年史作家李约瑟（Joseph Needham），在其具有里程碑意义的《中国科学技术史》（*Science and civilization in China*）中描述了那时的人们是如何研制有翼火箭、多级火箭甚至气象火箭的。当时火箭的关键技术成就在于使用翼（vanes）引导火箭，以及内燃和喷嘴（nozzles）的使用。根据李约瑟的介绍，该技术可以追溯到1264年，到了1340年便已经被广泛应用。《明史》（*Ming histories*）记载，在1368—1644年这一时期使用的火箭种类超过了39种，并形成了一支火箭军队。这些火箭的名字与它们的威力相匹配，如飞空击贼震天雷（Soaring flame bird）、神火飞鸦（Burning crow）和飞空砂筒（Poison sand barrel），这些大尺寸、犹如鸟状的导弹在撞击爆炸时将火和毒药喷散开来。火龙出水（Fire dragon over water）是一种150 cm长的飞鱼式（Exocetstyle）两级反舰火箭，射程约1 km。在21世纪，工程师重新检查了这些导弹，并确认了它们的空气动力学稳定性[2]。

中国的火箭最终传往印度，18世纪末期一位印度王子①的军队中有6 000名火箭兵，在战斗中给英国军队造成了巨大的伤亡，然而英国士兵最终在战场上挽回了局面，缴获的火箭经过改良成为英军火箭兵团的家底，在后面的战争中成了对抗拿破仑军队的利器。16世纪，发明家万户（本名陶成道）成功研制出了射程1 000 m的军用火箭“飞龙”（Flying dragon），设计了一只柳条编制的椅子，在椅子下面捆绑着用于升空的47枚火箭，上面系有两个用于软着陆的风筝。点火后万户消失在了火焰和烟雾中。1970年，月球上的一个陨石坑以他的名字命名。所以从某种意义上说，他还是成功了。就在不久前，西昌卫星发射中心根据万户的形象打造了一尊雕像，下面是火箭，上面是风筝。火箭从来不是西方发明的。它来自中国古代。

2.1 钱学森

世界上伟大航天计划的发展与几个名字有着不可割裂的联系，例如俄罗斯的谢尔盖·科罗廖夫（Sergei Korolev），德国的沃纳·冯·布劳恩（Wernher von Braun），日本的丝

① 文中提到的印度王子蒂普·苏丹（1750年11月20日—1799年5月4日），是印度南部迈索尔邦国的军事首领。1787年获巴迪沙（大王）称号。在印度历史上，他被视为反抗英国殖民侵略的民族英雄。于1799年在英国发动的第四次同迈索尔的战争中阵亡。

川英夫（Hideo Itokawa）和印度的维克拉姆·萨拉巴伊（Vikram Sarabhai）。中国航天之父是钱学森（Tsien Hsue Shen），他于 1911 年出生于上海，祖籍浙江杭州。钱学森这个名字的意思是“学以致用”，小时候，他就读于北京一所只接收天才儿童的小学①。随后，作为学习成绩优异的模范生，考入了北京师范大学附属中学。18 岁时，他报考了国立交通大学（上海）的铁路工程专业，高考成绩名列全国第三。钱学森是一个严肃、超脱、衣着整洁、品行端正的学生，他喜欢自学，兴趣是古典音乐（他喜欢拉小提琴）。作为成绩顶尖的学生，他以 89 分（满分 100 分）毕业。后来获得了赴美公费留学奖学金，并选择了航空工程专业，于 1935 年启程前往美国。他起初在麻省理工学院（MIT）求学，一年之后便搬到了位于帕萨迪纳（Pasadena）的加州理工学院（CalTech），在那里，他师从著名的匈牙利数学家西奥多·冯·卡门（Theodore von Kármán），并于 1939 年博士毕业。在那个时期，中国的科学技术领域发展缓慢，很多有抱负的学生都选择出国深造[3]。

在加州理工学院，五位同学和同事邀请他加入业余火箭的兴趣小组。他们都是一帮实验人员，自己购买零件组装，然后在附近的荒漠中试飞。实际上，钱学森是这个小组的数学顾问。1937 年，他撰写了第一份关于火箭的报告，内容是喷嘴发散角对火箭发动机推力的影响，燃烧产物膨胀不足和过度膨胀对火箭效率的影响与火箭发动机的理想推力，以及考虑分子解离效应的燃烧室温度计算等②。首先，他们给航空科学研究带来了很多通常是具有危险性的实验，同时他们在当地的学生刊物上发表文章，钱学森针对最终将火箭送入 1 200 km 太空的可能性发表了一些大胆的评论③。就像德国和苏联等国家的火箭研究一样，他们的工作很快得到了美国军方的赞助，军方意识到火箭不仅具有可以使飞机飞得更快的潜力，而且具备作为弹道导弹的潜力。到 1942 年，美国参加第二次世界大战之后，钱学森开始研究小型固体火箭发动机，以帮助飞机升空。此后不久，他帮助制定了美国远

---

① 钱学森小学就读于北京第二实验小学，该小学成立于 1909 年，是一所公立学校，早期隶属于京师女子师范学堂。钱学森 1929 年毕业于北京师范大学附属中学，在那里度过了 6 年的中学时光。1934 年 10 月，钱学森被录取为清华大学赴美公费留学生，主修航空。1935 年 8 月，钱学森在黄浦江码头登上赴美的轮船。

② 1937 年 6 月至 9 月，在前期火箭相关文献资料整理与研究的基础上，钱学森向火箭研究小组提交了一份长达 114 页的报告，内容主要是为火箭研究小组设计和改进小型液体推进剂试验火箭所做的分析。该报告从火箭发动机的理想周期、喷嘴发散角度变化对火箭推力的影响、考虑分子解离效应之燃烧室温度计算、燃烧产物膨胀不足和过度膨胀对火箭效率的影响与火箭发动机的理想推力等方面，设想了一个燃烧室和废气喷嘴大小都固定的理想火箭的理论模型。该报告后来被收入火箭小组的论文集，与其他研究者的论文一起被小组成员奉为火箭研究的圣经。

③ 1939 年钱学森与弗兰克·马林纳（Frank J. Malina）在 *Journal of Aeronautical Science* 上发表了 *Flight Analysis of a Sounding Rocket with Special Reference to Propulsion by Successive Impulses*（以连续脉冲方式推进的探空火箭的飞行分析）一文，探讨和论证了逐次推进的方案，即采用固体火药作为推进剂快速燃烧排气而获得脉冲式推力的方案，可以达到距离地面 30 km 的高度，满足探空火箭进行观测的需要。

程火箭导弹计划[①]。后来钱学森因这项工作获得了空军的嘉奖。1943 年，钱学森已经成为加州理工学院航空系的助理教授并向学生们授课，有许多人发现他的态度令人生畏，要求严格，治学严谨，以至于让人觉得不近人情。1943 年 11 月，著名的喷气推进实验室(JPL) 正式成立，钱学森成了联合创始人，此后的美国无人月球探索、近地行星探测和外太阳系的探测工作均由该实验室指导。1944 年，他成为喷气推进实验室的首位理论研究组组长。

图 2-2 所示为钱学森的早期手稿。

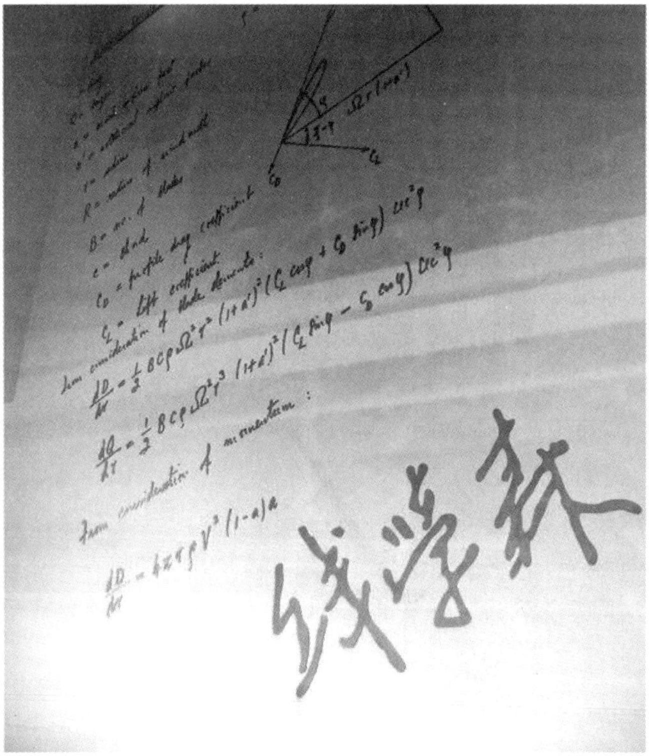

图 2-2 钱学森的早期手稿［图片来源：Go Taikonauts］

1945 年 5 月，钱学森被美国空军临时授予上校军衔，来到德国调查纳粹战时在导弹方面取得的成就，特别是 1942 年首次在波罗的海的佩内明德（Peenemünde)[②] 试射的A-4(V-2) 火箭。美国、英国、法国、苏联和中国这 5 个盟国都希望能够获得德国火箭或其他先进技术。5 月 5 日，钱学森审讯了刚刚向美国投降的德国火箭领军工程师沃纳·冯·布劳恩（Wernher von Braun)，当时他们的苏联对手、首席设计师谢尔盖·科罗廖夫(Sergei Korolev) 也正在附近的德国其他地区执行同样的任务。6 月 15 日，钱学森审问了

① 1943 年 12 月，冯·卡门、钱学森、马林纳三人共同提出了“美国远程火箭导弹计划（JPL-1)”。

② Peenemünde，德国东北乌瑟多姆岛上的一座小镇，曾是第二次世界大战纳粹德国秘密研制导弹的基地，V1、V2 这两种导弹是当时先进的武器。

另一位佩内明德团队的成员鲁道夫·赫尔曼（Rudolph Hermann），后者读过钱学森的《超声速气流中锥形体的压力分布》（*Pressure Distribution on Cone in Supersonic Flow*）论文，并在风洞中成功地验证了其理论。鲁道夫·赫尔曼是德国顶尖的高超声速风洞工程师，最初在亚琛工业大学①工作，后来在佩内明德为冯·布劳恩工作。

有一时期，德国科学家向中国代表团表示，他们很乐意到中国启动航天计划。两名佩内明德工程师克拉夫特·埃里克（Krafft Ehricke）和弗里德里希·埃尔德曼-杰斯尼策（Friedrich Erdmann-Jesnitzer）向中国驻柏林代表团提出了 87 页的正式建议书：关于发展现代火箭的建议（*Vorschlag zur Verwirklichung des Baues moderner Raketen in China*）。结果他们一无所获，因此埃里克随后于 1947 年加入了由佩内明德部分成员组成的得克萨斯团队。后来他成为美国航天计划的领导者，开发了半人马座上面级火箭。赫尔曼②去了美国，在那里，基于钱学森理论的风洞被重新组装，以供空军使用[4]。

回到喷气推进实验室，钱学森将他在战时的技术文章汇集出版了《喷气推进》一书③。在 1946—1948 年回到麻省理工学院期间，钱学森于 1947 年短暂回国访问（在国内，他迎娶了女高音声乐家蒋英）。1950 年钱学森成为加州理工学院喷气推进中心罗伯特·戈达德讲座教授（Robert Goddard professor）。他在为美国火箭协会（American Rocket Society）做的报告中描述了一种能够在地球上空 400 km 飞行的横贯大陆的火箭客机，乘客们身穿航天服在机舱中漂浮，享受短暂的失重状态，而这马上让他成为公众人物。这些在《大众科学》（*Popular science*）、《飞行》（*Flight*）和《纽约时报》（*New York Times*）上都有报道④。

1951 年，在美国麦卡锡政治迫害的高潮时期，他被指控为共产党员。接下来的一段混乱时期，他被吊销了安全许可，然后被监禁。美国政府各种各样的官僚派系就是否应该释放、监禁或驱逐钱学森展开了辩论，而他的论文被扣押了下来。他被指控其中一份论文包含有密码，但他的审问者并不了解那只是对数表而已。被软禁期间，他写出了一本关于自动化基本原理的书《工程控制论》（*Engineering Cybernetics*）。

---

① 亚琛工业大学（RWTH Aachen University）成立于 1870 年，是世界顶尖理工类大学之一，世界百强大学，也是德国精英大学，TU9 成员，长久以来被誉为“欧洲的麻省理工”。

② 鲁道夫·赫尔曼（Rudolph Hermann）曾协助冯·布劳恩的团队建造过一个超声速风洞，而超声速风洞在导弹弹翼的设计中是一项关键的试验设施，也是喷气式飞机设计中的一项关键试验设施。赫尔曼去美国后先在代顿市的赖特空军基地工作，然后在学术界工作，最后进入了美国国家航空航天局工作。

③ 1945 到 1946 学年间，钱学森将第二次世界大战期间的技术贡献转化成了 3 本主要出版物：专著《喷气推进》（800 多页），《开创新领域》系列报告，以及关于“超空气动力学”的论文。

④ 1949 年 12 月，钱学森受邀在纽约希尔顿宾馆举行的美国火箭协会年会上做报告。他在报告里描述了对洲际运输火箭的设想蓝图，借助这种长度 80 ft（英尺，1 ft=0.304 8 m）、直径 9 ft，形状似削尖了的铅笔的未来交通工具，人们将可以在一个小时之内从纽约飞到洛杉矶。它可以垂直起飞，沿太空椭圆轨道以每小时 10 000 mile（英里，1 mile=1 609.344 m）的速度飞过最初的 1 200 mile。在到达 300 mile 的高度后，它便会掉头再向地球表面飞去，穿过大气层，滑行 1 800 mile 后抵达目的地。《大众科学》和《飞行》杂志都以对开页形式登载了这种火箭的示意图。《纽约时报》和《时代》杂志都以长篇介绍了钱学森的科学创想，还刊登了钱学森的照片。

4 年后，中国以部分在朝鲜被俘的美国战俘，换回了钱学森和其他科学家。钱学森和他的家人经当时还是英国殖民地的香港重返国内，并在深圳受到中国科学院的热烈欢迎。这一系列的归国庆祝活动在周恩来总理的北京欢迎仪式上达到了顶峰。虽然钱学森所有的论文都被没收了，但是关于美国的最新火箭理论的知识都装在他的脑海里。1956 年 2 月 17 日，钱学森受到毛泽东接见。

然而，他必须从零开始。20 世纪 50 年代初的中国几乎还没有从长期的动荡和破坏中走出来：殖民侵略、社会动荡、抗日战争、解放战争。此时，自行车、汽车和卡车制造已经是中国工业和技术能力的极限。飞机制造厂、测试地点、风洞等这些在他看来在加利福尼亚都是理所当然应当具备的设施，国内却都没有。不过，他的到来恰逢政府通过了一项计划《1956—1967 年科学技术发展远景规划纲要》(*Long -range planning essentials for scientific and technological development*，*1956—1967*)①，确定了火箭和喷气技术、原子能和计算机等作为优先发展任务。作为规划中的一部分，1956 年 10 月 8 日，党和政府通过了一项成立国防部第五研究院的决议。政府接管了两个废弃的疗养院，并征集了 156 名大学毕业生，他们的工作都由钱学森负责，就是这个赫赫有名的研究所引领了中国的航天计划。

钱学森的首要任务便是招募航天领域的科学家和工程师，这些人主要是从英国和美国回归的同代人。周恩来不遗余力地欢迎他们回国，确保不会因他们出生在所谓的“旧社会”或不是共产党人而怀疑他们。钱学森和周恩来似乎在争取这些人上也取得了惊人的成功，因为中国航天设计师的履历看起来像是麻省理工学院和加州理工学院的毕业名单。中国早期航天设计师来自：美国（任新民，发动机；屠守锷，火箭设计；杨嘉墀，自动化；王希季，返回式卫星；屠善澄，早期载人舱）、英国（陈芳允，电子；黄纬禄，火箭设计）、苏联（孙家栋，卫星；童铠，导航和气象卫星）和德国（赵九章，空间物理）[5]。许多人晚年美好，2017 年去世的任新民，享年 102 岁。

1957 年 10 月 4 日，苏联发射了第一颗人造地球卫星斯普特尼克 1 号（Sputnik）②，世界发生了变化。这次发射并没有令中国人感到惊讶，因为过去三年里，苏联媒体曾多次宣布这一计划。中国科学院在紫金山天文台的协调配合下，在北京、南京、广州、武汉、长春、云南和陕西建立了观测站。

其实中国早就认识到需要外界帮助才能取得进步，因此中国转向苏联寻求帮助，并派遣了一个代表团前往莫斯科。1957 年 11 月，毛泽东第二次也是最后一次访问莫斯科时，

---

① 1956 年 12 月 22 日，中共中央同意《1956—1967 年科学技术发展远景规划纲要（修正草案）》作为试行方案付诸实施。确定了 57 项任务，包括 616 个科研课题。

② 1957 年 10 月 4 日，苏联发射了人类第一颗人造地球卫星斯普特尼克 1 号（Sputnik 1）。该卫星由苏联的 R7 火箭在拜科努尔航天基地发射升空。卫星重 83 kg，外表呈圆球形，直径 58 cm，轨道远地点为 986.96 km，近地点为 230.09 km，每 96 min 绕地球一周。第一颗人造地球卫星在近地轨道上运行了 92 个昼夜，绕地球飞行 1 400 圈，总航程 6 000 万千米。它标志着人类航天时代来临，也直接导致了美国和苏联的航天竞赛。

正值斯普特尼克 2 号（Sputnik 2）① 发射，他签署了苏联在原子能、导弹和飞机技术方面提供帮助的协议[6]。根据 1957 年签署的《国防新技术协定》②（*New defense technical accord 1957 — 1987*），苏联向中国提供德国 A-4 火箭③的蓝图和技术文件，同时中国派出了 102 名工程师前往苏联接受培训。尽管在当时这是比较落后的技术，但却发现火箭许多精密部件的生产是一项艰巨而复杂的任务，中国仍然需要花费数年时间来制造和发射自己的火箭型号。1960 年 2 月，中国与苏联科学院（USSR Academy of Sciences）达成了一项科学合作计划。如图 2-3 所示为早期中苏合作海报。

图 2-3　早期中苏合作海报

由于在莫斯科视察苏联火箭所感受到的震撼，以及受到苏联一颗重达 1.5 t 的大型卫星（斯普特尼克 3 号）运行表现的启发，1958 年 5 月 17 日，毛泽东提出“我们也要搞一

① 1957 年 11 月 3 日，格林尼治标准时间 02：30，在拜科努尔发射场由 R7 运载火箭发射斯普特尼克 2 号。卫星重 508 kg，远地点 1 660 km，近地点 212 km，倾角 65.30°，绕地球一周时长 103.70 min。该卫星于 1958 年 4 月 14 日在大气层中燃烧。

② 1957 年 10 月 15 日，聂荣臻代表中国政府，苏联部长会议第一副主席别尔乌辛代表苏联政府，分别在协定上签了字。苏联答应在原子能工业、导弹、火箭武器、航空新技术以及导弹和核试验基地建设等方面，对中国进行援助。协定的全称是《关于生产新式武器和军事技术装备以及在中国建立综合性原子能工业的协定》（简称《国防新技术协定》）。

③ 1942 年 10 月 3 日，德国首次发射成功运载火箭“Unit-4”（A-4），其军用型“V-2”更为人所熟知。A-4 弹道高达 94 km，射程约 200 km，这是历史上第一个飞行高度超过平流层极限、速度达到五倍声速以上的人造物体。

点卫星”。在国防部第五研究院召开的一次会议上，钱学森接到上级指示，要制造一颗人造地球卫星，给出的工程代号是581工程。代号一直是中国航天计划的重要组成部分，其数字要么来自相关年份，即该年的项目编号（例如，1958年的第1项任务），或者来自月份的日期（331源自3月31日），或来自更模糊的来源。表2-1列出了中国航天计划的项目代号。

表2-1 中国航天计划的项目代号

211	探月工程(2003年)
311	氢燃料发动机(1970年)
333	通信卫星(1977年)
581	人造卫星工程(1958年)
651	地球卫星项目,续(1965年)
691	导航卫星系统(1969年)
701	技术试验卫星(1970年)
714	曙光载人航天工程(1971年)
718	建立测量舰队(1971年)
7201	建立西昌卫星发射中心(1972年)
863	横向科研计划(1986年)
869	可回收卫星(返回式卫星)计划(1967年)
911	载人飞行设计研究(1986年)
921	载人航天计划(1992年)
1059	仿制俄国P-2导弹(1958年)

“发射卫星”成为全国人民共同的话题，甚至很多新生儿都起名“卫星”。尽管初期进展迅速，但当时正值大跃进时期，581项目很快就遇到了问题。接着是中苏分裂，苏联从技术上和科研上切断了对中国的援助。此时邓小平宣布取消发射卫星的计划，但是仍旧保留导弹项目。他敦促581小组的成员要专注于更现实的目标，例如制造探空火箭，而不是卫星。他们做到了，但却是在难以想象的最困难的条件下实现的。火箭是用矿井绞车吊到合适位置的，指挥部掩体（bunker）是用一捆捆干草堆成的；现场甚至连高音喇叭都没有，倒计时是通过手势信号（hand-singles）完成的。尽管如此，仍在两年之内发射了第一枚探空火箭。

发射导弹需要发射场。发射场选址的主要考虑是将其设在内陆，以便远离美国的间谍飞机。酒泉是位于北京西北方向距离北京1 600 km的沙漠绿洲，它因地处偏远、人口密度低并且大气洁净而被选中，尽管美国U-2间谍飞机很快就发现了这里。1958年，中国人民解放军第二十兵团抵达此地，清理了场地，并在苏联的帮助下，建起了一座航天发射场。最终，1960年11月5日，东风1号（Dong Feng 1）导弹从酒泉发射升空。东风成为组成中国导弹部队的导弹（东风2号、3号、4号等）的名字，4年后，中国制造出了一枚原子弹，东风导弹在原子弹的发射上派上了用场[①]。如图2-4所示为早期在沙漠中架设导弹的图片。

图2-4 早期在沙漠中架设导弹［图片来源：Go Taikonauts］

2.2 第一颗卫星：东方红

在导弹研制成功的鼓舞下，钱学森为恢复被取消的卫星项目而努力。1961年4月，尤里·加加林（Yuri Gagarin）实现绕地球飞行后，钱学森组织了一系列专题讨论会，讨论了太空飞行并报告了其他国家的进展。他依托航天710所创立了“系统学讨论班”（Systematics Discussion Class）。次年，他在上海机电设计研究院（SIMED）召集了一个由朱毅麟领导的50人的卫星设计团队。1963年，中国科学院成立了星际航行委员会[②]。第二年，中国科学院在北京成立了一个委员会来对人造卫星进行历时一年的可行性研究。在1964年至1965年期间，钱学森和他的同事赵九章向党中央、中央军委和中央人民政府提出了恢复卫星项目的建议。1965年7月，中国科学院提出了《关于发展我国人造卫星工作规划方案的建议》（*Proposal on the plan and program of development work of our artificial satellite*）。他们感觉到了有利的氛围，不仅提出了卫星项目，还提出了航天计划[③]。1965年8月10日，卫星项目获得周恩来总理和中央委员会的批准，并要求卫星必须能在地面上看得见，其信号应在全世界范围内都能听得到（出于与斯普特尼克1号类似

---

① 1964年10月16日，中国第一颗原子弹爆炸成功；1966年10月27日，中国自行研制的东风2号导弹携带原子弹弹头从酒泉发射基地起飞，经过894 km的飞行，准确命中在新疆罗布泊戈壁滩的目标，成功实现核爆炸。

② 1963年2月，中国科学院成立星际航行委员会，由竺可桢、裴丽生、钱学森、赵九章、谷羽等组成。其任务是负责本学科领域的组织与规划工作。

③ 1965年1月8日，钱学森建议我国暂停研制的人造卫星应该重新启动并列入国家任务。中央批准了研制第一颗人造地球卫星的计划，代号由“581”改为“651”。

的考虑）。卫星项目的新代号为“651”。

作为惯例，在1965年10月20日至12月2日召开了长达42天的总体方案论证会，这次会议史称651会议①。会议解决了卫星的细节问题，确定了卫星的质量为170 kg，轨道倾角为70°（可以在地面较大范围观测到），外形为球形多面体，直径1 m，亮度五等星，并载有科学仪器，电池可维持卫星20天的在轨工作时间，该卫星称为东方红一号（Dong Fang Hong 1），如图2－5所示。它的目标是比斯普特尼克1号或美国的探索者1号②（Explorer 1）更大、更好、更先进。这颗卫星由1968年8月成立的北京航天器系统工程研究所（Beijing Institute for Spacecraft System Engineering，BISSE）③ 制造。

实际上，研制运载火箭本身的挑战不亚于研制卫星。东风导弹的大小和功率远远不能满足入轨要求。20世纪60年代，中国逐渐发展出东风1号（DF－1）的后续型号，东风4号（DF－4）可以作为卫星发射的运载。长征一号（CZ－1）实际上是1965—1970年研制的三级版的东风4号中程导弹，这是一种计划打击远至太平洋中部地区目标的武器。在东风4号的顶部，安装了一个小型三级固体火箭发动机，可以将卫星送入轨道。长征一号长29.45 m，直径2.25 m，重79 t，能够将一颗300 kg重的卫星发射到高度440 km，倾角70°的轨道上。运载火箭前两级高度分别为17 m和5 m，使用可储存的偏二甲肼（Unsymmetrical Dimethyl Hydrazine）与硝酸作为燃料，这一方法受到俄罗斯著名的发动机设计师瓦连京·格鲁什科④（Valentin Glushko）的青睐。偏二甲肼的优点是比冲高，在发射台上可以存储较长时间，只需要接触时点燃。但其缺点是有剧毒，在发生事故时会造成可怕的灼伤，因此需要小心处理。使用这种燃料的火箭在起飞时很容易识别，因为其火焰呈橙色而烟雾为棕色。

---

① 1965年10月20日至11月30日，中国科学院受国防科委的委托，在北京主持召开了中国第一颗人造地球卫星总体方案论证会。具体任务是：1）测量卫星本体的工程参数；2）探测空间环境参数；3）奠定卫星轨道参数和遥测遥控的物质技术基础。大家一致同意中国第一颗人造卫星在重量、寿命、技术等方面，都要比苏、美第一颗卫星先进，并做到“上得去，抓得住，测得准，报得及时，听得到，看得见”。并慎重初战，努力做到一次成功。

② 1958年1月31日美国在佛罗里达州卡拉维纳尔角成功发射探索者1号人造卫星。该星重8.22 kg，锥顶为圆柱形，高203.2 cm，直径15.2 cm，沿近地点360.4 km、远地点2 531 km的椭圆轨道绕地球运行，轨道倾角33.34°，运行周期114.8 min。发射探索者1号的运载火箭是丘比特C型运载火箭。

③ 北京航天器系统工程研究所应为北京空间飞行器总体设计部，该总体设计部成立于1968年8月16日，是我国航天器总体领域专业技术最齐备的空间飞行器研制总体单位，承担着以高分辨率对地观测系统、第二代卫星导航系统、载人航天与探月工程三大国家重大科技专项为代表的航天器研制任务，在牵引和推动我国空间事业领域和专业发展方面发挥着重要作用。

④ 格鲁什科1908年出生于乌克兰的敖德萨，毕业于列宁格勒大学，从事液体运载火箭发动机的理论研究与试验，并参加了苏联首批液体运载火箭发动机的研制工作。在改进火箭结构设计、提高发动机推力和可靠性方面成绩卓著，取得了许多重要成果。1945年担任总设计师，领导导弹和火箭用的液体发动机设计研制工作，为1957年后发射洲际导弹和人造卫星的运载火箭提供了合格的发动机，保证了载人飞船和各种空间探测器发射的成功，1958年成为苏联科学院院士，1989年在莫斯科逝世。格鲁什科作为苏联著名的动力物理技术科学家和火箭技术的先驱之一、液体火箭发动机创始人，对苏联的航天事业做出了重要贡献。

图 2-5　中国第一颗人造卫星：东方红一号

1970 年 4 月 20 日，科学家们把卫星和运载火箭准备好，钱学森和周恩来在接下来的 4 天里，保持着酒泉和北京之间的电话联系，然后开始倒计时。云层散开后，星星在黑暗中闪烁，中国的第一颗人造卫星从酒泉卫星发射中心升空，长长的橙色火焰尾巴在甘肃沙漠上空形成弧形，朝着南海方向飞去。火箭一级燃烧了 140 s，然后分离落下，二级燃烧了 120 s。在弹道顶端，三级小型发动机点火，将卫星送入近地点 440 km，远地点 2 386 km 的轨道，倾角 68.5°，周期 114 min。为了"听得见"，卫星上安装了音乐电台，由化学电池供电，用来播放歌曲《东方红》（*The east is red*）。钱学森和他的同事们聚集在余温仍在的发射台上，欢呼着，跳跃着，有的甚至喜极而泣。钱学森发表了即兴演讲。他的人生梦想终于在中国西北的沙漠里得以实现。这一天是 4 月 24 日。2016 年，中国把这一天宣布为"中国航天日"，就像俄罗斯的宇航节（4 月 12 日）一样[①]，全国各地都会举行讲座、展览、会议和庆祝活动。

---

① 1961 年 4 月 12 日，对俄罗斯来说是个历史性的日子，苏联航天员加加林乘坐东方号飞船进入太空，揭开了人类载人航天历史的第一页，因此，4 月 12 日也成了苏联/俄罗斯的宇航节。

如图 2-6 所示是东方红纪念邮票。

图 2-6　东方红纪念邮票
（见彩插）

周恩来在新闻公报上加了一点小注释：“我们坚持独立自主自力更生的方针”。事实确实如此，因为当时中国在科学、技术甚至外交领域都被西方国家孤立。东方红一号重达 170 kg，是当时所有航天大国发射的第一颗卫星中质量最大的。不管是城市、乡镇还是村庄，全国都举行了游行，人们都争先恐后，想在春天的夜空中率先看到亮度达 5 等的卫星或 3.3 等的火箭。在北京，烟花燃放，乐队演奏，彩旗飘扬。一周后，在天安门广场的阅兵式上，钱学森与其他中国领导人一起站在台上，乐队演奏着歌曲《东方红》，与中国第一颗卫星播放的响彻全世界的乐曲一样（东方红卫星的信号持续了几个星期）。东方红的第三级已于 2000 年 12 月 29 日烧毁，但该卫星有望在高空停留 100 年，直至 2070 年①。今天的老人们仍然记得那段令人振奋的时光。

如图 2-7 所示为钱学森博物馆中陈列的东方红一号。

图 2-7　钱学森博物馆中陈列的东方红一号［图片来源：Go Taikonauts］

① 东方红一号卫星设计寿命为 20 天，实际在轨有效运行时间 28 天，采用银锌电池为电源，电池于 1970 年 5 月 14 日耗尽，卫星停止发射信号，《东方红》乐曲停止播放，结束了其工作寿命。不过，由于轨道高度的原因，卫星的轨道寿命并没有结束，至今东方红一号卫星仍在太空轨道上运行。

2.3　第二颗卫星：实践

将近一年后，紧随东方红一号的脚步，中国的第二颗卫星也进入了轨道，这是长征一号的第二次发射，也是最后一次发射。既然发射第一颗卫星的价值已经得到了证明，中国的第二颗卫星因此更专注于科学任务。实际上，第二颗卫星实现了第一颗卫星的设计初衷。卫星总设计师是杨嘉墀（1919—2006 年），他于 1947 年至 1955 年在哈佛大学、宾夕法尼亚大学和洛克菲勒学院学习和工作。

1970 年 5 月，在中国空间技术研究院举行的一次会议上商定了第二颗卫星的任务。第二颗卫星获得了新名称："实践"，"实"是真实的意思，"践"是执行的意思。这也是毛泽东一篇文章的名字①。实践一号卫星重 221 kg，最终于 1971 年 3 月 3 日晚发射入轨。任务一开始就出现了问题，尽管卫星与火箭第三级分离的爆炸螺栓（explosive bolts）已经起爆，但卫星并未与运载火箭分离。由于第三级的包裹，卫星传输出来的信号很微弱，只达到了预期的 1%。设计师们既困惑又担心。到了第八天，传来的信号突然变得响亮而清晰，地面观测证实卫星已经与运载火箭的三级分离。北京直到 3 月 16 日才宣布发射成功，大概是确认了器箭分离并且收到了更强烈的信号。

实践一号和东方红一号一样，外形是一个 72 面的多面体，表面用太阳能电池片覆盖，可为一个长寿命的 2 W 镍镉电池充电。实践一号携带了 3 台科学仪器，取代了东方红一号播放乐曲的音乐盒，包括一个 11 mm 的宇宙射线探测器、一个 3 mm 的 X 射线探测器（1～8 Å）和一个磁力计。当卫星进入地影时，100 个自动热控百叶窗关闭，当它进入光照区时再次打开（斯普特尼克 3 号携带了类似的系统）。无线电发射使用了 4 副短波天线，在 16 个频道上传回了一系列的科学数据，这些数据可以被 3 000 km 外的地面站接收。这些仪器记录到了超过 0.88 MeV 的太阳 X 射线电子和超过 16.9 MeV 的质子，磁力计为中国首次绘制了地球磁场图。实践一号持续传送科学数据，直到 1979 年 6 月 17 日进入大气层烧毁。尽管在整个任务中有 10 000 次充电和放电循环（每一圈卫星都会进入和走出地影），但电池和遥测系统并没有显示出退化的迹象，保持了同样的高性能。1978 年，设计团队因这些成就获得了大力表扬。这个为期 3 028 天的任务取得了圆满成功，受益于实践一号，地球物理学家出版了参考专著：《人造卫星环境手册》②（*Handbook of the artificial satellite environment*）。

实践一号是中国空间科学的先驱、应用地球物理研究所（中国科学院国家空间科学中心的前身）的创始人赵九章教授的成就[7]。赵九章 1907 年 10 月 15 日出生于河南开封。

---

① 《实践论》是毛泽东于 1937 年（丁丑年）7 月写成的关于马克思主义认识论的代表著作。1951 年收入《毛泽东选集》第 1 卷。

② 早在 20 世纪 60 年代初卫星事业刚刚起步时，中国科学院在赵九章的领导下就开始了空间环境的研究，当时主要研究的问题是地球辐射带中高能带电粒子对卫星的影响。1971 年编写的《人造地球卫星环境手册》为航天工程设计人员提供了一本便于查阅的工具书。

1933 年，他先在位于杭州的浙江工专（浙江大学工学部前身）学习电气工程，然后进入清华大学物理专业。和大多数同学一样，赵九章选择出国深造，他去了欧洲科学最先进的国家德国，1938 年在柏林被授予动态气象学博士学位。1949 年，中华人民共和国成立，赵九章后来成为地球物理研究所所长，成为大气、气团、信风、太阳能、带电粒子和磁场方面的专家。他的主要成就是确保早日为航天计划提供科学定位，并为未来树立基准。他于 1968 年 10 月 26 日去世。1989 年，以他的名义设立了“赵九章优秀中青年科学工作奖”①，随后 20 年间共有 79 位科学家获得了这个备受赞誉的奖项。一颗编号为 7811 的小行星以他的名字命名，COSPAR 赵九章奖②的设立就是为了纪念他在空间物理和大气物理学领域的成就；2009 年 10 月 29 日，中国科学院举行了纪念赵九章百年诞辰的会议。

2.4 不参与太空竞赛

1971—1976 年五年计划的任务目标被大幅缩减，其中一项主要目标是发射地球静止轨道通信卫星。邓小平在 1978 年 8 月提出了一项经过大幅修改的航天政策。他指出，“中国是一个发展中国家，在空间技术方面，中国不参加太空竞赛。要把力量集中在急用、实用的应用卫星上来”。中国通过削减空间预算以满足更温和的目标规划，预算降到了国民生产总值的 0.035%，这不仅落后于大型航天国家，甚至比邻近的日本（0.04%）和印度（0.14%）还要低。邓小平鼓励更年轻、更务实的工程师和管理人员在工业生产中站出来，专注于现代化进程而不是意识形态的斗争。将中国从一个低工资经济体转变为一个以科学为基础的社会是他的核心目标之一，因此，大学很快重新开放并扩招。1986 年，中国再次邀请海外学者回国，并设立了 863 科研基金项目，重点发展领域包括航空航天、生命科学、信息、能源、国防、自动化、新材料等。

之后，邓小平明确提出“走一条中国式的现代化道路”，实现工业现代化、农业现代化、国防现代化、科学技术现代化。中国不仅开放了外资企业和私营企业，而且开启了国际科学合作开放的进程，这一举措后来被称为“改革开放”（reform and opening up）。1980 年，中国加入国际宇航联合会（International Astronautical Federation，IAF），钱学森任会长的中国宇航学会成为其机构成员。中国还加入了国际电信联盟（International Telecommunications Union，ITU）和联合国和平利用外层空间委员会（UN committee on the peaceful uses of outer space）。随着欧洲空间局（European Space Agency，ESA）、

① “赵九章优秀中青年科学奖”以中国著名气象学家、地球物理学家和空间物理学家赵九章的名字命名，“赵九章优秀中青年科学奖”设立于 1989 年，原名“赵九章优秀中青年科学工作奖”。

② 赵九章奖由中国科学院和国际空间研究委员会（COSPAR）联合设立，为 COSPAR 的 8 个奖项之一，该奖自 2006 年开始设立，两年颁发一次。国际空间研究委员会是国际科学理事会（ISC）下属的、国际上空间研究领域的最高学术组织。我国于 1992 年成立了国际空间研究委员会中国委员会（CNCOSPAR），并成为 COSPAR 的正式成员。CNCOSPAR 秘书处挂靠在中国科学院国家空间科学中心。

法国、日本等国家和组织的航天专家的到访（甚至美国代表团也进行了一次访问），20 年来与外界隔绝的状态结束了。中国于 1985 年主办了第一次国际空间会议，与美国就使用陆地卫星数据进行了谈判，并于次年购买了一个地面站，用于接收其数据。到了 1988 年，中国派遣最有前途的工科毕业生到麻省理工学院学习。1992 年，中国申请加入国际空间研究委员会（COSPAR）。

如图 2－8 所示为钱学森和他的同事们。

图 2－8　钱学森和他的同事们［图片来源：Go Taikonauts］（见彩插）

中国的航天计划也在国内逐步公开。按照以往苏联的惯例，航天从业者不能告诉家人他们在哪里工作，他们研究所的地理位置也从来没有被标识过，而是按照邮箱号码进行分配，航天从业者承受着巨大的压力。实际上分配到航天行业的应届毕业生面临的最大挑战是找到他们未来的工作地点，因为实际上没有人获得允许来告诉他们工作地点在哪里！同样，去酒泉的铁路线也没有在地图上标出。从现在开始，大多数航天组织将公开命名、标识并列入公开名单。

2.5　第三颗卫星：技术试验卫星

实践一号（1971 年）的发射，与中国下一颗卫星（1975 年）的发射，间隔了 4 年多时间。

技术试验卫星字面意思是“用于新技术试验或应用的卫星”（technical experimental satellite）。长空（Chang kong）一词也被应用于长空一号、二号和三号卫星系列中，这是上海航天技术研究院（Shanghai Academy of Space Technology，SAST）简短的历史中曾经使用过的术语。实际上，该系列卫星计划与中国可回收卫星（返回式卫星）计划是同步进行的（见第 4 章），并且在没有官方相关方面信息的情况下，两个系列被混淆了几次（它们的轨道比较接近）。技术试验卫星是一颗大卫星，质量超过了 1 t（1 100 kg）。

技术试验卫星（见图 2-9）的发射使用了一种新的运载火箭：风暴一号[①]，其设计基于东风 5 号导弹，由上海研制。它的开发任务分配给了上海市第二机电工业局（Shanghai ♯2 Bureau of Machinery and Electrical Equipment），尽管该局从未制造过火箭（后来成为 SAST 的一部分）。

图 2-9　20 世纪 70 年代初在上海展出技术试验卫星

① 风暴一号火箭的代号为 FB-1。20 世纪 70 年代初北京地区开始研制长征二号运载火箭时，上海地区根据当时国内的需要，也用长征二号运载火箭的设计技术资料开展了运载火箭的试制工作，火箭命名风暴一号以示区别，风暴一号于 1973 年 9 月 18 日首飞，1981 年 9 月 20 日停飞，共进行了十一次发射。

尽管经验不足，但上海团队在调动城市和该地区的工业和技术资源方面足智多谋，他们通过一家研究机构研制了火箭的计算机，并让造船厂来焊接火箭的铝铜合金贮箱。仅用10 个月就制造出了重达 192 t，高 33 m，能够将 1 500 kg 的卫星送入轨道的风暴一号。这是中国唯一没有列入长征系列的火箭。与长征系列相比，风暴一号的设计更具前瞻性、挑战性，其设计要求更高，因此在某些方面因生产仓促而受到影响。前两次发射尝试均以失败告终（1973 年 9 月 18 日和 1974 年 7 月 14 日），第三次尝试获得了成功。1975 年 7 月 26 日，技术试验卫星一号进入轨道，发布的公告提供了卫星的最基本信息（只有轨道参数）。

技术试验卫星二号于 1975 年 12 月 16 日发射。9 个月后，即 1976 年 8 月 30 日，发布了一份技术试验卫星三号的公告，其中给出的细节更少（只有日期）。1976 年 11 月 10 日进行了最后一次技术试验卫星发射，但卫星没有进入轨道。此后，技术试验卫星系列终止。

官方宣称，技术试验卫星是技术测试卫星，但尚不清楚测试的是什么技术，以及随后如何应用。对技术试验卫星的探究，即使到今天也会得到谨慎的答复。20 世纪 70 年代，上海的研究院展出了全尺寸的技术试验卫星模型，随后该模型也在酒泉和哈尔滨工业大学的博物馆展出过。它们对于说明一些我们仍然不知道的历史很重要，包括航天计划中其他工业中心的出现（特别是上海），以及为“神秘卫星”制定一个标准，而这些标准在遥感和实践项目中一直延续到今天。

2.6　返回式卫星

中国是第三个从轨道上回收卫星的国家。中国可回收人造卫星的想法可以追溯到 1964 年，也是上海设计团队工程师的工作。与美国和苏联一样，在任何航天计划中，回收卫星均被视为非常重要的基本部分。这一概念最早是在 1965 年 8 月批准的中国科学院《关于发展我国人造卫星工作规划方案建议》（*Proposal on plan and program of development work of our artificial satellites*）中正式提出的，并在 1966 年 3 月的一次设计会议上获得批准。上海机电二局被授予了这项任务。

设计研究工作即刻展开。在 1967 年 9 月举行的为期三天的会议上，解决了设计所存在的问题。会议同意研制一颗重达 1 800 kg（有效载荷 150 kg）的卫星，其典型轨道为 173～493 km，周期 91 min，倾角 59.5°。它被命名为“返回式卫星”（FSW），或“可回收试验卫星”（recoverable experimental satellite），但它的确切用途从未明确。美国的第一个可回收卫星项目发现者（Discoverer）实际上是一颗间谍卫星，必须回收才能取回胶片。而苏联方面，科拉布·斯普特尼克（Korabl Sputnik）是第一艘载人飞船沃斯托克（Vostok）的原型，但它拥有 Zenit 军事照相侦察设备[①]。中国后来宣布，返回式卫星进行了对地观测工作，其相机分辨率为10 m，装有 2 000 m 的胶片。我们还知道，返回式卫星

① Zenit 中文名称为克拉斯诺戈尔斯克光学机械厂，位于俄罗斯莫斯科西北近郊，在苏联时代是非常有影响力的光学工厂，建于 1942 年；生产单反相机夜视镜、望远镜、医疗设备以及数码 DC 产品。

成了曙光一号载人飞船的前身（见第 7 章）。

无论最初的目的是什么，后来版本的返回式卫星也被用于在轨道上进行一系列微重力和科学实验，返回式卫星项目一直持续到 2016 年。与最初的观测任务相比，它作为一个长期科学项目的运行时间可能更长。对于情报而言，每年从在轨运行一星期的回收舱收集 10 m 分辨率的胶片图像的收益可能相当有限。最终，美国和俄罗斯都转向了效率更高的数字成像技术，不需要像中国一样修复胶片舱（资源和遥感项目，见第 6 章）。

研制返回式卫星的任务由中国空间技术研究院负责，而中国运载火箭技术研究院负责研制新型火箭长征二号。如果说长征一号就像民用版东风 4 号型导弹，长征二号则与东风 5 号相关。长征二号的总设计师是屠守锷（1917—2012 年），该火箭服役了 40 年（见第 3 章）。它由高强度铝铜合金制成，是中国第一个使用全计算机制导（full computer guidance）和摆动发动机（gimballed engines）的运载火箭。所采用的轻量化、中速、小容量数字计算机是中国同类计算机中的第一台。火箭上升的一个特点是级间滑行（inter-stage glide）：一旦第二级发动机完成燃烧，游机（maneuvering Vernier engines）将作为主发动机继续点火，从而能够额外携带 500 kg 的有效载荷。

返回式卫星的首任总设计师是王希季。王希季于 1921 年出生于云南大理，毕业于西南联合大学。王希季进入弗吉尼亚理工学院学习，并于 1949 年获得博士学位，次年返回中国。1958 年，他成为上海机电设计院（Institute of Mechanical Engineering and Design）的院长①。返回式卫星带来了艰难的工程挑战，包括：设计一个保护性的隔热罩，确保舱体在 1 200 ℃的再入温度下能存留下来；研制返回式火箭；高精度的姿态控制系统；为返回舱再入精确时刻做好准备的高质量地面跟踪系统；搜索与回收系统。这些工程挑战要求开发更先进的地面测试设备。环境试验工程研究所（Institute of Environment Test Engineering）② 和兰州物理研究所（Lanzhou Institute of Physics）③ 共同研制了一个 KM3 热真空罐，真空度达到 10^{-9} torr（1 torr＝1/760 大气压）。为跟踪在轨卫星成立了西安卫星测控中心④。

中国在此之前没有制造隔热罩的经验。设计师不希望使用美国和苏联在 20 世纪 60 年代所开发的烧蚀式隔热板，因为这种隔热罩很重，烧蚀式隔热板在下降的过程中材料逐渐

---

① 1958 年 11 月，上海市委决定调王希季到上海机电设计院（即 1001 卫星和运载火箭总体设计院）工作，担任技术负责人。

② 此处应为北京卫星环境工程研究所（Beijing Institute of Spacecraft Environmental Engineering）。该所隶属于中国空间技术研究院，承担中国载人航天器系列、导航卫星系列、通信卫星系列、对地观测卫星系列、月球与深空探测卫星系列、科学实验卫星系列和返回式卫星系列等航天器的总装、集成与专业测试、环境试验工作。

③ 兰州物理研究所创建于 1962 年，隶属于中国科学院，1968 年划归中国空间技术研究院，2002 年更名为兰州空间技术物理研究所（Lanzhou Institute of Physics）。

④ 准确名称为中国西安卫星测控中心（China Xi'an Satellite Control Center），其主要任务是对卫星、宇宙飞船等航天器进行跟踪测量；接收并处理航天器发回的数据；对航天器进行控制；回收航天器的返回舱；对在轨航天器进行长期的运行管理等。

燃烧，让返回舱留有足够生存的温度余量。后来美国和苏联航天飞机使用轻型、低密度泡沫型防护罩（隔热瓦），中国不具备这种材料的直接研制能力。他们最终找到了一种非烧蚀性材料，其性能介于两者之间，这种叫作 XF 的碳复合材料，能够承受 2 000 ℃的再入温度。与一些西方报道不同，防护罩不是由橡木木板制成的［欧洲的再入大气层试验飞行器（Atmospheric Reentry Demonstrator，ARD）的确使用了用软木橡木加工成的树脂］。

返回系列需要相对先进的自动化水平：新的三轴姿态控制系统（three - axis attitude control system），采用红外地平仪（infrared horizon scanner）和陀螺仪（gyrocompass），带有模拟计算机（analogue computers）、太阳敏感器和地球敏感器（Sun and Earth orientation sensors）、惯性测量单元（inertial measurement unit）和用于航天器定向的冷气推进器系统（cold gas thruster system）。长春光学精密系统研究所（Changchun Institute of Optics and Fine Systems）① 开发了一套摄影系统，包括对地成像相机和返回式卫星本身用于拍摄恒星的侧向相机（side - pointing cameras）（以确定航天器在轨道上的精确位置）。为了脱离轨道，进而研制了一种固体运载火箭。由于降落伞系统存在问题，未能在降落时打开，导致测试过程中丢失了 4 个空投舱。

返回式卫星在尺寸和规模上都超过了前两颗卫星。舱体只有不到 2 t 重，呈蜂巢状，高 3.1 m，前端直径 1.4 m，后端直径 2.25 m。卫星由服务舱（service module）和放置在其上的钝锥舱（blunt cone capsule）构成，在执行任务期间，钝锥舱头部指向行进方向。任务结束，飞抵中国境内后，旋转 100°，将钝锥舱头部直接指向地球，然后固体反推火箭（retro - rocket）点火，从轨道上几乎以垂直的角度下降。这种返回地球的方法比较简单，需要消耗大量的燃料，但它的优点是可以确保在中国的上空，指挥反推火箭并在境内进行回收（相比之下，俄罗斯航天器降落得比较缓慢，要在南大西洋上空进行反推点火控制）。另一方面，这样的一次反推机动需要约 650 m/s 的速度变化，远远大于俄罗斯或美国的标准再入剖面（约 175 m/s）。反推角度（angle of retro - fire）也必须非常精确，因为每 1 度的偏差都意味着与着陆点有 300 km 的差异。在 16 km 的高度上，返回舱抛弃隔热板和反推火箭，然后打开降落伞，返回舱以 14 m/s 的速度下降。如果飞船上有敏感胶片，要保证在中国着陆的技术就非常重要了（俄罗斯在飞船上安装自毁装置，以防止落入不友好的人手中）。为了帮助救援人员找到返回舱，舱内还配备了一个应答机（transponder）和两个定位信标（location beacons）。

如图 2 - 10 所示为返回式卫星的返回舱。

四川省地处中国西南部，属于丘陵地形，虽然经常受到厚厚的云层和薄雾的影响，但

① 此处应为长春光学精密机械与物理研究所（Changchun Institute of Optics，Fine Mechanics and Physics）。该所隶属于中国科学院，始建于 1952 年，1999 年由中国科学院长春光机所（前身为始建于 1952 年的仪器馆和始建于 1953 年的机电研究所）与中国科学院长春物理所（前身为始建于 1958 年的吉林分院技术物理所）整合成中国科学院长春光学精密机械与物理研究所。1966 年，长春光机所承担了第一颗返回式卫星的摄影系统的方案论证和相机研制任务，于 1974 年 10 月生产出可供返回式卫星飞行试验用的摄影系统。

图 2-10　返回式卫星的返回舱［图片来源：Reuters］

仍被选为回收区。从照片上经常可以看到军用回收直升机在回收区的山体背景中盘旋，跟着舱体一起降落，然后将其带走，以进行飞行后的检查。场景之一是返回舱躺在山坡上，红色和白色降落伞露在外面，回收队伍负责保护并检查返回舱，而民众则聚集在附近的山上看热闹。

1974 年 11 月 5 日，首次尝试用 CZ-2 发射可回收地球卫星，变成了一场灾难。火箭刚刚升空，就开始左右摇摆，随后爆炸，成了一个巨大的火球①。后来确定原因是从陀螺仪到控制系统的导线断裂，导致控制系统没有接收到用于稳定火箭的信号。以此为契机，开展了声势浩大、长达一年的质量提升运动，改进后的火箭重新命名为 CZ-2C。

1975 年 11 月 26 日，进行了第二次发射，第一颗返回式卫星从酒泉发射入轨。升空 7 s 后，火箭朝东南方向转弯。130 s 后，第一级发动机关闭，第二级上的游机点火。爆炸螺栓起爆将一二级分开，第一级坠落在甘肃无人区。第二级火箭点火，之后游机继续工作 64 s，火箭滑行到 179 km 高度将卫星送入轨道，整个射程为 1 800 km。

由于气体定向系统（gas orientation system）压力下降，因此决定在 3 天后对第一颗返回式卫星进行回收。当在轨运行到第 47 圈时反推火箭点火，直升机紧急观测返回舱的

---

① 由于火箭姿态失稳，安全自毁系统启动，地面安全指挥员按照要求发出安全自毁指令，但是指令比运载火箭自身做出的炸毁指令晚了 0.4 s。

返回。然而这次返回是有问题的，返回舱被严重烧毁，且偏离原定着陆点①。虽然观察的人已经遍布四川的山顶，但却没人看见返回舱。贵州的 4 名煤矿工人在食堂吃午饭时，发现一个红色的火球从天而降，撞到了树上。他们在撞击坑中发现了一个发黑的残骸。其中一人向正在焖烧的物体扔了一块石头，发出了金属的叮当声，石头也被弹了回来。矿工们上报了这一情况。尽管返回式卫星偏离了航线，返回舱被严重烧灼，返回不尽如人意。但中国在第一次尝试中便成功回收了一个太空舱，就像多年前的苏联一样（美国则经历了十几次失败）。多年后，哈尔滨工业大学展示的一个破损的返回舱很可能就是该舱体。

如图 2－11 所示为着陆后的返回舱。

图 2－11　着陆后的返回舱（见彩插）

中国将第二组返回式卫星任务命名为 FSW－1 系列，这个系列的奇特命名可追溯到 FSW－0 项目，每个任务的编号分别为 0－1、0－2、0－3 等。在经历了 FSW 0－1 的再入问题后，研制人员用一年时间对返回舱进行了重新设计。隔热材料 XF 扩展到了在第一次任务中被严重烧灼的返回舱部分。1976 年 12 月，第二次任务发射实现了预计的着陆精度。在总指挥部，一张描绘过的地图标出了预计的着陆点，同时扬声器转播着最新的消息。四架直升机紧急起飞，目光敏锐的空中观察人员注意到一个黑点从西北方向飞来，伴随着轰

① 由于返回式舱尾部被高温烧坏，导致再入段没有打开减速伞，返回舱没有落在四川预定区域，而是在 400 km 以外的贵州六枝硬着陆，当地 4 名煤矿工人紧急报告了这一情况。

隆隆的音爆，返回舱掠过四川的大山，一分为二。一部分是最终在路边被找到的废弃的隔热板，另一部分是返回舱。当定时器启动降落伞后，可以看到返回舱缓缓下降，最终落在山坡上的菜园里。四架直升机中的一架在着陆点 100 m 外发现了一块平坦的地方，机组人员跳下了直升机，组织警戒并开始检查，然后取出了珍贵的胶卷。可回收的返回式卫星的第三次任务是在 1978 年 1 月。这次也是成功的，飞行后的公告证实已经进行了遥感试验。

1982 年 9 月执行了第四次任务（FSW 0－4），这时距上一次任务已有四年多的时间。主要创新是将卫星在轨寿命延长到了 5 天，并安装了新的 CCD 相机（charge－couple device，即电荷耦合器件）① 来测试数据实时传输的可行性。1983 年 8 月、1984 年 9 月、1985 年 10 月、1986 年 10 月和 1987 年 8 月（FSW 0－9）又执行了多次任务。这些用广角相机拍摄的 3 000 多张土地调查的照片，宣告成功实现了 CCD 数据传输。1985 年 10 月的任务是对中国大陆进行一次全面的国土调查，而 FSW 0－8 则以降落在内陆的一个小湖泊中而出名，尽管湖泊看起来非常浅，但这使得它成为中国航天计划中的第一次溅落。多年以后，中国声称返回式卫星系列返回了高质量、大比例尺的调查图像，为测绘、土地利用、林业、水资源和土壤侵蚀问题的研究做出了重要贡献。FSW 项目清楚地表明了中国有能力在早期阶段承担并成功完成具有挑战性的任务。

2.7 结语：钱学森

钱学森为中国早期航天事业做出了巨大贡献，他被评为 20 世纪中国最伟大的科学家和工程师。1991 年，在他 80 岁生日的时候，政府授予他“国家杰出贡献科学家”（State scientist of outstanding contribution）的称号。

钱学森从未参加过国际性的航天会议，只有一次前往苏联的短暂的国外行程。钱学森在 20 世纪 50 年代在美国遭受到的待遇，以及后来美国政府未能为他们的错误行为道歉，让他受到了深深的伤害，因此他决定不再与美国有任何正式往来。作为一种文化表态，钱学森穿上了中山装（Zhongshan tunic），再也没有穿过西服。《考克斯报告》（*Cox report*）是 20 世纪 90 年代美国国会对中国火箭技术进行的一项间谍性调查，该报告在重新判定他最初的间谍指控罪名时，指控他利用了泰坦火箭②（Titan rocket）的设计，这再一次揭开了旧伤疤。这种指控太离奇了，因为当时连定论都没有，而且钱学森不得不把所有的手稿都留下。

---

① CCD 是指电荷耦合器件，于 1969 年由美国贝尔实验室（Bell Labs）的维拉·波义耳（Willard S. Boyle）和乔治·史密斯（George E. Smith）发明，是 20 世纪 70 年代初发展起来的一种新型半导体器件，是一种用电荷量表示信号大小，用耦合方式传输信号的探测元件，具有自扫描、感受波谱范围宽、畸变小、体积小、质量小、系统噪声低、功耗小、寿命长、可靠性高等一系列优点，并可做成集成度非常高的组合件，广泛应用在数码摄影、天文学。

② 大力神号运载火箭又名泰坦火箭（Titan rocket），是美国以其洲际导弹为基础研制的大型运载火箭，有 3A、3B、3C、3D、3E、34D 等多种型别，主要用于发射各种军用有效载荷，在 1959 年到 2005 年间共发射 368 次，目前该系列火箭已经退役。

1979 年，加州理工学院为他颁发了杰出校友的奖牌（钱学森没有领奖，但他回复表示了感谢）。两年后，他的一位来自加州理工学院的老朋友弗兰克·马勃（Frank Marble）在中国科学院研究生院演讲时，两人被安排见了面，弗兰克·马勃提出要归还他的旧论文。钱学森拒绝了，说“你的美国学生比我的中国学生更需要这些资料！”但他改变了主意，2001 年，钱学森的论文被转交回到了中国，其中一部分去了力学研究所，另一部分去了由政府设立的上海交通大学图书馆。他的朋友弗兰克·马勃在钱学森家中将加州理工学院的杰出校友奖颁发给了他，这个颁发仪式得到了中国媒体的广泛报道。他们回忆起了加州理工学院和西奥多·冯·卡门的时代。钱学森的儿子在美国出生并成了加州理工学院的毕业生，他的女儿则成为一名有着丰富实践经验的医生。2012 年，科学出版社出版了《钱学森文集（1938—1956）》[1]（Collected works of HS Tsien，1938—1956），其中部分论文专门讨论了边界层、亚超声速和超声速流动（subsonic and supersonic flow）以及探空火箭试验。爱思唯尔（Elsevier）还与上海交通大学出版社联合出版了一个版本[2]。

图 2-12　钱学森晚年接见杨利伟（左）；杨利伟、费俊龙和聂海胜（右）[图片来源：Go Taikonauts]

1999 年 11 月，神舟一号飞船返回地球时，江泽民主席看望了他，向他讲述了这次成功的任务。2001 年，他在 90 岁生日时接受了媒体采访，书架上还摆着一个神舟飞船模型。

---

① 《钱学森文集（1938—1956）》由科学出版社于 1991 年出版，收集了钱学森在美国从事科学研究工作期间用英文完成的 51 篇科学论文，涉及空气动力学、壳体稳定性、火箭弹道和发动机分析、喷气推进、工程控制论、物理力学等领域。2011 年科学文献出版商爱思唯尔与上海交通大学合作，联合出版《钱学森文集（1938—1956 海外学术文献）》（国际版）。

② 爱思唯尔（Elsevier）是一家全球专业从事科学与医学的信息分析的公司，创办于 1880 年，属于 RELX 集团，总部位于阿姆斯特丹。其前身可追溯至 16 世纪，而现代公司则始于 1880 年。爱思唯尔出版 2 500 余种期刊，39 000 多种电子书籍以及诸多经典参考书等。每年共有 350 000 篇论文发表在爱思唯尔公司出版的期刊中，以及全世界最大的摘要和引文数据库 Scopus 等。

两年后，当杨利伟飞向太空时，钱学森已经卧床，但他仍从病床上追踪任务的进展。2007年，美国著名杂志《航空周刊与航天技术》（*Aviation Week and Space Technology*）授予他年度人物称号。钱先生于2009年10月30日去世，享年98岁。2011年12月8日，为纪念钱学森诞辰100周年举行了纪念座谈会。三天后，钱学森图书馆和博物馆在上海交通大学老校区开放，这里是他第一次来上海学习的地方。图书馆是一座3 000平方米的、外形像戈壁岩的巨大建筑，外立面有他的三维头像，四楼有壁画、照片、3D模型和航天展品，如图2-13、图2-14所示。图书馆拥有76 000份文档，1 500张图片和700件物品[8]。

图2-13　钱学森图书馆上用红砖塑造的形象［图片来源：Go Taikonauts］

钱学森传记的作者张纯如①（Iris Chang）认为，钱学森给了中国领导人毛泽东和周恩来信心，相信通过研制火箭会使资源得到很好的利用，并会取得积极的成果。钱学森为研制中国第一枚火箭和卫星的工程师和科学家带来了纪律性和条理性，他建立并领导了对国家协调航天工作至关重要的研究所。他为中国科学发展创造了知识基础，坚持要求科学家

① 张纯如（Iris Chang，1968年3月28日—2004年11月9日），美国著名的华裔女作家、历史学家和自由撰稿人，著有《蚕丝——钱学森传》《南京大屠杀：被遗忘的二战浩劫》。1998年，获得华裔美国妇女联合会的年度国家女性奖。

和工程师建立真正的参考书籍和资料系统，不仅是中文的，还包括俄文和英文的。张纯如认为，如果钱学森留在美国，他就永远无法做出后来的杰出成就。他的真正成就是在 20 世纪 50、60 年代的中国，这样一个充满挑战的环境中建立起了一个航天计划。

图 2-14　钱学森半身塑像和导弹模型［图片来源：Go Taikonauts］（见彩插）

参 考 文 献

[1] Bonnet-Bidaud, Jean-Marc. Old Chinese star charts. Presentation in Alliance Française, Dublin, 6 September 2011; Needham, Joseph: Science and civilization in China. Cambridge, University Press, 1954 (27 vols).

[2] Lai-Chen Chien et al. Rocket weapons in ancient China. International Academy of Astronautics, 34th history symposium, Rio de Janiero, 2001; and Aerodynamic aspects of an ancient Chinese multi-stage rocket - the fire dragon. International Academy of Astronautics, 35th history symposium, Toulouse, 2001.

[3] Chang, Iris. The thread of the silkworm. Basic Books, New York, 1995.

[4] Freeman. Marsha: A 1946 proposal for a Chinese rocket program. Paper presented to International Astronautical Congress, Beijing, 2013; Lundquist, Charles & Wu, Shi Tsan: Intersection of the careers of Rudolf Hermann and Tsien Hsue Shen. Paper presented to the International Astronautical Congress, Beijing, 2013.

[5] Handberg, Roger & Li, Zhen. Chinese space policy - a study in domestic and international politics. Routledge, Abingdon, 2007.

[6] Freeman, Marsha & Jones, William. China is leading mankind in space. EIR, 9 September 2016.

[7] Hu, Wen-Rui: Space science in China - progress and prospects, from Hu, Wen-Rui (ed): Space science in China. Amsteldijk, Gordon & Breach, 1997.

[8] Carey, William & Myrrhe, Jacqueline. A visit to the Tsien Hsue Shen Library and Museum in Shanghai. Go Taikonouts! #20, 2018.

第3章　新式火箭、发射场和舰船

只有在火箭、发射场、地面站、测量船、研究机构和地面设施等庞大基础设施已经建设完备的情况下，空间站和月球探测计划才有可能实施。中国的航天计划经历了三次浪潮，第一次是20世纪60年代至80年代，包括第一批火箭（CZ－2、CZ－3、CZ－4）的研制，以及酒泉、西昌卫星发射中心的建立；第二次是20世纪90年代的载人航天工程，包括建成了一个新的任务控制中心、航天员训练中心，并在酒泉建成了许多新设施；第三次是在21世纪的前10年，包括文昌的新航天发射场、天津的新生产设施的建设，以及替换老式运载火箭的新型运载火箭（CZ－5、CZ－6、CZ－7）。

3.1　运载火箭

中国已经研制出了三大系列的运载火箭：长征（CZ）、风暴（FB，见第2章）和新型固体运载火箭。风暴系列运载火箭目前已经停产，没有延续的产品，而长征系列方兴未艾。CZ－1在前两次任务结束后就退役了，但CZ－2、CZ－3和CZ－4（见图3－1）至今仍在继续使用。21世纪初，中国决定用新一代运载火箭CZ－5、CZ－6和CZ－7取代这些老式火箭，新系列火箭于2015年首飞[①]。这种替换将是一个逐步淘汰和逐步纳入的过程，很可能于21世纪20年代完成。在考虑这些问题之前，值得注意的一点是，中国通常在白色运载火箭一侧上的“中国航天”中文字样下方喷涂巨大的英文字母，这对于我们识别运载火箭型号方面有很大帮助。

在外行人看来，几乎所有火箭的形状都是一样的，似乎有着相同的推进方式，但实际上不同火箭之间有许多重要的区别。火箭既可以使用固体燃料，也可以使用液体燃料，液体燃料又可以分为可储存燃料和不可储存燃料。一些火箭结合了这些不同的燃料。固体运载火箭的工作原理与烟花相同，将灰色泥状的化学物质倒入火箭燃料容器中，当喷嘴被点燃时，这一级将持续燃烧，直至燃料耗尽。固体运载火箭非常强劲，但它们的主要缺点是无法关闭，挑战者号航天飞机（Space Shuttle Challenger）的悲剧证明了这一点。固体燃料只能单纯地持续燃烧，直到燃料耗尽，而这对于载人航天来说是件危险的事情。

液体运载火箭则更为复杂，因为它们有两个贮箱——一个燃料贮箱（fuel tank）和一

---

① CZ－6运载火箭由上海航天技术研究院研制，于2015年9月20日在太原卫星发射中心成功发射，由此成为我国新一代运载火箭家族中的首飞箭。长征七号运载火箭由中国运载火箭技术研究院研制，于2016年6月25日在文昌航天发射场首飞成功，并成功发射了我国第一艘货运飞船——天舟一号。长征五号运载火箭由中国运载火箭技术研究院研制，于2016年11月3日在文昌航天发射场成功首飞，它也由此成为目前中国运载能力最强的运载火箭。

图 3-1　中国的老式火箭型号：CZ-2、CZ-3 和 CZ-4

个氧化剂贮箱（oxidizer tank）。两个贮箱都是加压的，燃料以很大的压力喷射到火箭发动机中，在发动机的燃烧室被点燃。对于液体燃料发动机，推力的大小是可以调节（节流）的，发动机可以通过阀门控制，实现关闭和重新启动。这个系统很复杂，但用途更广，从载人航天的角度来看也更加安全。根据所用燃料的种类，液体运载火箭可分为三个子类。俄罗斯和美国的大多数民用火箭都使用煤油（kerosene）作为燃料，这是一种保存于极低温度下的强劲燃料，在火箭发射前就可以看到它沸腾的蒸气，然而，如果它们在火箭中的存储时间超过几个小时，燃料就会降解。因此，一旦火箭错过了发射窗口，就必须将燃料排空并进行重新加注，这是一个烦琐而耗时的过程。

从 20 世纪 60 年代开始，俄罗斯和美国的军用火箭开始使用可储存推进剂，一般以硝酸（nitric acid）或四氧二化氮（nitrogen tetroxide）和偏二甲肼（UDMH）为基础。可储存推进剂的优点是推进剂在发射前可以在火箭中以室温长时间存储，这是军用火箭必须保持恒定战备状态的必要条件。缺点是这种推进剂有剧毒，会给发射人员带来危险，一旦爆炸便会造成可怕的后果。1960 年，苏联一枚 R-16 导弹在拜科努尔航天发射场[①]

① 拜科努尔航天发射场始建于 1955 年 6 月，是苏联建造的航天器发射场和导弹试验基地，位于哈萨克斯坦共和国克孜勒奥尔达州一片半荒漠地区，基地总面积 6 700 多平方千米，拥有 13 个发射台，5 个发射控制中心，9 个地面跟踪站。

(Baikonour cosmodrome) 发生爆炸，造成 97 名工程师、主管和火箭兵在事故引发的大火中丧生。爆炸推进剂的毒性使伤亡人数激增，至今这个事件仍然是历史上最严重的火箭灾难事故。

最终，火箭燃料采用了液氢 (liquid hydrogen)，液氢威力强劲，但必须将燃料保存在比煤油更低的温度下。中国一直倾向于在火箭前级 (main stage) 使用可储存的推进剂 (storable propellants)，而在最后将有效载荷推送至 24 小时轨道①的末级使用小型固体火箭推进器。中国于 1984 年在 CZ－3 上推出了氢燃料上面级 (hydrogen－fueled upper stage) 发动机②。

下面是对中国主要运载火箭系列的介绍。考虑到不同文献中对中国火箭的精确技术细节的介绍存在差异，尤其是在火箭发动机方面，编号的变化甚至更大，因此本书描述仅供参考。例如，当 YF－20 发动机集群为一级发动机时称为 YF－21，当用作二级发动机时称为 YF－22，当链接到 YF－23 游动发动机时称为 YF－24。

3.1.1　长征二号 (CZ－2)

CZ－2 系列是随返回式卫星 (FSW) 项目一起推出的 (见第 2 章)，包括：

1) CZ－2C，于 1975 年因 FSW 卫星项目而推出；

2) CZ－2D，于 1992 年因更重的 FSW 卫星而推出；

3) CZ－2F，从 1999 年开始，用于神舟和天宫，也称为“神箭”。

此外，1990 年至 1995 年期间，重型 CZ－2E③ (见第 5 章) 被用来发射西方的通信卫星，共发射了七次 (有两次失败)，目前已经退役。

如第 2 章所述，1974 年，CZ－2 在经历了首次飞行试验失败后，对火箭进行了重新设计，并将其命名为 CZ－2C (CZ－2B 设计被取消了，该火箭型号可将较轻的有效载荷送至 24 小时轨道)。在 1975—1993 年间，CZ－2C 成功地将 14 颗返回式卫星全部送入了轨道 (其中一颗没有回收成功，但这不是运载的问题)。在典型的飞行任务中，CZ－2C 火箭在升空 10 s 后开始转弯，进入其飞行轨道，2 min 后准确地进行级间分离 (staging)。该分离为热分离 (hot staging)，爆炸螺栓起爆，片刻之后，燃尽的火箭一级开始下落。在 230 s，20 枚爆炸螺栓起爆，以分离并释放有效载荷上的整流罩 (fairing)，而火箭二级发动机持续工作并在 569 s 时与有效载荷分离。整个发射期间火箭将会返回多达 300 个不同

---

① 24 小时轨道，即地球同步轨道 (geosynchronous orbit)，卫星的轨道周期等于地球在惯性空间中的自转周期 (23 小时 56 分 4 秒)，且方向亦与之一致，卫星在每天同一时间的星下点轨迹相同，当轨道与赤道平面重合时称为地球静止轨道，即卫星与地面的位置相对保持不变。

② CZ－3 的第三级使用了氢燃料发动机，不是上面级。

③ CZ－2E 即 CZ－2 捆绑式运载火箭 (简称“长二捆”)，是由中国运载火箭技术研究院研制的加长版长征二号丙 (CZ－2C)，周围捆绑四枚 2.25 m 直径液体助推器的火箭，主要用于发射近地轨道有效载荷，配以合适的上面级，可进行中高轨道卫星的发射。火箭全长 49.686 m，一、二级直径 3.35 m，每个液体助推器长15.4 m，直径2.25 m，卫星整流罩最大直径 4.2 m，起飞质量 462.46 t，LEO 运载能力达到 9.2 t (CZ－2C 火箭全长 43.72 m，箭体直径 3.35 m，起飞质量 245 t，LEO 运载能力为4.0 t)。

的遥测（Telemetry）参数。

如图 3－2 所示为中国使用公路和铁路系统运输火箭。

图 3－2　中国火箭运输使用公路和铁路系统［图片来源：巴西国家空间研究院（INPE）］

如果不是美国摩托罗拉公司（Motorola company）铱星全球通信卫星（Iridium global telecommunications satellite）（共 22 颗卫星）的发射订单（11 次一箭双星发射），CZ－2C 系列可能于 1993 年就退役了。CZ－2C 采用更长的二级（加长了 2 m）和所谓的“智能分配器”（Smart Dispenser，SD），用于将小型通信卫星送入轨道。该火箭被称为 CZ－2CSD，并适时（1997 年 9 月 1 日）进行了试射，随后进行的 7 次发射均取得了成功。2003 年，经过进一步改造的 CTS 被应用于中欧双星计划的发射。CZ－2C 型仍在服役，但在 2011 年 8 月 18 日，火箭尝试将实践十一号 04 星送入轨道时，发生了罕见的故障[①]。原因是在火箭二级飞行期间，伺服机构（servo－mechanism）与二级 3 号游动发动机之间的连接发生了故障。

CZ－2D 于 1992 年推出，用于发射质量更大的第三代返回式卫星 FSW－2。CZ－2D 的有效载荷发射能力由 600 kg 增加到了 3 400 kg，运载自身更重（237 t），但其性能在许多方面有所提升。2003 年，推出了带有尾翼的加长版火箭，用于发射 FSW 3－1。这款火箭有时被称为 CZ－2D2，使用了为载人航天新建的发射工位。

① 2011 年 9 月 5 日，中国航天科技集团公司发布消息，已完成 CZ－2C 运载火箭发射失利故障调查审查工作。经过故障调查、审查，火箭飞行失利定位于火箭二级姿态失稳，由于连接部位的可靠性存在薄弱环节，二级飞行段二级游机Ⅲ分机与伺服机构连接部位失效造成事故。

如图 3－3 所示为 CZ－2 与其导弹前身。

图 3－3　CZ－2 与其导弹前身［图片来源：Go Taikonauts］（见彩插）

针对中国载人航天工程，CZ－2 进行了改造和升级，共进行了 55 次工程改造。2002 年，国家主席江泽民给它起了“神箭”的名字，不过这个名字使用的并不多。与改造前的火箭相比，主要的区别，也是视觉上最明显的变化是增加了一个逃逸塔（escape tower），一项基于俄罗斯联盟号飞船（Soyuz spacecraft）的设计。无论是在发射台上还是在起飞后的前两分钟，一旦发生事故，逃逸塔将点火，把神舟飞船迅速拉升至高空，逃离故障的箭体（rogue rocket）。当推力耗尽后（几秒钟后），舱体将从塔底掉落。这是一项很棘手的操作，因为神舟的三个舱必须快速分离，为下降的舱体腾出足够的时间，以打开降落伞并进行充气。逃逸塔上的四块阻燃板（retardant panels）[①] 将展开以减缓下降的速度，避免其与舱体发生缠绕的危险，所有这些动作都必须在几秒钟内完成。假设发射一切顺利，正常的上升轨道（normal trajectory of ascent to orbit）时间为 586 s，之后的任务控制将由位于北京的地面控制中心接管。逃逸塔在 130 s 时分离，捆绑助推器（strap－ons）在

① 原文“retardant panels”的意思为阻燃板，实际上是栅格翼，栅格翼是保证逃逸飞行器静稳定性的特殊装置，当逃逸飞行器在 39 km 高度以下的大气层中出现应急情况启动逃逸系统时，为了保证逃逸飞行器的气动稳定性需要靠四块展开的栅格翼将逃逸飞行器气动质心后移，以实现稳定飞行，因而栅格翼是决定逃逸成功方案的关键因素之一。

160 s 时分离，在 200 s 时抛整流罩[1]。为了执行天宫任务，CZ－2F 的运载能力被提升到了 8.7 t，这就需要一个新的发射罩（launch shroud）来代替逃逸塔[2]。CZ－2F 至少使用了 20 000 个螺栓和螺钉。表 3－1 对 CZ－2 系列进行了总结。

如图 3－4 所示为 CZ－2F 发射神舟九号。

图 3－4　CZ－2F 发射神舟九号（注意顶部的逃逸塔）[图片来源：Reuters]（见彩插）

① CZ－2F 的飞行时序中（理论值），逃逸塔分离是在起飞后的 120 s，一二级分离是在起飞后的 159.5 s，在 212.5 s 时抛整流罩。

② CZ－2F 基本型的有效载荷运载能力为 8.4 t，CZ－2F 改进型的有效载荷运载能力为 8.8 t。

表 3-1　CZ-2 系列

	CZ-2C	CZ-2D	CZ-2F
高度	40 m	38.3 m	58.34 m *
直径	3.35 m		
质量	213 t	237 t	479.8 t
推力	2 960 kN	2 962 kN	5 932 kN
捆绑			发动机:4×YF-20B 长度:15.33 m 质量:41 t
一级	发动机:4×YF-20A 长度:23.72 m 质量:151.55 t 推力:284 t 工作时间:130 s	发动机:4×YF-20B 长度:24.92 m 质量:187.7 t 推力:302 t 工作时间:154 s	发动机:4×YF-20B 长度:23.7m 质量:196 t 推力:326 t 工作时间:166 s
二级	发动机:YF-22A,24 长度:8.387 m 质量:38.5 t 推力:73.2 t	发动机:YF-24B 长度:7.92 m 质量:38.5 t 推力:80 t	发动机:YF-22 长度:15.52 m 质量:91.5 t 推力:295 t
能力	2 800 kg-300km 轨道	3 400 kg-200 km 轨道	8 100 kg(神舟) 8 600 kg(天宫)

注:该表格和表 3-2、表 3-3 使用的许多详细信息均来源于官方。所提供的技术信息有细微的变化,这是最具代表性的数据。

* 发射天宫的火箭高度为 52.03 m。

3.1.2　长征三号 (CZ-3)

推出 CZ-3 的目的是为了使中国具备发射地球同步轨道载荷的能力，尽管火箭使用了新的名字，但实际上是基于 CZ-2 前两级的改型，增加了功能强大的氢燃料第三级 (hydrogen-fueled upper stage)。往后的版本增加了捆绑助推器，以使火箭在起飞时具有更大的推力。CZ-3 于 1984 年 1 月推出，尽管首次发射的卫星滞留在了低地球轨道上，但此后该火箭成功地用于国内外通信卫星（参见第 5 章）以及气象卫星（参见第 6 章）的发射。在执行了 13 次任务后，它于 2000 年发射完风云二号气象卫星后退役。CZ-3 是没有捆绑助推器的单一堆栈式火箭 (single stack)，其后续型号为 CZ-3A，功能强大的 CZ-3B 和最新的 CZ-3C。

CZ-3A① 是 CZ-3 推出十年之后的第一款改型，其性能显著提升，能够发射的地球同步轨道载荷质量大约是前者的两倍。它拥有延长的火箭一级和推力更强大的三级。火箭的三级是完全重新设计的，携带两台 YF-75 发动机（CZ-3 仅有 1 台发动机）。第三级上还安装了 10 台小型发动机，用于在二次点火前使推进剂稳定下来。CZ-3A 有一个全新

① CZ-3A 起飞质量为 244 t，起飞推力为 300 t，其同步转移轨道的运载能力由原来的 1.45 t 提高到了 2.65 t。

的、先进的数字计算机系统。CZ－3A 已被用于发射通信卫星和导航卫星，以及后来中国的第一个月球探测器。

图 3－5 所示为厂房中的 CZ－3。

图 3－5 厂房中的 CZ－3 [图片来源：Cindy Liu]

CZ－3A 仍在服役，但现在由 CZ－3C 作为补充，CZ－3C 于 2008 年 4 月 25 日应用于天链一号（Tianlian）数据中继卫星的发射，随后应用于北斗（Beidou）和嫦娥二号（Chang e 2）月球任务。实际上它是将 CZ－3A 火箭的芯级（core stage）延长了 1.5 m，并带有两个更长的捆绑助推火箭，使其地球静止转移轨道的发射能力提高到了 3.9 t，这让火箭变得更重（345 t）而且更高（55 m）。尽管其服役历史已有 24 年，但 CZ－3A 仍然被视为中国火箭队伍的主力，并计划在 2018—2020 年间进行 36 次发射。

多年来，CZ－3B① 一直是中国非载人航天火箭中最大的（推力为 5 923 kN），配有 4 枚捆绑火箭，可实现对地球同步轨道 4.8～5.5 t 的有效载荷发射。CZ－3B 直接继承了 CZ－3A 的许多系统，如发动机、电子设备、制导系统和计算机控制系统，但拥有更大的

① 1989 年中国运载火箭技术研究院开始进行 CZ－3B 火箭方案设计。1993 年，CZ－3B 批准立项研制。CZ－3B 以 CZ－3A 火箭为芯级，一级火箭增加了四个液体火箭助推器。可将 5 t 左右的有效载荷送入地球同步转移轨道。1996 年 2 月 15 日，CZ－3B 首次发射，有效载荷为国际通信卫星组织的 708 通信卫星，由于火箭电子元器件故障，使得惯性基准倾斜，火箭按错误的姿态信号进行姿态矫正，导致火箭发射失败，整个过程仅22 s。1997 年 8 月 20 日，CZ－3B 在西昌卫星发射中心成功将美国劳拉公司生产的马部海卫星（3.77 t）送入预定轨道。

推进剂贮箱、更大的整流罩和性能更好的计算机。CZ-3B在1996年2月15日首飞中坠毁，但它后来成为中国国内外通信卫星发射的主要运载火箭。CZ-3B作为一个可靠的主力运载，其竞争对手俄罗斯质子号火箭只有羡慕的份。从2015年9月12日到12月29日，它连续7次成功发射，发射工位的平均周转时间（pad turnaround time）为18天。2009年，火箭进行了改进，助推器加长了77 cm，一级加长了1.49 m，并对尾翼进行了改进，将有效载荷能力提升到了5.5 t，新版火箭型号称为“G”（1或2）。改进后的火箭第一次应用于尼日利亚通信卫星（Nigcomsat）的发射，后来用于高分四号发射。

20世纪90年代，资金短缺的俄罗斯人发现，通过引入成本相对较低的上面级，可作为全面提高火箭用途的一种手段。因此，他们研发出了微风（Briz）上面级和军舰鸟（Fregat）上面级。这些相对较小、低推力的上面级能够进行多次重启，因此可以将卫星部署在多个不同的轨道上。中国开发了一个新的上面级①，远征（YZ）一号。在2015年3月30日发射北斗的CZ-3B上，远征一号进行了长达6个小时的一系列机动。远征一号能够部署7个不同的有效载荷，并可重启9次。该上面级有五个版本：最初的YZ-1；CZ-7第一次飞行时使用的YZ-1A；CZ-5上使用的YZ-2；后来的YZ-1S和YZ-3。它们使用可储存燃料，但预计用低温燃料来代替[1]。2018年秋推出了一个新版本YZ-1S（简化版），首次应用在老款火箭CZ-2C上，用于遥感32号01组卫星的发射。YZ-1S改进了它的有效载荷承受重量和可到达的轨道范围。

2018年年底，又推出了另一个新的版本，远征三号（YZ-3），装在CZ-2D火箭的顶部，具备20次点火能力，可以完成10次航天器分离。在进入190 km的停泊轨道后，YZ-3点火并到达了515～525 km的高度，倾角50°，在那里部署了鸿雁通信试验卫星和三颗云海二号气象卫星，然后又进行了两次点火，达到了1 090～1 100 km的高度，倾角50°，部署了另外三颗卫星。表3-2给出了CZ-3系列的详细信息。

表 3-2　CZ-3 系列

	CZ-3A	CZ-3B	CZ-3C
高度	52.52 m	54.838 m	54.838 m
直径	3.35 m		
质量	241 t	427.3 t	345 t
推力	2 962 kN	5 923 kN	4 440 kN
捆绑		发动机：4×YF-20B 长度：15.326 m 质量：41.2 t 推力：305 t 工作时间：125 s	发动机：2×YF-25 长度：15.326 m 质量：41 t 推力：302 t 工作时间：127 s

① 上面级是多级火箭的第一级以上的部分，通常为第二级或第三级。上面级起到的作用介于运载火箭和航天器之间，具备自主轨道机动能力，根据不同设计可在轨长时间飞行，上面级一般可多次启动点火，以满足不同的发射任务需求，可以将一个或多个载荷送入指定轨道，被形象地称为“太空巴士”或“太空摆渡车”。

续表

	CZ－3A	CZ－3B	CZ－3C
一级	发动机：4×YF－21B 长度：26.972 m 质量：182.83 t 推力：296.16 t 工作时间：146 s	发动机：4×YF－21B 长度：23.372 m 质量：180.3 t 推力：302 t 工作时间：146 s	发动机：4×YF－21B 长度：26.972 m 质量：179 t 推力：326 t 工作时间：155 s
二级	发动机：4×YF－24B 长度：7.826 m 质量：34.963 t 推力：73.2 t 工作时间：110 s	发动机：YF－24B 长度：9.943 m 质量：55.6 t 推力：73.2 t 工作时间：185 s	发动机：YF－22 长度：9.47 m 质量：55 t 推力：76 t 工作时间：190 s
三级	发动机：2×YF－75 长度：8.835 m 质量：21.257 t 推力：8 t 工作时间：480 s	发动机：2×YF－75 长度：12.375 m 质量：21.7 t 推力：16 t 工作时间：470 s	发动机：2×YF－75 长度：12.38 m 质量：21.257 t 推力：15.6 t 工作时间：480 s
能力	地球同步转移轨道 2.6 t	地球同步转移轨道 5.5 t	地球同步转移轨道 3.9 t

3.1.3 长征四号（CZ－4）

CZ－4[①] 的研制是为了将气象卫星（风云一号系列）从太原新发射场送入极地轨道。从那时起，CZ－4 就被用于中巴地球资源卫星（CBERS）[②] 和资源卫星（Ziyuan）等任务的发射。CZ－4 是由上海设计和建造的，与制造风暴运载火箭的是同一个工厂，CZ－4 火箭为该工厂提供了急需的火箭换代业务。与 CZ－3 一样，它的前两级是 CZ－2 的衍生产品，但第三级采用了全新的发动机（YF－40）。国内的火箭设计师将 CZ－2C 火箭的一级延长了 4 m，二级延长了 3 m，设计出了 CZ－4。1988 年推出的 CZ－4 只执行了 2 次任务，10 年后被改进型 CZ－4B 所替代，后者将第三颗极地气象卫星（风云 1－3）送入轨道，并搭载了小型科学卫星实践五号。CZ－4B 有一个更强大的、可重启的三级，推力增加了 3%且燃烧时间更长。CZ－4B 的运载能力为近地轨道 4.2 t，极地轨道 2.8 t。CZ－4B 在发射平台上高度达到了 44.1 m，略高于早期版本的 CZ－3A（其高度为 41.9 m）。

如图 3－6 所示为装配中的 CZ－4B。

CZ－4C 于 2007 年 11 月 11 日推出，用于发射遥感卫星 3 号，该新型火箭具有可多次重启的上面级，前两级之间有一个结构横档和一个新的围带（许多西方报道把遥感卫星 1 号作为 CZ－4C 的第一次飞行，但当天的官方消息来源将其列为 4B）。其中，新的结构和

① CZ－4 由上海航天技术研究院研制，是常温液体三级运载火箭。1988 年 7 月，我国首次使用 CZ－4 成功将第一颗风云一号试验气象卫星送入太阳同步轨道。

② 中巴地球资源卫星（CBERS）是我国第一代传输型地球资源卫星，由中巴地球资源卫星 01 星、02 星、02B 星（均已退役）、02C 星和 04 星五颗卫星组成。中国资源卫星应用中心负责资源卫星数据的接收、处理、归档、查询、分发和应用等业务。

图 3－6　装配中的 CZ－4B［图片来源：INPE］（见彩插）

可重启的上面级使中国具备了将更重的有效载荷送入更高更精确的轨道的能力。CZ－4 系列的详情见表 3－3。

表 3－3　CZ－4 系列

	CZ－4B	CZ－4C
高度	44.1 m	45.8 m
直径	3.35 m	
质量	248.5 t	250 t
推力	2 962 kN	2 960 kN
一级	发动机:4×YF－21B 长度:24.66 m 质量:192.2 t 推力:302.8 t 工作时间:156 s	发动机:4×YF－21B 长度:24.66 m 质量:192.2 t 推力:302.8 t 工作时间:156
二级	发动机:4×YF－24B 长度:10.407 m 质量:40.05 t 推力:73.6 t 工作时间:127 s	发动机:4×YF－24B 长度:10.407 m 质量:40.05 t 推力:73.6 t 工作时间:127 s
三级	发动机:2×YF－40 长度:1.92 m 质量:15.5 t 推力:10.2 t 工作时间:321 s	发动机:2×YF－40 长度:1.92 m 质量:15.5 t 推力:10.2 t 工作时间:321 s
能力	4.2 t	4.8 t

如图 3-7 所示为发射工位上的 CZ-4B 一级与发射工位上的 CZ-4B 一级、二级。

图 3-7　发射工位上的 CZ-4B 一级（左）与发射工位上的 CZ-4B 一级、二级（右）[图片来源：INPE]（见彩插）

3.1.4　长征五号（CZ-5）

新一代运载火箭的理念可以追溯到 20 多年前，与 1992 年决定进行载人航天的计划相关。在 1992 年的国际宇航联大会（IAC）上，来自上海航天技术研究院①的一篇《模块化空间运输系统》（*A modular space transportation system*）的文章概述了一种新的运载系统，这种发射系统能够适应不同发射状态的变化，将放置在火箭顶部的有效载荷能力提升至 20 t。其基线研究标志着中国从含氮燃料转向直径超过 3 m 的大直径火箭，以及运载系列概念的转变，即通过整合不同火箭各级的组合，可将较小或较大的、不同质量的有效载荷送入轨道。

在当时那种条件下，这种新型运载火箭的研制将需要很长的时间，对于神舟和天宫任务来说，只能依赖现有的长征火箭队伍。然而，一个规模适中的空间站至少要达到 20 t，因此需要一款更大的重型火箭才能够将其送入轨道。从一开始，西方便称其为长征五号项目，而最终中国也用了这个名字。从早期阶段开始，中国就明确表示将研制从轻型到重型多个版本的运载火箭，并且至少在 2050 年前，CZ-5 将成为运载队伍的骨干力量。中国

① 原文中的英文 Shanghai Electromechanical Equipment Research Institute，实际应为 Shanghai Astronautics Bureau，Electromechanical Equipments Research Institute，China，即目前的上海航天技术研究院。

还决定像俄罗斯一样，逐步淘汰使用有毒推进剂的运载火箭，转而使用更环保、更安全的燃料（煤油或液氧氢）。

为了启动该项目，政府从 863 项目中拨出资金用于一些关键技术的研发，主要集中在新发动机的研发、成本控制和可靠性实现上。早些时候，在莫斯科的采购访问中，尽管莫斯科允许中国购买其上一级的发动机 RD－0120，但中国未能说服俄国人转让他们在能源号火箭（Energiya rocket）① 上使用的大型发动机 RD－170 的设计。

长征五号项目于 2004 年 6 月获得了政府的最终批准②，研发工作由中国运载火箭技术研究院承担。从全球角度来看，CZ－5 的运载能力（25 t）比美国的宇宙神五号（Atlas V）（18.8 t）或猎鹰九号（Falcon 9）（22.8 t）、欧洲的阿丽亚娜五型（Ariane 5）（21 t）、俄罗斯的质子 M（Proton M）（22 t）和安加拉 5（Angara 5）（24 t）都要强大，但低于美国德尔它 IVH（Delta IVH）（28 t）和重型猎鹰 9H（Falcon 9H）（64 t）。

CZ－5 运载火箭的设计历经多次改进，许多迭代都与发动机研制过程的关键问题和并行推进有关。当时中国媒体进行了报道，例如在 2000 年的国际宇航联大会上，吴燕生和王小军做了“未来十年长征运载的发展前景”（*A prospect over the development of Long March vehicles in the next decade*）的报告。他们勾勒出的 CZ－5 为一枚 55 m 高的火箭，主发动机使用液氢和液氧；两侧有 4 个装有常规燃料的捆绑助推器；火箭质量达 800 t，升空推力高达 1 000 t；能够将 23 t 的载荷送入近地轨道或将 11 t 的有效载荷送入地球静止轨道。随着时间的推移，这两个性能指标分别提高到了 25 t 和 14 t，最终额定推力为 10 572 kN。在各种不同的配置情况下，芯级和芯二级直径均为 5 m，捆绑助推器直径为 3.35 m。曾经有一时期，CZ－5 发布的预期版本不下 6 个，但最终被缩减为 2 个：CZ－5A，带有远征第三级，用于将卫星送入 24 小时轨道或深空；CZ－5B，它是一个两级版本的火箭，只用来发射空间站及其后续的大型舱段。

CZ－5 的配置有点与众不同。最初，氢发动机仅用于上面级［例如，中国的 CZ－3，美国半人马座（Centaur）和土星五号（Saturn V）的第二级］，直到日本的 H 火箭（H rocket）重新改写了规则，火箭的一级和二级均使用了氢燃料。对于 CZ－5，其一级和二级使用了氢燃料，并在一级周围捆绑使用常规燃料的大型助推器③，CZ－5 发动机的设计有三个系列，分别是 YF－77，YF－75D 和 YF－100。

对于一级四枚捆绑助推器的发动机，RP－1 煤油发动机 YF－100 的推力为 1 179 kN，

---

① 1974 年，苏联开始了对新火箭的方案论证工作，1987 年 5 月 15 日，苏联的能源号重型运载火箭首次从哈萨克斯坦的丘拉坦发射场试飞成功，能源号火箭是一种两级运载火箭，总长度为 60 m，芯级直径约为 8 m。总发射重量约为 19 600 kN（最小估计值），总发射推力为 29 400 kN。能源号运载火箭所使用的氢氧发动机 RD－0120 是苏联化工自动化设计局为其火箭芯级研制的大推力液氢液氧高室压发动机，额定推力 1 961.6 kN，分级燃烧循环，室压 21.86 MPa，真空比冲达到 455 s，单次工作时长 500 s，能重复使用 10 次；火箭助推器使用的发动机为 RD－170，为液氧/煤油分级燃烧循环发动机，其海平面推力为 7 259 kN，真空比冲 337.2 s。

② 2006 年，中央专委正式批准长征五号项目立项，2007 年国防科工委正式批准启动生产。

③ 助推器使用的常规燃料为液氧/煤油。

比冲（specific impulse，SI）为 305 s，这是当时中国所能达到的最高值。最终实现的发动机推力为 1 200～1 330 kN，比冲达到 336 s。它们的研发成功意味着中国现在加入了能够研制高压补燃火箭发动机（high - pressure staged combustion cycle rocket engines）的国家行列，这种发动机的转速高达 20 000r/min，温度高达 3 000 ℃，工作时间持续 200 s，该类发动机最初是由俄罗斯研发的。YF - 100 部分参考了 RD - 120 发动机，这款发动机由苏联航天液体推进技术研究院（Academy of Aerospace Liquid Propulsion Technology，AALPT）研发，历时 10 年。1999 年 YF - 100 第一次进行热试车（hot - fire tests），并持续到了 2006 年，共进行了 600 次。2006 年至 2010 年期间，发动机为了适应新运载火箭的要求，主要攻克了低频振动、液氧泵密封失效、喷嘴出口烧蚀、喉部镍和铬镀层脱落以及流量调节器堵塞的问题，开发了启动、混合比调节、富氧预燃器、喷射器、燃烧室冷却、抗烧蚀涡轮、轴向平衡、故障检测、材料和密封等方面的新技术。设置了新的控制装置以限制推力室中的峰值压力和推进剂的输入压力并避免碳沉积。煤油贮箱由氦气加压，发动机经过了改进以避开低频振动，阀门和冷却系统也进行了改进。发动机的生产涉及扩散焊、钎焊、电镀、螺旋槽、加工、成型、精密铸造等新技术。2012 年，YF - 100① 在航天推进技术研究院（AALPT）的 7103 厂②试车成功，实现了转速20 000 r/min，持续时间 200 s，温度达到 3 000℃的目标，随后，YF - 100 的第一批产品开始交付。高压补燃火箭发动机使中国成为继俄罗斯之后第二个掌握相关技术的国家，2015 年进行了第一次全面静态点火试验。

YF - 77 是中国第一台用于运载火箭一级的大推力低温发动机，采用燃气发生器循环（gas generator cycle），芯级上用了两台 YF - 77。YF - 77 看起来比 YF - 75 大了 3 倍，与 CZ - 3 系列的三级 YF - 75 液氢发动机相比，它的规模有了实质性的提升。2002 年 1 月，国防科工委（COSTIND）③ 批准了 YF - 77 的研制，并将其交给了航天推进技术研究院的北京航天动力研究所[2]④。初步设计始于 2002 年，随后在 2003 年制造了第一批部件，并于同年对燃气发生器进行了测试。2004 年 9 月 17 日，原型发动机首次点火，持续 50 s，然后进行全飞行时间试验、摆动测试和整机热试车。

到 2014 年 10 月，已经对 12 台发动机进行了 70 项点火测试，累计时间为 24 000 s。

---

① YF - 100 火箭发动机是航天推进技术研究院研制的拥有自主知识产权的中国第一代 120 t 级高压补燃（又称为分级燃烧循环）液氧煤油火箭发动机。

② AALPT 7103 为西安航天发动机厂，西安航天发动机厂是航天推进技术研究院所属研制、生产大型液体火箭发动机的专业厂家，主导产品长征系列液体火箭发动机。

③ COSTIND 为 Commission on Science，Technology，and Industry for National Defense 的缩写，全称是中华人民共和国国防科学技术工业委员会，2008 年 3 月 15 日第十一届全国人民代表大会第一次会议通过的《关于国务院机构改革的决定》，不再保留“国防科学技术工业委员会”的机构设置；将原国防科工委除核电管理以外的职责都纳入新成立的中华人民共和国工业和信息化部；同时，成立国家国防科技工业局，由工业和信息化部管理。

④ 北京航天动力研究所（航天推进技术研究院第十一研究所（京）），创建于 1958 年，是我国最早从事液体火箭发动机研制的单位。

出于成本和可靠性的考虑，早期的选择是一级使用两台发动机，而不是一台推力较大的发动机。每台发动机的推力为 700 kN，比冲为 430 s，燃烧室压力为 10.2 MPa，发动机重 2 700 kg，高 4.2 m，工作时间为 520 s。这两台发动机由一个机架和燃气发生器（gas generator）连接，内壁为锆合金（zirconium alloy），外壁为镍电铸成型（electro - formed）。截至首次发射时，YF - 77 累计工作时间为 25 159 s。

从 2006 年开始，CZ - 3 系列的火箭二级发动机 YF - 75 被成功改型为 YF - 75D 型，目的是实现节流（throttling）和多次启动。它配备了两个涡轮泵，比冲为 442 s，一台发动机的测试时间长达 21 455 s，另一台发动机的点火时间为 4 320 s，包括 7 次重启。涡轮泵的转速提高到 65 000 r/min，这就需要更高效率的热传导和冷却，YF - 75D 低温发动机在获准飞行前的点火时间达到了 32 000 s。

涉及 CZ - 5 运载火箭研制的方方面面，从规模上都超过了中国之前的尝试。例如，整流罩的直径为 5.2 m，长度为 12.5 m，由两瓣合成，每瓣自重为 1 120 kg，是中国有史以来最大的整流罩，整流罩首次分离测试于 2013 年夏季进行。如图 3 - 8 所示为 CZ - 5 运载火箭的模型。

做好飞行准备需要足够的时间。2013 年 4 月，中国解释说由于箭体和直径 5 m 的氢贮箱的精密制造的难度导致了进度延误。CZ - 5 错过了最初预定的 2014 年首飞目标。2013 年 12 月，贮箱进行了 - 196℃工况下的低温试验和振动试验。2014 年 11 月，进行了火箭二级贮箱破坏性测试，12 月，YF - 77 低温发动机进行了最后一次试车计划。接下来对鼻锥体（nose cone）进行了测试，然后进行了火箭一级的全量级推进测试，于 2015 年 7 月进行了完整的火箭二级点火试验，整流罩分离测试已于 2015 年 1 月在天津完成。随后的一个月，对两台 YF - 77 发动机进行了 460 s 的立式测试（stand test），这是中国有史以来规模最大的低温发动机测试（cryogenic engine test）。3 月进行了第二次测试，工作时间为 479 s，其中包括在实际任务中所预期的摇摆，就在那个星期，CZ - 5 完成了首次装配，人们第一次看到期待已久的完整的火箭。

2015 年 9 月 22 日，两枚用于测试的 CZ - 5 火箭最终运抵文昌。2015 年 11 月 23 日，CZ - 5 进行了第一次发射台合练（pad drill），从航天器装配大楼（VAB）① 移动到发射工位，顶部装了一个嫦娥五号的模型。在一系列的发射台演练（pad rehearsal）之后，它在 12 月重新回到航天器装配大楼。到 2016 年 2 月，完成了包括发射台测试在内的为期 130 天的合练。如图 3 - 9 所示为 CZ - 5 发射平台。

第一次飞行任务：2016 年 8 月 16 日，运送火箭的远望 21 号和 22 号货船离开天津，经过 7 天的海上之旅后抵达清澜港，然后进行卸装，运往文昌航天发射场。10 月 28 日，第一枚 CZ - 5 火箭穿过海边环礁湖旁郁郁葱葱的绿树和灌木丛，被运到发射台，准备一个月后发射。

2016 年 11 月 3 日，在经过几次倒计时之后，在发射窗口仅剩几分钟的情况下，火箭

---

① VAB：Vehicle Assembly Building，航天器装配大楼。

图 3－8　CZ－5 运载火箭的模型（见彩插）

正式点火，CZ－5 终于稳稳地升入夜空，数千名发射人员、受邀嘉宾和观摩人员欢呼雀跃。火箭在海面上攀升，海面上倒映着火箭的火焰。CZ－5 将上面级远征二号（YZ－2）带到了 180～29 135 km 的轨道，随后 YZ－2 点火后将有效载荷实践十七号卫星送入地球同步轨道。

2017 年 4 月 26 日，代号为 CZ－5Y2 的第二枚 CZ－5 火箭离开天津，官宣的任务是将第一颗 DFH－5 卫星，即实践十八号卫星送入地球同步轨道。火箭于 7 月 2 日发射升空，但随后发生了故障，第一个出问题的迹象是电视直播在 18 分钟时停止。后来，问题很明了：火箭的一级发动机大约在 6 分钟时出现了问题，导致燃烧不足。随着任务继续进行，火箭一级持续工作，可能比正常情况长了 100 秒，火箭的二级在 22 分钟后点火，也工作至燃料耗尽。这些仍不足以补偿火箭将卫星发射到预定轨道所需的燃料损失，上面级与 7 600 kg 的实践十八号通信卫星一起坠落。火箭升空 46 分钟后，任务宣告失败，之后派

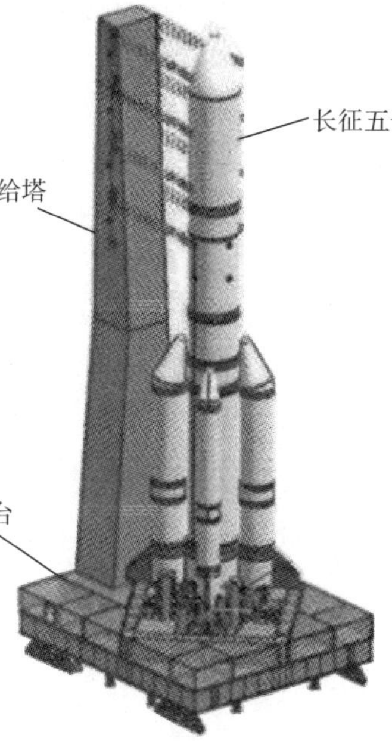

图 3－9　CZ－5 发射平台［图片来源：Dr Meng Xiang］

出了科学考察船向阳红九号使用蛟龙号（Jialong）潜艇回收残骸。

长期关注俄罗斯和中国航天计划的观察员吉姆·奥伯格（Jim Oberg）表示，CZ－5 投入应用性运行是一个重大挑战，包括新技术、制造方法、运输和并行的设施。而潜在的设计缺陷，以及缺乏经验的新发射团队使得漏掉一些东西或犯错误的可能性增大。位于菲律宾以北 1 200 km 火箭飞行方向岛屿上的地面观测者能够在夜幕降临时看到火箭发射，并用手机对升空的火箭进行拍摄。由于他们不知道发射计划，一些目击者认为这是一个不明飞行物（Unidentified Flying Object，UFO），但航天专家认为发动机的羽流照片表明火箭出现了故障[3]。对火箭后视摄像机的图像分析表明，从第 5 分钟开始，有不规则的排气。观测表明，两台一级发动机中的一台发生了故障，即使一级和二级发动机均点火至燃料耗尽也不足以弥补该缺口。当火箭飞越这些岛屿时，其实际高度可能只有 100 km，而非预期的 170 km，火箭的高度和速度都不足以进入预定轨道。考虑到火箭在发射前已经进行了全面的测试，这个结果肯定是令人非常失望的。事后成立了一个调查组，最初将责任确定为焊缝的焊接不合格。中国已经决定利用停飞时间对故障进行进一步的排查，因为 CZ－5 将停飞至少 18 个月，嫦娥五号月球采样返回任务和空间站第一个舱段的发射也都相应推迟了。然而，自 1992 年首次宣布推出一种新型大功率火箭至今，已经将近 25 年的时间。至少在 21 世纪中叶之前，CZ－5 对于一系列关键任务来说是必不可少的。

2018 年年初，有消息称，CZ－5 将与采用东方红五号（DFH－5）平台的实践二十号通信卫星一起复飞，这一日期推迟到了 2019 年。2018 年 2 月 11 日，YF－77 发动机进行了 510 kN 推力下新的静态试验（static tests）。

2018 年 4 月，《南华早报》（*South China Morning Post*）刊登了对火箭失利的详细解

释。火箭发动机涡轮风扇本应将液氧和氢气吹入燃烧室，但在起飞 6 分钟后发生了故障，从而导致发动机燃料不足。涡轮风扇（turbofan）的部分结构，即转轴外壳（rotor shaft enclosure cap）在高温下破裂，造成推进剂管路堵塞。设计人员花了一些时间，进行计算机建模和地面试验来模拟该故障。

3.1.5 长征六号（CZ-6）

尽管当时正在开展 CZ-5 的研制，但中国在 2009 年宣布计划开发第二款新型运载火箭长征六号（CZ-6），随后是长征七号（CZ-7），这令航天界感动非常意外。根据 2008 年 7 月政府的决定，这两项研制任务都分配给了上海航天技术研究院，以平衡中国运载火箭技术研究院在北京研发 CZ-5 火箭的局面。早在 2000 年，上海航天技术研究院就进行了第一次专题研讨，其想法是开发较轻型的 CZ-5。在这种情况下，这种较为轻型的功能被一分为二，正如 2010 年所公开的，CZ-6 将是一种能承载 10 t 有效载荷的轻型火箭，另一版本的新型火箭 CZ-7 则是一种能够承载 10～20 t 的中型运载火箭。实际上，中国将使用通用模块和发动机，建立起小型（CZ-6）、中型（CZ-7）和重型（CZ-5）火箭的运载家族，这一点与俄罗斯的安加拉系列不同。“运载家族”的设计策略实际上可以追溯到 20 世纪 60 年代乌克兰的扬格尔设计局（Yangel design bureau），在那里米哈伊尔·扬格尔（Mikhail Yangel）设想了几种运载型号使用共同部件的想法，即通用火箭（Universalnaya Raketa 或 Universal Rocket，UR）。为了最大程度地提高通用性，CZ-6 和 CZ-7 还将使用新型 YF-100 传统燃料发动机。虽然 CZ-6 和 CZ-7 起步较晚，但有可能和 CZ-5 同步投入使用，甚至可以更早。最初的规划是让 CZ-6[①] 的入轨质量大于 CZ-2F，但小于 CZ-5，运载的两级均使用同一台发动机，即 YF-100。不过，随着时间的推移，中国开始减轻 CZ-6 的运载载荷质量，将其缩减成更小的运载火箭，其上面两级减小到 2.25 m，但同时也可作为 CZ-7 的捆绑助推器使用。从外观上看，一开始它看起来更像欧洲于 2012 年推出的轻型运载织女星火箭（Vega）。

CZ-6 的长度为 29.3 m，质量为 103 t，其一级发动机为 YF-100，二级发动机为 YF-115。CZ-6 可以将 500 kg 的有效载荷送入 700 km 的太阳同步轨道（SSO）[②]，其他轨道的运载能力为 1 000 kg，其直径分别为 3.35 m（一级）、2.25 m（二级、三级）、2.6 m（整流罩），发动机分别可以产生 120 t 和 18 t 的推力。CZ-6 是为相对较短的发射活动设计的，只需 7 天。通常情况下，发动机的研制是最为耗时的，该发动机参考了 20 世纪 90 年代初俄罗斯研发的 RD-120，中国曾向俄罗斯购买了该发动机作为参考。2015 年 8 月，YF-115 通过了 1 200 s 的热试车（hot-firing）鉴定。

2013 年，CZ-6 被运到太原发射场的新发射工位（LC16）上进行测试演练。一辆大型军用运输车装载着 CZ-6，沿着一条蜿蜒的坡路来到新工位上，通过起竖架（vertical

---

① CZ-6 的初级设计阶段计划采用两级结构，后改为三级结构。

② CZ-6 的 SSO（700 km）运载能力在国内测控状态下为 500 kg，在全球测控状态下可达 1 000 kg。

arm）将火箭立了起来（见图 3－10）。新工位就坐落在起伏的山丘上。当月还进行了助推器分离试验。同年 9 月，第一个飞行样机开始在中国运载火箭技术研究院进行组装，在寒冷的冬季进行了一次合练。

2015 年 9 月 20 日，CZ－6 在夜间进行了首飞，成为新运载家族中第一枚飞行的火箭。9 月是一个值得庆祝的月份，因为紧随其后的是 CZ－11 在 9 月 25 日的首飞。CZ－6 的主要有效载荷是天拓三号（Tiantuo 3），但火箭也同时搭载了不少于 19 颗较小的卫星①，主要是高校研制的微型卫星（见微小卫星，第 6 章），有效载荷总重量为 1 080 kg。

CZ－6 是中国有史以来第一枚使用液氧和煤油作为推进剂的运载火箭，之前所有的运载火箭都使用含氮燃料或固体燃料。到目前为止，所有的火箭火焰都是橙色的，这是人们第一次在太原看到一枚在黄色的火焰中起飞的火箭。火箭一旦点火起飞，便会在发射台周围掀起两列褐色的灰埃云。CZ－6 第二次发射是在 2017 年 11 月 21 日，发射了三颗吉林成像卫星。CZ－6 的一个改进型版本是 CZ－6A，带有捆绑助推器，能够把 4 t 的有效载荷送至太阳同步轨道，计划在 2020 年之前首飞。

继第二次 CZ－6 任务之后，中国宣布打算研发与美国空间探索公司（SpaceX）猎鹰九号相当的、具有返回能力的运载火箭，计划于 2020 年完成第一次任务，最初称为 XZ－8A。无论如何，这项技术将于 2019 年首先在 CZ－4B 上进行测试。从 2003 年开始，上海航天技术研究院 805 所就一直在研究可重复使用的运载火箭，2018 年秋天，中国在上海国际工业博览会（International Industrial Fair）上公布了 CZ－6X 火箭的模型。这款火箭力图实现像美国猎鹰九号一样可重复使用，具有相似的着陆缓冲装置和栅格翼（grid fins），其首飞日期定在 2021 年。在当年 11 月的珠海航展上，中国展示了一款全新版的 CZ－6，不得不说这是一个变化非常大的版本，叫作 CZ－6A。它的体积比 CZ－6X 大得多，芯级有两台 YF－100 发动机，侧面装有 4 枚固体助推火箭（总推力超过700 t），上面还有两级，其运载能力几乎和它的姊妹型号 CZ－7 相当，CZ－6A 首次发射日期定在 2021 年。

3.1.6 长征七号（CZ－7）

CZ－7 是一款能够将 13 t 载荷送入近地轨道的中型运载火箭，填补了 CZ－2F（8 t）和 CZ－5（25 t）之间的空白。CZ－7 是发射为空间站加注的无人驾驶天舟飞船的最佳选择。从外观上看，它与 CZ－3B 没什么明显区别，只是宽度更宽了。

CZ－7 的设计状态也同样经历了多次演变，但是于 2012 年 3 月在西安举行的亚洲推进与动力联合会议（Asian Joint Conference on Propulsion and Power）上，其设计状态固定了下来，公布的 CZ－7 有效载荷设定为近地轨道 13.5 t，太阳同步轨道 5.5 t。这将是在 CZ－5 到来之前中国最强大的运载火箭，这款 53.1 m 高的火箭将具备以下要素：

1）一级：2 台 YF－100 发动机，每台推力为 120 t 或 1 108 kN，直径为 3.35 m；

---

① CZ－6 首飞一箭 20 星，主载荷为天拓三号。

图 3 - 10　CZ - 6 和起竖架

2）捆绑：4 台 YF - 100 发动机，每台推力为 120 t，直径为 2.25 m；

3）二级：1 台 YF - 115 发动机①，推力为 18 t，180 kN，直径为 3.35 m，均使用液氧/煤油。

CZ - 7 还可以携带一个远征上面级，具备 9 次点火能力，可将卫星送入预定轨道。CZ - 7 发射时，6 台 YF - 100 同时点火，发出巨大的噪声，并产生高达 720 t 的推力[4]。随后，在 2020—2021 年，可能会有一个三级版的 CZ - 7A，能够将卫星发送至 24 小时轨道。

2013 年 11 月 13 日，CZ - 7（见图 3 - 11）一级发动机成功进行了 3 min 的试车。随后完成了 29 m 长的捆绑助推器第一次组装工作。所有在起飞时点火的各个助推器均进行了 170 s 的试车，12 月再次进行了 167 s 的试车。2014 年 12 月，CZ - 7 第一次完成总装测

① CZ - 7 的二级有 4 台 YF - 115 发动机，2 台双摆 YF - 115，2 台不摆动 YF - 115。

试，17 日乘远望二十一号启程前往海南，24 日抵达，26 日运至发射场现场，这是中国火箭首次采用船运的方式，在 2015 年 2 月春节前结束了合练①。2016 年 5 月 10 日，中国宣布新火箭已离开天津前往海南岛，发射时间定于 6 月 25 日，这是真正的首次任务②。

图 3－11　CZ－7 模型（见彩插）

当晚，CZ－7 进行了首次夜间发射，以令人惊叹的方式为文昌航天发射场揭幕。这是一个令人印象深刻的场景，因为 CZ－7 重达 597 t，是当时中国最大的火箭。数千名观众和游客聚集在棕榈树环绕的观看区域观看发射仪式，几乎所有人都高举手机拍摄，记录下

① 2015 年 1 月 16 日长征七号合练完成，从文昌返回天津。

② CZ－7 于 2013 年 11 月 13 日火箭助推器试车成功，之后完成了首个一级试验箭体总装，2013 年 12 月 17 日火箭助推器第二次动力系统试验成功。2014 年 4 月 19 日，火箭芯一级动力系统第一次试车试验取得成功，2014 年 6 月 16 日火箭芯一级动力系统第二次试车取得成功。

CZ-7 在发射台两边滚滚的灰白色烟雾中上升的情景。他们看到 CZ-7 在海面上升空，火箭于 603 s 后入轨。

CZ-7 最上面是远征一号甲上面级（Yuanzheng 1A upper stage），它在接下来的 48 小时内部署了数个有效载荷。这些载荷分别是哈尔滨工业大学研制的遨龙一号空间碎片清理飞行器（debris retrieval spacecraft），重达 500 kg，带有机械臂、交会制导系统（rendezvous guidance system）、目标收集和释放装置；北京航天长征飞行器研究所（Beijing Aerospace Long March Institute）研制的两颗用于数据中继验证的天鸽飞行器，带有用于卫星星间通信的转发器（transponder）；以及一颗用于研究重力场的 19 kg 重的立方星（cubesat）；同时还搭载了采用偏振光探测器（polarized light detector）进行光学导航试验的卫星翱翔之星。

远征一号甲自带 1 个 130 kg 的在轨流体加注系统（on-orbit fluid refueling system），称为天源一号（也称“在轨加注试验装置”）①。该系统经过测试，为从天舟在轨向空间站进行燃料加注的计划铺平了道路。后来，远征一号甲再次抬升了轨道，最后离轨。

令人惊讶的是，第一枚 CZ-7 还携带了一款新的载人飞船样机，该飞船将最终取代当前的神舟，即“多用途缩比返回舱”试验装置②，其名称亦为“多用途飞船返回舱”。飞船样机直径为 2.6 m，高度为 2.3 m，质量为 2 600 kg，为 63%的缩比模型。新飞船绕地球飞行了 20 个小时之后返回地球，载人飞船在巴丹吉林（Badain Jaran）正常着陆。当时风很大，尘土飞扬，大风裹挟着降落伞沿着地面拖着走，直到一架直升机降落在它旁边。机组人员稳定了返回舱，并把中国国旗插在了满是沙尘的地上，以标记着陆点。这是启动新火箭的好方式。该返回舱随后在 2017 年珠海航展上展出，其表面的焦化清晰可见。

新飞船舱体的设计与俄罗斯联邦号（Federatsiya）和美国猎户座（Orion）飞船类似，这两个飞船的设计工作正在稳步推进。跟它们一样，新飞船原本打算装载更多的人员（4～6 人），不仅能在地球轨道上运行，而且也能在深空运行。舱体内装有生物货物，可以在空间开展细胞和微生物培养实验，用于测试微生物在空间环境中如何变化和增殖。后来得知，新型载人飞船的研究已于 2013 年 6 月启动，该设计于 2014 年 10 月获得政府批准。第二年进行了空投测试（Air drop tests），使用的是神舟十号的备用降落伞。

2014 年，张柏楠在《航空学报》（*Acta Aeronautica et Astronautica Sinica*）上发表了

---

① 天源一号由国防科技大学自主设计研制。2016 年 6 月 30 日搭载长征七号运载火箭发射，成功完成微重力条件下流体管理与加注、高精度推进剂测量等 9 项在轨试验，获取了 3 种贮箱加注全过程的完整视频和相关试验数据，北京航天飞行控制中心收到的遥测与数传数据表明，我国首次卫星在轨加注试验取得成功。

② 试验装置是指多用途飞船缩比返回舱，由中国空间技术研究院抓总研制，是 CZ-7 运载火箭首飞搭载载荷之一，属于新一代载人飞船返回舱正式型的缩小版，采用返回舱和过渡段的两舱构型。多用途飞船缩比返回舱瞄准的是我国未来载人深空探测，全方位满足后续在轨服务应用以及低成本天地往返运输的使用需求。

第一篇描述新型载人飞船细节的论文，题目为《新一代多用途载人飞船概念研究》(*Concept design of the new generation multi-purpose manned spacecraft*)，文中介绍了2个飞船版本，其中一个重14 t，可乘坐6名机组人员（即CZ-7测试的版本）进入地球轨道；另一个重20 t，可容纳4名人员到达月球轨道。机舱呈圆锥形，与猎户座和阿波罗号类似，可独立飞行21天，而与空间站对接后，可在轨飞行两年。首飞后，有消息称第二次试飞将在2019年6月CZ-5B首次试飞的基础上进行，这次试飞使用了全尺寸的14 t版本。新型载人飞船持续取得进展，2018年，北京空间机电研究所（Beijing Institute of Space Mechanics and Electronics，BISME）进行了空投测试，在直升机上投放了一个7 t重的模型，以测试2个减速降落伞（deceleration parachutes）、3个主降落伞(mainparachutes）和着陆缓冲气囊（landing airbags）。

3.1.7 长征八号（CZ-8）

上述这些新火箭推出不久，中国便宣布推出另一个版本，即长征八号（CZ-8）。2017年6月公布的CZ-8是一种中等能力的运载火箭，能够实现地球高轨的发射。其有效载荷设计具有4.5 t太阳同步轨道（SSO)、7.6 t近地轨道（LEO）或2.5 t同步转移轨道（GTO）的能力，所以它似乎填补了CZ-6和CZ-7之间的空白，但其更重要的作用可能是完成对CZ-2和CZ-4系列以及老字号CZ-3A的替换。中国强调了非常希望节省生产成本，这表明CZ-8可能旨在吸引外国的商业客户。CZ-8的一级配置将与CZ-7相同，配有两台YF-100液氧和煤油发动机，以及两个直径为2.25 m，与CZ-11相同的固体捆绑助推器，二级直径为3.35 m，使用的是来自CZ-3A的两台YF-75发动机。

美国SpaceX公司首次成功回收猎鹰九号（Falcon 9）火箭的一级对该项目有着重要的影响，之后CZ-8经历了重大设计更改。首先，官方宣布了将有一个可重复使用的版本(reusable version)，称为CZ-8A，很明显，CZ-8从一开始就是按照可重复使用设计的，首飞定于2021年。单独的“A”版本已被删掉了，随后，固体燃料捆绑助推火箭设计也被抛弃了，取而代之的是3个直径2.25 m的液体燃料助推器①。目前尚不清楚将采用何种方法进行回收（猎鹰九号使用的是单个低功率发动机)，采用降落伞的方案似乎也在考虑之中。火箭最终的设计状态似乎还没有定下来，但以某种形式走向可重复使用的方向是明确的。CZ-8将很快取代CZ-6，成为未来可重复使用的火箭。

2014年，北京空间机电研究所完成了6次使用翼伞（parafoil）归航可重复使用火箭

① CZ-8运载火箭是新一代中型两级液体捆绑式运载火箭。一子级以液氧/煤油作为推进剂，采用两台8 t级推力的YF-100发动机；二子级以液氢/液氧为推进剂，采用两台8 t级推力的YF-75发动机，具备二次启动能力；捆绑2个直径为2.25 m的液体助推器，以液氧/煤油作为推进剂，各采用一台120 t级推力的YF-100发动机。火箭可从文昌航天发射场和酒泉卫星发射中心发射。全箭总长50.3 m，芯一级直径3.35 m，二级直径3 m，单个助推器直径2.25 m，火箭起飞质量约356 t，主要用于发射近地轨道或太阳同步轨道有效载荷，可以将5 t的有效载荷送入700 km太阳同步轨道。2020年12月22日，CZ-8在海南文昌航天发射场首次发射，取得圆满成功。

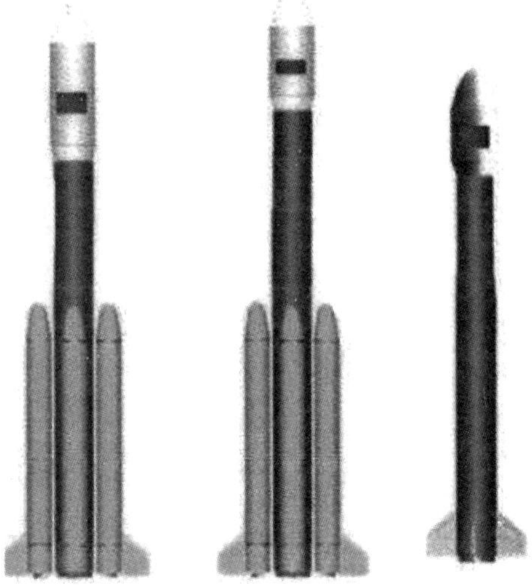

图 3-12　CZ-7，变成 CZ-7A 的 CZ-734 和变成 CZ-8 的 CZ-720［图片来源：Dr Meng Xiang］

的空投试验，当时可能还没有意识到可重复使用会变得如此重要。2018 年 9 月在海洋一号 C（Haiyang 1C）上首次尝试了对实际在轨任务的可重复使用性进行测试，当时整流罩使用了翼伞返航，这算是一个低调但货真价实的开始。根据中国运载火箭技术研究的说法，这个名为归燕 1 号①的系统仅仅用了两个月的时间就完成了设计和研制，表明这是一个仓促但成功的研发测试。整流罩上甚至还装有一个摄像头，拍摄到了整流罩从太空边缘穿过低矮的浮云降落到地面的过程，以及随后的回收过程。工程师强调，可重复使用既受经济因素的驱动，也受安全因素的驱动，后者是因为下落的火箭箭体数次掉落在人口稠密的地区，甚至砸中了居民的房子。表 3-4 总结了长征家族的新成员。

表 3-4　长征家族新成员

	CZ-5	CZ-6	CZ-7
高度/m	57	29	53.1
直径/m	5	3.35	3.35
质量/t	878	103	597
推力/kN	10 572	1 200	7 200

① 归燕 1 号是由中国运载火箭技术研究院研制的分离体再入监测系统，通过对火箭整流罩再入状态进行实时测量与计算，为翼伞归航系统的开伞高度、开伞姿态提供重要依据。2018 年 9 月 7 日长征二号丙运载火箭成功将海洋一号 C 星送入预定轨道，火箭搭载的归燕 1 号分离体再入监测系统和翼伞归航系统，成功实现我国首次基于翼伞的整流罩可控落点精确回收。

续表

	CZ-5	CZ-6	CZ-7
捆绑	发动机：4×YF-100(RP1) 长度：26 m 直径：3.25 m 质量：147 t 推力：6 680 kN		发动机：4×YF-100(RP1) 长度：29.9 m 直径：2.25 m 推力：1 200 kN
一级	发动机：2×YF-77 LH 长度：31 m 直径：5 m 质量：176 t 推力：1 400 kN	发动机：YF-100 (RP1) 推力：1 340 kN	发动机：2×YF-100(RP1) 长度：25 m 直径：2.25 m 推力：2 400 kN 工作时间：178 s
二级	发动机：2×YF-75D LH 长度：12 m 质量：26 t 推力：156 kN	发动机：YF-115 (RP1) 直径：2.25 m 推力：176 kN	发动机：4×YF-115 (RP1) 长度：15.4 m 工作时间：400 s
三级		发动机：YF-86 (过氧化氢) 直径：2.25 m	
能力	同步转移轨道 14 t 近地轨道 22 t	700 km，1 080 kg①	同步转移轨道 7 t 近地轨道 13.5 t

资料来源：《China Space Report》。

3.1.8　长征九号（CZ-9）

尽管新的运载系列正在研制中，但根据中国运载火箭技术研究院副院长梁小虹的说法，当前正在考虑研制一款推力达到 3 000 t 的巨型运载火箭，其能力甚至是 CZ-5 的 3 倍。这将使它成为与美国土星五号和空间发射系统（Space Launch System）、苏联的 N-1 以及后来的能源号同等级别的运载火箭②。这可能只为了一个目的：载人登月。关于如何进行载人登月探测的初步研究已经开始，目前正在考虑的方案有九种。随着时间的推移，这枚火箭被命名为长征九号（CZ-9）。

载人登月火箭的想法可以追溯到 2005 年张小平在中国宇航学会一次会议上发表的一

① 该表中的太阳同步轨道运载能力 1 080 kg，与上述的 1 000 kg 略有差异，早期方案 C 中的火箭构型能力为 1 080 kg。

② 上述的土星五号、空间发射系统、N-1 和能源号火箭，除了空间发射系统，其他均已经历过发射，空间发射系统简称 SLS，是从航天飞机演变而来的超重型运载火箭，由美国国家航空航天局（NASA）设计，主要目的是维持星座计划的进行以及取代已经退役的航天飞机，号称史上最强运载火箭系统。从 2017 年 11 月开始，NASA 一直在规划 SLS 的首次测试，2021 年 1 月 16 日，SLS 进行了一次静态试车，测试目标是芯级发动机持续点火 8 分钟（485 秒），但在点火后仅持续了约 67.2 秒，发动机自动关闭熄火，初步分析是由发动机自动关机所致。NASA 在 1 月 19 日发消息称，芯级 2 号发动机的液压系统在试车中“超出了本次初试试验”预试的试验限值，按照程序设计，飞行计算机自动终止了试验。

篇论文①，该论文描述了如何制造 2 800～3 000 t 之间的大型火箭[5]。中国最重要的火箭工程师龙乐豪接过了中国运载火箭技术研究的接力棒，他于 2008 年在《导弹与航天运载技术》（*Missiles and space vehicles*）杂志上发表了《现代“嫦娥奔月”的技术途径设想》（*Research on the technical approach of a manned lunar mission*）一文②。该文探讨了登月最佳方法的经典难题，这是 20 世纪 60 年代阿波罗计划人员和苏联同行都很熟悉的问题，例如直接升空、地球和月球轨道交会（EOR，LOR），这些在很大程度上都在这种火箭的参数范围之内。2010 年他在同一期刊上再次发表了有关月球轨道交会（LOR）方法的论文，称其火箭为 CZ－5DY（D 代表“登”，或“登陆”；Y 代表月，或“月球”），但其尺寸要大得多。

如图 3－13 所示为中国的新运载火箭：CZ－11、CZ－5、CZ－7、CZ－6。

与此同时，上海航天技术研究院于 2009 年发表了自己的发展路线《载人登月模式》（*Modes of manned lunar landing*）。其中一些设计是跟 20 世纪 60 年代苏联设计（如 UR－700）的超大型火箭相呼应的。2011 年，YF－650 和 YF－220 新型大型发动机出现在了张小平的一篇论文中，提醒我们“推进第一”（propulsion first）的中国哲学理念。中国航天科技集团有限公司（China AeroSpace Corporation，CASC，以下简称航天科技集团）随后制造了一个新的 500 t 级的大型发动机木制模型。在那一年的中国全国人民代表大会上，中国运载火箭技术研究院告诉与会代表，他们正在开展对载人登月火箭的预研工作，该火箭可将 130 t 的重物送至地球轨道。第二年，中国运载火箭技术研究院发布了这种新型火箭的第一张展示图，现在正式命名为 CZ－9。CZ－9 的高度达到了 80 m，直径为 8 m，捆绑助推直径 3.35 m，与其他登月火箭相比，CZ－9 没有美国的土星五号、空间发射系统或苏联的 N－1 火箭那么高，但它的直径更宽。

回到 2010 年，龙乐豪在《论中国载人月球探索》（*On issues in China manned lunar exploration*）一文中，描述了登月可能的时间表和设计[6]。次年又出现了一系列新论文，例如，何巍的《重型运载火箭及其应用探讨》（*Heavy launch vehicle and its application*）李斌的《载人登月主动力——大推力液氧煤油发动机研究》（*Research on high thrust LOX/kerosene rocket engine as main power system in manned lunar project*），以及谭永华的《中国重型运载火箭动力系统研究》（*Research on power system of heavy launch vehicle in China*）[7]。中国有兴趣购买俄罗斯的 RD－180 发动机，但俄罗斯对这款被认为

---

① 张小平在中国宇航学会深空探测技术专业委员会第二届学术会议发表的《中国载人登月火箭动力系统设想》，提出我国登月火箭可以采用 8m 箭径的三级半方案，其中三级采用两台推力为 500 kN 级的氢氧发动机，二级采用四台推力为 1 000 kN 级的液氧煤油发动机，一级和助推级采用推力为 5 000 kN 左右的液氧烃发动机，为我国研究和开发月球以及深空探测奠定基础。其中，5 000 kN 推力的液氧烃发动机可在液氧甲烷发生器循环和液氧煤油补燃循环两种方案之间选择。

② 2010 年龙乐豪发表的有关月球轨道交会（LOR）方法的论文为《关于中国载人登月工程若干问题的思考》（*On Issues of China Manned Lunar Exploration*）。文中对有关中国载人登月工程做了初步思考，提出载人登月的目的和意义，针对国情并结合对国外载人登月发展态势的分析，从技术和经济等方面就中国能否以及如何实现载人登月给出了基本结论。

图 3 - 13　中国的新运载火箭：CZ - 11、CZ - 5、CZ - 7、CZ - 6（见彩插）

是世界上最好的发动机有自己的看法。直到 2018 年 11 月，俄罗斯才以发动机制造商动力机械科研生产联合体（Energomash）为代表与中国签署了一项关于煤油、氢气和甲烷动力发动机的合作协议，如图 3 - 14、图 3 - 15 所示。

图 3-14　中国与动力机械科研生产联合体（Energomash）的谈判［图片来源：Roskosmos］

图 3-15　中国与动力机械科研生产联合体签署协议［图片来源：Roskosmos］

因此，从2010年起，中国便开始对300～500 t级推力的发动机进行设计研究，500 t的推力上限可能是眼下的能力极限，火箭一级的总推力为3 000 t。中国强调想要一种能长期生产的火箭，而不是像土星五号（只发射了13枚）、能源号（发射了2枚）或N-1火箭[①]（共研制了6枚）。

2012年在西安举办的亚洲推进与动力联合会议上，李鹏对月球火箭发动机进行了详细介绍。在会上，他展示了月球火箭设计的多种可能性，该火箭的直径为9 m（略小于土星五号的10 m），燃料为氢或煤油，并带有四个使用煤油的捆绑助推器，每个助推器的直径为3.35 m（这是中国大型火箭的常见直径），并带有一个新的液氢上面级。中国不仅在考虑到达月球的最佳方法，而且还在考虑如何从月球返回以及高速再入地球大气层的复杂问题。

李硕在《重型运载火箭及其应用》（*Heavy launch vehicle and its application*）中解释说，正在考虑两种选择，并提供了两者的图片。最受青睐的一款使用液氧和煤油发动机，而另一款使用液氧和液氢发动机，并采用固体燃料捆绑助推火箭（尽管中国在这方面的专业知识有限）。火箭使用四台YF-650液氧和煤油发动机，YF-650与俄罗斯的RD-180大致相当，采用四个较小的捆绑助推器，将产生5 200 t的推力，能够将130 t的载荷送入近地轨道。这枚巨型火箭的直径将达到15.7 m，高98 m，发射质量为4 100 t，CZ-5与之相比也相形见绌。对于上面级，两台使用液氢燃料的YF-220发动机将产生200 t的推力，与欧洲的火神（Vulcain）发动机大致相当。同样在北京，李文清在《载人登月发射节点及对重型运载火箭的要求》（*Manned lunar launching node and requirement for heavy launch vehicle*）一文中探讨了地球轨道交会（EOR）和月球轨道交会（LOR）的概念。在那里展示的更小、更受关注的CZ-9，质量为3 000 t，可用500 t推力发动机将100 t载荷送入近地轨道，或将50 t载荷送至月球。

作为唯一一个让人类登上月球的国家，在这个话题上，美国的观点有很重要的参考价值。美国人对中国的解读是，CZ-9的设计使其推力比土星五号更强大，可与美国自己的空间发射系统（SLS）[②]相媲美，美国赞扬中国对这些选择的认真考虑。从全球的角度来看，CZ-9的货运能力为130 t，高于美国的空间发射系统模块1（70～105 t），与空间发射系统模块2（130 t）相当。50 t的登月能力，超过土星五号的45 t，这意味着着陆器可能比阿波罗登月舱规格更大，并且发动机功率将高出78%。中国载人登月计划在西方受到

---

① N-1运载火箭是苏联研发的用来将苏联航天员送到月球的火箭。火箭研发工作比土星五号晚，4次发射试验都失败了，苏联在1976年正式取消这项工程。在取消了不成功的N-1火箭后，1974年，苏联开始了对新火箭的方案论证工作。1987年5月15日，能源号（Energia）重型火箭首次在哈萨克斯坦的丘拉坦发射场试飞成功，1988年11月15日进行第二次发射，能源号顺利将暴风雪号航天飞机送入预定轨道。伴随着苏联解体，能源号火箭停止生产。虽然能源号不再生产，由其助推器发展的天顶号火箭仍在服役，其主发动机RD-170衍生的RD-171仍用于天顶号火箭。

② 空间发射系统（SLS）的一级采用4台SSME发动机，二级有三种配置，Block 1，Block 2和Block 3，分别配置一台RL10发动机、4台RL10发动机和J2X发动机。模块1运载能力为70～110 t，模块2为130 t，模块3最终的运载能力将达到143 t，甚至有可能达到165 t。

越来越密切的关注[8]。一枚 CZ－9 将使中国有能力超越阿波罗的登月计划，但是中国可能想做更多的事情。当苏联在与阿波罗的竞赛中失利时，苏联的登月计划重新修改为至少在月球长期停留一个月，即 L3M 计划①，尽管后来这一修改后的计划被取消了。长达一个月的月球停留时间将随着时间的推移而延长，这将使苏联不仅能够登陆月球，而且还能够在那里建立一个基地。

随着中国航天计划的不断发展，预计会有更多细节曝光。也许最令人感兴趣的是中国在火箭上的早期起步阶段，因为火箭无法在短期内发展成熟。此后发表的许多论文陈述和完善了 CZ－9 的设计。至于首发日期，2028 年被多次提到。月宫一号展现出了中国对持续准备登月计划的兴趣，而折叠式月球车也出现在展览中。尽管如此，这些研究还是一致地回到了以液体燃料作为首选的月球轨道交会（LOR）推进方法上。尽管固体燃料火箭制造商继续争取固体燃料捆绑助推火箭，国务院最终在 2016 年 12 月正式明确了将液氧/煤油发动机作为火箭的首选。

月球火箭真正的问题是使用什么样的发动机。用于 CZ－5 的新型 YF－100 和 YF－77 发动机实在太小，缺乏足够的推力。在 20 世纪 60 年代，苏联也面临着类似的困境，它的 N－1 月球火箭②将不少于 30 台的低推力发动机聚集在一起，但其令人沮丧的历史表明，应该采取不同的方法。相比之下，冯·布劳恩为土星五号设计的巨型大推力 F－1 发动机能够产生 670 t 的推力，为美国在登月竞赛中取得成功做出了重要贡献。从那时起，只有苏联一个国家开发了大推力发动机，即 RD－170 系列发动机，每一台发动机可产生高达 740 t 的推力（只需要 4 台）。顶尖火箭专家李平表示，如果中国要与土星五号或能源号相提并论，YF－100 的推力至少需要提高 4 倍，火箭一级的推力才可提高到 7 800 kN（700 t），而往上一级的推力可加倍至 2 500 kN。

2014 年 9 月，首次进行了可用于 CZ－9 的 YF－220 低温发动机试车。10 月份，举行了一次重型火箭液体燃料发动机会议，会上发表了一项声明，称该火箭的底座直径为 8.5 m，一级发动机的推力为 460 t，二级发动机的推力为 220 t。鉴于 CZ－5 火箭一级的环直径达到 5 m，最大的挑战可能是底座直径达到 10 m 的环。国内有两家公司（派克锻造和国东重型机械）③ 生产底座的试验环，并展示了一个试验件。2015 年 1 月，YF－220 大流量喷管成功进行了热试车。2018 年，航天推进技术研究院（Academy of Aerospace Propulsion Technology，AAPT）开始研制 CZ－9 三个子级的发动机样机，三级发动机的推力分别为 480 t、200 t 和 25 t，由于还没有用于测试 4 倍于 YF－100 推力的煤油主发动

① L3M 计划应为 L－3M 计划，计划让三名航天员在月球上停留满一个阴历昼夜周期，即 28 天。

② N－1 运载火箭是由苏联研发的计划用于将航天员送到月球的火箭，火箭第一级使用了 30 台 NK－15 发动机。N－1 号在 1969 年 2 月 21 日发射进行飞行试验，发射失败。1969 年 7 月 3 日又进行了一次发射，但也同样失败了，火箭坠毁在发射架上；之后又分别于 1971 年 6 月和 1972 年 11 月进行了两次试验，两次都以失败告终，于是苏联便在 1976 年正式取消这项工程，在 1965 年 10 月到 1974 年 5 月间，苏联一共生产了 10 枚N－1 火箭。后来 N－1 火箭经过技术改进变成了如今的能源号火箭。

③ 根据 10 m 铝环研制能力，两家公司分别为无锡市派克重型铸锻有限公司和西南铝业（集团）有限责任公司（隶属于中国铝业公司）。

机的设施，因此这是一个相当大的挑战，有可能先开发一个缩小版的发动机。

2017 年，中国航天工程师前往第聂伯罗彼得罗夫斯克（Dnepropetrovsk）的扬格尔（Yangel）设计局考察了苏联的 LK（Lunniy Korabl）月球舱，该舱用于把他们的第一位航天员送到月球上。该月球舱（LK）在地球轨道上成功进行了全面的测试。它比美国登月舱更小、更安全，拥有用于下降和起飞的主发动机和备用发动机。该发动机随后被改装为 RD－843，用于欧洲织女星（Vega）运载的末级。乌克兰与中方达成的协议涉及设计局移交设计文件，不过硬件仍将留在乌克兰。新的计算机技术将取代已经过时的 20 世纪 60 年代的电子产品[9]。一种推力为 80 kN 的新的可变推力发动机正在研发之中，其推力几乎是美国登月舱的 2 倍，它将使用液氧和煤油或类似的燃料。同年晚些时候，中国和乌克兰达成了一项双边合作协议，有效期至 2020 年。

如图 3－16 所示为 RD－843 发动机的一个版本。

一直以来，所有的设计都朝着最终定案迈进。2018 年夏天，龙乐豪给出火箭到近地轨道的有效载荷重量为 140 t（土星五号为 118 t），到火星为 44 t，到月球为 50 t（土星五号为 45 t），到地球同步轨道（GEO）的有效载荷重量为 64 t，而重型猎鹰九号和美国空间发射系统分别为 64 t 和 130 t。该项目的现状是火箭似乎已获得政府批准①，将于 2028 年发射，但不一定是用于登月任务。在 2018 年 11 月的珠海航展上，CZ－9 首次亮相，它高耸于其他所有组装好的火箭之上，后来给出的高度是 100 m。总设计师张智表示，CZ－9 发射时可能是世界上最大的火箭。现场还展出了另一枚被称为过渡性的且缺少具体数据的 CZ－9，显得更为复杂，其直径与 CZ－5 同为 5 m，使用 YF－100 发动机，可以把联盟号级别的新载人飞船送至月球，而无须携带着陆器。

3.1.9　小型运载：开拓者、快舟、长征十一号

在等待 CZ－5 大火箭的同时，世界火箭技术很多有意思的进展却出现在另一个方向：小型火箭市场领域。由于对低轨小型有效载荷需求出现了急剧增长，特别是来自那些没有自己的火箭，未来也无法获得火箭的国家、公司甚至高校。因此一些国家开发了新的小型运载火箭，如欧洲的织女星或日本的艾普斯龙（Epsilon），而美国的轨道科学公司（Orbital Sciences Corporation）开发了飞马座（Pegasus）②，这是一款由洛克希德三星飞机（Tristar airplane）空运的小型火箭，可以在高空中投放、点火并飞行进入轨道。20 世纪 90 年代末，中国重新研制了 CZ－1 火箭，作为一种新型小型卫星运载火箭，它只执行了国内的两次卫星任务。

---

① CZ－9 运载火箭已于 2016 年 6 月正式批复立项。预计将于 2028 年左右在文昌航天发射场发射。

② 飞马座火箭（Pegasus rocket）是美国轨道科学公司研制的一种通过空中发射平台发射的空射型运载火箭。它是世界上唯一投入使用的空射运载火箭，主要用于将小型卫星送入近地轨道，进行微重力实验、材料实验、通信、定位、地球资源探测或完成其他特殊任务。发射标准型飞马座火箭的载机为改装的 B－52 轰炸机，运载火箭吊挂在机翼下。加长型飞马座 XL 使用改装的 L－1011 飞机作载机，火箭吊挂在载机腹部。发射时，火箭由载机携带至预定地点上空投放，自由下落 5 s 后点火，投放时飞机高度约11 900 m，飞行速度为 $Ma=0.8$。

图 3-16　RD-843 发动机的一个版本（这里被视为 Vega 末级的一部分）将为中国的月球着陆器提供动力［图片来源：ESA］

中国随后尝试了另一种方法，并使用了另一类火箭。迄今为止，中国的火箭都是使用液体燃料，然而用于潜艇舰队和陆基导弹的固体燃料军用火箭都已经研发出来了。跟俄罗斯一样，中国是固体燃料火箭的后发国家，但发展十分迅速。借鉴俄罗斯将固体燃料导弹转换为运载火箭（白杨）的经验，中国随后开发了一种小型的车载四级固体运载火箭，称为开拓者（Pioneer）或 KT-1。它源于 DF-21 导弹，旨在通过移动运载火箭将 40～100 kg 的有效载荷发射到 300 km 高的极地轨道上。与液体运载火箭队伍相比，作为一款小型运载火箭，它只有 14 m 高，20 t 重。这是中国航天科工集团有限公司（China Aerospace Science & Industry Corporation，CASIC，以下简称航天科工集团）研制的第一枚火箭，打破了中国运载火箭技术研究院和上海航天技术研究院两家单位的垄断地位。

2002 年 10 月，开拓者火箭的模型在深圳第四届国际高新技术成果交易会（4th International High and New Technology Achievements Fair）上进行了展览。有未经证实的报道称，2002 年 9 月 15 日，曾尝试发射开拓者一号，但由于制导失误导致发射失败。发射的载荷是由萨里卫星技术有限公司（Surrey Satellite Technology Limited，SSTL）开发的清华 1 号微型卫星的后继产品，这颗新卫星是萨里卫星技术有限公司和清华大学联合开发的，它标志着该系列卫星研制向国产化迈出了关键一步[10]。2003 年 9 月 15 日，在太原进行了开拓者的第二次发射，似乎火箭的四级出现了故障，造成了一颗微型卫星丢失。原定于 2005 年 8 月进行第三次试射，甚至在西安发行邮票以纪念这一时刻，但这次试射还是取消了。

随后开拓者从公众视野中消失。在 2009 年的珠海航展上，开拓者再次意外出现。不仅如此，还制作了加长版的 KT－1A，质量为 30 t，能将 200 kg 的载荷送入 700 km 的轨道。还有一款拥有两个捆绑助推器的版本——KT－1B，质量为 65 t，能够将 500 kg 的载荷送入 700 km 的轨道。不管未来如何，2012 年 3 月，在西安举行的亚洲推进与动力联合会议上，得知中国新一代固体运载火箭初步采用了美国航天飞机（American Space Shuttle）典型的分段式设计①。

距首次试飞 15 年之后，开拓者终于在 2017 年 3 月 3 日载着天鲲一号卫星从酒泉发射升空，天鲲一号卫星主要用于通信和对地成像测试。在某些情况下，开拓者运载火箭也称为 KT－2。KT－2 的发展也与反卫星火箭有关，反卫星火箭的最新版本称为动能，如果追本溯源，它们都是 DF－21 导弹的改型。

与此同时，又出现了另外一款小型火箭："快舟"，其英文名称缩写 KZ 容易与开拓者缩写 KT 混淆。2013 年 9 月 25 日，KZ 从酒泉发射升空，这是首次亮相。它似乎使用了现有发射工位以东 6 km 的一个新工位。当然，这在很大程度上是种假设，因为该系列火箭使用的是一个路基起竖架，因此可以从任何平坦的地方点火发射。有人怀疑它是从军用导弹——中程弹道导弹（Intermediate Range Ballistic Missile，IRBM）发展而来的，其发射组织被称为二炮②（the second artillery regiment），即众所周知的、负责拦截火箭的中国人民解放军的部队。后来，中国证实其确实是衍生自导弹。快舟火箭将一颗同名的小型成像应用卫星送入轨道，有意让卫星连接着上面级，这与美国第一颗卫星探索者 1 号类似。在接下来的一年里，该上面级反复机动，在 2014 年 10 月进行了大幅轨道提升，随后让轨道衰减，之后在 2015 年年中进行了最后一次点火。目前尚不清楚展示这种能力的确切目

① 应该为采取了航天飞机固体助推器（Space Shuttle Solid Rocket Boosters，常简称为 SRB 或助推器）的分段式设计，SRB 是为航天飞机在发射升空前两分钟内提供推力的一对固体火箭助推器，安装在航天飞机外贮箱两侧。每台助推器能产生 1.8 倍于F－1 发动机的推力，飞行中被抛弃的 SRB 溅落被打捞后灌注推进剂重新使用，可重用数次。

② 二炮全称为第二炮兵，于 1966 年 7 月 1 日成立，是中国实施战略威慑的核心力量。2015 年 12 月 31 日，中央军委将第二炮兵正式任命为"中国人民解放军火箭军"部队，成为中国人民解放军的新军种。

的，即是出于军事还是其他方面的目的。

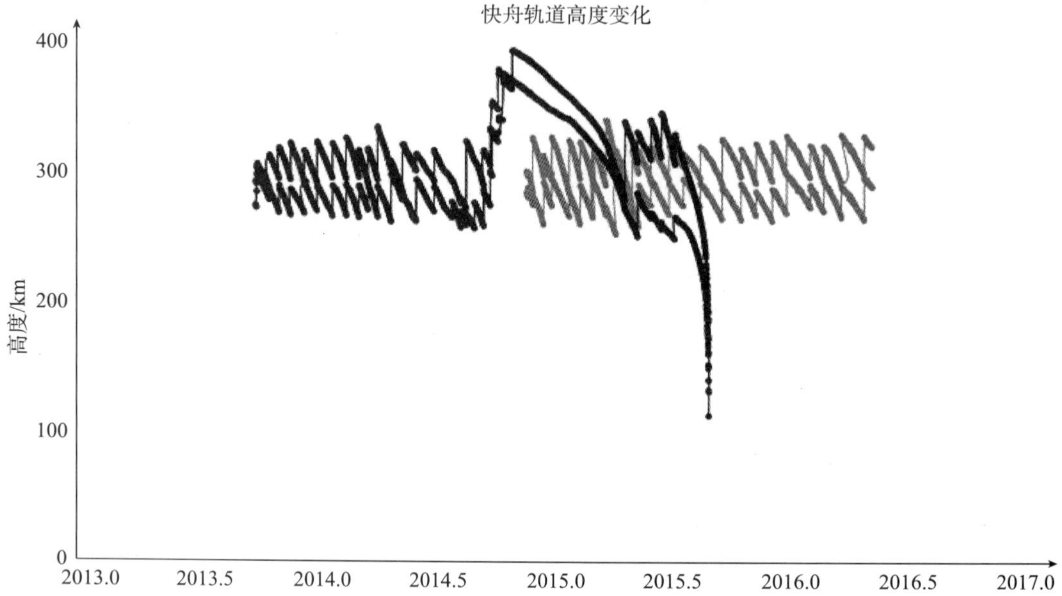

图 3-17　快舟一号和快舟二号轨道高度的演变清楚地显示了 2014 年 10 月及之后的快舟一号演变
［图片来源：Phil Clark］

2014 年 11 月 21 日，快舟火箭的第二次应用是发射了快舟二号卫星，这颗卫星公布的用途是救灾，它也连接着上面级。这一次发布了发射的照片。在珠海航展上，展示了名为飞天一号的姊妹火箭模型，其单独的卫星有效载荷并未集成到上面级上。这使得估计出快舟的特征成为可能，其长度为 19.4 m，发射质量为 30 t，能够将 300 kg 的载荷送入近地轨道。在接下来的 18 个月里上面级进行了轨道抬升机动。

2017 年 1 月 9 日，一枚名为快舟一号甲（Kuaizhou 1A）的改进版火箭发射升空，携带了吉林林业一号卫星和两颗立方星。火箭重 30 t，直径为 1.4 m，分三级。据航天科工集团的查雄权介绍，该公司的想法是发展快速发射能力，目标是用改型的快舟十一号（KZ-11）每年发射 4 颗卫星，在 2018 年达到发射一箭 6 星的水平，发射成本预计可降低到 38 000～155 000 元（5 000～20 000 欧元）每千克。2018 年 9 月 29 日，第二枚快舟一号甲火箭从酒泉发射升空，其货物是一颗 97 kg 重的卫星，名为向日葵一号，也被西方称为微厘空间一号（Centispace 1S1）。这是一颗由北京未来导航科技有限公司（Beijing Future Navigation Tech Co）开发，使用 WN100 平台的导航和通信卫星，其带有导航接收器和激光星间通信系统。

最新型的快舟十一号火箭重达 78 t，直径为 2.2 m，能够发射 1 000 kg 载荷至 700 km 的太阳同步轨道。由上海欧科微航天科技有限公司（Shanghai OKW Aerospace Technology Co）研制的 OKW-1 微小卫星，用于跟踪濒危鸟类。这些卫星被称为中卫一号、向日葵一号 A 星和向日葵一号 B 星。航天科工集团公开这款火箭是基于移动军用运载火箭开发的。KZ-11 的发射成本为每千克 34 000 元（4 500 欧元）。KZ-11（见图 3-

18）是由航天科工火箭技术有限公司（Expace Technology）负责研发（也许定位是中国的 SpaceX）的，该公司是从导弹制造企业航天科工集团拆分出来的。KZ-11 火箭为四级结构。2017 年 12 月，总部位于湖北省省会武汉的航天科工火箭技术有限公司宣布，公司已获得 12 亿元（1.5 亿欧元）的资金用于开发 KZ-11。稍后将会有快舟二十一号和快舟三十一号问世，均使用固体燃料，可将 20～70 t 的货物送入轨道，以及较小的 KZ-1T，能够将 200 kg 载荷送入轨道。航天科工集团快舟总设计师梁纪秋宣布，中国将建造一枚直径为 4 m、推力为 1 000 t 的固体燃料火箭，其直径将超过美国航天飞机的固体火箭助推器的直径（3.7 m）[①]。

图 3-18　快舟十一号（KZ-11）

① 快舟十一号原计划首飞发射的 6 颗星分别为吉林一号高分 02A 星、向日葵一号 A 星、向日葵一号 B 星、欧科微一号、天仪四号、中卫一号。

如图 3-19 所示为 Expace 的运载火箭。

图 3-19 Expace 的运载火箭［图片来源：Go Taikonauts］

与此同时，航天科技集团正着手研制一款固体运载火箭：长征十一号（CZ-11）。这是一件出人意料的事，因为在这个阶段中国已经有两种固体运载火箭，即开拓者和快舟，而长征系列已经侧重于发展重型液体运载火箭。2013 年冯·卡门研究所（Von Kármán Institute）首先了解到了采用 CZ-11 的想法，因为该研究所与航天科技集团达成了一项协议，计划将一组名为 QB50 的立方星送入轨道，航天科技集团回应采用的火箭是还不为人知的 CZ-11。不过，这个项目违反了《国际武器贸易条例》（International Traffic in Arms Regulations，ITAR），冯·卡门研究所的立方星最终于 2017 年夏天从国际空间站（ISS）上发射[①②]。

① 2017 年 4 月 18 日，28 颗 QB50 立方星搭乘美国宇宙神五号（Atlas-5）运载火箭发射升空，并由轨道-ATK 公司的天鹅座（Cygnus）货运飞船运抵国际空间站，陆续利用立方星部署装置释放入轨。QB50 项目将开展迄今最大规模的地球大气低热层多点原位探测。

② 《国际武器贸易条例》是美国为了控制与军事有关的货物和服务进出口而制定的一套法规体系。由美国国务院国防武器贸易局负责执行这一条例。其主要目的是严格规制与军事有关的技术和产品的进出口，维护美国的国家安全利益和推进美国外交。

然而，航天科技集团继续推进由航天动力技术研究院研发、中国运载火箭技术研究院制造的 CZ－11 项目。运载火箭的最后一次热试车于 2015 年 3 月结束。CZ－11 长20.8 m，直径 2 m，发射质量 58 t，到 700 km 太阳同步轨道的运载能力为 350 kg，到近地轨道的运载能力为 700 kg。一级发动机称为 P35，比冲为 248 s，使用中能端羟基聚丁二烯（hydroxylterminated polybutadiene）燃料，喷嘴矢量容量为 8°。CZ－11 可以与欧洲的织女星（Vega）火箭相媲美，与中国其他小型运载不同的是，它的第四级配备了液体燃料发动机 YF－50，只有在巡航一段时间后才进行火箭四级点火，这与该类型的其他运载火箭类似。

四级结构的 CZ－11 最终在 2015 年 9 月 25 日从酒泉发射升空，将 4 颗小卫星送入轨道：以河流命名的浦江一号，在太空进行 3D 打印测试；三颗天网（Skynet）立方星，其中一颗重 2.9 kg（上海理工大学 2 号），一颗重 1.7 kg（上海微小卫星工程中心），另外一颗重 2.2 kg（南京理工大学），其目的是在轨编队飞行时进行船舶自动识别系统（AIS）和飞机自动识别系统（ADS）测试。CZ－11 第二次发射是在 2016 年 11 月（见第 4 章脉冲星导航卫星）。

CZ－11 第三次发射是在 2018 年 1 月，携带了 6 颗卫星。接着，有消息称，CZ－11 将按照俄罗斯海上发射项目的思路，对其中一个版本进行改装，以便从货轮上发射，这意味着它可以从世界任何地方发射，在尝试抵达赤道轨道方面具有巨大的优势。首次发射定于 2019 年年中。如图 3－20 所示是 CZ－11 模型。

最初，中国计划在 CZ－8 运载火箭上使用 P35，作为其火箭一级的发动机，但后来决定在该运载火箭上使用液体推进剂。尽管如此，航天推进技术研究院的 P35 升级工作仍在继续，该火箭于 2018 年夏季发射，达到了中国固体运载火箭有史以来最大的推力，这表明该火箭将继续在其他场合使用。

使用小型运载火箭的同时，中国还考虑研发一种小型两级运载火箭，称为哪吒[11]。火箭第一级使用一台 YF－100 发动机，第二级使用一台 YF－75 发动机，它将以 7 700 万元（1 000 万欧元）的发射价格将 820 kg 的载荷送入 2 000 km 的太阳同步轨道。在 2018 年 11 月的珠海航展上，航天科技集团展示了一种微型运载火箭——捷龙一号（Jielong 1），它能将 150 kg 的单颗或多颗小卫星发射至太阳同步轨道。

新商业运载火箭的研发，很大程度上是对 SpaceX 公司所取得的成功的一种回应[12]。起初，SpaceX 公司并没有受到足够的重视，但到了 20 世纪第 2 个十年的中期，中国政府采取了“如果你不能打败他们，就加入他们”（if you can't beat them，join them）的做法，批准了中国私营火箭公司的发展。其中一些商业火箭是由国有企业的子公司研发的，航天科工集团的子公司［例如，航天科工火箭技术有限公司（Expace）］研发了 KZ－1、1A、11 和 21；中国空间技术研究院的工程师研发了 Space Honor①，而另一些公司则没有这种联系［例如，蓝箭航天（Landspac）、零壹空间（OneSpace）、翎客航天（LinkSpace）、驭

① Space Honor 应为星际荣耀研发的“双曲线一号”。

图 3-20　CZ-11 模型（见彩插）

龙航天（Dragon Drive）、星际荣耀（i-space，如图 3-21 所示）、星途探索（Spacetrek）和灵动飞天（S-motor）]。政府顺理成章地将私人发展运载火箭的做法推广到了卫星制造业，因此在通信和地球资源领域出现了新的卫星制造公司。这些公司既有国有子公司，也有完全私有的公司［（欧比特（Orbita）开发了珠海一号遥感卫星，利雅电子（Lishui Electronics）开发了丽水一号小卫星］，还有一些国家、地区和地方政府参股的混合制公司（如高景一号卫星，吸引了浙江省政府的支持；长光卫星技术有限公司获得了长春市政府的支持）。这个想法并不是全新的，因为 2005 年发射的北京一号遥感卫星是由英国萨里卫星技术公司（Surrey Satellite Technology）研发的，但实际上该卫星为北京市政府所拥有。其他上市的私营卫星公司包括银河（Galaxy）、零重力实验室（ZeroLab）、天仪研究院（Spacety）、千乘探索（Qiansheng Exploration）和航星光网（LaserFleet）①，其中一

① Galaxy 应为 Galaxy Space 银河航天，ZeroLab 应为 ZeroG Lab 零重力实验室。

些公司已经发射了卫星［例如天仪研究院（Spacety）的潇湘一号］，但其他公司还没有。截至 2018 年年底，中国已有 60 多家涉及航天领域的私营企业上市[①]。

图 3－21　星际荣耀［图片来源：Go Taikonauts］

① 文中提到的航天初创公司（火箭与发动机制造商）信息如下：

蓝箭航天（Landspac）：2015 年创立，主打朱雀一号、朱雀二号。

零壹空间（OneSpace）：2015 年创立，主推 X 系列火箭、M 系列火箭。

翎客航天（LinkSpace）：2014 年创立，主推探空火箭、可复用火箭新航线一号。

驭龙航天（Dragon Drive）：2012 年创立，主攻运力 300 kg 的 DD－1 液体火箭，研制 DDE 系列发动机。

星际荣耀（i－space）：如图 3－21 所示，2016 创立，主推双曲线一号、二号火箭。

星途探索（Spacetrek）：2017 年创立，逐步递推亚轨道火箭、小型固体火箭、小型液体火箭、中型液体火箭、复用型火箭。

灵动飞天（S－motor）：2017 年创立，主攻高性能、低成本商业航天动力系统：Ⅰ级发动机、Ⅱ级发动机、Ⅲ级发动机等。

1993 年的《公司法》规定①，包括航天项目在内的“特殊商品”应归公有。随后的法律向私营部门开放了国防产品（2005 年）、卫星（2010 年）、运载火箭和其他基础设施（2015 年 10 月 29 日）。商业化提案于 2014 年 11 月提交中国政府（国务院 60 号文件），但 2015 年 10 月被视为商业化的开始，其原则在《2016 中国的航天》白皮书中得到了认可。美国 SpaceX 公司甚至得到了全国人大代表李彦宏的称赞[13]。埃隆·马斯克（Elon Musk）曾到北京推销他的特斯拉（Tesla）汽车，但最吸引眼球的还是他的猎鹰火箭宣传片。投资航天需要大量资本，无法获得短期回报，并且市场难以界定，但 2017 年对私营公司的投资估计达到了 21.6 亿元（超过 2.5 亿欧元）。在中国，上市公司和私营公司之间的界限经常是模糊的，有些公司是国家、私营和地方政府的混合体，而这些在其他地方通常是清晰明确且严格的。

如图 3－22 所示为商业航天的领导人物在酒泉的合影。

图 3－22　商业航天的领军人物在酒泉［图片来源：Go Taikonauts］

① 国务院 60 号文件是《国务院关于创新重点领域投融资机制鼓励社会投资的指导意见》。其中的第 24 条内容如下：鼓励民间资本参与国家民用空间基础设施建设。完善民用遥感卫星数据政策，加强政府采购服务，鼓励民间资本研制、发射和运营商业遥感卫星，提供市场化、专业化服务，引导民间资本参与卫星导航地面应用系统建设。

私营公司（包括火箭制造商和卫星制造商）都是近期才出现的。关于它们的信息很零碎，很难区分它们工作的实质、目标追求和媒体宣传。从 2014 年开始，私营运载公司陆续出现。2014 年 1 月 2 日，由从事探空火箭研究的年轻毕业生和在校大学生在深圳建立了翎客航天（Link Space）。2017 年，翎客航天宣布了名为新干线（Xin Gan Xian）一号的计划，主要仿制 SpaceX 的猎鹰九号可重复使用火箭。猎鹰九号火箭在将卫星送入轨道后，火箭一级首次在卡纳维拉尔角（Cape Canaveral）实现着陆回收时，全世界为之震惊。新干线一号火箭（New Line rocket）可将 200 kg 的载荷发射到 250～550 km 的太阳同步轨道（SSO）①。与猎鹰九号相比，这是一枚只有 20 m 高，直径 1.8 m，质量 33 t 的小火箭，液氧/煤油发动机的推力为 100 kN，四台发动机的起飞推力为每台100 kN②。21 岁的胡振宇作为翎客航天的创始人，表现引人注目，2014 年当他还是一名在校大学生的时候，就宣称希望发射价格能降低到 1 500 万元（200 万欧元）。截至 2016 年，公司实现了悬停飞行，到了 2017 年 9 月，在山东 5 000 m^2 的试验场，公司已累计使用 3 枚火箭进行了 200 次悬停飞行。新干线一号火箭使用煤油和液氧作为燃料，预定于 2020 年进行首飞。驭龙航天（Dragon Drive）是由中国达人秀（China's got talent）节目中的知名少年卢驭龙创办的，在 2016 年 2 月 4 日发射了液体运载火箭。Space Honor③ 公司是中国运载火箭技术研究院的员工成立的一家低调的小型公司，该公司于 2018 年 4 月 5 日宣布其发射的一枚固体运载火箭达到了 100 km 高度。

当前最知名的公司当属蓝箭航大（成立于 2015 年），其全称为蓝箭航天空间科技股份有限公司，他们研发了一款小型运载火箭，样机于 2018 年 4 月进行了一次亚轨道飞行，飞行高度达到 108 km。该运载火箭为三级结构，取名朱雀（vermillion bird，朱雀的外表涂成鲜红色），高 19 m，直径 1.35 m，重 27 t，推力 45 t，能将 400 kg 的载荷送入轨道，与 CZ-11 相当。火箭首次发射是在 2018 年 10 月 27 日，搭载了中国中央电视台（CCTV）一颗 30 kg 重的电视科学广播卫星未来号，该卫星是由另外一家私营公司北京微纳星空科技有限公司（简称微纳星空，Minospace）研发的。

中国的首次商业轨道发射试飞是一个重要日子，有数百名蓝箭航天的工作人员、支持者和其他人员来到发射场。蓝箭航天的发射工位被分配在距离大型航天器装配大楼 2 km 处一块平坦的混凝土场地。火箭本身放置在一个移动平台上，不需要使用其他设施，人们可以一直走到移动平台前面，当发射进入倒计时时，消防车和救护车也都出现在了发射现场，以防万一，如图 3-23 所示。一架无人机在空中进行拍摄，火箭点火后朝南飞向远方，现场人们都欢呼雀跃，火箭喷出明亮的尾焰，在其身后是一条长长的白色尾迹，最后在高层大气中扭转。

---

① 新干线一号火箭可将 150～200 kg 的载荷发射到 250～550 km 的太阳同步轨道（SSO）。

② 新干线一号有四台液氧/煤油发动机，每台发动机的推力为 100 kN，火箭起飞推力为 400 kN。

③ 原文中 Space Honor 实为星际荣耀（i-space），于 2018 年 4 月 5 日在海南发射场成功发射双曲线-1S 固体运载火箭，火箭飞行高度突破 100 km，最高飞行速度超过 1 200 m/s，其后于 2018 年 9 月 5 日，在中国酒泉卫星发射中心成功发射了一枚代号为 SQX-1Z 的固体亚轨道探空火箭。

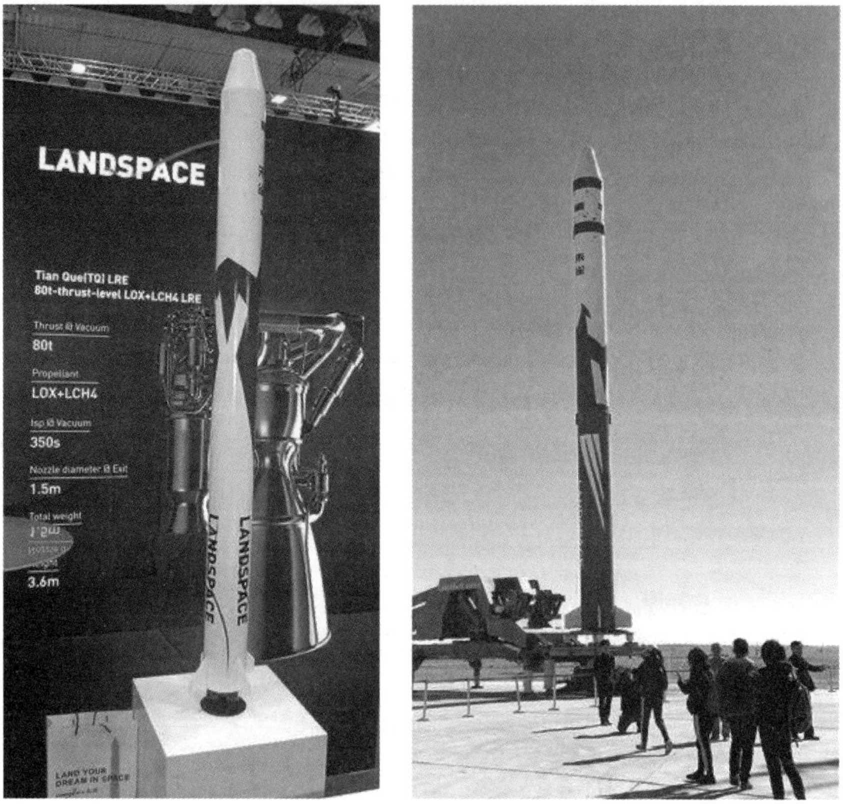

图 3－23　蓝箭航天的火箭（左），蓝箭航天准备发射（右）［图片来源：Go Taikonauts］

火箭首发似乎看起来很顺利，但大约 10 min 后，相关人员的手机开始接收到有关火箭未能到达轨道的信息。随后，首席执行官张昌武（见图 3－24）宣布，在火箭飞行到第 402 s 时，火箭飞行高度达到 337 km、速度达到 6.3 km/s（入轨需要 7.9 km/s 的速度）时，由于一根管路破裂，反应控制系统发现推进剂泄漏导致火箭姿态失去了控制①。火箭随后坠入印度洋，火箭的后向摄像机显示了蓝箭航天 1 号火箭相对地面的爬升高度。媒体赞扬了蓝箭航天的信息开放性，并鼓励他们再次进行发射尝试，希望下次运气会更好。回到东风城后，参加蓝箭航天项目的人对第一次尝试取得这样的进展既失望又高兴。作为对比，SpaceX 的前三次发射也都失败了，但该公司后来变得如此成功。

蓝箭航天能够吸引有经验的优秀航天设计师，据推测，设计师的工资和发展前景相对较好。到 2018 年秋季，蓝箭航天在北京和西安的研发中心雇用了 80 名工程师，在湖州的智能工厂（intelligent factory）雇用了 50 名工程师，蓝箭航天还在他们的厂房顶上喷涂了“蓝箭航天”的字样，不管这是不是聪明的宣传做法，但是这些巨大的字体，也许连在轨卫星也能清晰可见。

① 此次发射失败是由于末修姿控动力系统某推力室输送管损坏，导致控制力下降和推进剂泄露，姿态控制力异常，推进剂提前耗尽。

图 3－24　张昌武

如图 3－25 所示为蓝箭航天品牌。

图 3－25　蓝箭航天品牌［图片来源：Go Taikonauts］

蓝箭航天的运载火箭经历多次演变和命名，如 LS－1 和 Suzaku。2018 年秋季，蓝箭航天宣布，它将继续使用更大的两级液体运载火箭朱雀二号，该火箭高 40 m，重 216 t，可将 4 000 kg 的载荷送至近地轨道，首发日期定为 2020 年。选择甲烷作为燃料，是因为其成本低、无毒、批量生产速度快。俄罗斯的传奇火箭发动机设计师瓦伦丁·格卢什科（Valentin Glushko）曾在 20 世纪 80 年代研制出甲烷动力发动机，但此前从未投入使用。这台名为天鹊的新型发动机的推力为 80 t，比冲为 350 s，高 3.6 m，重 1.3 t，喷嘴直径为 1.5 m。为了简化设计，它使用了开放式燃气发生器驱动发动机，将未使用的推进剂直接丢弃，而不是使用格卢什科早年开发的效率更高但更为复杂的闭式循环系统。朱雀二号一级将使用四台天鹊发动机，二级使用推力较小的发动机。在接下来的几年中，将会研制更大且可重复使用版的朱雀二号。

如图 3－26 所示为中国首次商业轨道发射。

图 3－26　历史性时刻——中国首次商业轨道发射［图片来源：Go Taikonauts］（见彩插）

紧随其后的是零壹空间（OneSpace），该公司于 2017 年 12 月在北京宣布已制造出有史以来第一枚私营固体运载火箭，并在江西进行了 35 s 的热试车。2018 年，它进行了两次亚轨道飞行，称为 OS－X1，后续轨道飞行的版本可以称为 OS－M，而且从中可以开发出可重复使用的版本。第二次飞行持续了 200 s，飞行高度达到 35 km。位于北京的零壹空间得到了国防科技工业局（State Administration for Science，Technology and Industry for National Defense，SASTIND）和重庆市地方政府的支持，它还独自筹集到了 5 亿元（7 000 万欧元）。OS－X 于 2018 年 5 月 17 日正式进行了首飞，亚轨道飞行至 40 km，称为“重庆两江之星”，从中国西北部的一个林场以 $Ma=5$ 的速度飞行了 265 s，飞行距离达到 273 km。OS－X 的质量为 7.2 t，固体发动机推力为 350 kN，旨在将发射成本降至每千克 77 000 元（10 000 欧元），为轨道火箭 OS－M1 铺平道路。它的宣传材料非常国际化，并在地球地平线上印有“探索未知”（Exploring the unknown）的字样。

与老态、沉稳的 NASA 发射人员相反，零壹空间有意识地模仿和致敬 SpaceX，正如 SpaceX 工作人员的年轻、热情，他们在任务成功后会互相拥抱，OS－X 火箭的研制人员也与执行主要航天任务时表情严肃的工作人员形成对比。同时，可以对当前正处在活跃期的私营火箭市场的发展做出大胆的预测：有些公司可能会成功，有些公司可能会失败，有些公司则会合并。

表 3－5 总结了新型固体运载火箭的首次发射；表 3－6 对新的小型固体运载火箭进行了比较。表 3－7 为按运载火箭类型列出的发射数量。

表 3－5　新型固体运载火箭的首次发射

名称	载荷	发射时间
开拓者 KT		2002－9－12(失败)
		2003－9－15(失败)
开拓者 KT－2	天鲲一号	2017－3－3
快舟 KZ－1	快舟一号	2013－9－25
	快舟二号	2014－11－10
快舟 KZ－1A	吉林林业一号	2017－1－9
CZ－11	浦江一号	2015－9－25
	脉冲星导航试验卫星(XPNav)	2016－11－10
	吉林一号	2018－1－19
快舟 KZ－1A	向日葵一号	2018－9－29

表 3－6　新的小型固体运载火箭

	开拓者	快舟	CZ－11
高度/m	18	19.4	20.8
直径/m	2	1.4	2
质量/t	20	30	58

资料来源：中国航天报告(China Space Report)；马克·韦德(Mark Wade)，宇航百科全书(Encyclopedia Astronautica)。

表 3－7　运载火箭发射数量

风暴	4
CZ－1	2
CZ－2 系列	113
CZ－3 系列	108
CZ－4 系列	56
CZ－5	1

续表

CZ－6	2
CZ－7	2
CZ－11	5
快舟	4
开拓者	1
合计	298

从表3－7中可以看出，最常用的运载火箭是CZ－2系列，紧随其后的是CZ－3，然后是CZ－4，新型运载火箭的发射数现在均处于较低的个位数。

3.1.10 中国空天飞机、航天飞机

常规运载火箭之后的发展逻辑是可重复使用的航天飞机（Space shuttle）。多年来，不时有报道说中国对研制航天飞机感兴趣，事实上中国从来就没有隐藏对航天飞机的设计的兴趣，钱学森于20世纪40年代末在加利福尼亚做过类似的初步设计。这促进了美国第一个航天飞机项目：Dyna－Soar（动力滑翔飞行器），该项目最终于1963年被取消。苏联也开发了一个类似的项目：螺旋号（Spiral）。航天飞机和空天飞机（spaceplanes）有许多吸引人的地方，特别是具有可重复使用性和在飞机跑道上着陆的能力，尽管降低成本的承诺难以付诸实践。这方面，只有美国（the Space Shuttle，航天飞机）和苏联（Buran，暴风雪）成功地制造了航天飞机，但两者造价都极其昂贵。俄罗斯甚至四次将一架小型空天飞机BOR① 送入轨道，随后美国内华达山脉（Sierra Nevada）追梦者（Dream Chaser）也开展了试验，而美国空军则在轨测试了一架更大的空天飞机X－37B。欧洲和日本也分别尝试制造空天飞机（Hermes－赫尔墨斯和HOPE－希望号），但随后放弃了这种力所不及的努力。在21世纪初，俄罗斯进一步进入该领域，研制了快船号（Kliper），后来同样放弃了。

中国空天飞机的设计可以追溯到1964年，即由钱学森研发的640计划。中国直到20世纪80年代才重返航天飞机设计领域，1983年在匈牙利布达佩斯举行的国际宇航联大会上，中国提出了第一个完全可重复使用的带有空气助推器的运载火箭（Fully re－useable launch vehicle with air－breathing booster）。20世纪80年代，在863计划下开展了更广泛的工作，称为686－706项目，该项目资助了空天飞机的许多研究（见第7章）。中国首次进行载人飞行时，曾考虑过某种形式的航天飞机，但最终，中国选择了保守的传统航天器设计，即神舟飞船。863计划的研究只产出了一项装备，即一架名为神龙（Shenlong）的空天飞机，完成研制的神龙空天飞机，被挂在一架俄罗斯图波列夫95熊（Tupolev 95

① BOR是一种高超声速滑翔机，类似于一架缩小了的航天飞机。苏联一直秘密地开展BOR的飞行试验，曾经在20世纪80年代用它来试验暴风雪号航天飞机的气动力状态和防热瓦的耐热性能。该飞行器在印度洋回收时曾被澳大利亚空军拍摄到照片，但此后外界没有得到过任何有关BOR的细节。

Bear）版的 H - 6 轰炸机下方进行了飞行试验。与神龙号相关的主要设计师是西北工业大学的张立同，她因在发动机、高温合金和陶瓷方面的工作而闻名，她曾在美国国家航空航天局位于俄亥俄州的约翰·格伦研究中心（NASA's John Glenn Research Centre）工作。随后，神龙从公众视线里暂时消失了。

在此之后，中国主要开展一些理论和实践研究，这清楚地表明，航天飞机的研制将会持续许多年，甚至是几十年。在 2000 年国际宇航联大会上，中国官方解释说，首先必须在推进系统、空气动力学、超轻耐热材料和着陆技术等领域开展大量的前期研究工作。只有解决了热力学、热防护系统、推进和结构领域的关键技术，才能取得实际进展。2006 年，中国再次重申了该项目的远景规划，即开发一个部分可重复使用的单级入轨（Single - Stage - To - Orbit，SSTO）系统，然后开发一个完全可重复使用的系统，并公布了它们的设计演进说明。自 20 世纪 70 年代以来，单级入轨系统一直是西方运载火箭研究的圣杯，美国在 20 世纪 90 年代投入了大量精力研发这些技术，但没有一项技术进入成果阶段。尽管困难重重，中国还是将单级入轨系统宣布为发射系统的最终目标，但工程师明确表示，预期至少在 2050 年前不会投入使用。在实践方面，中国空气动力研究与发展中心（China Aerodynamics Research and Development Center）在成都建造了两个先进的风洞，用于测试航天飞机的设计。对于已承诺的在 CZ - 2C 上从 100 km 高空发射的 $Ma=15$ 的再入试验，目前还没有实现。单级入轨系统项目的发射日期定在 2030 年，该项目后来获得了腾云（Tengyun）的名称（不要与同名的空间科学项日混淆），据当时称，将使用氢燃料吸气式火箭发动机（air - breathing rocket engine）把较小的空天飞机送到高空，接下来空天飞机将进行火箭点火进入太空。中国运载火箭技术研究院（CALT）在 2017 年全球太空探索（GLEX）会议上说，他们正在研究一种 150 t 级的两级飞行器，这种飞行器将涡轮、冲压式喷气机和火箭结合起来，从跑道升空，再由太空返回地面跑道，可将 2 t 级载荷送入轨道，时间预计为 2030 年，这可能是其早期工作的延续。

具有讽刺意味的是，在美国航天飞机退役时，美国终于展示了一架无人驾驶的军用空天飞机 X - 37B，2010 年 4 月，X - 37B 进行了轨道飞行，并于 2010 年 12 月返回，在沙漠自动着陆，随后 X - 37B 执行了更长的任务。不久之后——当然是巧合，神龙的故事于 2011 年 1 月 8 日再次浮出水面，当时有报道称，神龙已经进行了首次测试。一张照片显示神龙是从 H - 6 上放下来的，还附有一张机库的照片。据估计，神龙的体积约为 X - 37B 的三分之一，与 X - 37B 由火箭发射入轨不同，神龙更像是美国飞马（Pegasus）轻型运载火箭，从 10 km 高空发射，在轨释放一颗小卫星（重达 50 kg），然后返回地球并在跑道着陆。2011 年的测试可能是一个无动力的滑翔测试，它仍然由 863 计划的资金支持，这表明很大程度上还只是一个测试项目[14]。随后又没有了后续的进展报道，这表明该计划或者是发展速度缓慢或者是处于搁置状态①。

① 2010 年 4 月 22 日，美国空军花费 10 年研制的全新“空天战机”X - 37B 首次试飞。这种外形和功能都酷似小型航天飞机的战机将通过火箭送入轨道环绕地球飞行，然后再以滑翔方式返回地面。据悉，该机将从佛罗里达州卡纳维拉尔角空军基地升空，并且在加利福尼亚州着陆。

中国运载火箭技术研究院和航天科工集团都对可重复使用航天器进行了研究。中国运载火箭技术研究院科学技术委员会的主任鲁宇，发布了一种大型带有机翼的吸气式发动机驱动的火箭升降装置，可以返回地球，上面装有一架空天飞机，在高空释放后该飞机爬升入轨。中国航天科工飞航技术研究院（Winged Vehicle Research Academy of CASIC）也进行了类似设计的探索，其一级在达到 40 km 高空后返回地面。中国还对维珍银河（Virgin Galactic-type）空天飞机的构想进行了探索，2016 年，工程师们在墨西哥的国际宇航联大会上提出了这种构想。中国仔细研究了其他国家的可重复使用空天飞机项目，并设计了单级入轨系统的水平起飞和着陆装置，该装置以火箭为基础，结合循环推进，可将 2 t 货物运送至 200 km 的轨道[15]。2018 年 9 月，在武汉国际商业航天高峰论坛（International Commercial Aerospace Forum）上，中国展示了一款名为腾飞（Tengfei）一号的空天飞机的设计，将一架小型空天飞机安装在大型可往返火箭飞机上。

如图 3-27 所示为未来空天飞机和轨道飞行器的外形。

图 3-27　未来空天飞机和轨道飞行器的外形［图片来源：Go Taikonauts］

中国空天飞机缓慢的发展故事使我们得出这样的结论：即中国主要侧重于理论研究，并开展了有限的实践测试。在中国人眼中，正如他们自己所说的那样，可重复使用的空间飞行器项目的实际进展突破将在未来的某个时候，这一点在 20 世纪第 2 个十年的中期，新型液体和固体运载火箭队伍的到来中得到了证实。

3.1.11 探空火箭

西方对中国探空火箭项目的了解并不完整，1958 年当人造卫星计划被取消时，工程师们便开始着手研究并研制探空火箭，这是一个虽小却具有挑战性的目标（见第 2 章）。在王希季的指导下，他们于 1960 年 2 月和 9 月成功发射了两次 T－7M，高度达到 8 km。紧随气象探空火箭研制其后的是两级固体运载火箭和平（He Ping）系列。和平 2 号高 6.645 m，重 331 kg，能够达到 72 km 的高度。和平 2 号第一次飞行是在 1967 年，第二年开始批量生产，1970—1973 年期间和平 2 型发射了 49 枚。和平 6 系列于 1971 年开始从酒泉发射，1979 年最后一轮发射了 9 次，发射高度高达 90 km。第 3 系列探空火箭被称为织女（Weaver Girl），1988 年开始于海南海口发射。织女分为两个系列：1 号和 3 号。织女 3 号火箭高 4.87 m，重 285 kg，有效载荷 45 kg，高度可达 147 km，截止到 1997 年，共进行了 22 次发射。

随着与空间环境监测项目子午工程相关的探空火箭的发射，探空火箭于 2008 年恢复飞行。据报道，2011 年 5 月 9 日进行了子午工程第二次探空火箭发射，旨在测量大气的微量成分、电场、离子密度和电子温度，发射距离可达 200 km。火箭确定使用固体推进剂，名为天鹰 3C。据报道，火箭飞行高度为 220 km，携带一个 50 kg 的实验装置。2013 年 4 月 5 日，第三枚天鹰 3 号探空火箭从海南发射，高度达到 191 km，但没有进一步的细节。2015 年 7 月 3 日，一枚 TK－1G 探空火箭发射升空。这些小型火箭似乎是从移动底座和活动梯上发射的，用于收集高度至 60 km 的基本天气数据（如温度、压力、风速）[16]。2016 年 4 月 16 日，一枚鲲鹏 1B 探空火箭从海南儋州发射，但没有进一步的细节信息[17]。根据《中国至 2050 年空间科技发展路线图》（*program for the future development of Chinese space science*, *Roadmap 2050*）（见第 9 章），自 20 世纪 80 年代以来，由于中国在探空火箭方面所做的工作不多，目前在有效载荷重量、数据处理和研发系列生产能力等关键领域优势不明显。

3.1.12 可靠性

那么，中国的火箭到底有多可靠呢？表 3－8 列出了中国航天计划启动以来中国发射失败和卫星滞留的记录。表 3－8 按火箭的类型列出了故障信息，将其分为未能到达地球轨道和未能到达最终地球静止轨道（滞留）。表 3－9 按类型对故障进行了评估。对于因火箭三级故障而暂时滞留的通信卫星，这些卫星随后用自己的推力到达预定轨道，尽管其使用寿命受到影响，但不将这些计算在内。

表 3－8 发射故障

未能到达地球轨道			
时间	运载	载荷	原因
1973－9－18	风暴	技术试验卫星	二级故障
1974－7－14	风暴	技术试验卫星	二级故障

续表

未能到达地球轨道			
1974-11-5	CZ-2A	返回式遥感卫星	一级故障
1976-11-10	风暴	技术试验卫星	二级故障
1979-7-28	风暴	实践①	二级故障
1992-12-21	CZ-2E	澳星B-2(Optus B-2)	卫星在第51 s爆炸
1995-1-25	CZ-2E	亚太二号(Apstar 2)	火箭在第70 s爆炸
1996-2-14	CZ-3B	国际通信卫星708星(Intelsat 708)	2 s故障
2002-9-12	开拓者		
2003-9-15	开拓者		
2011-8-18	CZ-2C	实践11-04	二级故障
2013-12-9	CZ-4B	中巴地球资源卫星一号03星(CBERS 3)	二级提前关机
2016-9-1	CZ-4C	高分十号	上升过程熄火
2017-7-2	CZ-5	DFH-5	上升过程熄火
2018-10-27	蓝箭航天1	Weilai	三级故障(推力器泄漏)
滞留卫星			
时间	运载	载荷	原因
1984-1-29	CZ-3	试验卫星	3 s后失去推力②
1991-12-28	CZ-3	实用同步 通信卫星5号	三级第58 s故障
1994-11-29	CZ-3A	中星6A	PKM故障，到达GEO，已放弃
1996-8-18	CZ-3	中星7号	三级故障

表3-9　发射失败火箭类型

	总数	失败	可靠度
FB	8	4	50%
CZ-1	2	0	100%
CZ-2	117	4	96.6%
CZ-3	109	1	99%
CZ-4	58	2	96.5%
CZ-5	2	1	50%
CZ-6	2	0	100%
CZ-7	2	0	100%
CZ-11	5	0	100%
开拓者	3	2	33%

① 应为实践二号。

② 第三级发动机燃气发生器富氧燃烧，二次点火后约5 s推力下降。

续表

	总数	失败	可靠度
快舟	4	0	100%
朱雀	1	1	0%
总数	313	15	95.2 %

可见，在 1970 年至 2018 年期间，在 313 次发射中，中国有 15 次完全发射失败，总体可靠度为 95%；但还有 4 次进入地球同步轨道完全或部分失败。可以看出，5 次发射失败发生在中国航天计划起步的前十年，而该阶段最有可能发生此类发射失败。1992 年和 1995 年的两次 CZ-2E 故障引起了争议，客户坚持使用自己的火箭末级，这可能是导致事故的原因（见第 5 章）。CZ-2、风暴和 CZ-3B 三枚火箭在首飞中失利，首飞失利通常占全球首次发射失败的三分之一，因此这一结果完全符合国际标准；欧洲在首飞中失去了阿丽亚娜 5 号。由于不能及早发现新的问题，早期的运载研发项目也因此付出巨大的代价。CZ-5 失利发生在第二次飞行中，而印度在推出其地球静止轨道运载火箭（Geo Stationary Launch Vehicle，GSLV）时也遇到了多个问题，2010 年有两次失败。

发射失败最可能的原因不是火箭在任务早期飞行阶段的爆炸，而是火箭在到达 24 小时轨道过程中的故障，因为早期阶段的爆炸是最容易看到的（即便不是壮观的大场面），这也是其他国家航天项目的一个特征。令中国感到沮丧的是，这些问题是在始终对质量控制和测试严格把控的项目中出现的。由于中国的航天预算有限，与其他项目相比，航天任务难以承受火箭爆炸和卫星损毁。每次发射至少要花费 1 000 万元（130 万欧元），这还没有考虑有效载荷的成本。因此，中国非常重视质量控制和严格的地面测试，并为此投入了大量的资源。中国引入了一个“测试金字塔”，对单个组件、组合部件以及整个系统进行检查。为了强调质量控制的重要性，会在关键部件上贴上红色小标签，标有负责检验的工程师的名字。

3.1.13 火箭发动机

俄罗斯著名的首席设计师谢尔盖·科罗廖夫（Sergei Korolev）曾经说过，一个成功的航天计划的核心是拥有强劲的火箭发动机。俄罗斯的火箭发动机被命名为 RD（raketa dgvatel，即“火箭发动机”），编号从 1 开始，中国也采用了类似的系统，使用代号 YF（liquid type engine，即液体发动机）。中国火箭发动机的数据公开程度不如俄罗斯。中国开发的火箭发动机类型数量较少，但有许多改型版本。从本质上讲，有四种类型：一开始使用的 YF-1 到 YF-3 系列；CZ-2 和 CZ-3 使用的 YF-20 到 YF-24 系列；CZ-4 使用的 YF-40 系列；CZ-3 上面级（以及后来的 CZ-5 上面级）使用的 YF-73 和 YF-75 系列。这些火箭发动机经过改造和改装，可为整个长征系列服务。此外，中国还开发了少量固体火箭发动机和小型发动机。CZ-5 到 CZ-9 的新发动机先前已经讨论过了。

YF-20 发动机及其改型可追溯到 1965 年（见图 3-28），于 1975 年在 CZ-2C 上推出，并已用于 CZ－2、CZ－3 和 CZ－4 火箭。YF－20 的推力为 70 t，使用偏二甲肼（UDMH），氧化剂为四氧化二氮。对于 CZ－2，设计师将 4 台 YF－20 发动机组合在一起，可提供 280 t 的起飞推力（这种配置被称为 YF－21 或 20A）。为 CZ－3A，CZ－3B 和 CZ－4 开发的改进版本 YF－20B，发动机推力提高了 7%（组合时称为 YF－21B）。1992 年，YF－20B 在 CZ－2D 上推出，CZ－3B 的每个捆绑助推器上都使用了一台 YF－20B 发动机，这些发动机都是大型发动机，重量近 3 t（2 850 kg）。

运载火箭第二级使用 YF－22 发动机，YF－22 是 YF－20 的改进版，主要用于在高空点火。早在 1975 年就在 CZ－2C 的第二级上开始使用了，后来的版本被称为 YF－23 和 YF－24 系列，其中一些带有 A 和 B 子代号。需要注意的是，在中国火箭的目录中，YF－20、YF－21、YF－22、YF－23 和 YF－24 等代号经常出现，但它们之间的差别很小，属于同一个家族。

图 3－28　仍在服役的 YF－20 发动机系列可追溯到 1965 年

YF－40 是 1988 年推出的，用作 CZ－4 火箭三级的发动机。与火箭一级和二级发动机相比，三级发动机的尺寸和推力都相对较小，但它的工作时间更长，约为320 s。这些是小型发动机，重166 kg，长1.2 m，直径65 cm。

氢燃料发动机YF-73的理论研究工作始于1965年，1970年10月在311项目中开展了实践工作。1975年1月25日，首次试车成功，改进后的比冲达到420 s。YF-73液氢三级推力为4.5 t，工作时间为13.3 min。尽管它在1984年的第一次任务中失败了，但存在的问题很快被发现并得到了解决，并在4个月后完美地执行了下一次任务。YF-73共飞行了13次，最后一次是在2000年5月26日。由于YF-73被认为不够可靠，推力较低，因此于1994年2月8日在CZ-3A上被YF-75替代，随后YF-75被用于CZ-3B。YF-75重550 kg，高2.8 m，直径3 m，推力8 t。发动机壁由铜锆合金制成，涡轮泵的转速为42 000r/min，双位置喉部喷管使高空飞行性能成为可能[18]。令人失望的是，重新启动失败的问题时不时地出现（尽管这些问题在其他航天项目中也同样存在，特别是在俄罗斯）。最初计划是1982年实现将有效载荷能力从1.5 t提升到2.6 t。在接下来的20年里，它成功地飞行了56次。CZ-5使用了改进版的YF-75D，具备多次重启的能力（最初的YF-75只能执行一次重启）[19]。

中国还开发了两个固体火箭发动机系列：GF系列和PKM系列。以GF系列作为火箭末级将风云二号系列卫星送入了24小时轨道（729 kg，GF-36），而较小的GF-14、23和23A固体火箭发动机分别作为FSW 0、1和2系列的反推发动机。研制了GF-15固体火箭发动机（500 kg）作为东方红二号通信卫星的远地点发动机，GF-15B发动机则是东方红二号甲通信卫星的远地点发动机。1984年，中国开始了24小时轨道的通信卫星飞行，新一代固体运载火箭需要进行必要的机动，以确保通信卫星准确到达最终的轨道位置。因此，近地点发动机（Perigee Kick Motor，PKM）的研制是为了完成通信卫星向地球静止轨道的转移，发动机由河西化工机械公司建造（Haxi Chemical and Machinery Company）①，直径1.7 m，长2.5 m，重5 978 kg（其中推进剂5 444 kg）。

总的来说，与欧洲类似，中国火箭发动机的研发一直比较保守，把前沿的研发留给了最初的火箭发动机设计大师俄罗斯。2012年3月在西安举行的亚洲推进与动力联合会议（Asian Joint Conference on pulsion and Power），证明了人们对创新的兴趣，当时有报道称，中国对研发甲烷发动机感兴趣。如前所述，这类发动机是由俄罗斯研发的，最早由瓦伦丁·格卢什科的气体动力实验室（Gas Dynamics Laboratory）研发（其中一款发动机RD-301在20世纪80年代在莫斯科展出过），后来在法俄乌拉尔发动机开发项目（Franco-Russian Ural engine development program）中得到恢复。中国在20世纪80年代同期也开始研究甲烷发动机，但在90年代，工程师们转移到了新火箭发动机队伍的研发上。2008年恢复了对甲烷发动机的研究，目标是可重复使用的600 kN发动机，目的是将其作为载人登月着陆器在下降和上升阶段的节流发动机。中国运载火箭技术研究院的11

① 原文中Haxi Chemical and Machinery Company应为Hexi Chemical and Machinery Company，即航天科工集团第六研究院，又名中国河西化工机械公司，是我国第一个固体火箭发动机研制生产基地。

所①于 2011 年 2 月开发了一台 60 t 推力的甲烷发动机，并成功进行了试车。张楠在 2012 年的报道中说，中国研制了一台 600 kN 的甲烷发动机，点火 36 次，运行时间达到 538 s。他说，这肯定是载人登月着陆器发动机的一个选择[20]。蓝箭航天公司似乎对改进这种发动机最感兴趣。

如图 3－29 所示为上面级，四个喷嘴清晰可见。

图 3－29　上面级，四个喷嘴清晰可见［图片来源 Cindy Liu］

2012 年，继美国和苏联之后，中国开始进行核火箭推进的研究[21]。初步设计工作表明，中国可以研制出推力为 15 t、比冲超过 900 s 的核发动机，这种发动机最适合用于载人火星探测。2015 年 8 月，中国空间技术研究院与中国原子能科学研究院（China Institute of Atomic Energy）、北京航空航天大学（Beihang University）共同成立了空间核推进技术联合实验室②。2017 年 11 月，中国空间技术研究院发布了未来推进发展的路线图，其中包括 2040 年前的核动力发动机。

① 原文中所述 11 所属于中国运载火箭技术研究院，实际上 11 所隶属于航天推进技术研究院。

② 2015 年 8 月 22 日，中国空间技术研究院 502 所与中国原子能科学研究院反应堆工程设计研究所、北京航空航天大学宇航学院在京联合成立空间核推进技术联合实验室，这是我国首个致力于空间核推进技术研究的联合实验室。

3.2　发射场

对于任何航天计划而言，最重要和最昂贵的基础设施也许就是发射场设施。中国拥有四个发射场。第一个是酒泉，是为发射中国第一颗卫星东方红一号而在中国北方建设的，是载人航天工程的基地。第二个是西昌，位于中国西南部的四川，用于发射赤道轨道航天器（如图 3－30 所示为西昌发射基地的前 40 次发射清单）；而第三个是北京附近的太原，用于发射极轨航天器；最新的发射场——文昌发射场位于海南岛，地处中国南端。为了完整起见，还应该提到位于海南岛海口的一个小型探空火箭发射场。中国的四大发射场详见表 3－10。

西昌卫星发射中心发射任务统计表

序号	火箭型号	卫星型号	发射时间
01	长征三号	东方红二号实验卫星	1984.01.29
02	长征三号	东方红二号实验通信卫星	1984.04.08
03	长征三号	东方红二号通信卫星	1986.02.01
04	长征三号	东方红二号甲通信卫星	1988.03.07
05	长征三号	东方红二号甲通信卫星	1988.12.22
06	长征三号	东方红二号甲通信卫星	1990.02.04
07	长征三号	亚洲一号通信卫星	1990.04.07
08	长征二号E	澳星模拟星（搭载巴科学实验卫星）	1990.07.16
09	长征三号	东方红二号甲通信卫星	1991.12.28
10	长征二号E	澳星B1通信卫星（终止发射）	1992.03.22
11	长征二号E	澳星B1通信卫星	1992.08.14
12	长征二号E	澳星B2通信卫星	1992.12.21
13	长征三号甲	东方红三号模拟星（搭载实践四号）	1994.02.08
14	长征三号	风云二号（卫星故障未发射）	1994.04.02
15	长征三号	亚太一号通信卫星	1994.07.21
16	长征二号E	澳星B3通信卫星	1994.08.28
17	长征三号甲	东方红三号通信卫星	1994.11.30
18	长征二号E	亚太二号通信卫星	1995.01.26
19	长征二号E	亚洲二号通信卫星	1995.11.28
20	长征二号E	回声一号通信卫星	1995.12.28
21	长征三号B	国际708通信卫星	1996.02.15
22	长征三号	亚太一号A通信卫星	1996.07:03
23	长征三号	中星七号通信卫星	1996.08.18
24	长征三号甲	东方红三号通信卫星	1997.05.12
25	长征三号	风云二号气象卫星	1997.06.10
26	长征三号B	马步海通信卫星	1997.08.20
27	长征三号B	亚太二号R通信卫星	1997.10.17
28	长征三号B	中星一号通信卫星	1998.05.30
29	长征三号B	鑫诺一号通信卫星	1998.07.18
30	长征三号甲	中星22号通信卫星	2000.01.26
31	长征三号	风云二号气象卫星	2000.06.25
32	长征三号甲	北斗导航实验卫星-1	2000.10.31
33	长征三号甲	北斗导航实验卫星-2	2000.12.21
34	长征三号甲	北斗导航实验卫星-2	2003.05.25
35	长征三号甲	中星20号通信卫星	2003.11.15
36	长征二号丙	探测一号卫星	2003.12.30
37	长征二号丙	探索一号（搭载纳星一号）	2004.4.18
38	长征三号甲	风云二号（04）气象卫星	2004.10.19
39	长征二号丙	实验二号	2004.11.18
40	长征三号乙	亚太六号通信卫星	2005.04.12

图 3－30　西昌发射基地的前 40 次发射清单［图片来源：Cindy Liu］

表 3－10　发射场

中心	位置	首次发射	当前运载	发射平台	发射次数
酒泉	北纬 40.6.4° 东经 100.2°	1970 年 4 月	CZ－2、11 系列	4	105
西昌	北纬 28.2° 东经 102.02°	1984 年 1 月	CZ－3 系列	2	122

续表

中心	位置	首次发射	当前运载	发射平台	发射次数
太原	北纬 38.8° 东经 111.5°	1988 年 9 月	CZ-4、6 系列	2	68
文昌	北纬 19.3° 东经 111.5°	2016 年 6 月	CZ-5、7、9 系列	2	3

注：CZ-2 偶尔在太原和西昌发射场发射，CZ-4 在酒泉和西昌发射场各发射过一次。

在依次回顾每个发射场之前，值得注意的是，从历史上看，中国最早的发射地点位于上海的老港（Laogang），1960 年 2 月 19 日，T-7M 探空火箭从老港发射，高度达到 5 km，从那时起到 1963 年 12 月，一共进行了 16 次发射[22]。发射场原址位于上海市中心西南 45 km，浦东机场以南 15 km 处。该发射场的功能后来让位于上海惊人的发展，现在上海人口已达 3 000 万，但发射场旧址仍然保留着。沿着乡村小路，在那儿仍然可以看到一个小纪念碑，纪念碑上方有一个 T-7M（见图 3-31），还有原来的水泥地基、发射工位和地方政府放置的牌匾，其中一条乡村公路被命名为“火箭路”。当飞机飞抵浦东时，附近海浪汹涌。火箭发射随后转移到了安徽广德，最后在 1968 年转移到了酒泉。

3.2.1 酒泉

酒泉发射场，又称 20 基地，位于中国西北的戈壁沙漠，是长征二号火箭的故乡。发射场位于绿洲城市酒泉的东北方向 200 km 处，酒泉标志着长城要塞的尽头，现在已成为旅游胜地。酒泉是一座现代化城市，设施齐全，经济繁荣，呈网格状布局，并因防风和植树运动而变得柔和。现在这里有一家豪华酒店，游客可以参观沙丘（鸣沙山）、绿洲（如月牙泉）和石窟（莫高窟），甚至可以租用超轻型飞机飞越沙漠。目前这里已经竖起了英语指示牌，这是外国游客到来过的明确标志。这个地区有很多值得参观的地方，比如建于 1264 年的古老堡垒，但 1 个世纪后被遗弃，并被沙土覆盖。标牌上有很多关于自然、荒漠化、水资源（过去这里水资源更丰富）、树木和植被的介绍内容。现在这里正在安装风力发电设施，道路也已经铺好了。这个地区离内蒙古不远，可以轻松地进行一日游。

从酒泉市到发射场，是一段穿越沙漠的漫长旅途（见图 3-32），要么乘坐火车，要么走一条两边长满灌木和小树的与铁轨平行的笔直的公路，走公路要花更长的时间。一列漂亮的蓝白相间的火车于近期投入使用。酒泉发射场的环境与俄罗斯在哈萨克斯坦的拜科努尔发射场相似，事实上，被称为丝绸之路（Silk Road）的漫长而曲折的贸易路线经过这两个地方。风暴不时将沙子卷起，把此处变成沙漠，这里的平均降雨量很少，每年只有 44 mm。一条河流流经此地，通常在夏天会干涸。这是一个气候极端的地方，酒泉的生活是季节性的，夏天可能非常炎热，偶尔会有闪电引发丛林火灾，面罩是必不可少的，可以用来防灰和飞扬的沙尘，温度范围从 −34 ℃（12 月）到 42.8 ℃（7 月），但平均温度在 −11 ℃（1 月）和 26.5 ℃（7 月）之间。冬天的夜晚非常寒冷，温度低至 −30 ℃，但是天空非常晴朗。隆冬时节，天气寒冷，在酒泉工作的人员会获得冬装补贴。这里的土壤很稀薄，是一种浅灰色的棕色页岩，几乎没有灌木，只有棕色的骆驼刺，尽管后来种了一些

图 3－31　T－7M 发射场现状［图片来源：Go Taikonauts］

榆树和红柳。野生动物不多，主要是黄羊和野鹿，不过在发射场不远处不时可以看到蒙古族牧民照看羊群，偶尔也会有骆驼经过。发射场海拔在 1 000 m 以上，不适应的游客很快就会发现自己喘不过气来。

发射场有一家酒店，是 20 世纪 50 年代后期为俄罗斯人建造的，酒店有一个入口，上面写着东风发射中心（Dong Feng Launch Center）（见图 3－33）。酒泉的许多早期生产生活设施仍然存在，呼应了早期火箭人必须自给自足的时代。养猪场还在，但现在已成为繁殖稀有品种猪的地方，其中包括一种猪，这种猪在世界上仅存 31 头。很多老房子周围都种有葡萄树，年产葡萄可以供酒企生产 10 000 瓶葡萄酒，酒的价格很高，这里也种植梨。酒泉拥有自己的发电厂和水生产设施，有一个 20 世纪 50 年代挖掘的大湖泊，周围有大量绿色植被。

图 3-32　穿越沙漠到酒泉发射场的路［图片来源：Go Taikonauts］

和拜科努尔一样，酒泉航天发射场也分为两部分：发射场和邻近的城镇，两处相距约 7 km。该航天发射场是一个占地 5 000 平方千米的封闭区域，与沙漠山脉边缘接壤，只有在执行特定任务时才允许外国人参观。有一次，沙丘侵占了铁路，基地派了一些士兵驻扎在附近，他们的主要任务是在沙丘漂移到轨道上时把它们清除。这座保存完好的城镇呈网格状排列，配备了燃煤发电厂、水库、体育场、酒店，甚至还有卡拉 OK 俱乐部（见图 3-34）。城镇分为四个区域：军事区、商业区、住宅区和技术区，生活在那里的主要是发射中心的工作人员及其家属，发射场水库在雨季补水，用于养鱼。那里的空气条件非常好，一名参观者在发射场拿出了他携带的颗粒探测器，发现颗粒物水平是百万分之一，达到洁净室条件的标准。

西方对酒泉早期的情况了解比较有限，直到 20 世纪 90 年代瑞典的卫星工程师造访之后，他们才获得一些重要的细节。最初的基地是 1962 年被正式划定的 2 800 平方千米的军事区，仅为目前规模的一半。该基地的历史可以追溯到 20 世纪 60 年代初期作为导弹基地的日子，随后又经历了两次扩建：第一次是 20 世纪 70 年代的第一颗地球卫星，第二次是 20 世纪 90 年代的载人航天计划。最初的区域称为北区，由两个发射工位（每个发射工位的设施可分为两部分）和简单的带有潜望镜的混凝土结构地下控制掩体组成，每个工位大小约 60 m×60 m。发射时，火箭由 55 m 高、1 400 t 重的可移动龙门架运至发射工位，该龙门架可在17 m 宽的轨道上运行。之后，火箭被移动到一个 11 层楼高，带有支撑臂的巨大脐带塔（umbilical tower）上，脐带塔在倒计时的最后时刻提供燃料、气体和电力①。

① 发射工位一般由两个塔架组成，一个是活动式勤务塔、一个是固定式发射塔。

图 3－33　到达东风［图片来源：Go Taikonauts］

20 世纪 70 年代建设的发射场现在成了一个保存完好的室外博物馆，但已经生锈了，必须每三年重新粉刷一次。一个指示牌标出了这个地点，旁边是一枚直立的东风导弹，带有说明标识。游客可以进入附近保存下来的地下控制室，并可用潜望镜观察发射场（如在拜科努尔一样），四周环绕着看上去像古老的橱柜般大小的计算机。附近有一个小区域仍然是禁止进入的，该区域被美国中央情报局（Central Intelligence Agency，CIA）最初在地图上标识为地空导弹站的地方，但现在似乎已经没有人了。仍然可以看到一些部队在现场进行演习，他们有自己的军营。除了清除侵入这些设施的沙子外，他们似乎在发射行动中没有发挥明确的或积极的作用，但还没有人将他们重新安置，而且在其他航天发射场也没有军事部署（俄罗斯军队在拜科努尔也同样消失了）。有一个博物馆陈列着早期的展品。

图 3-34　酒泉现在在旅游路线上，酒泉市东北方向是长城的尽头［图片来源：Go Taikonauts］

毗邻发射工位的是湖西新村靶场控制中心、装配大楼、碉堡和一座电站。主加工厂房长 140 m，面积为 4 587 m^2，设有 90 m×8 m 的装配大厅和 24 m×8 m 的加注大厅。设备可以用一台能吊 16 t 的起重机来吊起并移动。附近有 25 个检查航天器部件的实验室，旁边是一个 24 m×12 m 的固体火箭发动机检查和作业大厅，配有起重机、储存和测试设施。这些大厅必须保证洁净度达到 100 000 级标准（十万分之一或更少粉尘颗粒），温度在 20.5 ℃，湿度在 35%～55%之间。

如图 3-35 所示为酒泉最早的发射工位，图 3-36 所示为安装整流罩。

燃料储存于地下掩体中。发射场有一个四层楼的公寓，供基地维护工人居住，建筑物和走道周围种植了柳树和白杨树，用于防风，也为周围的环境增添了色彩。火箭从酒泉发射并朝东南方向转弯，游客可以在距离发射工位以东 4 km 的观测点观看发射，发射场远处群山环绕。第一位观看中国发射的西方游客斯文·格拉恩（Sven Grahn）回忆说：“桌椅直接布置在沙地上，电线杆上有喇叭，用中文进行倒计时，通过哨声和旗子向指挥台周围的人员发令。”地面运输的主要方式是蒸汽火车和军用卡车。

图 3－35　酒泉最早的发射工位，第二个工位在其后方［图片来源：Sven Grahn］（见彩插）

20 世纪 90 年代的第二次大规模扩展，建造了航天器测试厂房①、转载间、非危险作业厂房、危险作业厂房、固体火箭发动机厂房、通往发射工位的履带和铺装道路、两个新的发射工位、一座脐带塔和一个发射控制中心，还有一个新的住宿区，航天员入住该处的问天阁（western pavilion）②。早上当他们离开房间时，他们会像拜科努尔的航天员一样在门上签上自己的名字，然后乘坐巴士前往发射工位。游客现在可以买到载人航天发射的门票，但具体怎么买到还不清楚。当多达 1 万名游客涌进来时，他们只能挤在旧军营里，4 人合住一个房间。

① 原文中的 Vehicle Processing Building 意思为航天器测试厂房，实际是指酒泉卫星发射中心的垂直总装测试厂房，下文中的“航天器测试厂房”同此处。

② 酒泉航天员入住的地方为问天阁（candlestick pavilion）。

图 3-36　安装整流罩［图片来源：Sven Grahn］（见彩插）

如图 3-37 所示为酒泉的新发射台。

图 3-37　酒泉的新发射台，飞行器装配大楼在顶部，向下通向主发射台，第二个发射台位于右侧的岔路上（注：该图应从左往右看）

中国的火箭一直以来都是水平放置在地面上，接着用牵引车拖到发射台，然后用起重机在发射台上重新进行垂直组装。现在，随着航天器测试厂房的建成，可以在室内垂直进行所有的组装，并将准备就绪的火箭推到发射工位，在倒计时前完成主要任务。采用新的发射工位，周转时间（turnaround period）为 3 天，这意味着新火箭可以在前一次发射后 72 小时内做好执行任务的准备。

航天器测试厂房相当于或类似于卡纳维拉尔角（Cape Canaveral）著名的飞行器装配大楼，由钢筋混凝土建成，高度为 92 m，宽 27 m，长 28 m，带有一个 13 层的平台和可吊起 17 t、30 t 和 50 t 重物的起重机。它包含两个高大的隔间和两个垂直作业大厅，因此能够一次准备两枚运载火箭。工程师可以从九个不同的高度进入火箭。这座建筑的门高 74 m，顶部宽 8 m，底部宽 14 m，由 6 个 20 t 重的部分组成。航天器测试厂房是周围沙漠的颜值担当，20 km 外就可以看到它。从大楼顶部眺望，远处群山尽收眼底。

与航天器测试厂房相邻的是 78 m×24 m 的水平转载间，洁净度为 10 000 级，带有吹除灰尘的风道，用于测试运载火箭；接着是用来检查航天器洁净室条件的非危险操作厂房，以及发射前加注燃料的危险操作厂房。神舟飞船被固定在一个 12 m 高的保持架上，然后被一个可承重 15 t 的起重机吊到火箭的顶部。准备大厅的红色背景上印着激励人心的金色标语。

发射控制中心占地 400 平方米，连接有光缆，距航天器测试厂房 7 km，设有主控室，主控室有四排工作站，两个较小的控制设施面向距离 1 500 m 的发射工位。发射的正常标准：温度－10～ 4 ℃，风速小于 10 m/s，能见度为 20 km，并且 40 km 内无雷电。

完成组装的 CZ－2F 用一个长 24 m、宽 21 m、高 8 m、重 750 t 的履带转运平台运至发射工位，速度最高可达 1.02 km/h。它由 8 个电动机驱动，能以 20 cm/s 的速度行驶，从航天器测试厂房到发射工位需要 40 min。在那里，运载火箭和航天器由 11 层 75 m 高的固定钢结构脐带塔固定，脐带塔的工作平台用于燃料加注和电气连接，带有消防设备和一部电梯。下面是一个地下设备室。这里有避雷针、导流槽和一条下降钢管道，紧急疏散时，航天员可以在 60 s 内顺着钢管道滑到一个受保护的掩体。

图 3－38　过去与现状［图片来源：Reuters］

第二个发射工位在第一个的附近，岔道在第一个发射工位的左边。它的首次使用就在第一次载人飞行后的几周，用 CZ－2D 将 FSW 3－1 返回式卫星送入轨道。FSW 由一个新的发射塔架转运到发射工位上，该发射塔架用于测试、集成和为运载火箭组合体加注燃料，配备了 40 个以上的测试间。20 世纪 90 年代，当卫星传回第二个发射工位及附近的图像时，观察员意识到中国具备这样的一种能力：先发射一个空间站，然后依次快速发射载人航天器。实际上，两个天宫空间站的发射，与随后发射的神舟载人飞船之间是存在着时间间隔的。这个建筑群在载人计划命名之后，有时也被称为“921 工位”。

酒泉已经从 20 世纪 60 年代的一个秘密的、地图里不存在的发射场发展了起来。到了 20 世纪 90 年代，允许科学家进入与卫星发射有关的区域，21 世纪初允许媒体进驻，对神舟任务进行跟踪报道。酒泉市作为旅游地图上的城市，其主要酒店出售神舟纪念品，发射场的存在最终得到公开。2018 年 1 月，酒泉迎来第 100 次发射，CZ-11 将 6 颗卫星送入了轨道。

3.2.2　西昌

中国寻求一个尽可能靠近赤道的发射场来执行通信卫星计划（见第 5 章）。在 1969 年中苏两国交恶之际，人们开始为酒泉卫星发射基地靠近苏联边境而感到担忧。1969 年 12 月，在对 80 个地点进行调查之后，有 16 个地点入围，最后四川的西昌被选中作为发射场，这是周恩来亲自提出的。防御问题是最重要的问题，远离苏联的好处超过了对不利地形、通信落后和农村人口稠密的顾虑。该项目被称为 7201 工程，最初的想法是作为曙光载人航天工程的基地。于 1970 年 12 月破土动工，预计两年内完工，但之后航天计划被迫中断，推迟了资金的投入，因此施工进度缓慢，至今仍能看到 20 世纪 70 年代中期未完成的遗留工程。直到 1978 年，当它成为发射卫星进入 24 小时轨道的基地时，这才再次加快了建设步伐[23]。该工程于 1982 年竣工，次年进行了首次发射演练，西昌发射中心于 1984 年 1 月正式投入使用，西昌已经成了 CZ-3 的故乡。

最终，西昌发射场成为最繁忙的基地。当它开始发射国外通信卫星时，西昌同时也向游客开放。基地发售 800 元人民币（100 欧元）的探月工程参观门票，在附近的山坡上修建的观景平台可容纳 2 500 名观众。西昌有一个博物馆，里面有神舟飞船的一个舱，还有嫦娥探测器和火箭的模型。

西昌发射场海拔 1 826 m，坐落在薄雾笼罩的群山之中①，如图 3-39 所示。它一定是世界上风景最美的发射场之一，发射场附近种植有水稻，有水牛吃草，北面是山脉和大熊猫保护区，南面是湖泊，天空不时飞过迁徙的候鸟。发射场靠近西昌市，距离成都更远一些，到成都的铁路和公路的距离是 270 km。西昌位于古老的西南丝绸之路（silk road）上，从成都出发，经过西昌进入缅甸（250 km）和印度。西昌气候宜人，平均气温 17 ℃，一年日照 320 天。唯一的问题是仲夏时节，经常下大雨，最糟糕的是有洪水的危险。

从陆路到达西昌发射场，需要沿着昆明至成都的铁路，顺着安宁河谷底向北行驶，直到一条支线向西进入发射场山谷。到达那里的游客沿着道路驾车前行，沿路可见成队的自

---

① 西昌是全国气候变化最小的地区之一，日照多达 320 天，几乎没有雾天，允许发射的时间较多。

图 3-39　西昌的青山薄雾

行车和水牛，路上可以碰到正把鸡和蔬菜运到市场上的农民，之后会经过一个建在山上的通信中心、技术中心和指挥控制中心①，该地距离发射场约 7 km。铁路右侧的第一个发射工位用于 CZ-3 发射②，由一个重 900 t、高 77 m 的大型塔架（gantry）提供服务，塔架有 11 个工作层和一台吊车。此外，还修建了一个水泥的导流槽（cement flame trench），用于把火箭起飞时的火焰导出，而顶层的空调洁净室则保护卫星免受灰尘和湿气的影响。在 2000 年 CZ-3 最后一次飞行之后，旧的塔架被拆除，取而代之的是一座高 85.5 m、重 1 800 t 的新塔架。这是 2007 年 4 月 13 日北斗发射时首次使用的工位，2007 年嫦娥一号也从这里发射升空，该工位常用于 CZ-3A 和 CZ-3C 发射。后来又进一步开展了现代化更新，包括翻新发射指挥中心，重建 1996 年被毁坏的酒店和新的参谋中心。在 60 km 外的西昌市，修建了钢结构玻璃体的指挥中心。

如图 3-40 所示为西昌卫星发射中心全景。

铁路的左边 1 000 m 外，是随后修建的 2 号发射工位，用于 CZ-2E、3A 和 3B 的发射，现在主要用于 CZ-3B。2 号发射工位是在 14 个月内建成的，这肯定是一项世界纪录，并于 1990 年首次用于 CZ-2E，发射了巴基斯坦科学实验卫星和夸父一号卫星（Badr/Kuafu）③。2 号发射工位有一个重达 4 580 t 的巨大的勤务塔（service tower），高97 m，有 17 个工作层。发射前 80 min，勤务塔将移动离开发射工位，移至距离发射工位 130 m 处。

如图 3-41 所示为西昌卫星发射中心发射工位。

---

① 指挥控制中心应为发射指挥控制中心，2004 年该中心进行了搬迁，新的发射指挥控制中心位于距发射场区 60 多千米的西昌城区。

② 该工位为西昌卫星发射中心的 3 号工位。

③ Badr 为巴基斯坦科学实验卫星（BADR-A 卫星），夸父一号为澳星模拟星。

图3-40 西昌卫星发射中心全景（见彩插）

图3-41 西昌卫星发射中心发射工位，固定火箭的摆杆［图片来源：Cindy Liu］

在铁路运输线的左侧，也有用于储存运载火箭各级和有效载荷的厂房，尽管它们最终由吊车在发射工位上进行垂直组装。发射塔架由 100 m 高的避雷针提供保护[1]，在塔架周围有加注管路：一套用来保持第三级液氢的加满状态；一套用来提供氦气给燃料贮箱加压；另一套用来贮存燃料。火箭三级的液氢补加一直持续到起飞前三分钟。

从西昌发射的火箭通常沿弯曲的轨道朝东南方向飞行，飞越中国台湾南部、菲律宾北部，飞向赤道。可以从宜宾、贵阳、南宁市两边的地面站跟踪火箭飞行上升情况，卫星到达太空边缘时仍在中国上空。

倒计时是在靠近发射工位的地堡内进行的，但是整个操作和随后的飞行都是在距离发射工位 6 000 m 外深沟中的发射控制中心进行监控的[2]。发射控制中心由一个大型健身房大小的房间和一个 4 m×5.3 m 的大型视频显示器组成[3]，有一个能一次容纳 500 人的观察室。安装在圆屋顶上的激光经纬仪（Laser theodolites），在火箭升入轨道时对其进行跟踪。

如图 3 - 42 所示为西昌任务控制中心的计算机制导专家 Cindy Liu。

图 3 - 42　西昌任务控制中心的计算机制导专家 Cindy Liu［图片来源：Cindy Liu］

---

[1] 避雷塔实际高度达 175 m。

[2] 发射控制中心应为发射指挥控制中心。

[3] 发射控制中心应为发射指挥控制中心的指挥控制大厅。

西昌的一次发射活动需要 40 天的时间。火箭首先由轨道运至 30.5 m×14 m 的转移大厅，然后进入更大的 91.5 m×27.5 m 的装配间。有效载荷在 42 m×18 m 的洁净间（称为非危险操作厂房）进行检查，那里的温度和湿度保持在严格的限制范围内。火箭各级和有效载荷随后被转移到危险操作和加注厂房，在那里安装固体火箭各级和卫星。终检是在准备厂房的最后一次检查，该厂房也配有一台 X 光检测设备，可以检查设备是否有裂纹。随后，火箭各级被一段接一段地运到发射工位上，然后进行垂直组装。

3.2.3　太原

太原卫星发射中心（25 基地）位于北京市西南方向的岢岚县，海拔 1 500 m，靠近煤城太原。最开始太原卫星发射中心有一个 11 层高 76.9 m 的火箭发射工位。1968 年，从那里发射了第一枚导弹：东风导弹，随后开展了进一步的导弹发射测试。直到第一次用 CZ－4A 发射风云气象卫星（Fengyun weather satellite）①，它已经有 20 年没有被纳入航天计划了。太原卫星发射中心是 CZ－4 运载火箭的发射地（如图 3－43 所示为太原发射工位上的 CZ－4），但也用于执行一些 CZ－2 任务。太原卫星发射中心用于应用卫星的发射，通常进入极地轨道，从风云气象卫星开始，然后是地球资源卫星、遥感军事观测任务（见第 6 章）以及其他一些任务，如双星计划（见第 4 章）。发射的最佳天气是每年 5 月到 9 月，但发射全年都可以进行，冬季发射的照片常常可以看到地面上有晶莹的积雪。随着第 2 个工位投入使用，2008 年 10 月 25 日，在该工位发射了实践六号 03 组 A 星和 B 星。后来，这个地方成了 CZ－6 的发射地，CZ－6 很小，可以用一辆大型军用卡车拖到位于小山上的发射场地，然后倾斜就位。这是四个发射场中最鲜为人知的一个，尽管西方游客曾到过那里，但很少留下摄影记录。

3.2.4　文昌

中国最新、最现代化的发射场在海南，海南岛是中国东南部的一个大岛，与越南（Vietnam）有海上边界。2001 年年初，一架美国 EP－3 侦察飞机（EP－3 spy plane）迫降在那里，机组人员被拘留，这一事件一度引起了关注。20 世纪 80 年代中期，海南的西海岸建造了一个探空火箭发射场，1988—1991 年间曾在那里发射了五枚织女（Weaver Girl）探空火箭，2011 年恢复执行任务。

2000 年，首次有报道称海南可能被用作新的大型航天发射基地。海南提供了一个比西昌更靠近赤道的位置，并且通信更方便，特别是对于超大部件，例如 CZ－5 大型运载火箭。与西昌相比，海南具有将有效载荷能力提高 7.4%的优势，火箭通过海运抵达，并朝海上发射，具有非常大的安全优势。此举的另一个原因是越来越多的人开始关注火箭各级是否会落在有人居住的地方。发射场所选的确切位置是文昌市以东，文昌是一座 52 万人

---

① 风云一号卫星的成功发射，使太原卫星发射中心成为当时国际航天界掌握极地轨道和太阳同步轨道卫星发射技术的极少数发射场之一，并由此开始迈向现代化航天发射场。之后，太原卫星发射中心又先后成功发射了“海洋”“资源”以及“探测”等多个系列的科学应用卫星。

图 3-43　太原发射工位上的 CZ-4［图片来源：INPE］（见彩插）

口的城市（按中国标准算是小城市），位于海南岛的东北部，距海口 65 km。发射场的准确位置是海南岛东北海岸伸出的铜鼓角半岛上的龙楼镇，北纬 19.3°，东经 111.5°。为了清理发射场，估计有 6 000 人进行了搬迁。

海南发射场分两部分运行。现有的酒泉、西昌和太原三个发射场均依赖于铁路系统，铁路系统将可运输的火箭直径限制在了 3.35 m，新的 CZ-5 运载火箭直径超过 5 m，因此无法通过铁路运输。相反，新火箭运输需要更老的运输系统，也就是远洋驳船。中国在天津（位于中国北部、北京东南部，曾经是中国京杭大运河的一部分）研制新火箭，然后将它们沿海岸运送到海南的新发射场，方式很像美国人从路易斯安那州沿着海岸，向卡纳维拉尔角运送大型火箭各级和贮箱。

随着时间的推移，天津开始成为航天工业的重要中心。天津是北京的出海港口。2009年10月30日，位于天津滨海的航天工业基地破土动工，占地313公顷①，首期工程造价15亿元（1.8亿欧元），最终竣工造价100亿元（9亿欧元）。第一期航天器作业设施于2009年建成。到2011年，在那里的工作人数达21 000。天津航天工业基地厂房建筑面积220 000平方米，每年至少可以制造12枚大型CZ-5或CZ-7火箭。2014年，亚洲最大的建筑在那里竣工：装配、集成和测试（AIT）厂房，高99 m，带有81 m的铁门，用于CZ-5和CZ-7以及空间站②。此外，还有一个100 000平方米的大型有效载荷制造中心，一次可处理多达8架大型航天器[24]。2017年夏季，天津航天工业基地首次向西方游客开放，并为出席全球空间探索大会（GLEX）的来宾提供了参观服务。

2009年9月14日，海南举行了发射场的正式奠基仪式，并在国内媒体上进行了大量报道。发射场位于椰子树林中，风景如画，占地面积20平方千米，距离海岸仅3 000 m。海南省政府大力推广并部分资助这一新发射场，希望可以吸引外资（如日本）、高新技术产业和发展旅游业。该岛的一个主要优势是作为潜在的旅游胜地，拥有白色沙滩、红树林和孔庙。最初，发射场的建设成本估计为74亿元（5亿欧元）。

自2012年以来，发射场建设取得了实质性进展，正在建造的两个工位，一个用于CZ-5（LC101）发射，另一个用于CZ-7（LC201）发射。火箭将由一个双层飞行器装配平台经2 800 m的轨道运送到工位那里，工地上到处都是起重机、卡车和水泥搅拌机。此外，还开始了火箭射向沿途的两个岛屿上跟踪站的建设工作，一个位于发射场以东5 km的铜鼓岭，另一个位于东南方向距离很远的西沙群岛（Xisha islands）。

2013年7月11日，占地1平方千米的液氢和液氧设施建成。港口扩建工程已于当年7月17日完工，其中包括一个新码头和液压起重设备。2013年11月，远望21号和远望22号货船将2 000 t重的CZ-5移动发射平台运至清澜港。卸货后平台由公路车队运输，花了5天时间才缓慢地将移动平台运至本来只需10个小时就可到达的发射场。文昌的发射平台很大，CZ-5的为27.5 m，CZ-7的为23 m，58 m高的脐带塔负责提供燃料、气体、空调和电力。2015年9月，对水抑制系统（Water Suppression System）进行了测试③。当时的游客可以从海上看到，这两座发射塔近在咫尺，左边是CZ-5，右边是CZ-7，每座发射塔周围各有一组四座避雷塔。往里有两座大型的航天器装配大楼（Vehicle Assembly Buildings）④，就像肯尼迪航天中心和酒泉卫星发射中心一样，尽管文昌的那些大楼高达101 m，比酒泉的还要高8 m。两座发射塔之间的道路两边是略带红色的沙土，每个工位都有一个巨大的导流槽。文昌的首次发射是2016年6月25日发射的CZ-7。观看的人群成为CZ-7和CZ-5发射的一个特点，由于某些原因，发射似乎主要在晚上，人

① 新一代运载火箭产业化基地于2007年10月30日破土动工，基地总占地面积约3 000亩。

② 装配、集成和测试（AIT）厂房实为全箭振动塔试验厂房，该试验厂房建筑高93 m。

③ water suppression system 应为 Ignition Overpressure Protection and Sound Suppression water deluge system，即点火超压保护和降噪冲水散热系统。

④ 航天器装配大楼（Vehicle Assembly Buildings）实为文昌发射场的垂直总装测试厂房。

们聚集在草地观赏区，穿着适合热带气候的轻装，所有淹没在声浪中的人几乎都举着便携式摄像手机，记录着火箭在黄色火焰中升空的过程。

自 2016 年 4 月开放以来，短短两年内，文昌航天发射场接待了 300 000 名游客，常规的收费为 130 元，游客可乘坐电瓶车，参观发射控制中心、垂直总装大楼和发射塔。游客在酒店或当地家庭中住宿，促进了当地的旅游，提高了经过修整的渔村的收入。市长计划开发以航天为主题的游乐园、酒店和纪念品、4D 影院以及探险大厅和高科技产业，以支持这一航天项目。拥有棕榈树环绕的海滩、温暖的海水和热带气候，它的营业不是什么难事。文昌在 2017 年开放了一个展区，第一批展品是神舟十号舱和一套航天服，还有玉兔号月球车、火星 2020 着陆器和火星车以及空间站的模型，现在有一个天宫与神舟对接的全尺寸模型。

参观发射中心的旅客，可以从上海乘飞机到海南的海口，然后乘坐高速列车 20 分钟内抵达文昌火车站[25]。虽然发射工位有点远，但宽敞的观察区有一个硕大的观看屏幕，发射前有音乐、娱乐、食物、煎饼和饮料售卖亭。当 CZ－5 起飞时，发动机发出的亮光令人眼花缭乱，参观游客们用他们的手机跟随火箭的升空一直拍摄。尽管距离火箭很远，但来自一枚正在上升的 CZ－5 的声波几乎把观众们吹翻。

如图 3－44 所示为 DF－31 弹道导弹。

图 3－44　DF－31 弹道导弹

3.3　测控

测控基础设施可分为国内地面站、国外地面站和舰船。

1957 年，苏联发射人造卫星后不久，中国就开始了航天测控。1965 年年初，周恩来为中国自己的第一颗人造卫星的地面跟踪网络做了安排。两年后，七个地面站的建设在中国陆上战略要地展开，主要控制中心在陕西渭南。每个站都配备了跟踪雷达（tracking radars）、信号接收机（signal receivers）、光学跟踪器（optical trackers）、数据处理系统（data processing systems）和控制系统（control systems），以便向卫星发送指令。后来，引入了更加精密和精确的激光跟踪器（laser trackers）。最西面的地面站是位于西部沙漠的喀什（Kashi）。这里被称为“一号测控站”，因为这是中国卫星在太空中自西向东飞过的第一个测控站。中国为 20 世纪 80 年代推出的通信卫星建造了更多的地面站：南京站（1975 年）、石家庄站（1976 年）、昆明站和后来的乌鲁木齐站（1982 年）、北京站（1983 年，中央站）和西藏拉萨站（1984 年）。

中国的主要任务控制中心位于西安市（见图 3－45），一个以其地下兵马俑（army of terracotta soldiers）而闻名的城市，位于北纬 34.3°，东经 108.9°，始建于 1967 年，最初被称为卫星测量部（Satellite Survey Department）①，由市中心的任务控制中心和城外山区高原的跟踪阵列组成，城外山区配备有天线场区、天线杆和通信天线（communications dishes）②。它还拥有 26 基地的军事称号。可以看到农民在地面站的梯田上收割小麦。市中心的任务控制室由电视屏幕、控制台、绘图仪和高速计算机组成，用于跟踪、计算和预测中国所有在轨卫星在给定时间内的轨迹。

图 3－45　西安市区的西安任务控制中心——中国的主要控制中心

地面测控系统（ground tracking system）由设计用于接收地球资源卫星信号的地面站作为补充。最初的这类观测站位于北京密云，建于 1968 年，用于接收美国陆地卫星（Landsat）以及随后的欧洲、法国（如 SPOT）和日本卫星的数据。后来，在广州和乌鲁木齐也建立了地面站，用于接收来自风云气象卫星和美国 NOAA 气象卫星的数据。现在中国的地球观测卫星数据可以传送到三个观测站：密云（北京）、喀什（西部）和海南岛南端三亚的一个新的观测站。它们之间形成了三个圈，覆盖了中国的领土。2015 年，中国宣布将在瑞典建造一个名为“北极站”（Arctic Station）的新气象站。

① 1967 年 6 月 23 日，中国组建了卫星地面测量部，这是西安卫星测控中心的前身。

② communications dishes 为碟型通信天线，是反射面天线的一种，具有波束窄、增益高等特点。

登月的首要任务是在现有的或新的站点上建造更大口径的天线，这在其他国家被称为深空网络（deep space network）。深空网络包括最初用于嫦娥一号的两副 18 m 口径的天线，分别位于喀什和青岛地面站，工作在 X 波段。当然，仅仅依靠它们是不够的，但中国得到了欧洲空间局（European Space Agency）的帮助，该局在法属圭亚那（French Guyana）的库鲁（Kourou）站和加那利（Canaries）的马斯帕洛马斯（Maspalomas）站为中国提供了 15 m 口径的天线，澳大利亚的新诺西亚（New Norcia）站也提供了 35 m 的天线，如图 3-46 所示。

图 3-46　新诺西亚跟踪站［图片来源：ESA］

嫦娥二号对天线接收能力的要求更高，因此在上海和乌鲁木齐（25 m）、北京密云（50 m）和昆明（40 m）建造了新的天线。到飞越近地小行星图塔蒂斯（Toutatis）时，扩建后的喀什（35 m，Ka 波段）和上海附近佘山（65 m）的天马射电望远镜已开始投入使用。其次，佳木斯站的 66 m 口径天线是由中国制造的最大口径天线，工作在 S 波段和 X 波段，已于 2012 年完工。它可支持嫦娥二号的扩展任务，嫦娥三号和嫦娥五号 T1 试验器，甚至接收到了美国新视野号飞船（New Horizons spacecraft）2015 年飞越 47.6 亿千米的外冥王星时的照片。位于奇台的 110 m 射电望远镜也将于 2020 年建成，以下是当前的地面跟踪站点列表：

——吉林长春；

——甘肃酒泉；

——贵州贵阳；
——新疆和田；
——黑龙江佳木斯；
——广西南宁；
——新疆喀什；
——江西九江庐山；
——福建闽西沙县；
——广东佛山南海；
——山东青岛、威海；
——海南三亚；
——山西太原；
——新疆乌鲁木齐天山；
——陕西渭南；
——福建厦门；
——陕西西安；
——云南曲靖沾益[26]。

除了控制中国在轨的卫星外，识别和跟踪飞越中国的其他国家的卫星也是一项重要任务。为此，1967 年成立了中国卫星发射测控系统部（China Satellite Launch and Tracking General Control），由北京航天指挥控制中心（Beijing Aerospace Command and Control Center）和洛阳跟踪指挥控制研究所（Luoyang Institute for Tracking，Command and Control）组成①，对从近地轨道到 24 小时轨道所有飞过的卫星进行监测。

这项工作逐渐扩大，包括空间碎片监测。到了 20 世纪 80 年代，航天工业越来越意识到空间碎片的问题，从废弃的卫星到废弃的上面级，再到从空间设备上剥落的碎片，轨道上的碎片多达 3 万个。这种碎片虽然很小，但对于载人飞行会造成严重的危害，是十分危险的因素，因此在 2000 年，国防科工局拨出 3 000 万元（300 万欧元）的资金支持，在首次载人航天飞行之前开始评估和碎片跟踪。得益于计算机的模拟分析，设计了一套危险规避系统，任何可能对神舟飞船造成危险的碎片都可以触发控制器告警，以便神舟飞船能及时脱离危险。

3.4　测量船

缺少海外基地是中国跟踪系统的主要问题之一。相比之下，美国联合许多友好的海外

① Beijing Aerospace Command and Control Center，北京航天指挥控制中心，2006 年更名为 Beijing Aerospace Command and Control Center，即北京航天飞行控制中心；Luoyang Institute for Tracking，Command and Control 应为 The Luoyang Institute of Tracking and Telecommunications Technology，即洛阳跟踪与通信技术研究所。

伙伴，建立了一个全球地面跟踪站网络，从早期就开始协助载人航天计划和深空探测任务。由于缺乏这样的海外盟国，苏联和中国不得不依赖通信船（Comship）。当卫星在远离北半球陆地的南纬上空飞行时，这些通信船就显得尤为重要。20 世纪 70 年代，向阳红 5 号（Xiangyanghong 5）和向阳红 11 号（Xiangyanghong 11）两艘远洋船（oceanographic ship）投入使用，用于对早期卫星的跟踪。

周恩来提出了建立一支专用的测量船（tracking ship）舰队的想法，该项目被称为 718 工程[27]。该项目于 1974 年开始着手设计，并在第二年开始建造第一艘船。中国卫星海上测控部（China Satellite Maritime Tracking and Control Department）于 1978 年在江阴成立，成为舰队的任务控制中心[28]。该系统的总设计师是许学彦（Xu Xueyan）（1924 年生于江苏武进），1948 年毕业于国立交通大学（上海），1993 年当选为中国科学院院士。这些船被命名为远望号（Yuanwang）。

前两艘远望号于 1978 年交付，是 20 世纪 80 年代海外测量的主力，每艘远望号配备 2 副 20 m 口径的通信天线，远洋航程达 2.1 万千米，续航能力 100 天。第一艘船是远望一号，1980 年 5 月被用于回收东风 5 号导弹的试验的头锥（nose cone），一共有 18 艘船参与了这项任务，同时这项任务被认为是自 1405 年至 1433 年郑和（Admiral Zheng）环球航行以来最大的海上远征[29]。1998 年至 1999 年，这两艘轮船在上海港进行了彻底翻修。2011 年，这两艘远望号退役，现在已成为博物馆和展览中心。

远望三号（Yuanwang 3）有两艘，第一艘是中国海军的永兴岛号（Yong Xing Dao）（又名“南救 506”），是一艘海上救助和潜艇救援船，但在 1984 年被短暂用作测量船，被命名为远望三号，大概是为了跟踪从西昌发射的第一颗通信卫星。后来它又回归了海军，并于 2003 年更名为“863”（根据国家科学计划）。

真正的远望三号于 1994 年建造，并于 1995 年投入使用，是一艘排水量超过 14 000 t 的大船，它长 190 m，有 9 层甲板，外观像一艘大邮轮。远望三号的顶层甲板配备了单天线、阵列天线和反射面卫星天线，并配备了直升机停机坪，可以发射气象气球。前两艘舰船使用甚高频（VHF），考虑到可能会受到大气条件的干扰，因此增加了高频（high-frequency）、超高频（ultra-high-frequency）、改进的 C 波段和 S 波段雷达，并配备了激光测距摄影经纬仪和气球发射装置。甲板下面是计算机和控制室，很像陆地上的任务控制室。这艘船满载可以达到 350 人。多年来，这艘船利用菲律宾（Philippines）的达沃港（Davao）作为其海外港口，并执行跟踪遥感卫星的任务（见第 6 章）。截止到 2017 年，远望三号仍在服役中，并在当年秋天计划进行的嫦娥五号（Chang e 5）和北斗三号（Beidou 3）任务之前，执行了第 41 次任务：为期 27 天的校飞巡航（calibration cruise）。

如图 3-47 所示为退役的远望一号。

1999 年，远望四号投入使用，四艘通信船及时完成了第一次神舟任务。和 1984 年中国第一次南极考察所使用的科学考察船（scientific survey ship）向阳红 10 号（Xiang Yang Hong 10）一样，远望四号也很有历史，随后获得了一项奖励。2007 年 8 月 5 日，

图 3 - 47　退役的远望一号［图片来源：Go Taikonauts］（见彩插）

远望四号①被“港海 666”号油轮撞上，导致漏油起火，油轮船长随后被拘留。事故没有人员伤亡，但它似乎已经严重受损，以至于结束了跟踪生涯，并于 2011 年退役。

如图 3 - 48 为精致的远望二号模型，图 3 - 49 为纪念远望号的邮票。

随着载人航天工程扩展到空间实验室任务，再加上远望一号和二号退役，更不用说远望四号的事故，这些表明中国需要一种新型的测量船。早期的测量船横摇过度，对于船员而言十分不舒适，并且船舱空间有限[30]。新船的主要变化是引入了船姿船位测量系统（AAPMS），包括惯性测量系统（INS）、船体变形测量系统（SDMS）、多普勒测速仪（DVL）、静电陀螺监控器（ESGM）以及跟导航卫星的连接。因此，该船可以知道自身精确位置而不受强浪的影响，毫无疑问，这对于跟踪航天器在太空中的位置至关重要。美国人在跟踪阿波罗登月时也面临同样的问题，即使他们使用了陆基跟踪的方法，因为这些陆地跟踪站在地球上的精确位置并没有被准确标记出来。这些问题直到阿波罗 11 号登月的时候才被及时纠正过来的。

新的舰船配备了脉冲雷达（通常与另一个雷达配合使用），并使用伺服系统来保持跟踪，能够实现自动引导捕获，同时获取非配合目标或旋转物体的实时方位、仰角和距离。遥测和通信一般使用 S 波段和 C 波段，但随着时间的推移，将增加统一 X 波段，特别是对于深空通信。即使有了这些改进，中国也发现，反射面天线口径较小，无法满足人们希望从深空接收微弱信号的要求，另外波束较窄的情况下天线指向也受到船体摆动的影响。

① 远望四号测量船是 1998 年 8 月由原向阳红 10 号改建而成的航天远洋测控船。主要担负卫星和飞船海上跟踪、遥测、通信和控制、导弹、运载火箭、921 工程宇宙飞船等飞行试验的通信任务，具有测控精度高、实时性强、全天候工作等优点。

图 3－48　精致的远望二号模型［图片来源：Go Taikonauts］

随后建造了两艘姊妹船，按照中国传统的命名系统，其中一艘被命名为远望六号（Yangwang 6），而原本在船身侧面写着远望四号。另一艘可能是远望七号（Yuanwang 7），而原本船身侧面写的是远望二号（Yuanwang 2）。所有这些都表明，人们正在考虑使用追溯命名制度，幸好后来被取消了。无论它们被命名为什么，它们都是巨型的、令人印象深刻的舰船，与苏联舰队中最大的舰船相当（实际上，它们的设计十分相似），甲板中间有大口径的天线，指向天空，控制室很大，人们容易误以为这是陆基设施。而在 20 世纪 80 年代，它的跟踪能力是 36 000 km，到了 21 世纪，它的跟踪距离已经能够覆盖地球到月球的距离。前四艘测量船仅能实现跟踪，但从远望五号开始，通信船已经可以发出指令了。

图 3－49　纪念远望号的邮票

此类新船中的第一艘是远望五号，于 2007 年 9 月第一次出海。它的排水量高达 25 000 t，该船由上海江南造船厂（Jiangnan yard）建造。远望六号（Yuanwang 6）于

2008 年 4 月 12 日加入舰队，其首航是执行神舟七号任务。2018 年 1 月，它在跟踪北斗三号发射任务时，得到了广泛报道，有观众参观了它一尘不染的设施、轮机舱甚至卧室。

从尺寸来看，远望七号（Yuanwang 7）很可能是第三艘姊妹船，在经过 60 天的海试之后，于 2016 年 7 月 12 日服役。它的首航任务是长征五号（CZ－5）的第一次发射，神舟十一号（Shenzhou 11）和天舟一号（Tianzhou 1）。该船由江南造船厂历时两年建成，排水量为 25 000 t，长 220 m，高 40 m，巡航持续时间达 100 天。远望七号是一艘外观雄伟的舰船，船首有尖头，后方甲板上有一个巨大直升机停机坪，这块停机坪也可用于检阅。2017 年 10 月 11 日，在北斗三号双星发射之前，它再次离开了长江上的军事港口。远望七号本来应该在海上，为后来推迟登月的嫦娥五号进行测控。表 3－11 列出了跟踪舰队的信息。

表 3－11　测量船

名称	历史	规格	备注
远望一号	1977 年下水 1979 年服役 2010 年退役	排水量:21 157 t 长度:191 m 船员:470 名	44 次出征后退役,2011 年迁至上海,作为博物馆用于科学教育
远望二号	1978 年下水 1979 年服役 2011 年退役	排水量:10 900 t 长度:157 m 船员:200 名	用于神舟一号至七号 退役后,用于办公和作为展览中心
远望三号	1979 年下水(永兴岛号) 1979 年服役 1984 年仅当年改名(远望三号)		最早用作中国海军深海打捞船 1984 年后重返海军,2003 年更名为 863
远望三号	1994 年下水 1995 年服役 仍在服役	排水量:14 120 t 长度:180 m 船员:350 名	用于神舟一号至十号,CZ－5,北斗
远望四号	1979 年下水(向阳红 10 号) 1999 改名(远望四号) 2011 年退役	排水量:11 000 t 长度:156 m	用于神舟一号至六号。远征印度洋和太平洋(各六次)。2007 年碰撞后退役
远望五号	2006 年下水 2007 年服役 仍在服役	排水量:22 686 t 长度:222 m 船员:300 名	从神舟七号开始使用
远望六号	2007 年下水 2008 年服役 仍在服役	排水量:22 686 t 长度:222 m 船员:300 名	从神舟七号开始使用
远望七号	2016 年服役	排水量:25 000 t 长度:220 m	CZ－5 首用、北斗

来源:Bert Vis。

已完成建造的另外两艘远望号，远望二十一号和二十二号，排水量均为 9 080 t，长度为 130 m，分别于 2012 年和 2013 年下水。这两艘不是测量船，而是货船，负责将火箭从天津运至文昌。2015 年，作为用于从海上营救航天员的四艘船中的第一艘，东海救 118 号

(Donghaijiu 118) 在广州下水。

如图 3-50 所示为海上训练船。

图 3-50 海上训练船［图片来源：ESA］

当然，通信船也存在缺点。与陆基设施相比，通信船的运行成本很高，每年 4 月至 10 月间，南半球海域的条件相当差，需要将神舟飞船试验等任务限制在气候较温和的南半球夏季和北半球冬季进行。即使在关键时刻，通信船的覆盖范围也相当有限，仅为每颗卫星轨道的 12%，尽管这些覆盖点都非常关键。出于这些原因，中国开始考虑海外地面站，并在太平洋南塔拉瓦环礁（South Tarawa Atoll）短暂运营过一个地面站（1997 年），然后与瑞典就其在瑞典和挪威（Norway）的地面站（2001 年）达成使用协议。在其海外地面站网络中，中国既有已获得使用权的现有站，也有专门建造的拥有完全所有权的新站。

塔拉瓦（Tarawa）是中国第一个海外站。它是基里巴斯（Kiribati）的一部分，也被称为圣诞岛，地面站就建在塔拉瓦环礁上。该测控站很小，只有几栋楼，地理位置处于中国大陆发射场发射火箭的方向，但观察人士指出，如果中国愿意，它还可以跟踪美国在夸贾林环礁（Kwajelein Atoll）的军事活动以及从那里发射的卫星[①]。

---

① 夸贾林环礁是西太平洋马绍尔群岛的最大岛屿，位于北纬 8°43′，东经 167°44′，由 93 个小礁屿组成，是美国海、空军基地和反导弹基地。2009 年 7 月 14 日，美国太空探索技术公司（SpaceX 公司）在太平洋夸贾林环礁的美国空军基地使用猎鹰一号运载火箭成功发射马来西亚的 RazakSAT 遥感卫星。

下一步是非洲。2000 年，中国开始在纳米比亚（Namibia）的斯瓦科普蒙德（Swakopmund）构建自己第一个专门建造的海外陆基卫星站。乍一看，这可能是一个奇怪的选址，但载人飞船要降落到中国，飞船需要在经过非洲西南部海岸时进行反推点火。对于神舟一号和神舟二号，中国在非洲西南部部署了一艘远望号测量船，以准备监测这些关键制动（maneuvers）。而在其附近建立地面站则提供了一种更便宜，更安全的选择，只需要少量的工作人员，且不受海洋汹涌海浪的影响。中国和纳米比亚签署了一项协议，就是在通往亨廷斯湾（Henties Bay）的斯瓦科普蒙德盐厂设立跟踪站，该跟踪站于 2001 年在杨利伟执行任务前及时完工（斯瓦科普蒙德跟踪站的照片出现在纪念他执行任务的邮票背景中）。该站由控制室、行政大楼、辅助设施和两副卫星天线组成，一副口径 5 m，另一副口径 9 m，卫星天线架设高度为 16 m。该站有 5 名长期值守的工作人员，在执行任务期间人数增至 20 人。后来，第二个海外站德赫曼德罗（Dehmandro）卫星地面站（Satellite Earth station）也加入了地面网络，巴基斯坦在 2003 年允许中国进驻该站。该站建于 1973 年，所有权归 Pak Telecom 公司。

几个月后，意大利航天局（Italian Space Agency）主动提出可以使用其在肯尼亚（Kenya）海滨的已退役的马林迪（Malindi）测控站，为中国飞船再入大气时提供一个额外的覆盖点（早在 1964 年，意大利就曾从肯尼亚海岸不远处的一个石油平台发射了航天器），并在 2005 年 7 月神舟六号任务中投入使用。不过，中国工作人员得到即将执行的任务信息时，也已经是任务很晚的阶段了。以卢西亚诺·安塞尔莫（Luciano Anselmo）为首的意大利人与中国员工合作，根据西方的发射时间、着陆时间和先前轨道模式的分析，将轨道计算汇总起来。因此，他们能够以精确到分钟的状态预测飞过的神舟飞船和天宫状态[31]。

后来，又加上了澳大利亚的当加拉（Dongara）。当加拉被称为“澳大利亚岩石龙虾之都”（rock lobster capital of Australia），距珀斯（Perth）北部海岸 350 km。当加拉地面站的使用始于 2009 年①，首次出现在位于北京的任务控制中心的挂图上时才为人所知。这是一个现成的由瑞典建造并拥有的测控站，可供中国使用。那时，澳大利亚人还没有意识到他们的国家对中国航天计划的宝贵贡献，如果他们订阅了宣布这一安排的瑞典航天局（Swedish space agency）的杂志，他们应该早就意识到这一点。澳大利亚已经有很长的航天跟踪历史，在爱丽斯泉（Alice Springs）附近的松峡（Pine Gap）有一个大型观测站，著名的帕克斯射电望远镜（Parkes radio telescope）曾负责尼尔·阿姆斯特朗（Neil Armstrong）踏上月球表面照片的数据中继，而这段历史被拍摄成一部引人入胜的电影《天线》（*The dish*）。当加拉的使用意味着，原来一直驻扎在澳大利亚西部附近的远望号测量船可以移动到其他地方，从而扩大信号跟踪范围。

---

① 2020 年 9 月 22 日，据英国路透社报道，中国在 2011 年同瑞典空间研究中心（SSC）签订了一份协议，该协议同意其在澳大利亚设定的一处卫星站为中国的太空探索计划提供帮助。该中心近日表示将终止和中国的合作，不再为中国提供此项技术支持。据悉，瑞典设置在澳大利亚的这个空间站位于澳洲西部，名叫 Yatharagga，曾经在 2013 年为中国神舟十号飞船提供技术支持。

2012 年，中国和阿根廷（Argentina）［克里斯蒂娜·基什内尔（Cristina Kirchner）任总统期间（2007—2015 年）］签署了一份跟踪站合同，这是第二个专门建造的跟踪站。地面站配置了一副口径 35 m，重达 450 t 的天线，该站位于内乌肯省（Neuquen）的巴塔哥尼亚（Patagonia），设计用于跟踪嫦娥五号任务。

另一个可用的站点是智利的圣地亚哥站（Santiago），该站位于高原的山上。这是美国国家航空航天局戈达德（NASA Goddard）的一处设施，最初可追溯到国际地球物理年（International Geophysical Year），随后由瑞典航天局、日本宇宙航空研究开发机构（JAXA）和欧洲空间局（ESA）联合运营。中国开始使用该站的时间尚不清楚，但可能是在 21 世纪初[33]。

3.5 设计师、设计机构和体系架构

正如我们所看到的，中国航天计划早期的领导者是钱学森。中国的航天计划遵循了一种与苏联项目相似的发展模式，即基于首席设计师（俄语为 glavnykonstruktor）和设计院的概念。中国的航天系统中出现了许多首席设计师，各个研究所和设计机构也是如此，尽管设计师和各个机构之间并没有如此紧密的联系。这些机构往往是竞争对手关系，但它们也履行着将工作和任务分解到全国主要工业基地中的功能。中国于 1956 年成立了一个首席设计师小组，重要的科学家被分配到相关项目和专业领域（如发动机、计算机、无线电系统、推进剂）。即使在今天，个人首席设计师仍然与重点项目相关，如戚发轫（神舟）。最初的设计师们退休后，一直对之前从事的职业保持着浓厚的兴趣。钱学森永远是伟大的设计师，近年来，中国有很多设计师和科学家为中国航天事业做出了重大贡献。例如，2009 年，国家级奖励颁发给了数学家谷超豪，他计算了早期航天任务的轨道，以及茹科夫斯基（Zhukovsky）学院毕业生、航天器设计师孙家栋①。

如图 3-51 所示为中国航天计划的设计者。

与苏联/俄罗斯一样，中国航天计划的一个重要方面是研究所体制，这一体制最初是在欧洲发展起来的（例如，研究所体制在德国仍然很强大）。与美国不同的是，中国的研究和开发主要是在有固定工作人员的研究所进行的，而美国的研究通常是在大学里进行的，一般是临时合同。这类研究所往往有着复杂的历史和轨迹，既有独立机构，也有其他研究机构和科学院的分支部门。

与苏联相似，中国航天计划的第二个特征，是具体任务由知名的隐藏其真实身份的研究所来执行［苏联的航天计划是由“中型机械制造部”（ministry of medium machine-building）指挥］。美国国家航空航天局成立的最初几年里，并没有一个与之对等的机构，从 1956 年开始，中国航天计划由国防部第五研究院管理，从 1964 年开始由第七机械工业部管理。国防部第五研究院由一千名工程师和军官组成，他们中的大多数人对航天一无所

① 谷超豪，2010 年 1 月 11 日，获 2009 年度国家最高科学技术奖。孙家栋，2010 年 1 月 11 日，获得 2009 年度国家最高科学技术奖。

图 3－51　中国航天计划的设计者［图片来源：Go Taikonauts］（见彩插）

知，但他们通过努力学习很快弥补了这一不足；相比之下，现在的航天项目可以从大学里招募学识过硬的科学家和管理人员。直到 1993 年 6 月 10 日中国国家航天局（CNSA）成立，中国的航天计划才有了明显的政府形象。从组织结构上看，中国国家航天局是国防科学技术工业委员会（COSTIND）的一部分。

负责空间政策和监督的机构是国务院航天领导小组（Space Leading Group of the State Council）（成立于 1991 年），由政府高级官员（总理，国防科工委主任，国家科学技术委员会副主席，航空航天工业部部长，外交部副部长和国家计委副主任）组成[①]，并向国家主席报告。国家航天局向航天领导小组（管理航天发射场和跟踪系统的中央军事委员会）和监督载人航天计划的载人航天办公室（Human Spaceflight Office）报告。张克俭于 2018 年 5 月被任命为中国国家航天局局长，恰逢美国国家航空航天局和俄罗斯宇航局的局长履新。他还被任命为国防科技工业局（SASTIND）的负责人，在此之前他是国防科技工业局的副局长。他的前任是陈求发（2010—2012 年）、马兴瑞（2012—2013 年）、许达哲（2013—2016 年，如图 3－52 所示）和唐登杰（2016—2018 年）。

在国家航天局之下是研究院或研究所。主要的机构有：

① 1989 年 3 月 10 日，国务院、中央军委以国发〔1989〕27 号联合印发《国务院、中央军委关于成立国家航天领导小组的通知》，领导小组成员包括当时的国务院总理、国家科委主任、中央军委副秘书长、国防科工委主任、国家计委副主任、外交部副部长、财政部副部长、航空航天部部长和中国科学院院长。

图 3-52 国家航天局局长许达哲 [图片来源：Go Taikonauts]

1）中国运载火箭技术研究院，北京南苑（1958 年成立）①；
2）中国长峰机电技术研究设计院，北京②；
3）海鹰机电技术研究院，北京③；
4）中国固体发动机研究院，西安④；
5）中国空间技术研究院，北京；
6）上海航天技术研究院，上海；
7）北京中国航天电子技术研究院，北京⑤；
8）航天导航技术研究院⑥；
9）中国航天推进技术研究院⑦。

---

① China Academy of Launch Technology 应为 China Academy of Launch Vehicle Technology，中国运载火箭技术研究院成立于 1957 年 11 月 16 日。

② China Academy of Mechanical and Electrical Engineering 实为中国长峰机电技术研究设计院。

③ China Electro-mechanic Academy 应为海鹰机电技术研究院，隶属于中国航天科工飞航技术研究院。

④ China Academy for Solid Rocket Motors 应为 Academy of Aerospace Soild Propulsion Technology，航天动力技术研究院，前身系 1962 年 7 月 1 日组建的国防部第五研究院固体发动机研究所。

⑤ China Academy for Space Electronics Technology 应为中国航天电子技术研究院。

⑥ China Academy of Aerospace Navigation Technology 应为航天导航技术研究院。

⑦ Academy of Aerospace Liquid Propulsion Technology 应为航天推进技术研究院。

上述的研究机构中最突出的当属中国运载火箭技术研究院、中国空间技术研究院和上海航天技术研究院。中国运载火箭技术研究院原名北京南苑实业公司（Beijing Nan Yuan Industry Corporation）（1957 年），位于北京的南苑，与苏联类似的场所一样，中国运载火箭技术研究院曾经是保密的，不对外开放的。这里是运载火箭的生产中心，负责长征运载火箭的设计、研制、完工和交付，在北京和上海设有 6 家工厂，但它的主要办公地点离市中心只有 15 km。中国运载火箭技术研究院有自己的铁路终点站：他们将火箭水平组装，然后通过铁路运输到相应的发射场。中国运载火箭技术研究院还负责材料、零部件测试，并拥有自己的静力试验大厅、振动测试塔和发动机测试台。中国运载火箭技术研究院的工作人员超过 32 000 人[34]。研究院由大型现代化厂房组成，其规模与苏联的航天计划相关。参观者可以看到洁净室里组装中的各级火箭，在许多场所的墙壁上都挂着红色背景的励志口号，鼓励勤勉与细致。

中国空间技术研究院（CAST，1968 年）是设计与制造科学和应用卫星的主要机构。其核心是北京卫星制造厂，前身是中国科学院仪器厂①。像苏联的设施一样，外表不起眼，内部却让人眼前一亮，此外还有一个备用和未发射卫星的博物馆。20 世纪 90 年代，在北京西北部唐家岭建造了新的占地 100 公顷的航天器集成厂房、测试设备和实验室。2009 年年底，一个 7 000 平方米的月球大厅投入使用。2003 年，中国空间技术研究院员工总数为 110 000 人，其中 41 000 人具有技术职称②。中国空间技术研究院拥有大量的基础设施③。

如图 3－53 所示为洁净室内的卫星。

---

① 北京卫星制造厂的前身是中国科学院北京科学仪器厂。

② 2003 年，中国空间技术研究院员工总数约为 11 000 人，其中约 4 100 人具有技术职称（截止到 2016 年 4 月研究院官网显示，研究院拥有职工 20 000 余人）。

③ 中国空间技术研究院主要组成包括：北京空间飞行器总体设计部、北京卫星环境工程研究所、通信与导航卫星总体部、遥感卫星总体部、空间电子信息技术研究院、北京控制工程研究所、北京空间机电研究所、兰州空间技术物理研究所、北京空间科技信息研究所、山东航天电子技术研究所、北京东方计量测试研究所、天津航天机电设备研究所、北京卫星制造厂、中国航天宇航元器件工程中心、动力行政保障部、中国东方红卫星股份有限公司等（截止到 2020 年 7 月研究院官网显示）。此外，中国空间技术研究院拥有 1 个国家国际科技合作基地，1 个国防科技工业创新中心，2 个国家工程研究中心，6 个国防科技重点实验室，4 个国家重点实验室，以及 1 个天津市重点实验室。主要如下：

——国家国际科技合作基地：空间光学仪器国际联合研究中心；

——国防科技工业创新中心：光学超精密加工技术创新中心；

——国家工程研究中心：小卫星及其应用国家工程研究中心、国家工业控制机及系统工程技术研究中心；

——国防科技重点实验室：真空低温技术与物理国防科技重点实验室、空间微波基础国防科技重点实验室、空间环境材料行为及评价技术国防科技重点实验室、可靠性与环境工程国防科技重点实验室、表面工程技术——国防科技重点实验室、空间智能控制技术国防科技重点实验室；

——国家重点实验室：真空低温与物理国家重点实验室、表面工程技术国家重点实验室、航天器环境工程与可靠性技术国家重点实验室、天地一体化信息技术国家重点实验室；

——天津市重点实验室：天津市微低重力环境模拟技术重点实验室。

图 3-53　洁净室内的卫星［图片来源：INPE］（见彩插）

中国空间技术研究院在北京以外也有分支机构，例如：

1）西安工业园，用于发展电信、导航、微波有效载荷和应用，包括西安无线电技术研究所（XIRT）①；

2）天津工业基地，用于大型航天器建设与集成产业；

3）烟台电子工业基地；

4）兰州工业基地，用于发展低温技术和贮箱；

5）兰州空间技术物理研究所；

6）汕头电子技术研究所；

7）山西航天机电设备研究所；

8）山东航天电子技术研究所；

9）深圳微小卫星产业基地。

航天单位变迁的历史比较复杂，研究所可能会重新命名，并从一个研究院转到另一个研究院。例如，在卫星电子领域起主导作用的西安无线电技术研究所，在 1956 年成立时是一个独立的研究院，但在 1968 年转至中国空间技术研究院。中国空间技术研究院不仅“研究空间”，而且还拥有大量的下游应用。该公司目前的产品目录包括无人机、大型计算

① 西安工业园应为西安卫星应用产业基地，西安无线电技术研究所为现在的空间电子信息技术研究院。

机、机器人、智能叉车、铁路安全设备、空调、太阳能电池板、建筑保温、海水淡化和水系统以及健康产品。

如图 3－54 所示为中国在海外的推广——中国空间技术研究院。

图 3－54　中国在海外的推广——中国空间技术研究院（见彩插）

排在中国空间技术研究院之后的第二大机构是上海航天技术研究院，有时也称为“上海局”，该局于 1961 年经毛泽东批准成立，办公地点位于中国上海市闵行区一个被征用的旧烟草厂。它从 20 世纪 70 年代开始接受重大项目，如风暴运载火箭以及此后航天计划的关键任务，如 CZ－2D 和 CZ－4 火箭以及神舟的重要部件（如推进舱、电源系统、测控通信分系统和主发动机）。在上海航天技术研究院，有展出的全尺寸神舟飞船模型。火箭并不是上海航天技术研究院的唯一产品，上海航天技术研究院拥有 10 家商业公司，业务范围已扩展到国防装备、汽车、办公设备、机械、电气产品，甚至物业管理。上海航天技术研究院原来的位置现在被称为航天城（Aerospace City），除此之外，从 2005 年起，其位于闵行的厂区作为一个航天工业园进行了 80 公顷的大规模扩建，其中很大一部分用于载人航天项目。同样位于上海的还有上海卫星工程研究所（Shanghai Institute for Satellite Engineering），它首先研制了技术试验（JSSW）系列卫星（见第 2 章），然后研制了风云气象卫星（见第 6 章），并拥有高质量的技术设施，如真空罐和离心机。另外，附近还有国家气象局（State Meteorology Administration）和上海技术物理研究所（Shanghai

Institute for Technical Physics）（成立于 1958 年）。上海航天技术研究院还有两家工厂，一家在内蒙古，主要生产多晶硅，另一家在江苏连云港，主要生产光伏电池。上海航天技术研究院已经在航天项目之外实现了业务多样化，包括光伏电池、锂电池、焊接和输气系统等领域。上海虹桥高铁火车站巨大的光伏屋顶，发电量为 6.68 MW，便是由上海航天技术研究院制造的。上海航天技术研究院现有员工 19 700 人（2017 年）。

如图 3-55 所示为卫星集成。

图 3-55　卫星集成［图片来源：INPE］

我们再看一下其他研究院，如西安的固体发动机研究所（ARMT，1962 年），它负责制造固体火箭发动机、末级、远地点发动机、FSW 可回收舱的制动火箭和其他小型火箭以及神舟飞船的逃逸塔。中国航天导航技术研究院（China Academy of Aerospace Navigation Technology）成立于 2001 年，是为了将分散、缺乏全面统筹的小公司和研究院聚合，从事惯性仪表、光电产品、电气和电子元件、导航和制导系统中的精密仪器和计算机硬件及软件的设计及生产。

液体火箭发动机最初是在陕西秦岭的“067 基地”制造的（尽管它的成立日期是 1970 年）[①]。总的来说，它的作用相当于气体动力学实验室（Gas Dynamics Laboratory），起到类似于现在的动力机械科研生产联合体（Energomash）在俄罗斯航天计划中的作用。近年来，该公司在消防、环保、机械、电子等领域进行了多元化经营，还成立了子公司陕西航天动力高科技有限公司（Shanxi Space Dynamics High Technology Co），将火箭发动机

① 航天推进技术研究院的前身为第七机械工业部 067 基地，1965 年在陕西省凤县开始建设。

技术广泛应用于各经济领域。此外，067 基地、北京航天动力研究所（Beijing Aerospace Propulsion Institute）、北京航天试验技术研究所（Beijing Institute of Aerospace Testing Technology）和上海空间推进研究所（Shanghai Institute of Space Propulsion）等多个液体推进实验室于 2009 年在西安合并为一个新的研究院——航天推进技术研究院（AALPT），该院拥有 11 400 名工作人员。航天动力技术研究院成立之后已经研发出了 CZ－11。

上述这些是主要的研究院或研究所。航天科技集团（CASC，1999 年）总体管理与航天有关的主要工业集团，特别是长城工业集团有限公司①（1984 年），它是主要负责国内外推销的机构。航天科技集团本身是主要的协调机构和承包商，全面负责航天工业、航天相关研究院、火箭、卫星、地面设备、推广机构和通信卫星工业（如中国卫星通信集团公司）。北京空间机电研究所（BISME）就是航天科技集团专业化研究所的一个例子，确切地说，该单位是最早的航天技术研究所之一（成立于 1958 年）。实际上，自 1967 年以来，北京空间机电研究所一直专注于光学遥感，它的光学遥感工程中心目前拥有一栋九层的白色大楼。目前该研究所提供用于高分（Gaofen）一号、二号和四号、五号、VRSS－2、OVS 和 Superview② 的高功率光学传感器。中国航天系统科学与工程研究院（CAASSE）是一个与众不同的研究所，是在 707 所和 710 所的基础上重组而成的。它实际上是航天工程的智囊团（think tank），尽管其职权范围进一步扩展到大型计算机、互联网开发、智能工程、创新和综合集成工程。在北京（4 个）、西安（2 个）、成都（1 个）和上海（1 个）等地的航天科技集团研究所和设计院的工作人数约为 20 万人。

如图 3－56 所示为太阳能电池板测试。

此外，还有许多规模较小的研究所和中心，其中一些是近些年才出现的，大多数是在中国科学院的广泛支持下运行的。例如：

1）对地观测与数字地球科学中心（CEODE）；

2）国家天文台；

3）国家卫星气象中心；

4）中国资源卫星应用中心（CRESDA，1991 年）；

5）国家卫星海洋应用中心；

6）国家空间科学中心（NSSC）；

7）中国载人航天工程（CMSE）；

8）兰州的空间物理所。

中国载人航天国际合作与交流中心成立于 2013 年 4 月 19 日，是重要的新机构，下设五个部门（科技规划、基础设施建设、系统总体设计、国际合作、信息宣传）。为促进载

---

① 长城工业集团有限公司是一家多款产品推销机构。除了航天火箭，它目前的产品还包括自行车、啤酒、保险箱、自制冰淇淋机和电风扇。它在推销中国运载火箭和其他航天产品方面处于领先地位，有一段时期它曾在加州、华盛顿特区和德国慕尼黑设有办事处。

② VRSS－2 为委内瑞拉遥感卫星二号，OVS 为珠海欧比特卫星，Superview 为高景商业遥感卫星。

图 3-56 太阳能电池板测试［图片来源：INPE］

人航天的国际合作，中国载人航天工程办公室成立了国际合作交流中心①[35]。

航天科工集团（CASIC，不要与 CASC 混淆）有 6 个研究院，17 家公司，500 个企业，员工多达 15 万人。航天科工集团制造了载人项目的特色产品，如交会对接微波雷达、加速度计、用于测量离地高度的伽马射线高度计（从再入大气层到降落伞展开再到固体火箭发动机点火）、软件测试系统、航天器和航天服电池、神舟舱段之间的连接分离系统、再入跟踪雷达、天宫的燃料贮箱膜盒[36]。航天科工集团在研发固体燃料导弹方面拥有很长的历史，自身也实现了多元化经营，包括金融、证券、贸易、投资。

2016 年 8 月，政府批准了武汉国家航天产业基地的建设，成为继北京和上海之后航天计划中的第三个国家航天产业基地，基地拥有很多未来主义风格的办公室和尖顶建筑[37]。基地位于长江边的武汉市（人口 1 100 万），由国家主导的公共和私人投资（即社会主义市场经济）支持，初期投资 17 亿元（2.2 亿欧元），航天科工集团在其中发挥了突出作用。其建设周期预计为十年，分为火箭（如快舟）、材料和高科技设备三个部分。这个占地 69 平方千米的基地旨在利用航天项目中开发的技术来吸引高科技产业，如无人驾驶汽车和磁悬浮列车。武汉基地预计每年将产生超过 300 亿元（40 亿欧元）的业务。此后，武汉已经成为年度商业航天发展会议的举办地。如图 3-57 所示为在武汉推广商业航天。

① 中国载人航天工程办公室依托中国长城工业集团有限公司所属的中国航天工业科学技术咨询有限公司，成立了中国载人航天国际合作与交流中心。

图 3 - 57　在武汉推广商业航天［图片来源：Go Taikonauts］

图 3 - 58　吴季

作为最新成立的研究机构之一（2011 年），国家空间科学中心（NSSC）负责空间科学发展规划。吴季（见图 3 - 58）被任命为第一任主任，该中心的成立旨在优先考虑空间科学，并为该领域带来连贯的规划。国家空间科学中心的前身是原空间科学与应用研究中心（CSSAR），该中心发端于由赵九章建立的应用地球物理所，该所后来更名为空间物理所和空间科学技术中心。国家空间科学中心拥有 500 余名员工，负责空间科学计划的研究、设计、集成、协调和科学支持，设有研究生部，是国际空间研究委员会（COSPAR）中国委员会的挂靠单位。此外，还负责海南电离层观测台、海南探空火箭基地和空间等离子体环境测试实验室。2011 年，国家空间科学中心获得了 3 亿元（3 800 万欧元）的预算，预计预算规模将提升到 7 亿元（9 000 万欧元）。随后，该中心建成了一个占地194公顷、耗资9.14亿元（1亿欧元）的园区。《自然》杂志最近的一位访问记者报道说，这是一个充满活力的场所，散发着新油漆的味道，这里配置了新家具，工程师们在进行卫星任务仿真，摄制组正在拍摄纪录片，可以看到墙上的激励口号（如严肃认真、周到细致、稳妥可靠、万无一失！）[38]。

在载人航天之前，由中国航天医学专家蔡翘（1897—1990年）① 领导的航空航天医学研究所（该单位名称有多个版本）（1968年）在北京成立②。他出生于广东揭阳，先后在加利福尼亚和芝加哥学习心理学和医学，后来又在伦敦和法兰克福学习，之后返回中国。他撰写了六本主要著作和一百多篇论文，主要著作是航空医学基础（ABC of aviation medicine）方面的内容。该研究所负责研发航天服、用于测试太空行走的水槽，以及为航天员在上升和下降过程中承受高重力做准备的离心机（centrifuges）。航空航天医学研究所研制了一台12 m的计算机控制离心机，最大可达25倍重力加速度。上海卫星工程研究所研制了一台臂长15 m的离心机，是亚洲最大的离心机，最大可达17倍重力加速度。其他设施致力于水循环利用、封闭环境生命支持系统、太空食物种植和卧床研究。

与俄罗斯一样，中国航天的生产可以在内部单位进行，也可以外协给专业的外部生产机构或工厂（如东方科学仪器厂）③，但中国也有中间类型的组织，即内部专业公司，如北京东方红卫星股份有限公司。该公司成立于2001年，是一家拥有500名员工的中型公司，隶属于中国空间技术研究院，该公司开发了CAST系列的卫星平台。同样，上海也有集中的生产设施的工厂，如上海电子设备厂（电子）、新跃仪表厂（万向节系统和精密仪器），以及上海科学仪器厂（传感器）④。

2009年，航天科技集团围绕工业园区进行了重组，将来自不同研究所的各类公司聚集在一起。开发的主要园区位于深圳、西安、上海、天津和海南。把西安的几处中国空间技术研究院⑤的设施进行了合并，如AALPT、空间物理研究所和西北电子研究所。深圳园区的主要支柱公司是深圳航天卫星公司和深圳航天科技公司⑥，首期投资1.6亿元（2 000万欧元），占地250 000平方米。武汉成了最新的园区。

主要的通信卫星公司是亚洲卫星有限公司（Asiasat）、鑫诺卫星通信有限公司（SinoSAT）和中国卫通集团股份有限公司（Chinasatcom），其中亚太通信卫星有限公司（APSTAR）、鑫诺卫星通信有限公司和中国卫通集团股份有限公司是中国空间技术研究院的子公司（在第5章中详细描述）。主要计算机公司有北京神舟航天软件技术有限公司、

① 蔡翘在航空医学方面的主要代表作有：《航空医学入门》，上海：华东医务生活社，1950；《航空与空间医学基础》，北京：国防工业出版社，1979等。

② 航空航天医学研究所应为中国航天医学工程研究所，1968年4月1日成立。

③ 东方科学仪器厂应为东方科学仪器进出口公司。

④ 上海电子设备厂应为上海无线电设备研究所，上海科学仪器厂现为上海航天电子有限公司（五三九厂）。

⑤ 此处应为航天科技集团。

⑥ 深圳航天卫星公司和深圳航天科技公司分别为深圳航天东方红海特卫星有限公司和深圳航天科技有限公司。

航天时代电子技术股份有限公司、中国东方红卫星股份有限公司和中国航天工程咨询中心。中国卫通集团股份有限公司是最大的卫星公司，2014 年运营的卫星有 14 颗，其中包括 3 颗亚太卫星，单独向中国转发 300 个频道[①]。

一般来说，卫星都是在航天科研单位内部或子公司研制的。最好的例子是上海微小卫星工程中心（SECM），它是继 CAST 和 SAST 之后中国的第三大卫星制造单位。它的产品清单包括北斗三号系列、暗物质粒子探测器（DAMPE）、量子科学实验卫星（QUESS）、全球二氧化碳监测科学实验卫星（Tansat）和天基多波段空间变源监视器（SVOM）[②]（见第 4、6 章）。20 世纪 90 年代，以高校为基础的公司加入了上海微小卫星工程中心，例如专门从事微卫星和空间成像的清华卫星技术有限公司。清华卫星技术有限公司，听起来像是典型的西方大学商业公司，该公司由中国航天机电集团公司、清华大学企业集团和清华同方股份有限公司联合组建，位于中关村科技园。清华卫星技术有限公司很快找到了西方合作伙伴——萨里卫星技术有限公司（SSTL），其总部设在英国的萨里大学，其运行方式大体相似，目标是在短期内发展中国自主微卫星研究能力，研制高性能、低成本的空间应用卫星，特别是在气象观测、防灾、环境监测和制图等领域。

上海微小卫星工程中心很快便发现自己面临着一些竞争，其中一个对手是具有冗长头衔的西安西北工业大学微小卫星技术及应用国家地方联合工程实验室（NELM）。它研制的首颗 12U 立方星，翱翔之星（Aoxiang），于 2016 年 6 月在 CZ－7 的首次发射中进行了飞行试验；2U 立方星，行云试验一号（Xingyun 1），在 2017 年 1 月发射的快舟 1A 上进行了飞行试验；并且在欧盟 QB50 项目框架下，于 2017 年 5 月从国际空间站上释放了一颗 2U 立方体卫星[③]。翱翔之星是中国第一颗拥有自己地面跟踪系统的卫星，并没有使用国家的跟踪系统。此外，西北工业大学微小卫星技术及应用国家地方联合工程实验室很快开发了一个微小卫星组件目录。该实验室充分利用历史悠久的丝绸之路（中华文明的摇篮）终点站的优势，建造了一个外观具有未来感的弧形多层场所，在 2018 年 11 月组织了中国有史以来的首届中国微小卫星大会，并完成了竞赛和颁奖仪式。

如图 3－59 所示为西北工业大学研制的微小卫星。

尽管私营公司主要与新运载火箭有关，但它们的扩展业务远不止这些。其中之一是成立于 2007 年的和德（全称中国和德宇航技术有限公司）[④]，该公司是一家微小卫星制造商，同时也是遥感系统（如高分、高景）以及卫星对地和卫星对直升机通信的开发商。

中国拥有两所致力于航天事业的大学，分别位于南京和北京，都被称为航空航天大学。这使得中国成为世界上唯一一个有这样殊荣的国家。北京航空航天大学有 23 000 名

---

① 中国空间技术研究院持有中国卫通集团股份有限公司 5.6%的股份。

② Space Variable Objects Monitor（SVOM），天基多波段空间变源监视器，也称为中法天文卫星。

③ 从国际空间站发射的 2U 立方体卫星为翱翔一号，中国共有 4 家高校参与了该项目。其中，西北工业大学是 QB50 项目亚洲区的总协调单位，建设了飞行任务控制中心，研制了翱翔一号卫星。哈尔滨工业大学、南京理工大学和国防科技大学分别研制了紫丁香－1 卫星、南京理工大学－2 卫星和 NUDTSat 卫星。

④ 此处应为北京和德宇航技术有限公司。

图 3-59　西北工业大学研制的微小卫星

学生，是理论和新项目实践开发的主要研究中心之一（例如，它有一个测试航天服的压力舱）。未来的航天员在那里学习。对于业余爱好者来说，中国宇航学会（CSA）主要召集工程师、科学家、业余爱好者和航天爱好者一起致力于航天飞行。它是有着最好的科学和政治传统的国际宇航联合会（IAF）的成员机构，尽管如此，仍有一个竞争对手，那就是中国航空学会。1992 年，中国加入了国际空间研究委员会（COSPAR），该委员会最初是在国际地球物理年之后成立的，目的是将后人造卫星时期的苏联、美国和欧洲的科学家聚集到一起。国际空间研委会中国委员会（Chinese National Committee for COSPAR, CNCOSPAR）① 每两年会向位于巴黎的国际空间研委会总部提交一次空间科学活动报告。

哈尔滨工业大学是中国东北的主要智力中心。它最初的校名为中俄工业学校，是俄罗斯和中国联合培养铁路工程师（可以学电气机械工程或铁路工程）的学校，俄罗斯的校长和教职员工，并使用他们的教学方法。哈尔滨距离横贯西伯利亚的铁路并不遥远，俄罗斯校长是设计中国东部铁路的前沙皇铁道部长。该学校于 1928 年改名为哈尔滨工业大学，即使被日本侵略中断后，它仍然作为两国之间的一个联合项目，一直持续到中苏分裂。甚至在此之后，俄罗斯和东欧的学生（例如捷克斯洛伐克的学生）仍继续在那里学习。哈尔滨工业大学的另外两个校区建在威海和深圳，部分原因是东北地区冬季寒冷（－35 ℃），经济不发达，很难吸引学生，但航天专业仍然在哈尔滨。哈尔滨工业大学有 20 个学院，其中最顶尖、最负盛名的是 20 世纪 80 年代在邓小平鼓励下成立的航天学院。

航天项目的很多领导都来自哈尔滨工业大学，例如探月工程总设计师孙家栋、神舟一号至五号的总指挥李继耐、CZ－5 总设计师刘竹生、栾恩杰和马兴瑞②。哈尔滨工业大学于 1995 年成立了卫星研究所，是最早自主研制出卫星的大学之一，先是试验卫星 1 号和 3 号（2004 年、2008 年），然后是由本科生研制的紫丁香一号（Lilac 1）（2017 年），以及紫丁香二号（Lilac 2）（2015 年）。该研究所对玉兔号月球车（Yutu Moon rover）做出了重要贡献，也在故障诊断、焊接、计算机、机器人、低重力模拟、神舟座椅和航天服设计（包括手套和臂镜）等领域为航天做出了重大贡献③。哈尔滨工业大学还建造了 KM6 真空罐。哈尔滨工业大学很早就在学校里建立了一个博物馆（见图 3－60），拥有这些杰出校友的好处之一是学校可以获赠项目模型。博物馆共有 7 个展厅，讲述了该学校从 20 世纪 20 年代至今的故事，展品包括月球探测器、发动机和回收的航天器。2011 年，哈尔滨工业大学加入了中俄工科大学联盟（ASRTU），该联盟汇集了两国 50 所大学，一起分享了他们研制小卫星的经验。

---

① 国际空间研究委员会（COSPAR）成立于 1958 年 10 月，隶属于国际科学理事会（ISC）。与国际宇航联合会（IAF）、国际宇航科学院（IAA）并列为空间领域三大国际组织。总部设在法国南部城市蒙彼利埃（2017 年由巴黎迁至蒙彼利埃）。国际空间研究委员会中国委员会（CNCOSPAR）挂靠在中国科学院国家空间科学中心，在中国科协和中国科学院的领导下开展工作。

② 李继耐曾担任中国载人航天工程总指挥，刘竹生曾任中国载人航天工程长征二号 F 火箭系统总设计师。

③ 哈尔滨工业大学研制的永磁无刷电机成功用于玉兔号机械臂关节。

图 3-60　哈尔滨工业大学博物馆（见彩插）

3.6　测试

从 1956 年航天计划实施以来，中国建立了航天计划所必需的全方位基础设施。其中包括一个火箭发动机试验站、静力试验大厅、全箭振动试验塔、风洞、检漏仪、无线电试验设施和真空罐。第一项设施是北京火箭发动机试验站（1958 年），也叫中国运载火箭北京试验中心①，也就是现在的北京航天试验技术研究所②，目前仍在运作。测试站的理想位置是一个峡谷，这样可以在山坡上建造一个试验台，发动机火焰沿着混凝土出口向下偏转进入峡谷。1964 年完成了第一期四个火箭试验台的设计，一次可运行四台发动机，模拟地面和高空试验。1969 年，一个新的 59 m 高的大型试验台建造完工，冷却系统上的水箱装有 3 000 t 水，用 35 370 个喷嘴对发动机进行冷却。之后的试验台是为发动机水平测试而建造的。

继静力测试设备之后，第二个设施是风洞（1959 年），由北京空气动力学研究所建造。它们最初用来确定火箭爬升和级间分离时的气流和压力，最近用于测试航天飞机式的航天器周围的气流。静力试验大厅的历史可以追溯到 1963 年，是当时中国最大的建筑，建造过程耗时 8 个月，包括打入 1 300 根桩（有些桩长达 10 m）和两次灌注超过 5 000 立方米的无缝混凝土。为了发展通信卫星，1976 年开始研制大型立式动态平衡机，5 年后投入使用。同年建造的还有一座 50 m 高的振动试验塔。外观上，它看起来像一座不起眼的破旧的黄橙色砖瓦谷仓，但它能够测试升空的火箭可能经受的全部压力。整个火箭可以通过支架吊装就位，由地面的承轨夹住，有 13 层楼高，分为 11 个工作层，然后通过 20 t 的液压振动平台摇动至试验结束。

真空罐是从 20 世纪 60 年代开始建造的，能够模拟达到 10^{-7} torr，之后的地球静止轨道卫星可以模拟达到 10^{-13} torr。它们分别位于北京环境模拟工程测试站（Environmental Simulation Engineering Test Station）和上海华银机器厂（Huayin Machinery Plant）。在这里，航天器被起重机吊起并放入真空罐，在真空罐中，降温、加热、摇晃和烘烤交替进

---

① 原文为 Fengzhou Test Center，应为中国运载火箭北京试验中心，位于北京丰台云冈。

② 北京航天试验技术研究所目前隶属于航天推进技术研究院。

行。超低温的氦气是真空罐降温的主要介质，而泵则用来抽出空气。北京的第一个站叫 KM，拥有六个真空罐，最大的一个直径 12 m，高 22 m。

1998 年建造的 KM6 用来测试神舟飞船。中国空间技术研究院对神舟飞船的测试设施包括一个 100 000 级的洁净室、一个由 EADS Astrium（现为空客）帮助建造的吸波暗室和一个高 24 m、直径 12 m 的热真空罐。有一个神舟模拟器和一个 10 m 深的水槽。最新的真空罐是 2013 年开始的 KM8，高 38 m，直径 22 m，用于测试空间站模块、DFH－5 通信卫星等。

为了测试卫星的泄漏情况，北京卫星总装厂利用氪－85 研制出了一种高灵敏度的泄漏探测仪，能够记录 50 μm（人发宽度的一半）的泄漏情况①。针对 CZ－3 火箭的三级，兰州物理研究所研发了氦质谱检漏仪。为了测试卫星无线电系统，建造了一个测试大厅，其主要特点是它没有任何金属部件，因此它完全由胶合红松木制成。

哈尔滨工业大学（2000 年）为小型航天器和机器人技术测试建立了大量的测试设施，旨在模拟空间环境的真空和辐射，从元素到材料，再到全尺寸航天器，如图 3－61～图 3－63 所示。

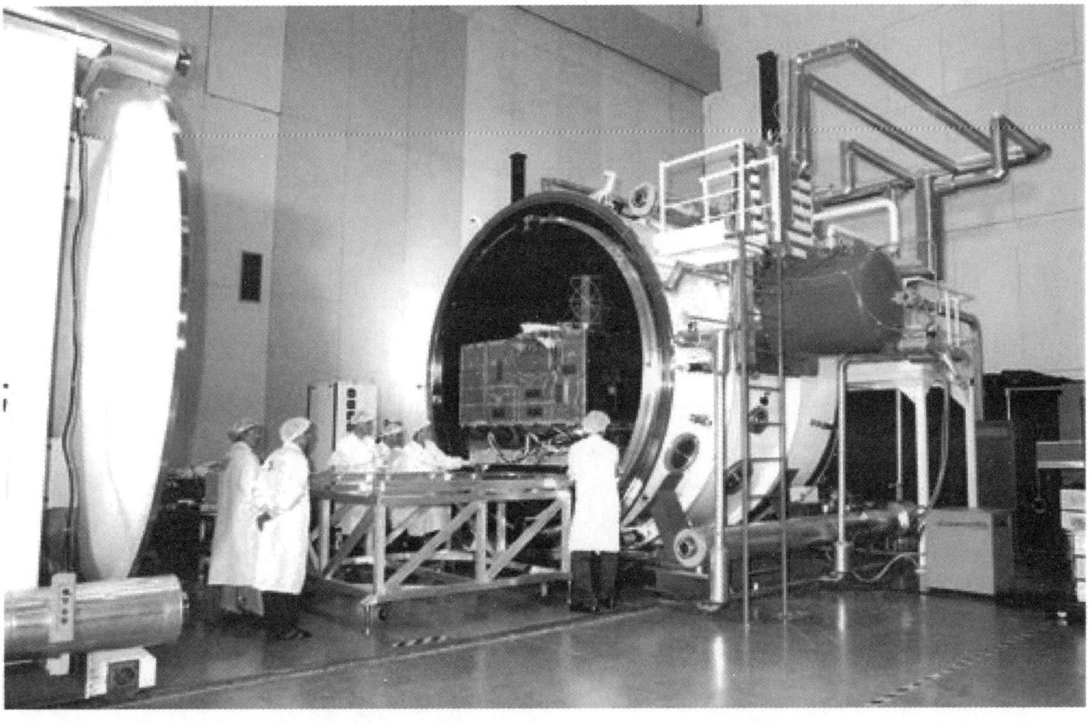

图 3－61　真空测试［图片来源：INPE］

① 卫星总装厂指的是七机部五院卫星总装厂，现为北京科学仪器厂。

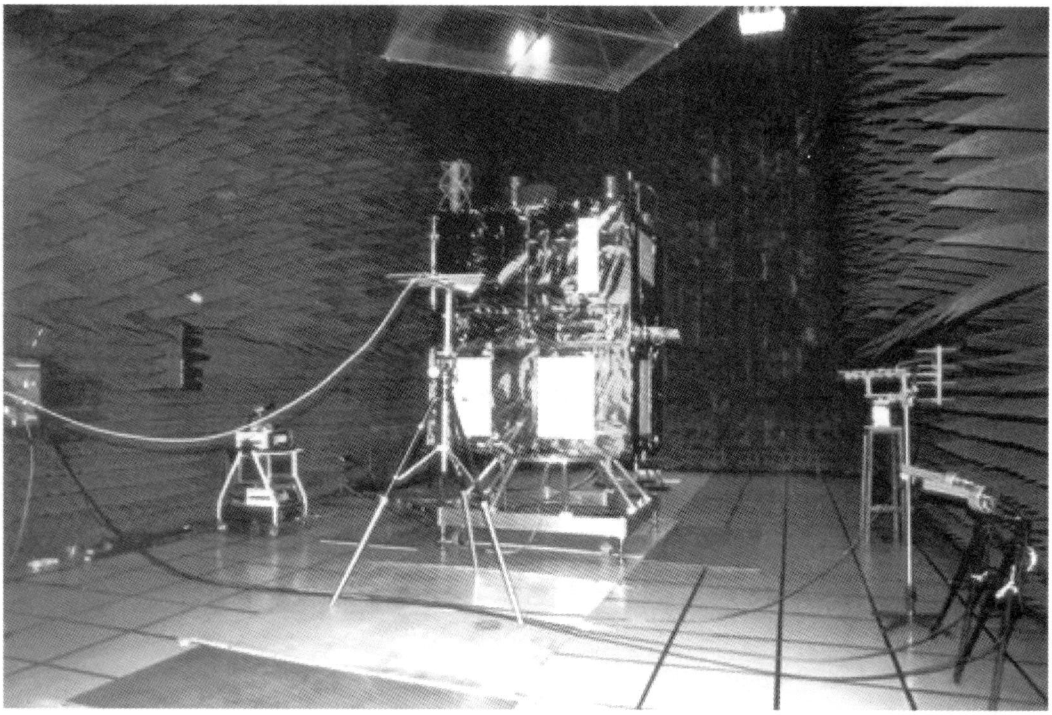

图 3-62　暗室测试［图片来源：INPE］

图 3-63　卫星测试［图片来源：INPE］

3.7　国际化

国际关系是影响任何航天计划的质量和成果的一个关键特征，应将其视为国内基础设施的重要辅助手段。从 1956 年到 1977 年，除了短暂的《中苏协议》（1956—1960 年）时期外，中国发展航天计划几乎完全依靠本国的资源，很少对外接触。从 20 世纪 70 年代末的整顿重建时期起，邓小平就领导制定了开放合作的方针。于 1977 — 1979 年启动了与日本、美国以及欧洲空间局成员国的集体和个别互访和会晤进程。中国与法国签订了第一个国际协议，并成立了中法科技合作联委会，定期举行会议。中国与法国开发了天基多波段空间变源监视器（SVOM）和中法海洋卫星（CFO）两个卫星项目（见第 4 章），并在 2018 年会议上同意研制第三颗卫星。此后不久，与意大利达成一项协议（见图 3 - 64），由中国使用一颗名为 Sirio 的意大利通信卫星，这颗卫星从其在地球同步轨道（15°W）的正常位置漂移至 65°E，用于测试中国的第一颗通信卫星的地面站。随后于 1986 年与欧洲空间局签署了一项备忘录，并与欧洲空间局多个成员国签订了双边协定。与欧洲开展了中欧龙计划（Dragon）（见第 6 章）、中欧双星计划（Double Star）和中欧联合“微笑计划”（SMILE）（见第 4 章）的合作；与法国开展了中法天文星和中法海洋星（CFO）（见第 4 章）的合作；与巴西开展了中巴资源卫星（CBERS）（见第 6 章）合作项目。

图 3 - 64　与意大利的合作［图片来源：Go Taikonauts］

随着时间的推移，这些对外联系所涉国家越来越广泛，如印度、日本、韩国、加拿大和乌克兰。标准程序是，第一次接触促成双边互访和签订会议纪要，随后是两国政府草签合作议定书。其中与俄罗斯的合作最为密切（见图 3 - 65、图 3 - 66），并于 20 世纪 90 年代成立了双边委员会，在莫斯科和北京轮流举办会议，涉及 21 个合作领域和 8 个优先主题，并扩展到了载人航天领域。随后是 2007—2016 年度的第二个协议，扩展到了星际任务。2014 年 4 月，在乌克兰事件发生后，美国、加拿大和欧盟开始对俄罗斯实施制裁，此后中俄之间似乎有可能建立更密切的工作关系。在 2017 年 11 月的第 22 次政府首脑会议上，中俄签署了一项合作协议，涵盖六个领域：月球和深空、空间科学、卫星及其应用、材料、遥感和空间碎片。也有人猜测，他们将互访各自的空间站。目前尚不清楚的是，俄罗斯是否会转让其宝贵的火箭发动机技术。

图 3 - 65　中国与俄罗斯合作——正式协议签署［图片来源：Roskosmos］（见彩插）

与美国的合作起起伏伏，并且未来将继续起伏不定（见第 5 章），但如果限定好合作性质，则科学合作将会更加稳定。1978 年，中国与美国签署了一项交流协议，并于 1979 年签署了一项关于空间技术合作的谅解。到了 1980 年，科学技术合作联合委员会（Joint Commission on Scientific and Technological Cooperation）开始举行会议，并成立了工作组。后来，1992 年 1 月，中国学生设计的化学和材料两个小型实验搭载在了航天飞机（STS - 42 号任务）上，1998 年 6 月，航天飞机发现号将中国的阿尔法磁谱仪（AMS）送往和平号空间站（Mir space station）。中国两所大学（南京的东南大学和上海的交通大学）后来通过麻省理工学院（MIT）参与了阿尔法磁谱仪的研究，该磁谱仪于 2011 年飞往国际空间站。然而，美国国家航空航天局拒绝让中国记者进入其内进行报道。2017 年，

图 3－66　中国与俄罗斯合作——随后的演讲［图片来源：Roskosmos］

Nanoracks 搭载了哈尔滨工业大学研制的紫丁香 1 号和陕西工程实验室研制的翱翔1 号（Aoxiang 1）两颗中国小卫星[1]，均从空间站释放。由北京理工大学开发的一项生命科学 DNA 实验[2]，由 SpaceX 猎鹰九号龙飞船送往空间站。中国称之为“破冰”载荷，宣称它将打破双方之间的敌意（事实并非如此）[3]。

随着改革开放，中国加入了主要的国际空间组织：国际宇航联合会（International Astronautical Federation）、联合国和平利用外层空间委员会（COPUOS）、国际海事卫星组织（International Maritime Satellite Association）[4]、国际空间研究委员会（COSPAR）、国际电信联盟（为通信卫星分配频率）和国际标准化组织（International Organization for Standardization）。中国还签署了联合国重要的国际外层空间条约，包括探索和利用外层空间条约、滞留航天员救援条约、空间物体损害责任条约和发射进入太空物体登记条约。中国进一步加入了全球卫星搜救系统（COSPAS/SARSAT），该系统利用美国和俄罗斯卫星接收在海上遇险船只（最著名的是救助搁浅的游艇）发出的求救信号。

---

① 陕西工程实验室应为西北工业大学微小卫星技术及应用国家地方联合工程实验室。

② 该项实验设备名称为“空间环境下在 PCR 反应中 DNA 错配规律研究的科学载荷”。

③ 2011 年，美国国会曾出台“沃尔夫条款”（Wolf Act），是一项禁止美中两国之间任何与美国国家航空航天局有关或由白宫科技政策办公室协调的联合科研活动的条款，成为中美太空合作的“壁垒”。

④ International Maritime Satellite Association 应为 International Maritime Satellite Organization。

标志着中国在国际航天界走向成熟的时刻，也许是 1996 年 10 月在北京举行的第 47 届国际宇航联大会（IAC），如图 3－67 所示为此次大会的纪念邮票。时任国家主席江泽民出席了大会开幕式，会议由时任总理李鹏主持，2 000 多名国内外代表出席。中国向与会代表展示了自己的航天工业，邀请代表参观了国内的航天设施，公布了中国未来的航天计划，并呼吁其国际伙伴加强与中国的合作。2013 年，国际宇航联大会第二次在北京举行，来自 74 个国家的 3 600 名参会者中，中国参会人员有 700 名。到 2014 年，中国拥有了自己的 10 名航天员，主办了太空探索者协会（Association of Space Explorers）年会，会员均为已执行过载人航天飞行任务的航天员。2018 年国际宇航联大会在德国不来梅举行时，航天科工集团和其他机构占据了会议展览区的大部分展位，中国的重要地位是显而易见的。

图 3－67　1996 年北京国际宇航联大会纪念邮票（见彩插）

中国决定成立一个区域合作平台，称为亚太空间合作组织（APSCO，成立于 2008 年），其秘书处设在北京，轮流举行专题讨论会。会议分别在泰国芭堤雅、巴基斯坦伊斯兰堡、中国北京、印度尼西亚日惹、土耳其安卡拉、孟加拉国达卡、中国上海和秘鲁利马举行，每次都有不同的主题，例如遥感、地震监测、导航、通信和远程医疗。伊朗和蒙古也是 APSCO 的成员国。2001 年，中国迎来了 20 个国家的 300 名代表参加第六届亚太空间合作会议。

到了 2018 年，合作协议生效的国家、空间机构或国际组织达到了 37 个，其中最突出的是俄罗斯、欧洲、巴西、法国、意大利、英国、德国与荷兰。最近的签署国是沙特阿拉伯和埃及。2013 年，吴季以位于瑞士伯尔尼的国际空间科学研究所为原型，在北京成立了国际空间科学研究所北京分部①，制定的运行方案包括组织研讨会、工作组、国际团队、论坛、客座科学家、出版《太空》杂志、研究小组和暑期学校，委员会成员包括欧洲著名的空间科学家罗格·博奈（Roger－Maurice Bonnet）。在某些情况下，与一个组织会有多个合作协议，以欧洲空间局为例，协议包括跟踪和控制协议（2011 年）、登月和载人任务

① 2013 年 7 月 16 日，国际空间科学研究所北京分部（简称 ISSI－BJ）在中科院国家空间科学中心正式揭牌成立。该机构由国际空间科学研究所和中科院国家空间科学中心联合成立。

协议（2014 年）、实践十号协议、龙计划协议和太阳风-磁层相互作用全景成像卫星（即“微笑计划”）协议。

3.8　结语：火箭、发射场和舰船

目前中国航天计划拥有大量的基础设施，包括四个卫星发射中心，以及用于制造和测试的地面设施，全球陆地、海洋和天基跟踪系统，一支轻型、中型和重型运载火箭队伍，以及一个完善的组织结构。中国的火箭取得了很高的可靠性纪录。航天计划最新的宣传手册展示了耀眼的、崭新的、高耸的轻型钢结构玻璃体建筑、新的研究所和设施，传达了新鲜感、现代化和使命感。这与中国过去的航天计划形成了鲜明对比。当 067 基地（现在是新的液体火箭推进技术研究院）成立时，国家最好的火箭发动机工程师被分配到一个村庄居住，村庄周围满是竹子，与其他任何地方没有什么区别，而且，据说工程师要徒手带回大米、肉类和食用油，并在居住地周围收集柴火进行简易的饭菜烹煮。那似乎是很久以前的事了。

参 考 文 献

[1] Li, Wen - long. Li, Ping; Lei, Fan Pei . Present and future application of space propulsion technology using hydrocarbon propellants in China. Presentation, International Astronautical Congress, Jerusalem, 2015.

[2] Chen, Jinhua et al: Review of China's lox/kerosene stage combustion cycle engine. Paper presented to the International Astronautical Congress, Jerusalem, 2015; Wang, Weibin; Zheng, Dayong & Giao, Guiyu: Development status of the cryogenic oxygen/hydrogen YF - 77 engine for the Long March 5. Paper presented to International Astronautical Congress, Beijing, 2013; and Zhang, Nan: Development of lox/LJ2 engine in China, do.

[3] Oberg, James: Long March 5 launch failure - can serendipitous downrange observations cast any light on its failure? 28 December 2017, posted on www. jamesoberg. com.

[4] Li, Wen - long; Li, Ping; Lei, Fan Pei: Ibid.

[5] Chen Lan: China's lunar dream. Go Taikonauts! #12, 2014.

[6] Lehao, Long: On issues of China manned lunar exploration. Missile and space vehicles, #6, 2010.

[7] He Wei: Missiles and space vehicles, #1, 2011; Research on high thrust LOX/kerosene rocket engine as main power system in manned lunar project (do); Tan, Yong - hua: Research on power system of heavy launch vehicle in China. Journal of rocket propulsion. Vol 37, #1, February 2011.

[8] Vick, CP: China's Long March 9 manned lunar booster. Monograph, author, 2009, updated 2012.

[9] Zak, Anatoly: Long - abandoned Soviet technology could help build the space boat that ferries China's astronauts to the Moon. Popular Mechanics, 19 June 2017.

[10] Erikson, Andrew: Micro - Satellites - a bellwether of Chinese aerospace progress? in Lisa Parks and James Schwoch (eds): Down to Earth - satellite technologies, industries and cultures. New Brunswick, New Jersey, Rutgers University Press, 2012.

[11] Haoliang Yang: Review of the new generation small launch vehicle developed by CALT. resentation, International Astronautical Federation, Jerusalem, 2015. For a discussion on Kuaizhou, see Kulacki, Gregory: Kuaizhou challenges US perceptions of Chinese military space strategy. Union of Concerned Scientists, posting on All things nuclear, 27 September 2013.

[12] Lan, Chen: Commercial space takes off in China. Go Taikonauts! #21, 2018.

[13] Zhang, Jingnan et al: Enterprise investment and prospect in China space business activity. Paper presented to International Astronautical Congress, Toronto, 2014.

[14] Collins, Gabe & Erikson, Erik: Shenlong divine dragon takes flight - is China developing its first spaceplane? China Sign Post, 4 May 2012; and Spaceplane development becomes a new dimension of US - China space competition. 17 August 2012.

[15] Zhou, Jianxing; Xiao, Yuting; She, Wenxue & Yang, Tiecheng: Re - useable space launch vehicle system with airbreathing propulsion system. Presentation to International Astronautical Congress,

Toronto, 2014.

[16] Zhou, Lesong; Zheng, Sheng; Zhiqiang, Fan & Qixiang, Liao: Data analysis of the TK - 1G sounding rocket installed with a satellite navigation system. Atmosphere, #8, 2017.

[17] Gao Dong, Cui Feng, Han Peng, Liu Cheng & Bian Chunjiang: Kunpeng - 1B sounding rocket nutation analysis and simulation after separation. Chinese Journal of Space Science, vol 38, #2, 2018.

[18] Zhang, Nan: Development of lox/LH engine in China. Paper presented to International Astronautical Congress, Beijing, 2013.

[19] Li, Wen - long; Li, Ping; Lei, Fan Pei: Present and future application of space propulsion technology using hydrocarbon propellants in China. Presentation, International Astronautical Congress, Jerusalem, 2015.

[20] Li, Wen - long; Li, Ping; Lei, Fan Pei: ibid; Zhang, Nan: Demonstration of a 600kN class lox/methane rocket engine. Paper presented to International Astronautical Congress, Naples, 2012; Zhang, Nan: Development of lox/LH2 engine in China. Paper presented to International Astronautical Congress, Beijing, 2013.

[21] Hong, Gang; Qi, Feng; Wang, Guo - hui; & Rong, Yi: Chinese development of nuclear thermal propulsion for manned space exploration. Paper presented at International Astronautical Congress, Toronto, 2014.

[22] Chen Lan: Along the rocket road. Visiting Loagang - the cradle of the Chinese space program. Go Taikonauts! #13, 2014.

[23] Chen Lan: Brief history of the Xi Chang Satellite Launch Centre. Go Taikonauts! #8, 2013.

[24] Oberg, Jim: The next leap forward. Aerospace America, September 2013.

[25] Donovan: My epic experience watching my first ever space rocket, the Long March 5, at China's Wenchang satellite launch center. Go Taikonauts! #21, 2018.

[26] Erikson, Andrew & Chang, Amy: China's navigation in space. Proceeding of the US Naval Institute, vol 138, #4, April 2012.

[27] Cordesman, Anthony: Chinese space strategy and developments. Centre for Strategic International Studies, 2016.

[28] Vis, Bert: Tracking Shenzhou spacecraft outside China. Presentation, British Interplanetary Society, 7 June 2014.

[29] Erikson & Chang, ibid.

[30] Cong, Bo; Xi, Zhendong; Wang, Yue; & Wu, Youxing: New advances of Chinese tracking ship. Paper presented to International Astronautical Congress, Beijing, 2013.

[31] Anselmo, Luciano: Orbital analysis of the Shenzhou 7 manned mission in support of Malindi tracking station. Pisa, Space Flight Dynamics Laboratory, 2009.

[32] Londono, Ernesto: From a space station in Argentina, China expands its reach in Latin America. New York Times, 28 July 2018; Chinese military space station in remote Argentina shrouded in mystery. Fox News Latino, 18 March 2016.

[33] Chan, Minnie: China's mystery 'military base' in Vanuatu could be a space tracking station. South China Morning Post, 10 April 2018.

[34] Pirard, Theo: IAC 2013 Beijing report on CALT visit, 25 September 2013. Go Taikonauts! #10, 2014.

[35] Zhou, Lini; Zhu, Qichao; Wan, Shu; & Li, Po: Perspective for international cooperation on China space station. Paper presented at International Astronautical Congress, Toronto, 2014.

[36] Yuguang, Yang & Yu, Cao: Major contribution of CASIC in China manned space program. Paper presented to International Astronautic Congress, Toronto, 2014.

[37] Lan, Chen; Carey, William & Myrrhe, Jacqueline: Wuhan – China's center of the commercial universe. Go Taikonauts! #21, 2018.

[38] Qiu, Jane: China ramping up quest to become space superpower. Nature, 28 July 2017.

第 4 章　空间科学和技术

本章聚焦中国航天计划中的空间科学和空间技术验证。在早期的中国航天计划中，空间科学处于次要地位，但是自 2011 年起空间科学成为优先发展领域，量子科学实验卫星（QUESS）、暗物质粒子探测卫星（DAMPE）和硬 X 射线调制望远镜卫星（HXMT）等令人激动的空间科学卫星陆续发射并持续运行到 2020 年后。

4.1　返回式卫星中的空间科学

尽管返回式卫星[①]（FSW，见第 2 章）的主要研究领域是地球观测，但是自 FSW 0 - 9 星（FSW0 系列返回式卫星中的最后一颗）开始，返回式卫星为中国空间科学的发展开辟了新的领域，FSW 0 - 9 星成为第一个进行微重力实验和生物测试的卫星，搭载了装有藻类和蓝藻细菌（algae and cyanobacteria）的玻璃容器，并为其提供营养物质，照明采用小型家用电池供电的小灯泡，并配备在重新进入大气层前停止实验的系统。同时还搭载了 7 个砷化镓半导体（gallium arsenide semiconductors）材料加工实验。FSW 0 - 9 星也是第一个搭载了西方商业载荷的中国卫星，搭载了法国马特拉公司（Matra）的两个小型微重力实验（15 kg）。1987 年至 1988 年，该系列返回式卫星为中国、德国宇航中心和法国马特拉公司开展的微重力实验不少于 144 次。该系列卫星开展了第一次太空蚕实验，揭示了在微重力环境下蚕的生长非常不同，速度要快得多。欧洲空间局的微生物学计划就始于这一任务，后来发展成梅利莎项目（MELiSSA），其微生态生命支持系统替代方案（Micro Ecological Life Support System Alternative）始于 1990 年，并一直沿用到今天。

FSW 1 系列返回式卫星开始于 1987 年 9 月，返回式卫星 FSW 1 - 1 专门用于生物和材料加工实验：观察藻类在空间环境下如何生长和砷化镓的加工。搭载的生物品种包括水稻和种子，种子返回地面后被播种到 660 公顷的土地上。结果发现，经过太空飞行后的水稻植株更高、倾斜幅更大、生长持续时间更长、种子存期更长、产量更高并且脂肪含量更高。对比来看，地面的粳稻（Japonica rice）的产量为 4 500 kg/公顷，经过太空飞行后的粳稻的产量为 7 500 kg/公顷，而籼稻（Indica rice）经过太空飞行后的产量则提高了 12%。蔬菜方面，青椒种子也很有潜力，结出了 300 g 的青椒，并且实现了产量提高 122%，而西红柿的产量提高了 20%，同时抗病性也更好。1988 年和 1990 年的两次返回式卫星任务搭载了小麦和大麦，实验表明经过太空飞行的小麦和大麦植株更高，除了那些被高能粒子击中没有发芽外。大蒜不适应空间环境，生长较弱；相比之下，油菜的生长能

① 中国是继美俄后，第三个掌握返回式卫星技术的国家，从 1975 年发射第一颗返回式卫星到实践十号之前，中国累计研制 24 颗返回式卫星，主要用于国土普查、摄影测绘、空间育种等。

够从空间环境中获益。如图 4－1 所示为纪念返回式卫星的邮票。

返回式卫星 FSW 1－2 搭载了名为 Cosima 的德国蛋白质晶体生长实验装置（protein crystal growth experimental package）。这项实验是由 Messerschmitt Bolkow Blohm 和德国宇航中心共同开发的，目的是寻找从大的纯蛋白基晶体（protein－based crystal）中培养医学药物干扰素（medical drug interferon）的新方法。德国为此支付了 340 万元（44 万欧元），而回收舱着陆后的第二天，实验装置被交还给了德国宇航中心。

图 4－1　纪念返回式卫星的邮票
（见彩插）

作为微重力实验的一部分，返回式卫星 FSW 1－3 上搭载了豚鼠（Guinea pigs）和植物。中国也因此成为第三个将动物送入轨道并成功回收的国家。返回式卫星 FSW 1－4 搭载了中国和日本的微重力实验（后者是一个温度为 710 ℃的微重力炉），并搭载了瑞典卫星 Freja。中国的实验主要涉及测试水稻、西红柿、小麦和芦笋在轨道上的生长情况（很明显，要快得多）。在此之前的一次任务中搭载了老鼠，但是 5 天后，老鼠死于舱内空气污染。随后的检查发现，老鼠的大脑和肺组织中的血管因为失重已经发生了变化。后来的实验表明，血液（blood ）明显向老鼠大脑转移。

返回式卫星 FSW 1 系列搭载了三种炉：砷化镓温度梯度炉（Temperature Gradient Furnace for gallium arsenide）、先进再熔温度梯度炉（Advanced Gradient Temperature Furnace for re－smelting），以及用于研究晶体在溶液中生长的溶液生长装置（Solution Growth Facility）。砷化镓加工实验是在一个 11 kg 重的小型温度炉中进行的，这个炉可运转 270 min，利用 150W 的电量可以最高达到 1 260 ℃的温度。砷化镓实验证明了在轨制造的超导体优于地球上的超导体。1988 年 8 月、1992 年 10 月和 1994 年 7 月发射的返回式卫星星上锂电实验培育出了 50 多颗晶体。1996 年的返回式卫星任务实验由中国科学院物理研究所和位于兰州的空间物理研究所牵头。实验实现了均匀切割 20 mm 硅砷化镓晶体锭（silicon gallium arsenide crystal ingot）、固化硝酸盐（nitrate）和磷合金（phosphorous alloys），并培养了 51 个锂钙晶体（calcium lithium crystals）和熔铁样本（smelted iron samples）。

FSW 2 系列返回式卫星始于 1992 年 8 月。“2”系列型号的质量更大（3 100 kg），有效载荷的质量增加了 53％（350 kg），舱容量扩大了 20％，可以在轨停留 18 天。

如图 4－2 所示为酒泉卫星发射场，所有返回式卫星都是从酒泉卫星发射场发射的。

图 4－2　酒泉卫星发射场［图片来源：Go Taikonauts］（见彩插）

于 1992 年 8 月发射的返回式卫星 FSW 2－1 进行了微重力实验（包括镉、汞、碲和蛋白质晶体的生长）。在任务执行的第 12 天，第一次尝试返回失败，但经过再次仔细检查程序，在第 16 天成功实现地面控制。FSW 2－1 卫星标志着首次成功在轨进行蛋白质晶体生长测试，这项测试由中国科学院生物物理研究所负责。本次任务一共在 48 个细胞中进行了 10 次蛋白质生长实验，其中包括一次蛇毒实验，并且在一个多功能精整炉中培养出了晶体，该炉可以提供高达 813 ℃的温度。实验结果令人鼓舞，空间晶体比地球上对照组的晶体更大、更均匀、更清晰。60％的蛋白质比在地面上的蛋白质生长得更好。超导体研究所（Institute of Superconductors）进行了一项获得完美 10 mm 单晶（single crystal）的实验，4 次实验成功了 1 次。后来这一实验在返回式卫星 FSW 1－4 上重复做了，实验对象变成了锂晶体（lithium crystal），累计培养了 30 个。细胞培养实验（cell culture experiment）和微生物培养实验（microbial cultivation experiment）都取得了成功。

于 1994 年 7 月发射的返回式卫星 FSW 2－2 搭载了水稻、西瓜和芝麻的种子，以及更多的动物。测试了 14 个蛋白质晶体，得到的实验结果比 FSW 2－1 卫星的结果要好得多。在美国航天飞机 STS－69 任务中重复了该实验，通过液体扩散法（liquid diffusion method）对三种蛋白质进行了结晶培养，但总体上该实验不太成功。FSW 2－2 卫星也搭载了一个结节状的蒸汽扩散装置（tuber－like vapor diffusion apparatus）。在 48 份样本中，培养了 9 种蛋白质结晶，其中质量最高的来自蛋清、蛇毒和鹅的血红蛋白（hemoglobin）。此外，还有 22 个锂晶体生长实验，其质量比地球上生长的晶体更稳定。实现了大粒水稻（large grained rice）的 DNA 染色体（chromosomes）改变。

返回式卫星 FSW 2－3 搭载了日本丸红株式会社（Marubeni Corporation）和早稻田

大学（Waseda University）的微重力实验，研究铟和镓的单晶体生长。中国的星上材料加工实验涉及单晶硅（mono - crystalline silicon）、含 10^{-7} 杂质（impurities）的光导纤维（photoconductive fiber）和预防血友病（hemophilia）的药物。中国也开展了自己的微重力材料加工实验，并搭载了上海技术物理研究所的昆虫卵、藻类、植物种子和小动物的生物装置。本次任务首次实现了将卫星在轨收集的信息储存在光盘上。

FSW 3 系列返回式卫星提升了卫星总体能力，质量达 3 800 kg。返回式卫星 FSW 3 - 5 被称为蚕卫星（silkworm mission），搭载了北京景山学校的一项实验，追踪蚕在轨道上从卵到成虫期间吐丝和结茧过程。通过星上实验，学生们发现，在轨的蚕的寿命比地球上的短（分别为 8 天和 10 天），这个实验结果与之前的发现一致。FSW 3 - 5 卫星还开展了流体物理实验（fluid physics experiment），来研究注入硅油中的单、双气泡的迁移。实验采用铂丝（platinum）加热液体，来测试传热效率（efficentcy of heat transfer）。尽管加热不受微重力的影响，但气泡的形状在微重力环境下却有很大的不同，产生了许多不断形成的小气泡，而大气泡停留在表面。实验发现了三种不同类型的气泡，有些非常小，但合并成了更大的气泡（coalescing into larger bubles），这种气泡的形成模型与地球上的不同。注入硅油中的空气气泡验证了马朗戈尼理论（Marangoni theory），即气泡会移动到更温暖的水中（实验证明，事实确实如此）。实验证明星上液体沸腾的速度比在地面上要慢，并且不明显，很难准确判断沸腾发生的时间。另一项生物学实验把葡萄糖和激素注入细菌细胞，以测试它们的消耗率，并与地面样本进行对比。

如图 4 - 3 所示为回收的返回式卫星。

图 4 - 3　回收的返回式卫星

4.1.1 育种卫星：实践八号

20 世纪 90 年代末，中国宣布将研究一种专门的轨道卫星，对草木等各种改良植物品种进行测试，而观察人士将其简称为“育种卫星”。来自中国空间技术研究院的研究人员解释了暴露在辐射之下的草籽可以用来培育不同类型的草——有些能迅速蔓延、有些生长缓慢、有些能抵抗恶劣气候。从各方面来看，实践八号是返回式卫星 FSW 系列计划的延续。

863 计划在这之前已经资助了一些种子实验，这个计划也经常出现在中国其他航天项目中。863 计划更像是一个项目集，该计划于 1986 年 3 月被授权为国家高技术发展计划（National High Technology Development Program），但通常称为 863 计划。该计划一直持续到 2016 年，后与 973 计划合并。863 计划的产出是大量的科技创新，其范围不仅局限在航天领域，还包括超级杂交水稻（super hybrid rice）、建龙号潜水艇和能够每秒进行 2 507 万亿次计算的天河一号超级计算机[1]。863 项目的起源可以追溯到 4 位空间科学家王大珩、王淦昌、杨嘉墀、陈芳允写给邓小平的一封信，这封信后来发表在《中国科学院学报》上，这封信中提出了一种实现技术现代化的系统方法。邓小平批示国务院做出相应回应。在 4 个月的时间里，通过 200 名专家的努力，国家高技术规划纲要出炉了，初步预算为 1 000 万元（130 万欧元）。中央政府不仅赞同，而且将预算增加了 3 倍。该计划涵盖 7 个类别（生物技术和生命科学、信息、航空航天、激光技术、自动化，以及能源和新材料）、15 个主题和 230 个子类别（欧盟采用了类似的模式，称为研究框架项目，即 FP）。自 1986 年至 2001 年，该计划的资助规模为 60 亿元（7.8 亿欧元），涉及 5 200 个独立项目。该计划主要资助可以广泛应用到经济领域的小型尖端项目（如数字地图和互联网中文图书馆），并在计划实施的前 15 年，就产出了 2 000 项新专利。在航天领域，863 计划资助了一系列的研究项目、探索项目和卫星任务，“育种卫星”就是首批获得资助的卫星项目之一。1933 年出生的闵桂荣参与了中国第一颗人造卫星东方红一号和随后的返回式卫星的设计工作，并负责 863 计划中的空间研究项目。

2006 年 9 月 9 日，千呼万唤的实践八号卫星在酒泉卫星发射中心发射升空，执行航天育种任务。虽然属于实践系列，但实际上是返回式卫星，并被认为是中国第 23 颗可回收卫星，属于 FSW-3 系列返回式卫星。据报道，任务的第一天，种子和真菌已经发芽。每隔两个小时，高清摄像机就会把它们的生长的照片传回西安的地面控制中心，再转给上海生命科学研究院。9 月 24 日上午，卫星的返回舱着陆，累计在轨运行了 15 天，留轨舱在轨停留的时间更长。实践八号回收舱被带到中国农业科学院（Chinese Academy of Agricultural Science）进行检验，舱内的种子、蔬菜、植物、水果、粮食和棉花被移交给植物生理研究所（Institute for Plant Physiology）和上海生命科学研究院。

实践八号卫星的一个重要突破是对实验进行现场直播和视频录播。实践八号的舱内容积为 0.9 m^3，其中回收舱 0.45 m^3，总载荷质量为 600 kg，其中包括 250 kg 返回载荷。搭载了 215 kg 蔬菜、水果、粮食、种子和棉花，共计 2 000 种，涉及 152 个物种、

80个小类和9个大类。实践八号开展的实验包括诱变育种（mutation of seeds）、细胞培养（cell cultivation）、传质（mass transfer）、颗粒介质（granular media）、表面变形（surface deformation）、沸水实验（boiling water）、耐火实验（fire resistance）、拔高植物（higher plants）、阴燃（smoldering）、弹簧加速度计实验（spring accelerometer）。卫星内存为256 GB，每天在25 min传输时间内以8MB的速度通过S波段下行传输。大部分的返回实验都设计为由预先编程的定时器自动操作，但也有一些是通过遥测指令来控制的。育种实验是在回收舱中进行的，材料加工实验是在留轨舱中进行的。留轨舱实验见表4-1。

表4-1 留轨舱实验

实验	微重力下阴燃和燃烧实验 微重力下导线火源传输 微重力下热传递 微重力下颗粒介质 微重力下传质 微重力下小鼠胚胎发育（embryos development） 微重力对大白菜的影响

实践八号卫星搭载了马赫-曾德尔干涉仪（Mach-Zehnder interferometer），这是一种用光束来测量失重状态下蛋白质溶液中水滴行为的系统，以发明马赫数的恩斯特（Ernst）的儿子路德维希·马赫（Ludwig Mach）的名字和路德维希·曾德尔（Ludwig Zehnder）的名字命名。一项奇特的实验是和法国科学家一起开展的，主要研究粒状气体球（granular gas balls）的行为。实践八号继续开展加热和沸腾实验，这两项实验在返回式卫星FSW 3-5上首次开展，而这次使用的是平板加热器（plate heater）。实验将水滴浸入蛋白质溶液中，并通过开展颗粒物质实验来测试麦克斯韦尔效应（由詹姆斯·克拉克·麦克斯韦尔设计的测试热力学定律的实验）。

实践八号卫星的一项重要的实验是对火灾进行测试，火灾也是宇宙飞行最大的危险之一。1967年，阿波罗1号的航天员死于一根发生阴燃的电线所引起的火灾；由于舱中富含氧气，大火迅速吞噬了整个指令舱。随后，在5次航天飞机任务（STS-6、28、35、40和50）中出现了阴燃起火。俄罗斯的两个空间站礼炮号（Salyut）和和平号（Mir）上也发生过危险的火灾。实践八号实验发现，在地球上通常能够消散阴燃（dissipate smoldering）的热损失因素（heat loss factors）在失重状态下会大大减少，这使得这种明火前的燃烧更加危险。与地面上的电线相比，星上电线更容易过热和着火。研究发现，氧气浓度为21%的环境里，聚氨酯泡沫（polyurethane foam）上的阴燃火焰不会继续发展，但是如果氧气浓度为35%的话，氧气会变成明火并迅速蔓延。

实践八号卫星的留轨舱（orbital module）还搭载了4只白鼠的早期细胞胚胎（early stage cell embryos）。通过对这些胚胎进行每3个小时一次拍照，并持续72个小时，实验发现胚胎没能够正常发育（没有一个胚胎发育超过8个细胞），这与地面上的对照组不同。科学家得出的结论是，微重力对早期胚胎的发育有致命影响。在留轨舱里还有一个由8棵白菜组成的“菜园”，主要目的是跟踪从萌芽（germination）到授粉（pollination）的生长周期。实验发现，尽管白菜叶子的形状没有受到失重的影响，但是叶子的数量变少了，叶子长得更短，生长速度也变慢了，并且在花瓣完全展开之前，叶子就枯萎了。

4.1.2　实践十号

在实践八号卫星着陆后不久，中国就宣布将于 2010 年发射实践十号，执行为期 28 天的任务，并进行 19 项微重力和生命科学实验。在等待下一次任务期间，中国于 2007 年 9 月在俄罗斯的 Foton M3 卫星上搭载了一项实验，利用卫星上的 Polizon－M 炉，来测试用于稀释磁性半导体（Diluted Magnetic Semiconductors，DMS）的新材料。该实验从 200 个项目建议中脱颖而出，实验将在经过加热的生长中的晶体周围制造一个旋转磁场。

实践十号卫星任务因为空间科学计划的重新规划而暂停，直到 2013 年才重启。作为第 24 次返回式卫星任务①，实践十号于 2016 年 4 月 6 日发射升空，并于 4 月 18 日着陆，着陆地点位于中国北部服务于神舟任务的草原地区，不是传统上返回式卫星着陆的四川山区。着陆地区改变的原因尚不清楚②。实践十号卫星工程的关键人物包括，卫星系统总师赵会光、总设计师唐伯昶和总指挥邱家稳。实践十号搭载了 19 项实验，其中微重力实验 10 项，生命科学实验 9 项。11 项实验位于返回舱（entry cabin），8 项实验位于留轨舱（见表 4－2），有效载荷质量分别为 270 kg 和 280 kg。实践十号卫星首席科学家胡文瑞指出，19 项实验都具有创新性。搭载的实验中有 15 项是全新实验。其中包括一项欧洲空间局的实验：煤燃烧及其污染物生成和石油组分的 Soret 系数测量（Soret Coefficient in Crude Oil，SCCO），其实验目的是提高对油田深层原油中流体行为的理解。实验由 6 个气瓶（400 个大气压）组成。其他实验包括辐射对小鼠和果蝇的遗传稳定性的影响。所有实验中，报道最多的是由段恩奎主持的小鼠胚胎发育实验，实践十号将 600 余枚小鼠早期胚胎（mice embryos）带上了太空。每隔 4 小时就会对这些小鼠胚胎进行显微成像，并与地面对照组进行比对。从发表的图片来看，小鼠胚胎在发射后 80 小时左右发育到囊胚（blastocysts）。另外，在材料科学实验炉中开展了半导体实验、晶体生长实验和熔融金属合金凝固实验（solidification of molten metal alloys）。

① 此处应为 25 次。

② 位于内蒙古四子王旗的着陆条件更加成熟，卫星搜寻条件更好。

表 4-2　实践十号搭载的实验

微重力实验	蒸发与流体界面效应空间实验研究	Evaporation and fluid physics interfacial effects
	颗粒物质运动行为-颗粒流体气液相分离空间实验研究	Phase separation and dynamic clustering in granular gas
	微重力沸腾过程中的气泡动力学特征研究	Thermal dynamic behavior of vapor bubbles
	热毛细对流表面波空间实验载荷初步方案	Surface waves of thermocapillary convection
	胶体有序排列及新型材料研究载荷初步方案	Colloidal assembling
	石油组分的 Soret 系数测量	Soret Coefficients of Crude Oil (SCCO)
	导线绝缘层着火特性实验载荷初步方案	Combustion of ignition, soot and smoke on wire insulation
	微重力下煤燃烧及其污染物生成特性研究载荷初步方案	Coal combustion and pollutant formation
	典型非金属材料在微重力环境中的着火及燃烧特性研究	Ignition and burning of solid materials
	空间材料生长研究	Solidification and crystal growth
空间生命实验	辐射生物学实验载荷初步方案	Molecular biology of radiation utagenesis
	空间辐射对基因组的作用和遗传效应研究	Role of space radiation on DNA and genetic effects
	空间环境对家蚕发育的影响与变异机理的研究	Effects of silkworm embryo development, mutation, ecology
	微重力植物生物学效应及其微重力信号转导研究	Signal transduction of microgravity stimulation in plants
	微重力下细胞间相互作用的物质运输规律研究	Biomechanics of mass transport of cell interactions
	空间微重力条件下光周期诱导高等植物开花研究	Photoperiod controlled flowering of Arabidopsis and rice
	微重力条件下造血与神经干细胞三维培养与组织构建研究	Cell cultures of neural stem cells Cell cultures of hematopoietic stem cells
	微重力条件下哺乳动物早期胚胎发育研究	Development of mouse early embryos
	空间骨细胞定向分化效应研究	Molecular mechanism of osteogenic differentiation

［注］数据来源于 2016 年和 2018 年发布的《中国空间科学活动国家报告》英文版：Hu Wenrui, Tang Bochang & Kang Qi: Progress of microgravity experimental satellite SJ-10. China COSPAR national report, 2016. Mission results were published in Hu Wenrui & Kang Qi: Science research of microgravity satellite SJ-10, from Space science activities in China, China COSPAR national report, 2018.

从 1975 年开始的返回式卫星任务到实践十号为止，似乎要终结了。俄罗斯仍然独自继续发射 Bion 和 Foton 系列无人返回式卫星，尽管发射频率并不高。不过，其中一些在返回式卫星上开展的实验直接转到了天宫二号载人空间实验室，其优势体现在，与返回式卫星相比，天宫二号上的实验可以持续更长时间。天宫二号的实验，研究了胶体液滴（colloidal droplets）和热毛细对流（thermocapillary convection）的行为。植物生长箱也拍摄了拟南芥（Arabidopsis）和水稻生长的延时照片（timelapse photographs），并发现了微重力推迟了开花时间。

2017 年，中国宣布这些实验将通过“轻盈”计划、“轻飏”计划、“轻焰”计划和“腾云”计划继续进行。2018 年秋，中国推出了新一代返回式卫星项目，主要面向对晶体、生物技术、生命科学、制药、微重力（$10^{-7}g$）和材料加工感兴趣的研究人员，其返回载荷质量最高可达 400 kg。新一代返回舱可以运行在 430 km 的轨道上，在轨时间可达 20 天，而不可返回的留轨舱可以开展长达一年的实验研究。回收舱由耐热材料保护，可重复使用多达 15 次。舱门可以在飞行过程中打开，以方便进行暴露实验。

表 4-3 对返回式卫星系列进行了总结，其中包括实践八号和十号任务。

表 4-3　返回式卫星系列

返回式卫星	发射日期	回收日期
FSW0-1	1975-11-26	1975-11-29
FSW0-2	1976-12-07	1976-12-10
FSW0-3	1978-01-26	1978-01-29
FSW0-4	1982-09-09	1982-09-14
FSW0-5	1983-08-19	1983-08-24
FSW0-6	1984-09-12	1984-09-17
FSW0-7	1985-10-21	1985-10-26
FSW0-8	1986-10-06	1986-10-11
FSW0-9	1987-08-05	1987-08-10
FSW1-1	1987-09-09	1987-09-17
FSW1-2	1988-08-05	1988-08-13
FSW1-3	1990-10-05	1990-10-13
FSW2-1	1992-08-09	1992-08-25
FSW1-4	1992-10-06	1992-10-13
FSW1-5	1993-10-08	—
FSW2-2	1994-07-03	1994-07-18
FSW2-3	1996-10-20	1996-11-04
FSW3-1	2003-11-03	2003-11-21
FSW3-2	2004-08-29	2004-09-24
FSW3-3	2004-09-27	2004-10-15
FSW3-4	2005-08-02	2005-08-29
FSW3-5	2005-08-29	2005-09-15
实践八号	2006-09-09	2006-09-24
实践十号	2016-04-06	2016-04-18

4.2 早期的实践科学卫星

1971 年 3 月发射的实践一号是中国第一颗科学卫星，也是非常成功的一颗。到中国准备好发射第二颗科学卫星的时候，已经是八年之后了。这一次，中国试图发射一箭三星：一颗大型科学卫星和两颗气球卫星。这种一箭多星发射并不罕见，因为苏联在 1964 年率先实现了一箭三星发射，甚至还进行过一箭八星发射（巧合的是，苏联的一箭三星发射就在 1970 年东方红入轨后第二天）。要实现一箭三星并不容易，因为与单星相比将三颗卫星部署到轨道上更容易发生意外。实践二号任务可以追溯到 1972 年，当时被定义为一颗覆盖八个领域的空间物理卫星。在卫星改进过程中，又增加了三个领域，最终于 1974 年年底完成了卫星设计。载荷范围也相应扩大，包括一个磁强计、半导体电子单向强度检测器、半导体质子单向强度探测器、半导体电子定向探测器、闪烁计数器、四通道长波红外辐射计、双通道短波红外辐射计、地球大气紫外背景辐射计、太阳紫外线辐射计、太阳软 X 射线比例计数器和热电离气压计。

设计轨道为近地点 250 km，远地点 3 000 km，倾角 70°，运行寿命为 6 个月。实践二号的质量为 257 kg，是直径为 1.23 m 的八面棱柱体，高 1.1 m，侧面有 4 块太阳能电池板。搭载工作频段为 40.5 MHz 和 162 MHz 的单一超短波传输系统，该系统可以实现实时传回遥测数据，也可以通过一个内存为 0.52 Mbit 的数据存储器一次性发回遥测数据。实践二号在中国创下了两个第一：第一颗先储存数据再延时传输的卫星，可以在经过中国上空时将数据批量传输到地面站；第一颗使用太阳能电池板的卫星（与将太阳能电池装在卫星主体上的实践一号等卫星不同）。每个太阳能电池板长 1.14 m，宽 0.56 m，总面积为 2.55 m^2。这四块太阳能电池板共有 5 188 块电池片，输出功率为 140 W，可以为镍镉电池充电。实践二号是中国第一颗拥有整星对日定向姿态控制系统（a full solar orientation system）的卫星，因此可以获得最多的太阳能来支持科学仪器的功耗需求（electrical demands）。一个肼燃料的推进器系统（hydrazine - fueled thruster system）可以使卫星以 15～20 r/min 的速度旋转，自旋稳定保证了太阳能电池板指向太阳。实践二号卫星大量使用了实践一号卫星上成功应用的无源主动式热控制系统（louvre system of thermal control），这是卫星设计的重大进步。

1981 年 9 月 19 日夜，实践二号和实践二号甲/乙卫星发射入轨。为了实现分开入轨，按顺序进行且万无一失的操作至少有 59 项。实践二号科学卫星入轨轨道为近地点 232 km，远地点 1 615 km，倾角 59.5°，周期 103 min。实践二号甲是主星，质量更大，外形为钟形，有两个锥形喇叭天线，而实践二号乙是金属球和气球的组合，由一根细电线连接，用来测量由于大气阻力而产生的衰减率（decay rate）。这三颗卫星的运行时间分别为 332 天、382 天和 6 天。实践二号获得了地球辐射带结构、分布和边界的详细信息。由于卫星运行正值 11 年太阳活动高峰期，因此卫星能够在太阳辐射最强烈时进行辐射测量，使得太阳暴的预测成为可能。

尽管发射和运行空间科学卫星的能力已经得到了证明，但下一颗卫星的发射要再等 13 年。1994 年 2 月 8 日，实践四号卫星由首飞的长征三号甲送入轨道，这颗卫星也是第二颗受益于 863 计划的卫星。实践四号卫星质量为 410 kg，直径为 1.6 m，高为 2.18 m，配有 11 000 块 2 cm×2 cm 的太阳能电池片。该卫星的主要目的是研究地球带电粒子环境的空间和光谱分布，此外，还有一个重要目标是测试带电粒子对航天器仪器的破坏效应（damaging effect）。该卫星搭载的科学仪器重 20 kg，包括半导体高能电子探测器（semiconductor high energetic electrons detector）、半导体高能质子重离子探测器（semiconductor high energetic proton，heavy ion detector）、静电分析器（electrostatic analyzer）、表面电位探测器（electric potential meter）、静态单粒子事件探测器（static single events upset monitor）①。

实践四号卫星的轨道为近地点 209 km，远地点 36 118 km，倾角 28.5°，周期 10.7 h，可以计算出卫星每天四次穿过范艾伦辐射带（Van Allen radiation belts）的带电粒子。

实践四号卫星实现了中国首次探测到宽能谱电子、离子和高能粒子空间分布数据，探测了未能进入地球磁场的太阳粒子辐射，测量了高温等离子体的密度，探测了辐射带中的高能带电粒子，并制作了辐射带剖面图（cross - section of the radiation belt）。绘制了沿高度测量的质子通量和捕获电子通量图。中国科学家发现场向电流（field - aligned current）的流入和流出非常复杂，并且很难区分。

针对辐射对航天器系统造成的损害，实践四号测试了一个系统来重启被辐射瘫痪的微电路。当系统被高达 2 000 V 的高温等离子体击中时，就会发生这种情况，而这次任务中就发生了 27 次。在 1 000 km 轨道上，实践四号记录了多个大型负电位充电事件（negative potential charging event）。卫星运行的前 25 天就记录了 120 次单粒子翻转事件（single event upsets），最终平均下来每天 3.4 次，很显然这是由宇宙射线撞击内辐射带引起的②。实践四号卫星任务结束时，在 863 项目的资助下，旧版《低轨道空间环境手册》（*Handbook of the low orbit space environment*）的更新工作也完成了。

五年后，1999 年 5 月，实践五号与风云一号 C 星由首飞的长征四号乙送入太空，卫星质量为 298 kg（见第 6 章）。卫星的发射也标志着 CAST 968 平台的第一次正式运行。CAST 968、1000、2000 卫星平台主要由中国东方红卫星有限公司（Spacesat）生产。卫星外形从“鼓形”变为“盒子”形状，尺寸为 1.1 m×1.2 m×1.04 m，配有两块太阳能电池板。卫星轨道高度为 865 km，周期为 102 min。实践五号卫星的目的和实践四号卫星类似：研究地球磁层和研究伤害在轨卫星的单粒子翻转事件。实验用载荷包括一套宇宙线

---

① 2001 年第 7 期《中国航天》期刊发布的《中国科学探测与技术试验卫星》：实践四号卫星专门设计了空间辐射环境及其辐射效应实验项目。环境探测仪器选用了三种：半导体高能质子（含重离子）探测器、半导体高能电子探测器和等离子体探测器。与环境效应实验项目相对应有三台仪器，即一台卫星表面电位监视器，两台单粒子效应实验仪器（分别是单粒子静态监测仪和单粒子动态监测仪）。

② 根据都亨等于 1994 年 11 月发表在《环境遥感》第 9 卷第 4 期的文章：实践四号 2 月 8 日入轨以后 10 小时 53 分 05 秒，静态单粒子事件监测器即测到第一次单粒子事件，到 2 月 27 日的 19 天内共发生了 65 次翻转，平均每天 3.4 次。

探测仪器：一个半导体质子和重离子探测器、一个静电分析器、一个电位器、一个静态单粒子翻转事件探测器和一个动态单粒子翻转事件探测器，共计八个测量点。这是中国首次使用S波段进行测控，同时首次使用了法国在南美的地面站。

实践五号卫星的设计寿命只有90天，这也是早期苏联卫星的通常做法。1999年8月份，实践五号卫星任务宣告结束，卫星按计划测量了单粒子翻转事件和高电荷粒子对航天器的影响。很多年以后，国外才知道实践五号卫星上还搭载了流体物理实验，来测试石蜡中气泡的对流和多层热毛细对流（multilayered thermocapillary convection）对结晶生长和结晶质量的影响。实验结果是实时传输的。俄罗斯在和平号上也进行了类似的实验（1999年），之后的神舟四号（2002年）和返回式卫星3-5上开展了更多类似的实验（2005年），实践八号上进行了6次实验（2006年）。实践五号卫星也验证了固态大容量存储器。

4.2.1 实践九号

实践系列卫星再次承担空间科学任务要到13年后，这一次是进行技术验证。中国事先宣布实践九号为两颗卫星，并将测试电推进发动机（electrial engine），卫星于2012年10月14日在太原卫星发射基地由长征二号丙火箭送入太空。长期以来，航天工程师们把电推进视为空间推进的一种方法，而且苏联早在1964年就在Zond 2任务上进行了测试。电推进技术可以提供高速度增量、长持续时间的微推力，这对深空探测任务来说是理想的推进系统，例如日本飞往小行星Itokawa的隼鸟号任务。近年来，电推进被应用到了将通信卫星推进到地球同步轨道并保持在轨位置，虽然推进速度很慢，但是电推进的应用将航天器所需化学推进剂（chemical propellant）减少了40%。

早在1963年，钱学森就在《星际航行概论》一书中推荐了电推进技术，但中国在这方面仍然缺乏经验，因此就有了实践九号来进行此项技术验证。中国的电推进研究工作始于1960年，但是第一个工程样机直到1974年才由兰州物理研究所研制出来。研究过程中，各种燃料都曾被考虑过，例如肼、氙、氪和铯，并且各种可能的用途也被考虑过，如用于地球同步轨道转移，以及用于太阳系探测[2]。脉冲等离子推进器（pulsed plasma thruster）MDT-2A于1980年首次使用，到1990年开始使用电弧喷射（arc jet）。在中国，这样的推力器（engine）最初是为通信卫星而开发的。被称为LIPS-200的推力器为DFH-3B、4、5和7系列通信卫星的电推进发动机打好基础，它由中国空间技术研究院510所开发，设计工作时间超过10 000小时。2015年1月，该发动机完成了为期一年多的点火工作。发动机在TS-6真空舱中进行了测试，该真空室长5 m、直径为2 m。最终，实验积累了6 000个小时的点火时间。从那时起，TS-7的真空舱建成，直径为3.8 m，长度为8.5 m，用于长达14 000小时的寿命测试。发动机重6.5 kg，推进剂消耗85 kg，推力40 mN，比冲（specific impulse）3 000 s。经过决策，将LIPS-200离子发动机用于DFH-3B上之前，要先对LIPS-200离子发动机进行大量的地面长寿命考核。

要了解实践九号卫星任务是比较困难的，因为该任务包含两颗完全不同的卫星：实践九号A星采用电推进，质量为790 kg，采用CAST 2000卫星平台；实践九号B星，质量为 260 kg，采用 CAST100 卫星平台，该星不参与电推进实验。为了将两颗卫星送入轨道，第二次使用了长征二号丙火箭，该火箭的首飞是发射环境一号 A/B 星。卫星的设计理念是，实践九号 A 星进行电推进技术验证，同时实践九号 B 星开展成像和低温光学领域的其他实验。两颗卫星都是由中国东方红卫星股份有限公司研制的。

实践九号 A 星搭载了一个质量为 42 kg 的多光谱照相机，从 645 km 的高度拍摄 30 km 区域的分辨率为全色（panchromatic）2.5 m/多光谱（multispectural）10 m；测量系统的精度超过 10 cm；X 波段数据传输系统的容量为 128 GB，数据下行速度为 190 MB/s。卫星有两个发动机：一个为推力为 40 mN 的 SI3000 的氙气离子推进器（Xenon Ion Thruster，XIT）发动机，另一个为被称为 LHT－100 的 1 600 秒霍尔效应推进器（Hall Effect Thruster，HET）发动机。它可以实现 Δv 25m/s。实践九号 A 星的太阳能电池板面积为 5.6 m^2。卫星可测量与实践九号 B 星之间的距离，且误差不超过 10 cm。

实践九号 B 星要小，尺寸为 1 m×1 m×1 m，搭载了长波红外 LWIR 焦平面相机，18 km 宽幅的分辨率为 73 m，该相机需要一个低温冷却器（－35 ℃）和一个基于 GPS 的测量系统来与实践九号 A 星协同工作。卫星装有 2.8 m^2 的太阳能电池阵列，一个 S 波段发射机，内存为 8 GB，下行速率为 4 096 bit/s。

2012 年 10 月，卫星入轨后马上开始执行指定的编队飞行（formation flying）测试。飞行测试的第一个阶段始于 11 月 12 日的三分钟点火，测试一直持续到 12 月份。实验结果表明，至少达到了欧洲和美国同类系统的标准。实践九号 A 星入轨后，马上实施卫星机动，保持与实践九号 B 星 5 km 的距离。首先，A 星绕着 B 星飞行，开始执行一组椭圆形绕飞，基线距离为 3 km，精度为 3 km；然后分别上升和下降到 35 km 的距离，之后卫星停车、返回并最终保持落后 70～10 km 的稳定距离。A 星计划测量卫星周围由于使用电推进而产生的等离子体，包括所有引发的污染。实践九号 B 星在正常情况下是定向指向太阳，或者在执行轨道机动时指向实践九号 A 星[3]。卫星测试任务于 2016 年 2 月完成。表 4－4 概述了实践九号 A 星的电推进发动机的细节。

表 4－4　实践九号 A 星的电推进发动机

参数	霍尔效应推进器(HET)	氙气离子推进器(XIT)
质量/kg	1.5	
寿命/年	3	
推进/mN	37.8	36.1
比冲/s	1 485	2 727
能量/W	794	1 198
运行寿命/h	3 000 小时	

LIPS－200 和 LHT－100 这两个推力器很快对公众展示。实践九号 B 星的目标并不那么清晰。实践九号 A 星拍摄的令人印象深刻的三峡大坝和南非港口设施的图片于 2013 年发布。

着眼于未来更加新奇的电推进形式，西北工业大学开始试水无推进剂电磁驱动微波推力系统（propellant - less EmDrive microwave thrust systems）[4]。实际上，其原理是利用截锥形密闭金属腔内的微波共振产生底部推力。与电磁驱动推力器相似的是低飞火星轨道飞行器（low - flying Mars orbiter，轨道为 120 km），此项研究已于 2014 年公布。这个轨道器可以捕获一些稀薄的大气，并将其用作电推力器的工质（work substance）。

4.2.2 实践十三号

在实践九号 A 星之后，实践十三号是对 4 600 kg 重的通信卫星及 DFH - 3B 卫星平台的第一次在轨验证。2017 年 4 月 12 日，卫星由长征三号乙火箭发射入轨。该卫星在轨运行后命名为中星 16。实践十三号任务采用 LIPS - 200 推力器，主要测试高速率（高达 20 Gbit/s）Ka 频段通信传输（特别为航空和高铁设计）和激光传输。这是中国第一颗高通量 Ka 频段卫星（high - throughput Ka - band satellite），装有 4 个直径约 1.8 m 的反射孔径天线，波束指向精度达到 0.05°。

4.2.3 实践十八号

实践十八号采用 LIPS - 300 推力器的主要目的是用电推进取代远征二号的末级。遗憾的是长征五号火箭发射失败，坠入菲律宾远端的太平洋。实践十八号采用 DFH - 5 卫星平台，具备 20 kW 级的大功率供电能力，主要用于测试 Q/V 频段通信、高密度电视广播、高数据速率和激光通信。

实践系列科学技术任务总结见表 4 - 5。

表 4 - 5 实践系列科学技术任务

实践一号	1971 - 3 - 3
实践二号、实践二号 A/B	1981 - 9 - 19
实践三号	取消
实践四号	1994 - 2 - 8
实践五号	1999 - 5 - 10
实践八号	2006 - 9 - 9
实践九号 A/B	2012 - 10 - 14
实践十号	2016 - 4 - 6
实践十三号	2017 - 4 - 12
实践十八号	2017 - 7 - 2

4.3　太阳与地球：双星计划

虽然赵九章对空间环境很感兴趣，但是专门的空间环境卫星却迟迟没有上马。中国第一个空间环境项目是 1998 年[①]推出的子午工程。这是一个地面观测项目，涉及 15 个地面站，其中包括南极的中山站。后来项目扩展到探空火箭，但是并没有轨道卫星任务。

和欧洲的合作提供了一个新机会。中国和欧洲早在 1980 年就已经针对项目合作达成了一致（见第 3 章），但是从达成一致到项目落实历时 12 年。中国与欧洲空间局就星簇卫星计划（Cluster project）的数据使用达成了一致，星簇计划是当时欧洲空间局即将发射的研究太阳与地球磁层相互作用的四颗卫星。中国从欧洲空间局的这项主要任务中看到了合作机会：可以以较低的成本参与国际科学卫星计划。随后中国于 1997 年提出了自己的卫星计划：双星计划（探测一号和探测二号）[②]。1999 年，项目完成了可行性研究；2000 年，项目获得了批准；2001 年 7 月 9 日，中欧双方在位于巴黎的欧洲空间局总部达成了合作协议。星簇计划原定于 1996 年发射，但是执行发射任务的欧洲空间局阿丽亚娜 5 号（Ariane 5）火箭首飞失败，星簇计划的探测器也炸毁了。2000 年，星簇计划的备份星改由俄罗斯联盟号火箭（Soyuz）发射，所以双星计划的提出非常及时。航天器采用了 CAST968 卫星平台。

采用多颗卫星探索磁层的概念已经相当成熟，俄罗斯的 Interball 卫星计划就是一个典型的例子。从 1994 年至 1995 年，Interball 卫星计划已经发射了两组卫星。和 Interball 卫星计划一样，中国的双星计划也包括两颗卫星（项目也因此得名）。任务建议还提出，鉴于星上仪器和星簇计划类似，双星计划的成果应该和星簇计划的成果相互参照（cross - referenced）。双星计划和星簇计划互补，双星探测器将探测星簇探测器无法到达的空间区域，从而建立起三维图像。探测一号原定轨道最远处是 8 个地球半径（Earth radii），但中国科学家濮祖荫提出应该扩大到 12 个地球半径，来扩展星簇计划的数据。星簇计划和双星计划探测器的轨道也是同步的，这样 6 颗卫星可以实现在同一条线上时对太阳活动进行机动观测。

双星计划包含一颗赤道区卫星和一颗极区卫星，在赤道附近的赤道区卫星专注于地球的磁尾（magnetic tail），而极区卫星主要探测磁极（magnetic poles）和因此产生的极光。

---

① 根据《国家空间科学中心所史》，1993 年首次提出子午工程。

② “地球空间双星探测计划”（简称双星计划）是我国第一次以自主提出的空间探测计划进行国际合作的重大科学探测项目，是国家民用航天“十五”计划中设立的重点科学探测卫星计划，是国家第一次以明确的空间科学问题列入的卫星型号。中国科学院是卫星的用户单位，工程代号为“TC - 1”“TC - 2”。2001 年 7 月 9 日中国国家航天局与欧洲空间局正式签署了双星计划合作协议。该计划和欧洲空间局星簇（Cluster）计划共 6 颗卫星提供了前所未有的对地球空间的探测能力。这 6 颗卫星形成了人类历史上首次对地球空间的 6 点协调探测。双星计划的首席科学家是中国科学院空间科学与应用研究中心（国家空间科学中心）的刘振兴院士。双星计划作为中国空间科学的里程碑，2010 年获“国家科学技术进步奖一等奖”，同时，双星计划和星簇计划的团队获得国际宇航科学院“2010 年度杰出团队成就奖”。

这项任务旨在加深科学家对磁暴（magnetic storm）的认识，因为磁暴会破坏地球上的通信、雷达和导航系统。探测一号和二号设计寿命为一年，探测器经过强辐射带（intense radiation belts）所遭受的损害决定了设计寿命。欧洲空间局为这次任务支持了 6 100 万元（800 万欧元），作为回报，欧洲空间局可以获得任务期间每天 4 小时的数据。表 4－6 详细介绍了双星计划的有效载荷。

表 4－6　双星计划的有效载荷

探测一号和二号		
磁通门磁强计	Fluxgate magnetometer	英国
等离子体电子流实验	Plasma Electron Current Experiment	英国
高能电子探测器	High Energy Electron Detector	中国
高能质子探测器	High Energy Proton Detector	中国
重离子探测器	Heavy Ion Detector	中国
探测一号-赤道区卫星		
有源空间电位控制器	Active Space Potential Controller	奥地利
热离子分析仪	Hot Ion analyzer	法国
探测二号-极区卫星		
中子离子成像仪	Neutron Ion Imager	爱尔兰
低频电磁波探测器	Low Frequency Electromagnetic Wave Detector	中国

这两颗探测器都属于小卫星，设计寿命为 12～18 个月，质量约 350 kg，高 1.2 m，直径 2.1 m，太阳能电池板为 6.33 m^2，发电量为 280 W。接收数据的地面接收站合理分布在北京、上海和西班牙的维拉夫兰卡（Villafranca），而任务数据中心设在中国北京、法国图卢兹（Toulouse）、荷兰诺德韦克（Noordwijk）、英国迪德科特（Didcot），以及奥地利格拉茨（Graz）。图 4－4 所示为双星计划探测一号和探测二号卫星示意图。

双星计划的探测一号卫星（赤道区卫星）于 2003 年 12 月 29 日在太原①首先发射升空，火箭为长征二号丙，卫星发射画面在中国电视上播出。卫星进入近地点 560 km，远地点 78 948 km 的高椭圆轨道（highly elliptical orbit），这也是中国航天器达到的最远轨道，倾角（inclination）28.5°。卫星的一个伸杆（boom）没有展开，但这并没有造成重大的负面影响。这颗卫星于 2004 年 1 月 21 日首次观测到一次太阳耀斑（solar flare）。第二天，卫星轨道达到地球半径的 12.6 倍，并探测到太阳风的压力增加了 5 倍。探测二号于 2004 年 7 月 25 日按计划（在太原）发射升空，进入近地点 673 km，远地点 38 568 km 的极地轨道，倾角 90°，卫星每 7.3 小时绕地球一周。

通过与星簇计划合作，可以实现多点数据收集。例如，在 2004 年 8 月，探测一号和探测二号飞行到地球背面的磁层稳定捕获区（trapped region），而星簇计划的四颗卫星则在更后面的中性片（neutral sheet）附近。相比之下，2005 年 2 月，探测一号位于面向太阳的一侧，探测二号位于地球上方的磁层极尖区（cusp），而星簇计划的四颗卫星位于磁

① 此处的发射地有误。2003 年 12 月 30 日，西昌卫星发射中心用长征二号丙/SM 型运载火箭，成功地将双星计划中的探测一号送上太空，并成功地进入预定轨道，它的主要任务是探测近赤道区磁场和粒子时空变化规律，分析由于太阳活动引起近地空间各种干扰活动的发生和发展规律。

图 4-4　双星计划探测一号和探测二号卫星示意图［图片来源：欧洲空间局］（见彩插）

鞘（magnetosheath）。

到 2005 年 8 月，双星计划在轨运行一年。到 2006 年 5 月，地面控制系统已经接收了探测一号卫星的 175 GB 数据，接收了探测二号卫星的 145GB 数据。探测一号的备份姿态控制器在一场大型磁暴中失灵，但是地面控制人员还能够控制航天器。探测一号和探测二号卫星都延寿至 2007 年 9 月，这也就是正式的任务结束时间。探测一号于 2007 年 10 月 14 日失灵。探测二号于 2007 年 8 月失联，但在同年 11 月又意外地恢复了联系，直到 2011 年仍在发送信号。地面控制人员将转速调慢至 15r/min，而数据损失只有 10%。

2005 年 9 月，星簇计划-双星计划研讨会在荷兰诺德韦克举办，会上报告了第一批任务结果，数据来源于 21 次磁层顶同时交会（simultaneous magnetopause crossings）。在磁场重联（magnetic reconnection）、通量传递事件（Flux Transfer Events，FTEs）、离子密度洞（ion density holes）、磁力线摆动（wobbling of magnetic field lines）、弓形激波中的超低频波和密度洞（Ultra-low-frequency waves and density holes in the bow shock）等方面都有重要研究产出。卫星任务报告还记录了一系列的观测：尾向流事件（tailward flow events）、磁暴（magnetic storms）、爆发性整体流（Bursty Bulk Flows，BBFs）、晨侧合声事件（dawn chorus events）和在外辐射带和环流边界上类漩涡等离子体流（vortex-like plasma flows）。最终双星计划发表的科学论文不少于 2 300 篇。

中国科学家濮祖荫因为对双星计划的贡献而获得了特别的认可，被授予 2010 年度国际空间研究委员会（COSPAR）Sarabhai 奖，以表彰其在如下领域的工作：低纬度和高纬度地区磁层反平行重连（anti - parallel reconnection of the magnetosphere），以及磁零点（magnetic nulls）和从太阳风到磁层的能量传输产生的微脉冲（micro - pulsations）。在欧洲，爱尔兰国立大学的 Susan McKenna - Lawlor 负责探测二号的中性原子探测器（Neutral Atom Detector Unit，NUADU，这一缩写名称与一位凯尔特战士的名字相同）。中性原子探测器单元用来研究环电流（ring current）和相关的磁暴，该仪器既能在平静的太阳周期内显示环中的氢离子和质子，也能在扰动期间显示电离层中的氧。该单元的 16 个探测器位于探测卫星的顶端，制作了南极的彩色三维图像，并追踪了磁暴之后环流能量的注入。

4.4 应用卫星上的科学仪器

和俄罗斯的航天任务的做法一样，中国科学家也利用应用卫星搭载科学仪器（俄罗斯搭载有效载荷的容器被称为“nauka”舱，“nauka”在俄语中是“科学”的意思）。这些科学仪器搭载在了 1984 年至 1986 年发射的第一批通信卫星上。实验同步通信卫星和实用同步通信卫星一号都搭载了粒子探测器［半导体电子探测器（semiconductor and electron detector）、半导体质子探测器（semiconductor proton detector）］和宽带软 X 射线探测器（broadband soft x - ray detector），用来测量太阳暴（solar bursts）和由此产生的 X 射线暴（X - ray storms）。这些科学仪器的科学目标是 24 小时测量轨道上电子和质子的强度变化，并测量航天器上的静电（static electricity）。一台小型望远镜研究了 10～30 MeV 范围内的质子通量（proton fluxes）和 0.5～1 MeV 范围内的电子（electrons）。此外，还观测并测量了自 1984 年 4 月 21 日至 1986 年 2 月 4 日期间的太阳暴，对 1 ～ 8 Å 范围内的太阳 X 射线进行了探测。

此后，科学仪器也搭载在了气象卫星上。风云 1 - 1 卫星搭载了探测宇宙射线、质子、阿尔法粒子，以及地球辐射带（the Earth's radiation belts）中的碳、氮、氧和离子粒子的仪器。风云 1 - 2 卫星搭载了测量范围为 4～23 MeV 的宇宙线成分监测器（cosmic ray composition monitor），来探测和测量太阳质子事件（solar proton events）和银河宇宙线（galactic cosmic rays），并将探测数据与南极中山站的数据进行比对。1990 年 9 月至 1991 年 2 月，监测器探测到了内辐射带（inner radiation belt）中的氦、氮、氧、重离子和异常铁粒子（anomalous iron particles），以及 5 个太阳质子事件（solar proton events）。卫星穿越了南大西洋磁异常区域（South Atlantic Magnetic Anomaly）的内辐射带，并测量了质子、阿尔法粒子、碳离子和铁原子的强度变化。事实证明，在太阳峰年/太阳活动极大期（solar maximum）开展这些探测对卫星是有害的，因为高辐射水平（radiation levels）破坏了卫星的逻辑电路（logic board），导致其在一个阶段完全失灵。高能粒子探测器（Energetic particle detectors）的设计用途是测量重离子、质子和电子是如何影响天气的，测量数据用来对异常区进行测绘。

发射于 1990 年的风云 1 - 2 号试验气象卫星进行了两个附带的实验——名为大气一号

和大气二号的气球，其目标是测量 400～900 km 的高空大气的密度，7 个地面站负责追踪这两个气球。这两个气球的直径分别为 2.5 m 和 3 m，由聚酯薄膜（polyester film）制成，并被部署在相似的轨道上。这两个气球分别于第二年 3 月和 7 月开始轨道衰变。任务前 90 天内的大气密度波动图及时发布。这两颗气球卫星是第一批受益于 863 计划的科学卫星。事实证明，与精确的地面观测相结合，这些气球卫星任务为测量太阳峰年大气密度提供了低成本方案，并且是高效的方案。气象卫星系列的下一颗卫星风云 1-3 搭载了一个空间粒子组成探测器（a space particle composition detector），并测量了南大西洋磁异常区域和 2000 年 7 月 14 日的太阳质子事件[5]。

地球同步卫星风云 2-1 搭载了一台高能粒子探测器（high-energy particle detector）和一台太阳 X 射线探测器（solar x-ray detector）来测量太阳质子和高能粒子事件。随后的风云 2-3 搭载了一台太阳 X 射线探测器，通过 10 个通道（channel）测量 4keV 以上的太阳 X 射线，并将结果与美国地球同步运行环境卫星（American Geostationary Operational Environmental Satellite，GOES）进行了比较。该探测器也搭载了两台科学仪器，一台用来测量 3～300 MeV 的质子，另一台用来测量 0.15～5.70 MeV 的电子。2008 年至 2009 年，由于适逢太阳活动极小期（solar minimum），这些探测器获得的测量数据很少，只在南大西洋磁异常区和南北两极附近发现了电子。辐射损伤（radiation damage）的问题始终困扰着在 24 小时轨道上运行的中国卫星，所以到风云 2-3 卫星时，就搭载了高能电子探测器（high-energy electron detectors）。这些探测器所提供的 2005 年至 2008 年的数据使得预测翻转事件（upset event）的频率更加准确。

4.5　路线图：空间科学最终成为优先发展领域

虽然空间科学在中国航天计划中是一块十分明确的独立领域，但其占比相对较小。纵观其发展历史，出现了几个独立的空间科学卫星任务，有些成功发射了，更多的是延期了，还有一些项目干脆就消失了。而这种情况在中国科学院发布《中国至 2050 年空间科技发展路线图》后开始改变，该书由郭华东和吴季主编，属于包含很多其他领域的大路线图的一部分（见第 9 章）。该路线图是一个专门路线图工作小组的研究成果，小组包括 40 位领域专家，来自科研机构、论证机构和空间研究中心。空间科学只占到范围更大的路线图的一部分，该路线图预测了在科学和技术上的巨大进步，提到了到 2050 年使中国“达到世界中等发达国家水平，基本实现现代化”，并成为现代化的领导者。值得注意的是，路线图透露出一种紧迫感，不厌其烦地强调中国和其他国家之间的差距，充满了时不我待的雄心壮志。根据该路线图的描述，中国在空间科学方面的发展与新兴空间大国（emerging space power）的地位并不相称。尽管中国在 1996 年至 2005 年间累计投入了 9 亿元（1.17 亿欧元），但中国的科研论文放在全球来看“比例非常小”。太空望远镜技术远远落后于国际水平。

该路线图指出，中国空间科学计划的目标一定是解决前沿问题，解决基础科学问题，做出原创贡献和重大突破。该路线图确定的三个战略目标为：空间科学、空间应用和空间技术。空间科学的目标聚焦宇宙和生命的起源和演化、日地系统、基础物理和运动规律。空间应用的目标聚焦气候变化、生态、能源和水资源。空间技术的目标聚焦"技术瓶颈问题"，如高分辨率观测、导航、微型化和纳米技术、智能化、卫星间通信、无拖曳控制、超高速飞行和人类太空常驻。

路线图成为2011年立项的空间科学战略性先导专项（Strategic Priority Program on Space Science，SPPSS）的基础，因此确实成了空间科学发展的转折点。空间科学先导专项列出了批准的卫星任务在规定的时间内交付的原则。空间科学从国家航天局转移到了中国科学院，中国科学院国家空间科学中心（NSSC）随后成立。中心负责人吴季态度谦逊，其重要性不言而喻。他直言不讳地指出，虽然中国早在1970年就已经发射了第一颗人造卫星，但是中国的空间科学计划已经落后了几十年[6]。第一个直接受益的项目是实践十号任务，该任务曾一度暂停，但现在已经列入空间科学计划，并于2016年发射[7]。

吴季（见图4-5）于1958年出生于北京，电气工程专业毕业，在丹麦技术大学获得博士学位，曾就职于欧洲空间局下属的欧洲空间研究和技术中心（ESTEC），从事用于通信卫星的多波束天线（multi-beam antennae）研究。他是天线、微波遥感和空间天气方面的专家，在双星计划、嫦娥一号、嫦娥三号和萤火任务中担任高级职务。根据他的观点，中国航天计划在工程和应用方面做得很好，但空间科学落后，不仅缺少强制性任务（mandate），也缺少预算投入。

新的空间科学计划造就了一个井然有序的体系和任务时间表，建立了任务遴选的渠道，以及从预先研究、背景型号研究、卫星立项、卫星研制到最终发射的机制。这种机制在其他国家已经运行了一段时间，但它突然给中国的空间科学带来了一种目的感[8]。每五年遴选出四项左右的卫星任务是空间科学先导专项的基本考虑，专项同时开展新的任务遴选，遴选的任务进入下一个五年计划（"十四五"计划，2021年至2025；"十五五"计划，2026年至2030年）。此外，每项卫星任务都有首席科学家（PI）和任务两总，首席科学家负责任务提案、有效载荷和数据分析，任务两总包括卫星指挥（chief project manager）和卫星总设计师（chief designer）。先导专项也区分不同的主题领域（themes），这些主题贯穿计划的始终。表4-7列出了空间科学发展的主线，以及未来任务的缩写。

表4-7 空间科学发展的主线

发展主线	卫星任务
黑洞计划	HXMT，SVOM，POLAR
天体号脉计划	XTP，EP
天体肖像计划	VLBI
天体光谱计划	UVEM，COME，DAMPE
系外行星探测计划	STEP，JEEDIS
太阳显微计划	DSO，SHARP-X，MESMV
太阳全景计划	ASO-S，SRALF，SPIES，SEEPE

续表

发展主线	卫星任务
空间天气链锁计划	MIT，SPORT
微星计划	SMILE
太阳系探测计划	火星 2020 任务、取样任务、小行星任务、木星任务
水循环探测计划、能量循环探测计划、生物化学循环探测计划	水循环任务为 WCOM，能量循环 6 项卫星任务，生物化学循环 2 项卫星任务
“轻盈”计划、“轻飏”计划、“轻焰”计划和“腾云”计划都涉及一颗或多颗卫星、探空火箭和抛物线飞行器的组合方案	“轻盈”（微重力流体物理）、“轻飏”（微重力环境过程）、“轻焰”（燃烧过程，包括火安全）和“腾云”（生命科学）
基础物理	QUESS、冷原子物理、计时器系统、物质凝聚、相对论和引力物理
桃园计划	系外生命搜寻（木星或者土星轨道）

图 4－5　吴季：空间科学先导专项负责人

第一轮空间科学先导专项详见表 4－8。需要说明的是，涉及这些卫星任务的清单有不同的版本，计划的归类也有不同（这种情况不是中国空间科学独有的），但此表是目前最明确的。

表 4－8　空间科学先导专项卫星任务

遴选	卫星任务	英文
2011 年立项	暗物质粒子探测卫星(DAMPE)	Dark Matter Particle Explorer (DAMPE)
	实践十号	Shijian 10
	量子科学实验卫星(QUESS)	Quantum Experiments at Space Scale (QUESS)
	硬 X 射线调制望远镜卫星(HXMT)	Hard X－ray Modulation Telescope (HXMT)
	夸父计划	Kuafu
2017 年立项	爱因斯坦探针卫星(EP)	Einstein Probe (EP)
	先进天基太阳天文台卫星(ASO－S)	Advanced Space Based Solar Observatory (ASO－S)
	太阳风－磁层相互作用全景成像卫星(SMILE)	Solar wind Magnetosphere Ionosphere Link Explorer (SMILE)
	引力波暴高能电磁对应体全天监测器卫星(GECAM)	Gravitational Wave Electromagnetic Counterpart All－sky Monitor (GECAM)
正在论证中	水循环观测卫星	Water Cycle Observation Mission (WCOM)
	磁层-电离层-热层耦合小卫星星座探测计划	Magnetosphere Ionosphere Thermosphere (MIT)
	太阳极轨望远镜计划	Solar Polar ORbit Telescope (SPORT)
	增强型 X 射线时变与偏振空间天文台	enhanced X－ray Timing and Polarization mission (eXTP)
	空间毫米波超长基线干涉测量阵列	Space Millimeter VLBI Array
	系外行星探测	Search for Extra Terrestrial Planets (STEP)
	空间引力波探测太极计划	Taiji (gravitational waves)
	超长波天文观测阵列	Ultralong Wavelength Astronomical Observation Array
	中高轨量子卫星	Mid to High Quantum Satellite

经费支持对于确保这些卫星任务发射极其重要。新增经费和追加拨款都需要空间科学领域的科学家和中国科学院进行长期努力争取。因此有必要为空间科学寻求长期的财政支持，以避免空间科学发展早期出现的不确定性，这种不确定性被称为“朝不保夕”[9]。可以预测的空间科学卫星相关支出会大幅增长，2011 年至 2015 年为 35 亿元（4.37 亿欧元），2016 年至 2020 年为 59 亿元（7.37 亿欧元），2021 年至 2025 年为 86 亿元（10.75 亿欧元），2026 年至 2030 年为 116 亿元（14.5 亿欧元）。美国的空间科学预算为 45 亿欧元、欧洲为 8 亿欧元、日本为 9 亿欧元、俄罗斯为 5.5 亿欧元，而相比之下，中国的先期 4.37 亿欧元空间科学预算是比较低的，仅仅多于印度的 4 000 万欧元，但最终将超过除美国以外的所有国家和地区。与此同时，新的空间科学任务从暗物质粒子探测卫星开始，陆续发射升空。

4.5.1 暗物质粒子探测卫星（DAMPE）：悟空号

第一个新空间科学任务是暗物质粒子探测卫星（DAMPE），也称为悟空号，其科学目标是探测高能电子和 10 TeV 伽马射线。高能物理研究所张双南指出，中国天体物理的主要目标是研究宇宙的起源，从宇宙物质的诞生（如超新星、恒星）到物质生命周期的末端（白矮星、中子星和黑洞），并且中国天体物理尤其关注暗物质。他说，目前我们只能解释宇宙的 5%。宇宙中占主导地位的是暗能量（68%）和暗物质（26%），因此对暗物质的兴趣呈爆炸式增长。他指出，“1998 年，还没有一篇关于暗物质的发表论文，但到 2008 年就有 600 篇了。即便这样，我们仍对暗物质一无所知。”中国将暗物质列为优先研究领域并安排专门的卫星任务，这一点与西方形成了对比。西方国家的一些专家曾警告，在暗物质探测卫星任务上西方将会处于落后地位[6]。其他国家搭载发射过暗物质探测仪器（例如，俄罗斯 Resurs DK 卫星①上搭载的反物质-物质探测和轻核子天体物理学载荷，又例如，国际空间站上的阿尔法磁谱仪），但是还没有专门的卫星任务。

暗物质粒子探测卫星于 2015 年 11 月 17 日离开上海，前往酒泉卫星发射基地。卫星质量为 1 858 kg，据称是同类卫星中光谱最宽、分辨率最高的，其探测能力是国际空间站上阿尔法磁谱仪的 10 倍。卫星高 1.2 m，长 1.5 m。该卫星的首席科学家是紫金山天文台的常进。

暗物质粒子探测卫星于 2015 年 12 月 17 日在酒泉卫星发射基地由长征二号丁运载火箭发射升空，卫星又名“悟空”，取自美猴王孙悟空的名字，代表了理解宇宙的愿望。为卫星征名的活动吸引了 32 000 条征名，最终“悟空”胜出。悟空号的轨道为 500 km，倾角为 97°。搭载了四台仪器：塑闪阵列探测器（plastic scintillation hodoscopic array，PSD）、硅阵列探测器（STK）、电磁量能器（BGO）和中子探测器（neutron detector）。卫星探测的能谱范围是从 25 GeV 到 4.6 TeV。研究者希望通过测量宇宙射线和伽马射线的能量来揭示它们的来源。这些仪器的标定和测试是在欧洲核子研究中心进行的。

2015 年 12 月 22 日，喀什地面站首先收到悟空号的信号，不久北京密云和海南三亚地面站也接收到了信号。到 2016 年 1 月，中国宣布卫星每天传输 4GB 的数据，并且已经探测到超过 1 亿个高能粒子（宇宙射线、质子、阿尔法粒子和核素）。到 2016 年 3 月，已探测到 4.6 亿个粒子，电子档案库已超过 2.4 TB 数据，并且还在不断增长。在卫星任务最初的 530 天里，悟空号探测到超过 25 GeV 的宇宙线电子和正电子（positrons）150 万个。

2016 年夏，悟空号的第一批探测结果以伽马射线天象图（gamma ray sky map）的形式发布。根据 7.1 TB 的数据，研究团队对大约 14.8 亿个高能粒子进行了分析。2017 年

① Resurs DK 卫星，即俄罗斯资源-DK 卫星，是俄罗斯新型民用地球观测卫星，能向地面站传送分辨率为 1m 的图像卫星；PAMELA，即反物质-物质探测和轻核子天体物理学载荷，英文为 Payload for Antimatter Matter Exploration and Light - nuclei Astrophysics。于 2006 年发射升空，用于研究来自太阳以及太阳系其他空域的高能粒子，即宇宙线的本质。反物质-物质探测和轻核天体物理载荷于 2008 年发现了宇宙线中存在正电子超出。

12月，发布了更多探测结果。卫星测量了超过100万亿电子伏特的能量，这是迄今为止最高的水平。目前，暗物质粒子探测卫星已经探测到了35亿宇宙射线。该任务最重要的发现是能谱在9 000亿电子伏特（0.9 TeV）处出现了断裂，除了用暗物质来解释或者电子伏特因某种原因在断裂点冷却来解释以外，没有特别合理的解释。此前，其他仪器曾探测到了正电子异常（Positron anomalies），并归因于粒子暗物质的湮灭或衰变（annihilation or decay of particle dark matter）。

2017年12月30日，悟空号被一个微流星体（micrometeoroid）击中并失联，但地面控制人员成功重启了电脑和航天器，最后仅仅损失了19个小时的数据。2017年9月初的大太阳风暴“中元节事件”（the great ghost festival solar storm）期间，悟空号和墨子号都主动停止了运转，在此期间，太阳释放了27个M级耀斑、4个X级耀斑和日冕物质抛射（CMEs）。到2018年年底，悟空号已经探测到55亿个宇宙粒子。研究结果发表在了《自然》杂志上，文章讨论了高能电子超出（a surplus of high-energy electrons）的发现可能是由暗物质湮灭引起的。

4.5.2 量子科学实验卫星：墨子号

量子科学实验卫星（QUESS）是空间科学卫星系列的下一颗卫星，其科学目标是测试长距离的星地通信。国际领军量子通信专家潘建伟是卫星任务的首席科学家，他长期以来一直主张发射量子卫星。潘建伟1970年出生于浙江东阳，17岁进入中国科技大学学习。他对量子物理抱有浓厚的兴趣，并为之不懈努力。由于当时中国缺乏相关科研设施，于是潘建伟赴奥地利因斯布鲁克大学（University of Innsbruck）留学，师从量子物理学家安东·泽林格（Anton Zeilinger）。

潘建伟学成后回到中国科学技术大学并建立了量子实验室。29岁时，潘建伟关于量子隐形传态（quantum teleportation）的论文被《自然》杂志列为过去一百年最优秀的物理学论文之一。爱因斯坦已经认可了量子隐形传态的理论可行性，但仍然用“诡异”（spooky）这个词来描述它。潘建伟31岁被评为教授，41岁当选院士，45岁获得中国最高科学奖①。潘建伟决心要在量子领域建立中国贡献的专业知识，同时也鼓励学生出国留学后学成归国。

2003年，科学家们首次从理论上研究了天基量子通信，并于次年在合肥第一次成功进行了13 km范围的地面实验，随后开始申请专门的量子卫星计划。与此同时，地面实验仍在继续，比如沿着长城和青海湖附近都曾进行量子通信实验。

2016年8月16日，在酒泉卫星发射基地，用来验证量子通信理论的量子科学实验卫星（QUESS）由长征二号丁火箭送入500 km的太阳同步轨道，倾角97°。卫星质量为600 kg。量子科学实验卫星以公元前5世纪的中国哲学家墨子的名字命名，因为墨子曾经

① 2015年潘建伟获得自然科学一等奖。

做了第一个光学实验①。此次发射为一箭三星，与墨子号一起发射的，还有一颗大气密度卫星和一颗高度计卫星②。量子卫星在轨进行量子通信测试的同时，在良好的大气条件下，天宫二号也进行了超过 1 200 km 范围的初步测试（卫星发射后第二个月）。

2017 年 6 月底，墨子号成功地实现了超过 1 203 km 的星上纠缠光子分发（satellite-based distribution of entangled photons）。地面将光子通过一种激光形式传输到墨子号的接收器，接收器进行光子纠缠，来形成一个安全的通道（secure channel）。配合量子卫星任务的地面站有 5 个：河北兴隆站（北京附近）、南山站（乌鲁木齐附近）、德令哈站、丽江站和阿里站（西藏）。在第二次试验中，墨子号与兴隆站和南山站建立了通信，十分钟内传输了 300kbit 的安全数据。这种传输可以是电脑数据，也可以是电话通话，都可以用量子密钥进行随机加密，并且无法破解。在最坏的情况下，任何渗透都会干扰光子并导致传输系统立即关闭。卫星一共进行了六次实验，试验环境要求精确的激光光束发射和克服地球大气所造成的扭曲（distortion）。在发布的一张未来主义风格的图片中，西藏阿里站向天空发射暗红色激光，将太空中的墨子号用绿光照亮，就像探照灯在探测天空中飞过的飞机。相关研究结果发表在《科学》和《自然》杂志上，《自然》杂志称其为科学上的突破。后来，中国国内 2 000 km 的试验也取得了成功，并且中国的商业银行开始使用该系统。

2017 年 9 月 29 日，量子通信实现了更远距离传输，中国科学院院长白春礼与奥地利科学院院长安东·泽林格通过位于奥地利格拉茨的地面站举行了视频会议，这也是迄今为止第一次国际量子通信传输，也是最长的一次。哲学家墨子和物理学家薛定谔的照片从奥地利传输到中国，随后举行的视频会议共传输了 2GB 的数据。中国计划最终在 2020 年之前在中国和欧洲之间建立永久性的量子通信，在 2030 年之前通过另外两颗卫星墨子二号和墨子三号，建立全球量子通信。潘建伟设想要在更远的月球和拉格朗日 L2 点进行测试[10]。

2018 年，墨子号的通信测试扩展到了欧盟大陆最西端的加那利群岛（Canary Islands），并计划在意大利的马泰拉（Matera）建立 8 000 km 的量子链接。同年，中国在上海举办了第八届国际量子密码会议。从 500 多名科学家参加会议可以看出会议越来越重要，而墨子号绝对是会议讨论的主题。那时，中国已经建立了 32 个量子节点站（quantum node stations），并即将建立一条 2 000 km 长的京沪量子光纤干线，而墨子号已经完成接入。

4.5.3 脉冲星试验卫星

脉冲星试验卫星（navigating deep space by the beams of pulsars，XPNav）也属于技术验证卫星任务，其目标是评估使用脉冲星进行自主深空导航（autonomous deep space

① 墨子在《墨经》中提出光学八条。墨子在两千多年前就发现了光线沿直线传播，并设计了小孔成像实验。

② 两颗卫星分别为稀薄大气科学实验卫星和西班牙科学实验小卫星。

navigation）的可能性。已知的一些脉冲星有非常规律的辐射，有些辐射的时间非常短（毫秒），因此将脉冲星作为高度精确的星际导航信标（stellar navigation beacons）非常具有吸引力。卫星的科学任务系统总设计师是帅平，卫星由深圳东方红卫星有限公司制造。

2016 年 11 月 10 日，在酒泉卫星发射中心，新型长征十一号运载火箭成功发射了脉冲星试验卫星，本次发射任务是长征十一号运载火箭的第二次发射。此次发射还搭载了四颗微卫星，其中三颗用于遥感的丽水一号和一颗用于测试成像系统的潇湘一号立方星。脉冲星试验卫星的英文简写为 XPNav。卫星质量为 243 kg，进入太阳同步轨道后搭载的两台探测器开始工作，这两台探测器分别为时间分辨软 X 射线光谱仪（Time - resolved Soft X - ray Spectrometer，TSXS）和高时间分辨光子计数探测器（High Time - resolution Photon Counter，HTPC）①。最初，该卫星任务探测了 8 个著名的脉冲星作为默认天体（default objects），从 B0531+21 开始，到蟹状星云、B1617 - 155 和 Sco X - 1。卫星观测时间被限制在半个轨道时间以内，以避开高能太阳粒子和南大西洋磁异常区。在定位方面，脉冲星试验卫星采用了一种新的微型恒星传感器，其质量只有 900 g。

2016 年 11 月 20 日，第一次观测和跟踪持续了 273 min，从观测蟹状星云开始，到 2017 年 2 月至 9 月转换成观测和跟踪 4 组 X 射线双星（x - ray binaries）并成功创建了观测档案，以及观测和跟踪 3 颗低通量脉冲星（low - flux pulsars），但是最后一组观测结果并不理想，因为时间分辨软 X 射线光谱仪的覆盖区域太小，不能实现稳定的跟踪。卫星下一个任务是测试蟹状星云脉冲星信号的时间并与 Jodrell Bank 的数据库对比，意外的是，在 2017 年 11 月 7 日发现了一个信号故障。到 2018 年秋，脉冲星试验卫星已经验证了一种假设：有可能识别一系列脉冲星，并凭借一颗蟹状星云实现导航，为此卫星团队创建了一种可行的运算算法（operational algorithm），尽管多点脉冲星导航更加理想。未来计划研制一颗收集面积更大的中型卫星，然后建立一个用于深空脉冲星导航的参照星座（reference constellation）。

4.5.4 中国碳卫星（Tansat）

2015 年，中国宣布将于次年发射全球二氧化碳观测卫星，地面系统测试已基本完成。发射碳卫星的想法要追溯到 2010 年由 863 计划资助的一项研究。2012 年 9 月，卫星完成了任务初步设计评审（PDR）。由于中国对环境问题越来越关注，卫星任务的审批好像进入了快车道[11]。在 20 世纪，大气二氧化碳的浓度从 280 ppm 上升到 380 ppm，中国的气候监测数据显示，同期气温上升了 0.8 ℃。根据预测，到 2050 年工业化会使气温上升 3.3 ℃，同时降雨量会增加 7%，极端天气事件也会增多。2009 年，日本发射了温室气体观测卫星（Gosat），这是亚洲同类卫星中的首发星。中国碳卫星的总体目标是评估人类在二氧化碳排放中的作用，并预测未来二氧化碳的增长及带来的影响；该卫星任务的具体目

① 搭载的两种载荷为准直型微通道板探测器和聚焦型探测器。

标是测量全球和中国平均二氧化碳比例，准确到 1%，精度为 4 ppm。中国碳卫星任务由科学技术部资助。

2016 年 12 月 21 日，全球二氧化碳监测科学实验卫星（也称为碳卫星），由长征二号丁火箭一箭四星从酒泉卫星发射基地送入太空，另外搭载了 3 颗小卫星：1 颗高分微纳卫星和 2 颗光谱微纳卫星。卫星质量为 600 kg，飞行高度为 700 kg，搭载了中国科学院长春光学精密机械与物理研究所研制的两种载荷：

1）高分辨率与高光谱二氧化碳探测仪（HRHS－GS）：测量 1.61 μm 和 2.06 μm 的红外吸收和 0.76 μm 的阳光反射分子氧 A 波段，分辨率为 $2\times1\ km^2$，刈幅（swath）为 20 km。

2）多谱段云与气溶胶探测仪（CAPI）：测量 0.38 μm、0.67 μm、0.87 μm、1.38 μm 和 1.64 μm 的云中的气溶胶。刈幅为 400 km。

碳卫星由中国科学院研制，中国科学院长春光学精密机械与物理研究所研制有效载荷，中国科学院微小卫星创新研究院（SECM）负责卫星系统研制。碳卫星只有一块 $10\ m^2$ 的太阳能电池板，可以为锂电池提供 28W 电压。姿态控制由四个反作用轮（reaction wheel）、四个转矩棒（torque rods）和四个肼推进器（hydrazine thrusters）实现，携带 10 kg 燃料，辅助装置有三个太阳敏感器、两个磁力仪、两个恒星跟踪器、两个陀螺仪（gyros）和一个 GPS 发射器。星上数据容量为 128 GB，可以通过 X 波段天线以 64 MB/s 的速度下载。地面站分别设在北京、香河、合肥、深圳、兴隆、敦煌、山东和海南。英国莱斯特大学（universities of Leicester）和爱丁堡大学（universities of Edinburgh）也参与了该卫星任务。

碳卫星每天在当地时间 13 点 30 分穿越赤道，重访时间为 16 天，每个轨道周期可以进行 800 多次观测。中国气象局国家卫星气象中心负责地面系统测量和定标，以及数据分发。收集到的数据每 8 小时传输一次。每次卫星经过，都会对单个目标进行 8～10 min 观测，对二氧化碳热点的探测非常有价值。对二氧化碳的测量是通过太阳光的反射来实现的，在成像中可以看出来。2017 年 9 月，碳卫星结束了测试阶段，每 90 min 从 700 km 的飞行高度传输一次数据，卫星预计运行三年。

截至 2018 年 6 月，碳卫星已经下载了 27 478 GB 的数据，拥有 75 个注册用户。碳卫星绘制的第一幅全球二氧化碳分布图发表在《大气科学进展杂志》（*Journal of Advances in Atmospheric Sciences*）上。论文的第一作者杨东旭解释说，现在不仅可以预估二氧化碳含量水平的绝对数值，还可以得到二氧化碳的通量，或者其季节变化的过程。同年底，碳卫星观测证实，由于光合作用（photosynthesis）速率的变化，北半球的二氧化碳含量在 2 月至 7 月期间出现了 5ppm 至 8ppm 的季节性下降。中国东部、美国东部和欧洲的工业活动排放热点（Emission hotspots）清晰可见。另一个热点是撒哈拉以南的非洲的草原地区，其原因是季节性的火灾。该任务发布的一份全球叶绿素荧光地图（chlorophyll fluorescence map），对比了 2017 年 7 月和 12 月的数据，图上的红点清楚地从北纬向巴西和赤道以南的非洲移动。

4.5.5 硬X射线调制望远镜卫星：慧眼

硬X射线调制望远镜卫星（Hard X-ray Modulation Telescope，HXMT）① 是下一颗立项的空间科学系列卫星。该卫星任务也经历了很长的立项过程，卫星任务定义最早始于1994年，由李惕碚院士领衔的高能天体物理研究室和北京天文台科学家团队提出采用18边六角棱镜（hexagonal prisms）来实现10～200 keV范围内的X射线巡天，这个范围要低于欧洲俄罗斯联合卫星任务国际伽马射线天体物理学实验室（INTEGRAL）②。详细的设计工作在20世纪90年代中期就已经开展。卫星的主要的仪器是一个18边六角棱镜，主要用来巡天测量和对研究天体进行更详细的成像。

X射线天文学最早可以追溯到美国国家航空航天局的Uhuru X射线探测卫星（Uhuru Explorer），其后发射的X射线天文卫星任务多达50余次。但是，该卫星任务是中国第一颗X射线天文任务，采用了一种简练的调制技术在卫星巡天的过程中捕获某一时刻定点小天区X射线辐射[12]。

卫星进展缓慢，但是卫星模型在2009年珠海航展上展出，这也预示了这颗一吨重的卫星任务的积极进展。硬X射线调制望远镜任务直到2011年3月才获得了立项资助。卫星列入“十一五”计划（2008—2013年），发射日期为2015年，预算为10亿元（1.1亿欧元）。与之前的卫星方案相比，卫星设计有重大调整。首先，卫星的工作波段更宽，从1～250 keV，分辨率为1弧分，这样就需要增加其他有效载荷。卫星的科学目标超越了硬X射线巡天测量，而是观测被尘埃包围的超大质量黑洞的数目，观测脉冲星X射线辐射，并研究致密天体（compact object）和黑洞的引力场。其次，卫星质量几乎增加了2倍，达到2 700 kg。最后的仪器配置如下：

- 高能X射线仪，20～250 keV。
- 中能X射线试验，5 ～ 30 keV。
- 低能量X射线试验，1 ～ 15 keV。

卫星由中国空间技术研究院、哈尔滨工业大学和中国科学院高能物理研究所联合研制，基于中国空间技术研究院研制的资源二号卫星平台。卫星将首先执行银道面（galactic plane）巡天观测，然后实现具体科学目标：监测变源（variable）和探测新的变源，对宇宙X射线背景进行大规模观测，获取活动星系核的X射线光谱以确定其组成和几何形状，观察X射线双星附近的时变、物理条件和极端物理条件。预计每年能探测到200次伽马射

---

① 硬X射线调制望远镜卫星是中国第一个空间天文卫星任务，是既可以实现宽波段、大视场X射线巡天又能够研究黑洞、中子星等高能天体的短时标光变和宽波段能谱的空间X射线天文望远镜，同时也是具有高灵敏度的伽马射线暴全天监视仪。为了纪念推动中国高能天体物理发展的已故科学家何泽慧，卫星被命名为“慧眼”。卫星首席科学家为中国科学院高能物理研究所张双南。

② 国际伽马射线天体物理学实验室卫星（INTErnational Gamma-Ray Astrophysics Laboratory，INTEGRAL）于2002年发射升空，这是一颗伽马射线高能天体物理卫星，工作在3 keV～10 MeV之间的硬X射线和软伽马射线卫星，拥有100平方度的大视场和keV级的能谱分辨率，以及毫秒量级的时间分辨能力。

线爆发。第一年的观察是基于研究所和大学提出的任务观测建议。卫星任务初期的巡天扫描占大约 35%，而专门观测占 65%。巡天扫描任务划分为 19 个天区，每个天区需要两个小时的扫描时间（全天区扫描耗时 2 天），在这期间卫星将探测重复性、周期性变源和新的变源，如果出现了新的变源，将触发是否立即进行调查。第一年的数据整理后将开放给国内外科学界，也对在校学生开放。

2017 年 6 月 15 日，在酒泉卫星发射基地，硬 X 射线调制望远镜卫星由长征四号乙火箭发射升空，进入 540 km 轨道。搭载发射的还包括两颗 OVS 成像微卫星珠海一号，每颗重 50 kg；珠海一号主要用于遥感观测系统。硬 X 射线调制望远镜卫星进入轨道后被命名为“慧眼”（Insight），任务名称征集活动中前五名的参与者获得了参观卫星发射的门票。入轨后第二天，慧眼卫星开始传输数据，10 天后首次发现了伽马射线暴。卫星在轨定标持续到 11 月，意大利费拉拉大学（University of Ferrara）物理和地球科学系的菲利波·弗龙特拉教授（Filippo Frontera）参与了这一过程。意大利科学家在许多年前就研制了著名的 BeppoSAX X 射线天文卫星。慧眼卫星于 12 月完成了在轨测试，并参与了对双中子星合并产生引力波的全球测量。2018 年，慧眼任务的第一批论文发表在《中国科学》（*Science China*）和《天体物理学通讯》（*Astrophysical Journal Letters*）上。到 2018 年秋，慧眼卫星已经探测到 80 多次伽马射线暴，观测到 25 个 X 射线双星，发现了准周期振荡（Quasi Periodic Oscillation，QPO），并绘制了其扫描和定点观测（pointed observation）的天体图。

4.5.6　电磁监测试验卫星张衡一号（ESSEM/CSES）

地震频发是中国面临的严重问题，很多地震造成大量人员死亡。仅在 2013 年，中国就发生了 43 次超过 5 级的地震。2014 年，中国宣布研制专门卫星进行地震预警，而相关设计工作从 2003 年就开始了。张培震领导的中国地震局地质研究所参与了 1992 年至 1998 年的联合国全球地震灾害评估项目（United Nations Global Seismic Hazard Assessment Program），该项目将中国西南地区列为地震高危地区，西北和东北地区也是地震危险地区。

中国的这颗地震卫星被称为电磁监测试验卫星（Experimental Satellite on Electromagnetic Monitoring，ESSEM），后来也称为中国地震电磁卫星（China Seismo Electromagnetic Satellite，CSES）。该任务涉及与意大利的合作，双方于 2013 年 9 月签署了合作协议。用卫星进行地震预警的想法早就有了。苏联的 Ionozond 卫星计划（Cosmos 1809 和 Intercosmos 19）已经成功地在地震发生前几个小时就发现了电波，其呈现形式是低频辐射或 0.1～0.15 kHz 范围内的“突发噪声”（noise bursts）。后续的两颗卫星 Intercosmos 22 和 24 也证实了这些发现。后来地震探测器也搭载在礼炮 7 号（Salyut 7）以及和平号轨道空间站（Mir orbital stations）上。该领域研究的先驱是谢尔盖·普利茨（Sergei Pulinets），他在接下来的 20 年里发表了大量论文，把地球电磁活动的微妙变化与随后发生在意大利、阿拉斯加、澳大利亚、新几内亚和新西兰等地的地震联系起来，使得研究案例让人信服。但是，西方认为俄罗斯的这些研究一文不值，并将其视为江湖伪科学，俄罗斯本身没有资金研发基于轨道的地震预警系统。意大利合作方为中国张衡一号卫星（见图 4-6）提供的准备材料似乎并不是根据俄罗斯的地震相关主体研究，而是主要根据法国的地震卫星 Demeter（2004 —2016 年），这颗卫星也发现了在地震发生前几天地震震中（epicenter）附近的等离子体密度增加的现象。中国自己的风云二号系列卫星在 2016 年 10 月 6 日中国台湾地震之前就发现了热异常（thermal anomalies）。

图 4-6　张衡一号发射［图片来源：欧洲空间局］（见彩插）

张衡一号搭载了 9 台中国研制的仪器：探测等离子体的朗缪尔探针（LP），高能粒子探测器（LEPD），离子漂移计（IDM），离子捕获仪（ICM），延迟电位分析仪（RPA），探测电磁场的高精度磁强计（HPM），感应式磁力仪（SCM），L 波段、VHF 波段和 UHF 波段三频信标机（Tri-Band beacon）以及获取垂直电子密度的 GNSS 掩星接收机

(Occultation Receiver)，用来探测大于六级的地震①。意大利提供的仪器是高能粒子探测器（HEPD），用来测量电子和质子通量的突然增加，探测器的探测能量范围为电子 3～200 MeV，质子 30～300 MeV；范围高达 5 MHz 的电场探测器（Electric Field Detector，EFD，由罗马大学的 Davide Badoni 负责）用来测量电场扰动。这两台探测器将探测可能与地震相关的电离层扰动。张衡一号的首席科学家是中国地震局地震研究所研究员申旭辉。参与该任务的意大利研究负责人是特伦托数字大学（University of Trento Digital University）的罗伯托·巴蒂斯顿教授（Roberto Battiston）。中国的载荷在罗马的等离子室完成了测试，高能粒子探测器在位于弗拉斯卡蒂（Frascati）的光束测试实验室和位于特伦托的质子回旋加速器（Proton Cyclotron in Trento）进行了测试。张衡一号卫星质量为 730 kg，使用中国空间技术研究院 CAST2000 卫星平台研制，功率消耗为 900 W，X 波段传输速度为 120 Mbit/s。

2018 年 2 月 2 日，张衡一号在酒泉卫星发射基地由长征二号丁火箭送入近地点 489 km，远地点 509 km 轨道，倾角 97.3°，这一天寒风呼啸、气温低至- 20 ℃。在发射前，卫星被命名为张衡一号来纪念地震学家张衡（公元 78—139 年）。到 2018 年秋天，卫星研制单位东方红公司发布了一份新的全球地磁场地图。

表 4 - 9 列出了到目前为止所有科学卫星任务（返回式卫星和实践系列卫星见表 4 - 3 和表 4 - 5）。

表 4 - 9　科学卫星任务

探测一号(双星计划)	2003 - 12 - 29	磁层(赤道轨道)
探测二号(双星计划)	2004 - 7 - 25	磁层(极地轨道)
暗物质粒子探测卫星/悟空号	2015 - 12 - 17	高能物理
量子科学实验卫星/墨子号	2016 - 8 - 16	量子通信
脉冲星试验卫星	2016 - 11 - 10	脉冲星深空导航
全球二氧化碳观测卫星	2016 - 12 - 21	二氧化碳监测
硬 X 射线调制望远镜卫星	2017 - 6 - 15	X 射线望远镜
电磁监测试验卫星	2018 - 2 - 2	地震探测

4.6　未来空间科学卫星任务：第一阶段

重新调整后的中国空间科学卫星计划的第一阶段卫星任务收官于硬 X 射线调制望远镜卫星（见表 4 - 8）。下一阶段空间科学卫星涉及：爱因斯坦探针卫星（EP）、水循环观测

① 根据公开资料，张衡一号搭载的中国研制载荷共 8 种，探测电磁场的高精度磁强计、感应式磁力仪和电场探测仪；探测等离子体的朗缪尔探针、等离子体分析仪、GNSS 掩星接收机和三频信标机；探测高能粒子的高能粒子探测器。

卫星（WCOM）、磁层-电离层-热层耦合小卫星星座探测计划（MIT）和先进天基太阳天文台卫星（ASO－S），其中爱因斯坦探针卫星和先进天基太阳天文台卫星已经于2017年12月立项[①]。

爱因斯坦探针卫星预计将于2022年发射，主要科学目标是对宇宙、黑洞、伽马射线暴和电磁波进行X射线研究，任务参与方包括莱斯特大学（University of Leicester）。卫星的0.5～4 keV波段宽视场X射线望远镜（Wide－field X－ray Telescope，WXT）和后随X射线望远镜（Followup X－ray Telescope，FXT）将对软X射线瞬变源（soft x－ray transient and variable sources）进行时域监测（a time－domain census），其灵敏度将比人尽皆知的美国雨燕卫星（Swift Explorer）高两个数量级（two orders of magnitude greater sensitivity）[②]。卫星可以通过宽视场X射线望远镜监测大天区来探测超新星、中子星、活动星系核、引力波事件、伽马射线暴和耀斑、磁星和黑洞。卫星将解答一些关键科学问题，如黑洞的起源和演化、引力波的产生机制、第一代恒星的生命周期，以及是什么引起了超新星的爆炸。爱因斯坦探针卫星为方形，两边是太阳能电池板，两组望远镜位于上部。这颗小卫星的质量约为380 kg，将在600 km轨道上运行5年，倾角为30°，周期为97 min。

全球水循环观测卫星（WCOM）将测量水循环的关键参数，如土壤湿度、海水盐度、地表蒸发、雪水和大气水汽，这些参数将使我们更好地理解水循环在全球环境中的作用。目前的卫星观测时间和空间分辨率还不够好，星载仪器通常不能把雪和雨区分开来。该卫星搭载了三种载荷，实现了对陆地、海洋和大气的关键水元素的主动和被动微波测量（active and passive micro－wave measurements）的结合：干涉微波成像仪（Interferometric Microwave Imager，IMI）、双频偏振微波散射计（Dual－frequency Polarized microwave Scatterometer，DPS）和偏振微波成像仪（Polarimetric Microwave Imager，PMI）。这三种仪器可以适用于所有预定领域：土壤湿度、海水盐度、海洋蒸发、降雨和升华（sublimation）。卫星质量为1 050 kg，轨道为600 km太阳同步轨道（SSO），倾角为97.79°，将在酒泉卫星发射基地或太原卫星发射基地由长征四号丁火箭发射。卫星地面接收站包括北京、三亚和喀什，日下行数据量为291GB，速度为750 MB/s，耗时52 min。

磁层-电离层-热层耦合小卫星星座探测计划（MIT）的任务概念由来已久，一度曾经作为双星计划的后续任务，是与欧洲空间局的联合项目。这个任务与双星计划相比，航天器增加到了四颗。卫星的主要科学目标经历过很多轮的演化，其目标主要为：

---

① 作者所述第一阶段空间科学卫星任务大致与空间科学先导专项二期立项任务相当。截至2020年4月，已经立项的空间科学卫星任务（空间科学先导专项）包括：引力波暴高能电磁对应体全天监测器卫星（GECAM）、先进天基太阳天文台卫星（ASO－S）、爱因斯坦探针卫星（EP）、太阳风-磁层相互作用全景成像卫星计划（SMILE）。作者文中所述的WCOM和MIT任务没有立项。

② 雨燕卫星（Swift Gamma－Ray Burst Mission），全称为伽马暴快速反应探测器，是美国国家航空航天局于2004年发射的一颗专门用于观测伽马射线暴的天文卫星，工作波段包括伽马射线、X射线、紫外线以及可见光。

1）上行离子的起源及其加速机制。

2）外流离子对磁暴形成的影响。

3）电离层和热层暴。

4）磁层、电离层和热层的耦合机制。

这四颗卫星都将在极地轨道上运行，其中两颗位于近地点 500 km，远地点 1 500 km，倾角为 90°的极轨上，即电离层热层卫星（ITA 和 ITB）。另外两颗是磁层卫星（MA 和 MB）。表 4－10 介绍了主要卫星仪器。

表 4－10　磁层-电离层-热层耦合小卫星星座探测计划主要仪器

卫星	磁层卫星（MA、MB）	电离层-热层卫星（ITA 和 ITB）
仪器	热等离子体分析仪 热离子质谱仪 低能电子分析仪 超热离子组成分析仪 高能粒子探测器 磁通门磁强计 电场仪 低频电磁波探测器 宽带波形分析仪 中性原子成像系统	冷等离子体分析仪 朗缪尔探针 高能粒子探测 中性大气分析仪 极光气辉成像仪 磁通门磁强计 电场仪 低频波探测器 宽带波形分析仪

先进天基太阳天文台卫星（ASO－S）的历史非常长，对卫星发起人来说，这段历史也五味杂陈。随着美国和苏联在 20 世纪 60 年代首先发射了类似的天文卫星，中国天文学家和天体物理学家的心愿是发射中国自己的专门天文观测卫星。早在 1976 年，中国就开始了天文卫星的相关工作，卫星载荷仪器由紫金山天文台设计。一整套仪器的设计、研制工作最终完成，但是 1985 年天文卫星任务被取消了。已经研制好的仪器最终被应用到了通信卫星、风云卫星、载人实验项目（神舟二号）上，甚至被应用到了飞越日本和西伯利亚的长距离气球上。

5 年后（1992 年），中国又启动了天文卫星任务。到 1997 年，与德国合作完成了太阳空间望远镜（Solar Space Telescope，SST）的设计。1999 年，第一批政府经费到位，用来研制 5 个望远镜，其中镜片由俄罗斯制造。尽管这样，发射日期一推再推。时间来到 2011 年，该项目被重新设计为先进天基太阳天文台卫星（ASO－S），瞄准第 25 个太阳活动高峰期（solar maximum）。卫星的主要目的是研究太阳耀斑、磁场和日冕物质抛射（CMEs）之间的关系，主要科学目标最终为：对全日面矢量磁场的观测、生成硬 X 射线热图像、研究日冕物质抛射的起因、理解日冕物质抛射与耀斑和磁场变化的因果关系。卫星将搭载三个有效载荷：全日面矢量磁像仪（Full－disc vector Magneto Graph，FMG）、莱曼阿尔法太阳望远镜（Lyman－α Solar Telescope，LST）和太阳硬 X 射线成像仪（Hard X－ray Imager，HXI）。卫星轨道为 720 km，倾角为 98.2°，运载火箭为长征二号丁，数据下行速率为 220 GB/天。卫星平台为 SAST 1000 平台或者资源一号平台[13]。发射定于 2022 年年初。

2017 年 12 月，引力波暴高能电磁对应体全天监测器卫星（GECAM）获得立项批复，其主要作用是探测引力波的电磁信号。该任务由两颗卫星组成，分别位于地球的两侧。

4.7 未来空间科学卫星任务：第二阶段

第二批未来空间科学任务①最初由四项任务构成：太阳极轨望远镜（SPORT）、X 射线时变与偏振空间天文台（XTP）、空间毫米波超长基线干涉测量阵列、系外行星探测（STEP）。2018 年秋季又增加了三项任务：Hα 空间太阳望远镜（HSST），多尺度能谱天文台（MSSO）和太阳过渡区观察和研究（STORM）。

太阳极轨望远镜计划是一个讨论已久的卫星任务，卫星概念经历了无数次的演变。该任务领域的先行者是欧美联合卫星任务尤利西斯号（Ulysses），尤利西斯号飞向木星，并飞向太阳极区②。太阳极轨望远镜计划本来可以利用 8 颗子卫星对太阳进行三维观测，但在 2018 年秋，项目最终被放弃了[14]。

X 射线时变与偏振空间天文台（XTP）被认为是硬 X 射线调制望远镜卫星的继任者，将耗资 30 亿元（4 亿欧元）。该卫星的目的可以概括为一奇（黑洞）、二星（中子星和夸克星）、三极端（极端引力、磁场和密度）。卫星预计将研究奇点（黑洞）、中子星（范围 1～30 keV）、准周期振荡（Quasi - Periodic Oscillations，QPIs）和磁星，并将非常精确地找到 X 射线源，探测不常见的瞬时信号，以及通过一些极其灵敏的 X 射线望远镜来探索极端物理。卫星任务的目的是测量黑洞和中子星样本的基本参数，探测黑洞视界（event horizon）和中子星表面的物理条件，并研究中子星内部物质的状态。卫星将是质量为 1 100 kg 的圆柱形卫星，两个巨大的太阳能电池板可以提供 1 000 W 的能量，卫星轨道为 550 km，倾角为 28°。预计每天的数据量为 3 TB。计划搭载如下仪器：

1）高能 X 射线准直阵列（HCA，5～30 keV）。

2）低能准直阵列（LCA，1～10 keV）。

3）高能 X 射线聚焦阵列（HFA；f5.5 m；1～30 keV）。

4）低能 X 射线聚焦阵列（LFA；f4.5 m；1～10 keV）。

5）全天候监控器（2～30 keV）。

6）广角相机。

7）偏振观测望远镜（1～15 keV）。

有 20 个国家的科学家参与了卫星研发，这些科学家主要来自欧洲，尤其是意大利。X

---

① 作者划分的第二阶段空间科学任务，大致与空间科学先导专项二期的背景型号任务相当。截止到 2020 年 4 月，处于空间科学先导转型背景型号研究的任务包括：增强型 X 射线时变与偏振（eXTP）空间天文台、空间引力波探测太极计划、中高轨量子卫星、超长波天文观测阵列和小天体采样返回计划。

② 尤利西斯号是美国国家航空航天局与欧洲空间局联合研制的一颗太阳探测器，1990 年 10 月 6 日发射升空，目的是研究太阳的性质，加深对太阳风、太阳极区以及行星际磁场等方面的了解。尤利西斯号探测器的目标之一是探测太阳的极区，其轨道与黄道面几乎垂直。为了到达这样一条轨道上，探测器首先于 1992 年 2 月 8 日接近木星，借助木星的引力调整到太阳极轨上，开始向太阳的高纬度地区飞行。

射线时变与偏振空间天文台卫星任务的主要意义在于解释密度、重力和磁性等极端条件下的物质，如黑洞；测量 X 射线信号的定时、能量分布和偏振，寻找异常和瞬时信号。一旦被一台仪器定位，其他仪器就会聚焦，进行放大观测。

X 射线时变与偏振空间天文台任务被认为是美国的核分光望远镜阵列（NuSTAR）和 X 射线时变探测器（X - ray Timing Explorer），以及欧洲的多镜片 X 射线观测卫星（XMM）的继续，并力争成为 21 世纪 20 年代最多产的 X 射线卫星。在 X 射线时变与偏振空间天文台之后，已经提出了 2 个可能的未来任务：增强型 X 射线时变与偏振（eXTP）空间天文台（2025 年），以及重力波望远镜（2030 年）[15]。eXTP 是一项成本 33 亿元（4.4 亿欧元）的任务，目标是成为下一代 X 射线观测天文台和旗舰任务，任务的国际合作部分涉及德国图宾根大学（University of Tübingen）。eXTP 将搭载四种载荷，与 X 射线望远镜一起来研究黑洞、中子星和大质量星系的碰撞，具有极高的精度和速度，可以识别出旋转天体。

空间毫米波甚长基线干涉阵列涉及在 43 GHz Q 波段 60 000 km 基线观测，包括两颗卫星，相距 120°。这个任务概念是全新的，此项开拓性任务将对黑洞、吸积盘（accretion disk）外边缘和天文脉泽（astronomical masers）的喷流进行成像。卫星将对黑洞及其精细结构进行成像，以期发现产生黑洞的过程。卫星的设计遵循了俄罗斯非常成功的 Spektr R 的一般原则，同样有 10 m 天线，但是该卫星更加先进，可以收集 320TB 数据。卫星质量为 3 800 kg，运载火箭为长征三号丙火箭，卫星工作在 X、K 和 Q 波段。

STEP 是系外类地行星探测卫星（Space micro - arcsecond astrometry to search for the Terrestrial Exo - Planets）的缩写。这颗 500 kg 的系外类地行星探测卫星的目标是通过较差天体测量（differential astrometry）来探测太阳系附近的 F、G 和 K 光谱内的类日恒星，并降低系外行星探测的门槛，来寻找每个行星系统中的宜居带类地行星。天体测量学涉及通过恒星周围的行星来探测恒星运动的微小变化，第一次发现白矮星就是运用了天体测量学。这种方法与大多数行星猎手卫星（planet hunters）不同，后者主要通过观测行星穿过恒星表面时的光线短时衰减来进行探测。为了获得最佳的有利位置，STEP 卫星将在 L2 点晕轨道（halo）上运行 180 天，这一轨道可以保护它的遮阳板（sunshield）不受过多热量和光线的影响。按计划是首先开展巡天观测，然后是定位观测（pointed observations）。STEP 卫星每天将在 1.8 h 内向 64 m 的圆盘天线发送 65 GB 的数据。卫星将由一个方形的底座和 4 个太阳能板组成，底座下面是一个长长的望远镜，上面覆盖遮阳材料。

最后，2018 年秋季又增加了三项任务：多尺度能谱天文台（MSSO）、太阳过渡区观察和研究（STORM）和 Hα 空间太阳望远镜（HSST），尤其是 HSST 项目已经足够先进，可以后来居上。该项目是位于南京的紫金山天文台的太阳研究组提出的，并且似乎与上海的微小卫星创新研究院已经开展了两年的研制。HSST 卫星是质量为 35 kg 的小卫星，搭载的光栅光谱仪（grating spectrometer）和扫描镜（scanning mirrors）将进行 6562.8 Å（Hα）和 6569.2 Å（FeI）太阳观测。卫星将按实践系列卫星进行编号。

4.8 国际合作卫星任务：太阳风-磁层相互作用全景成像卫星计划、中法天文卫星、中法海洋卫星

此外，与欧洲，尤其是法国的几个联合空间科学卫星任务也在计划中：太阳风-磁层相互作用全景成像卫星计划（SMILE，也称为“微笑计划”）、中法天文卫星（SVOM）、中法海洋卫星（CFOS），其中中法海洋卫星更应该列为应用卫星，但是为了方便起见，在本章进行介绍。与欧洲的联合任务经历了多轮演变，其中问题最多并且最终未能实施的项目要数夸父计划了。尽管花费了大量的时间，经历了很多波折，但最终未能实施。该计划以中国神话中追日的夸父命名，项目可追溯到20世纪80年代，并得到了欧洲空间局许多成员国的支持。2007年，当夸父国际研讨会在遍布棕榈树的中国三亚举行时，该计划还算进展顺利。夸父计划包括3个700 kg的航天器，任务寿命为10年，将跟踪从太阳大气到地球空间的完整扰动链（chain of disturbance），并特别关注太阳耀斑、日冕物质抛射、行星际云、冲击波、磁暴、亚暴和极光。

2012年11月，在那不勒斯举行的欧洲空间局部长级会议上，夸父计划在毫无征兆的情况下，突然被放弃了。该计划的主要伙伴国家加拿大因为政治原因而选择了退出，时任加拿大总理斯蒂芬·哈珀（Stephen Harper）对中国和俄罗斯深为反感。随后欧洲空间局出于财政原因退出，已经无法为夸父计划安排预算。

夸父计划尘埃落定之后，中国和欧洲空间局开始着手计划一项更可行的联合小卫星任务，欧洲空间局的出资上限为3.8亿元（5 000万欧元），占任务成本的一半。双方联合开展了任务提案的遴选过程。任务提案征集通知上明确提出了卫星质量不超过300 kg，其有效载荷不得超过60 kg，运载火箭是长征二号丙。通知委婉地提醒任务建议人，所设计的载荷不要违反美国出口管制规定。一共13个项目提案进入遴选范围，最终太阳风-磁层相互作用全景成像卫星计划胜出。该计划旨在研究太阳对地球、空间天气和太阳辐射与地球磁层的相互作用的影响。具体的科学目标如下：

1）研究地球磁层对太阳风的动态响应。

2）结合磁鞘的X射线成像和随太阳风而来的北极光紫外线成像。

3）研究太阳-地球关系的全部事件链，从昼侧重联到磁层亚暴，再到日冕物质抛射驱动的磁暴。

计划搭载的4台科学载荷如下：

1）软X射线成像仪（SXI载荷PI：Steve Sembay，莱斯特大学）。

2）极紫外成像仪（UVI载荷PI：Eric Donovan，卡尔加里大学）。

3）低能离子分析仪（LIA载荷PI：戴磊，中科院空间中心）。

4）磁强计（MAG载荷PI：李磊，中科院空间中心）[16]。

英国于2017年加入了SMILE任务，提供了2 600万元（350万欧元）的资助。其主要动机是通过更好地了解磁层来保护电网和通信网络免受空间天气的威胁。这笔资金将用

来推动伦敦大学学院穆拉德空间科学实验室（University College London Mullard Space Science Laboratory）和开放大学（Open University）参与该卫星计划，这两所大学都是 SXI 载荷的研制单位，资金也用于 Thales Alenia 公司进行载荷舱设计。

伦敦大学学院穆拉德空间实验室的格拉齐亚·布兰杜尔迪–雷蒙德（Graziella branduardii – raymond）和中国科学院国家空间科学中心王赤分别是 SMILE 计划的欧方和中方首席科学家。他们解释说，该任务的主要目的是找到缺失的一环，来理解太阳如何控制地球的等离子体环境和空间天气。为此，SMILE 任务将通过太阳风和磁鞘等离子体和磁场测量、磁鞘和磁尖的 X 射线成像和极光分布的紫外线成像，来观测太阳风–磁层耦合。任务的创新之处在于采用软 X 射线观测地球磁层顶（magnetopause）的同时，对北极的极光进行紫外线成像。这将有助于更好地理解磁重联、日冕物质抛射驱动的磁暴和亚暴周期。

2015 年 9 月，中欧双方在伦敦举行了启动会议，接下来两年举办了三次科学小组联合会议，并邀请了世界各地的科学家作为“协作人员”参加会议。中国负责推进舱、服务舱和部分载荷，欧洲空间局负责有效载荷舱、载荷接口和部分载荷，后来运载火箭也由欧洲空间局负责。目前，SMILE 卫星任务的体量似乎已经变大，质量从 300 kg 增加到了 2 000 kg。采用中国长征二号丙火箭的方案被放弃，由运力更强的欧洲火箭织女星 C 或者阿丽亚娜 6 号，或俄罗斯的联盟号 ST 火箭代替，这些火箭可以实现更高的卫星轨道。卫星的飞行计划是，先在近地轨道进行几个月的在轨测试，然后推进到高轨道，并保障在航天器穿越辐射带时其电荷耦合设备（Charge Coupled Device）图像传感器的安全[17]。通过 X 射线成像和紫外线成像的结合可以实现磁层气泡（magnetospheric bubble）的可视化，预计将把更多的人吸引到空间科学上来。

欧洲空间局和中国也在静止轨道毫米波大气探测仪项目（Geosounder）上开展了合作，该仪器是直径为 3 m 的毫米波探测仪，用于制作基于卫星的三维大气温度和湿度分布图。该仪器可以应用于极端天气观测，将在 21 世纪 20 年代初实现卫星搭载①。此外，中国表示愿意参加世界空间紫外天文台（World Space Observatory Ultraviolet，WSO – UV）项目，该项目是俄罗斯、欧洲和中国三方合作项目，利用一个 1.7 m 的主镜（primary mirror）来研究宇宙结构和远距离行星的大气，中国将提供一台长缝摄谱仪（long – slit spectrograph）。项目参与要求在仪器方面取得进展，特别是在聚焦望远镜、聚焦平面探测器、亚毫米波探测器、红外探测器和冷却系统方面。目前，项目仍处于早期定义阶段。

如图 4 – 7 所示为中欧合作项目静止轨道毫米波大气探测仪。

中法两国目前开展了两个双边合作项目：中法海洋卫星和中法天文卫星。中法两国的空间领域合作一开始也不顺利，第一个合作任务太阳爆发小型探测器（Small Explorer for

① Geosounder 地面样机直径为 3.8 m。2018 年 1 月 11 日，由中国科学院国家空间科学中心与欧洲空间局联合研制的“中欧静止轨道毫米波大气探测仪样机”通过验收。该项目是中欧双方在对地观测领域围绕新体制毫米波大气探测技术开展的首次实质性合作，将为未来我国静止轨道气象卫星开展毫米波成像探测奠定技术基础。

图 4-7　中欧合作项目静止轨道毫米波大气探测仪［图片来源：欧洲空间局］

Solar Eruptions，SMESE）就没有成功实施。SMESE 任务旨在研究太阳耀斑、日冕物质抛射以及两者在太阳活动高峰期的联系。到 2009 年，该项目进展到了卫星任务设计和载荷配置阶段（Lyman 磁盘成像仪、EUV 磁盘成像仪、红外望远镜、Lyman alpha 日冕仪、X 射线光谱仪和伽马射线光谱仪）。然而，同年四月，法国选择退出该项目。

中法新一轮合作成果始于中法海洋卫星（Chinese French Oceanic satellite，CFOSat），其目标是对海风和海浪进行全球监测，来研究海洋气象学（尤其是极端事件）、海洋动力学、气候变化，以及海洋表面过程。中法海洋卫星（见图 4-8）充分利用了法国在 TOPEX/Poseidon、Jason 和 Megatropiques 等卫星任务中的经验，旨在提高人类对海面过程、海浪和海冰的了解，尤其在沿海地区。该项目于 2006 年启动，卫星搭载了 2 台微波雷达仪器，第一台是泰雷兹公司（Thales）研制的表面海浪探测监测仪（SWIM），它可以测量海浪的方向、振幅和波长，但不能测量高度；第二台是中国研制的散射计（SCAT），该仪器设计有 6 根旋转光束，可以以一定角度射向海浪进行频率测量。这颗重 600 kg 的卫星是基于中国空间技术研究院的 CAST 2000 平台，卫星平台与 VRSS-2 和高分一号相同。中法两国将对卫星实施双重控制（double-key controls）。2018 年 1 月，法国国家空间研究中心（CNES，即法国航天局）主席让·伊夫·勒加尔（Jean-Yves Le Gall）陪同马克龙总统访问中国，并与中法海洋卫星的模型合影，此时卫星正在北京的卫星车间进行最后阶段的生产。此次访问，法方与中国签署了关于卫星数据传播和未来合作的协议，并讨论了空间气候观测任务（Space Climate Observatory mission）。下行到北京、西安、图卢兹和布列斯特的中法海洋卫星的数据将在 3 小时的时间内到达中国和法国的气象预报部门。

图 4 - 8　中法海洋卫星［图片来源：CNES］（见彩插）

2018 年 10 月 29 日，中法海洋卫星最终从酒泉卫星发射基地发射入轨。适逢大气条件非常好，地面观看发射的人能够看到长征二号丙火箭的整个上升过程，先是呈弧线上升，然后在进入高空大气层时突然排出一股烟雾。此次发射还搭载了 4 颗由天仪卫星研究院研制的立方星。同年 12 月，中法联合科学技术委员会对第一批数据进行了核查。此时，卫星已经完成了对台风万宜的跟踪（位置、移动和速度），使预报更加精确。

中法天文卫星（见图 4 - 9），即天基多波段空间变源监视器（The Space Variable Object Matter mission，SVOM）的发射日期为 2021 年。2016 年 7 月，卫星最终设计确定。卫星轨道为600 km，倾角为30°，主要科学目标是探测和定位伽马射线暴、测量其辐射光谱形状、确定其时间质量，以及识别和测量余辉。搭载的载荷如下：

1）一台X射线和伽马射线相机（ECLAIRs）：一种在硬X射线和软伽马射线波段（4～250 keV）定位伽马射线暴的宽视场望远镜。

2）一台伽马暴监视器（GRM）：用于监测和识别伽马射线暴精确位置的分光光度计（50 keV ～ 5 MeV）。

3）一台X射线天文望远镜（MXT）：用于研究余辉。

4）一台光学望远镜（VT）：用于观测伽马射线暴可见余辉的45 cm望远镜。

图4-9　中法天文卫星［图片来源：CNES］（见彩插）

预计SVOM卫星在三年内会建立200个伽马射线暴的数据集。将来使科学回报最大化的地面系统将很庞大，由128个中国地面广角相机系统（Ground Wide Angle Camera system）的光学相机和分别位于中国和墨西哥的地面后随望远镜（Ground Followup Telescope）组成。卫星致力于为伽马射线暴科学做出重要贡献[18]。如图4-10所示为中法天文卫星准备工作。

4.9　更远的未来

中国一直着眼于规划未来卫星计划，以期做到这些任务完成后还有后继卫星任务。

图 4-10　中法天文卫星准备工作进行中［图片来源：CNES］

2016 年 12 月，中国科学院国家空间科学中心发布了未来空间科学任务提案征集通知，并收到 136 份任务建议。由 30 名院士组成的评审委员会遴选出了 80 个任务建议进行进一步评审，然后由欧阳自远领导的 15 人专家组将进一步评估，其中三分之一的项目将获得资助，以开展深化论证（phase A）。

国家空间科学中心主任吴季在《空间科学规划研究报告》中概述了一系列前沿科学任务，其中一些任务无疑将会出现在 21 世纪 20 年代和 30 年代的未来卫星任务中[19]。在引力波领域，布局的任务包括太极、天琴和阿里卫星任务。太极任务的目标是观测双黑洞合并引起的引力波。天琴任务的目标是观测来自超致密白矮星的引力波，其旋转周期（rotational periods）约为 4.5 min。阿里任务的目标是探测宇宙膨胀时期时空扰动（perturbations of space - time）所产生的原始引力波。天琴的字面意思是“天空中的竖琴”，由中山大学发起，任务包含 3 颗在太空中按照等边三角形编队的卫星。

空间甚低频射电天文台（Space Ultra Low Frequency Radio Observatory，SULFRO）将作为甚长基线干涉阵列（VLBI）的后续任务，但是具有更高的分辨率和灵敏度，旨在揭示宇宙的黑暗时代。紫外发射线探测器（Ultra Violet Emission Mapper，UVEM）的目标是对 300 个邻近的星系群、星团和星系晕进行立体成像，并探测星系风。宇宙分子探测器（COsmology and Molecule Explorer，COME）将探索宇宙气体的组成，有助于我们了解宇宙是如何从黑暗走向光明的。

两项卫星任务可以作为系外行星探测计划的后续任务：外星黄道尘盘成像和系外类木/类地行星谱征研究任务（Jupiter/Earth twin Exoplanets and Exo - zodiacal Dust Imager and Spectrometer，JEEEDIS）和寻找宜居地球-新地球任务（Search for livable Earth -

New Earth，Nearth）。JEEEDIS 任务将寻找其他太阳系中类似地球和类似木星的行星组合，并对黄道带上的尘埃进行分析。Nearth 任务将通过掩星寻找宜居类地行星。

“太阳显微”计划包括四项任务建议：深空太阳天文台（Deep space Solar Observatory，DSO）、太阳极区探测器（Solar POlar Region Explorer，SPORE）、超高分辨 X 射线望远镜（Super High Angular Resolution Principle for coded mask X - ray imaging，SHARP - X）和太阳磁场和速度场分层结构探测器（Multilayer Exploration of Solar Magnetic and Velocity field，MESMV）。DSO 任务的科学目标是研究高精度 0.1 角秒空间分辨率的太阳磁结构，以增加对太阳物理的理解。SPORE 将在太阳极轨面运行研究太阳爆发，以揭示太阳活动周期的机理和太阳风的起源。SHARP - X 任务的目标是采用高分辨率硬 X 射线研究太阳耀斑中的高能粒子，而 MESMV 任务将探测太阳磁场的分层结构，并探究其中的能量传输过程，以期更好地预测空间天气。

“太阳全景计划”中预计包括三项任务建议，作为先进天基太阳天文台卫星（ASO - S）的后续任务：空间甚低频观测阵列（Solar Radio Array at extremely Low Frequency，SRALF）、太阳磁场立体测量（Stereoscopic Polarization Imagers for Explosive Sun，SPIES）和太阳高能辐射和粒子探测（Solar Energetic Emission and Particle Explorer，SEEPE）。SRALF 旨在填补低频太阳射电天文科学的空白，其目标是对太阳风开展连续观测，并探测宇宙线、银河电离氢、脉冲星和极光区千米波辐射（Auroral Kilometric Radiation，AKR）。SPIES 任务将首次测量太阳的矢量磁场。SEEPE 任务主要通过研究粒子加速机制和传输过程来探究耀斑期间的高能辐射。

在 SMILE 任务之后，预计有四项任务：中国地磁卫星计划（China Geomagnetic Satellite，CGS）、空间子午链磁层空间天气监测微卫星星座计划（Meridian Chain Nanosats for the Magnetosphere）、赤道电离层空间天气小卫星（Small Satellite for the Equatorial Ionosphere）以及地球磁场和辐射带高能粒子探测微纳卫星编队计划（Microsatellite Fleet for the Geomagnetic Field and Radiation Belt）。CGS 计划的目标是对地核表面磁场进行成像，对 1 500 km 深的上层地幔和中层地幔的电导率进行三维成像，确定岩石圈（lithosphere）的特征和监测磁层-电离层电流。空间子午链计划将进行 24 小时磁暴和亚暴监测。赤道电离层空间天气小卫星计划将探测赤道电离层，及其性质、变化和不均匀现象。地球磁场和辐射带高能粒子探测微纳卫星编队计划将探测近地空间电流，尤其是探测全球暴时的空间电流，探测辐射带高能粒子，提升预报和探测磁场异常的能力。

“能量循环探测”计划，预计包含六项卫星任务：

1）全球云-气溶胶-辐射监测任务（Cloud aerosol radiation monitoring mission）：探测全球云、气溶胶和辐射源的三维空间分布，及其相互作用过程。

2）基于拉格朗日 L1/L2 点特殊位置的地球辐射气候监测站任务（Earth radiation and climate monitoring mission）：通过在拉格朗日 L1/L2 点部署卫星，实现对地球辐射能量收支的长期精确监测。

3）月基全球变化探测任务（Lunar – based global change exploration mission）：对地球天气进行实时持续观测。

4）热层大气探测纳卫星任务（Thermosphere nanosatellite）：揭示热层的结构和大气密度，以及热层与电离层的相互作用。

5）临近空间大气研究卫星任务（Near – space atmosphere research mission）：研究人类活动对气候的影响，以及大气散逸到临近空间的过程。

6）大气金属层激光探测研究卫星任务（Atmospheric metal layer laser detection research mission）：旨在揭示中间层、低热层的结构和动力学特征，及其与气候变化和宇宙尘埃的关系。

“生物化学循环探测”计划，预计有两颗卫星：

1）高光谱生物化学卫星任务（Hyper – spectral biochemical satellite）：研究生态系统的变化，以及环境变化和土地利用对沿海系统的影响。

2）激光雷达探测卫星（Laser radar carbon measurement satellite）：测量二氧化碳源和汇、二氧化碳浓度和甲烷浓度，以及测量生态系统的参数，如植被高度、冠层结构和生物量（biomass of vegetation）。

“轻盈”计划、“轻飏”计划、“轻焰”计划和“腾云”计划都设想了一颗或多颗卫星、探空火箭和抛物线飞行器的组合方案。“轻盈”计划规划发射“微重力流体物理”科学实验卫星，研究空间电场和磁场作用下的空间复杂流体的热量传输。“轻飏”计划包括“空间材料科学”卫星，并很可能涉及国际合作，而“轻焰”计划预计将包括“微重力燃烧”科学实验卫星，来测试灭火方式，研究扩散火焰中炭黑生成机制以及煤的燃烧。“腾云”计划主要是生命科学实验，实验对象小到封闭的培养室内的细胞、组织、分子、昆虫和藻类，大到植物、小动物和生态系统。

4.10　结语：空间科学与技术

传统上，空间科学在中国航天计划中并不突出。原本要搭载在中国第一颗人造卫星上的科学载荷被播放《东方红》的录音机取代，这也预示着后来空间科学的发展走向。中国发射的纯空间科学卫星数量很少：实践一号、实践二号、实践四号和实践五号，还有一些科学仪器和实验搭载在了其他航天器上（如早期通信卫星和风云气象卫星），但天文卫星作为规划的最大的空间科学任务最终未能实施。很长一段时间里，中国不得不依靠其他国家的一些卫星数据进行科研活动，如太阳动力学天文台（Solar Dynamics Observatory，SDO）和日地关系观测台（Solar TErrestrial RElations Observatory，STEREO）[20]。

随着路线图的发布和随后空间科学战略性先导专项的实施，这种情况从 2011 年开始改变。曾经被搁置的空间科学任务开始列入发射计划（如实践十号），并建立了系统的规划和优先领域确定机制。空间科学先导专项一期的几颗卫星都已经发射，如墨子号、悟空号和慧眼号，并且遴选出了下一批卫星任务（EP、ASO – S 等），以及一批背景型号卫星任务，并制定了计划和优先次序。其他的技术验证卫星任务也已经发射，如脉冲星试验卫星、碳卫星和张衡一号。中国的空间科学步伐突然间加快了。不仅如此，这些卫星所取得的科学成果也很明显是世界级的，其中墨子号最受国外关注。其他的国际合作卫星任务也在研制中，如 SMILE 和 SVOM。国家空间科学中心的成立说明空间科学的重要性获得了认可。该中心的主任吴季在国外享有很高的知名度，其所做的工作为中国的空间科学发展开辟了更广阔的前景。

尽管一些西方科学家一直轻视中国空间科学的发展（一位英国领军科学家曾做出过“成绩了了”的评价），但是欧洲空间局局长约翰-迪特里希·沃纳（Johann - Dietrich Wörner）可不这么看，他认为中国空间科学富有活力和创新力，并走在世界前列[21]。

参考文献

[1] China inaugurates national R&D plan. Xinhua, 16 February 2016.

[2] Gao, Yang: Interplanetary travel with electrical propulsion - technological progress, trajectory design and comprehensive optimization. China Journal of Theoretical and Applied Mathematics, vol 43, # 6, November 2011; Zhang, Tianping et al: The LIPS - 200 ion electric propulsion system development for the DFH - 3B satellite platform. Paper presented to International Astronautical Congress, Beijing, 2013.

[3] Zhao, Zhi Ming et al: The key demonstrations of high - precision formation flight for two satellites. Monograph, CAST, undated; Zhao, Zhiming: Flight result and achievement of the Shijian 9 technology development satellite. Paper presented to the International Astronautical Congress, Beijing, 2013; Wei Yanning et al: In - flight experiments and development of electric propulsion system on satellite Shijian 9A. Paper presented to the International Astronautical Congress, Beijing, 2013.

[4] Yang Juan et al: Net thrust measurement of propellantless microwave thrusters. Monograph, 2011.

[5] Zhai Yingyin; Sun Yueqiang & Ye, Zhonghai: The effect analysis of solar proton event on space radiation environment at solar synchronous orbit. Chinese Journal of Space Science, vol 22, # 1, 2002.

[6] Wu, Ji: Chinese space science program. Taikong, #6, 2014.

[7] Wu Ji, Fan Qualin & Cao Song: Progress of Strategic Priority Program on Space Science, from COSPAR 2016 national report; and ibid, Hu Wenrui, Tang Bochang & Kang, Qi: Progress of microgravity experimental satellite SJ - 10.

[8] See Wu, Ji: Calling Taikong - a strategy report and study of China's space science missions. Springer and Science Press Beijing, Singapore, 2017.

[9] Qiu, Jane: China's quest to become a space science superpower. Nature, 26 July 2017. 10. Yu, Fei & Xu Haitao: A life of quantum entanglement. Xinhua, Hefei, 20 July 2017.

[10] Yu, Fei & Xu Haitao: A life of quantum entanglement. Xinhua, Hefei, 20 July, 2017.

[11] Chen, Wen: The Tansat mission - global CO_2 observation and monitoring. Paper presented to International Astronautical Congress, Naples, 2012; Liu, Yi et al: Developing the Tansat mission - a progress report. COSPAR 2016 national report.

[12] Xin, Ling: China launches x - ray telescope. Physics World, 15 June 2017.

[13] Gan, Weiqun: Space solar physics in China, 2014—2016. COSPAR 2016 national report.

[14] Gan, Weiqun: Space solar physics in China, 2014—2016. COSPAR 2016 national report; Gan, Weiqun & Fan, Quanlin: Space solar physics in China. COSPAR 2018 national report.

[15] Dong, Yongwei: Conceptual design of x - ray timing and polarization satellite. Paper presented to the International Astronautical Congress, Beijing, 2013.

[16] Wang, Chi: Latest developments of space science programs in China. Presentation. COPUOS, 60th session, Vienna, June 2017.

[17] Branduardi - Raymont, Graziella & Wang, Chi: A novel and global way to explore solar - terrestrial relationships: SMILE. Space Research Today. COSPAR, #200, December 2017.

[18] Wei, Jianyan & Cordier, Bertrand: SVOM - a new mission for gamma ray bursts studies. Paper presented to the International Astronautical Congress, Beijing, 2013; Wei, Jianyan: Space - based multi - band astronomical variable objects monitor. China national COSPAR report, 2016.

[19] Wu, Ji: Calling Taikong - a strategy report and study of China's space science missions. Springer and Science Press Beijing, Singapore, 2017.

[20] Zhao, Xinhua et al: Brief review of interplanetary investigations in China from 2014— 2016. COSPAR national report, 2016.

[21] Qiu, Jane: China ramping up quest to become a space science superpower. Nature, 28 July 2017.

图 1-3　玉兔二号巡视月球背面［图片来源：Reuters］（P9）

图 1-4　天宫二号准备发射［图片来源：Reuters］（P11）

图 1－10　中国空间站展览［图片来源：Jacqueline Myrrhe］（P21）

图 1－13　马蒂亚斯·莫雷尔、刘伯明和叶光富在一起训练［图片来源：欧空局］（P26）

图 1 - 14　中欧航天员训练［图片来源：欧空局］（P26）

图 1 - 16　中国向国际社会开放空间站［图片来源：Jacqueline Myrrhe］（P30）

图 2－6　东方红纪念邮票（P46）

图 2－8　钱学森和他的同事们［图片来源：Go Taikonauts］（P49）

图 2－11　着陆后的返回舱（P55）

图 2 - 14　钱学森半身塑像和导弹模型 [图片来源：Go Taikonauts] (P59)

图 3 - 3　CZ - 2 与其导弹前身 [图片来源：Go Taikonauts] (P65)

图 3-4　CZ-2F 发射神舟九号（注意顶部的逃逸塔）[图片来源：Reuters]（P66）

图 3-6　装配中的 CZ-4B［图片来源：INPE］（P71）

图 3-7　发射工位上的 CZ-4B 一级（左）与发射工位上的 CZ-4B 一级、二级（右）［图片来源：INPE］（P72）

图 3－8　CZ－5 运载火箭的模型（P76）

图 3－11　CZ－7 模型（P81）

图 3－13　中国的新运载火箭：CZ－11、CZ－5、CZ－7、CZ－6（P87）

图 3－20　CZ－11 模型（P98）

图 3-26　历史性时刻——中国首次商业轨道发射［图片来源：Go Taikonauts］（P104）

图 3-35　酒泉最早的发射工位，第二个工位在其后方［图片来源：Sven Grahn］（P121）

图 3－36　安装整流罩［图片来源：Sven Grahn］（P122）

图 3－40　西昌卫星发射中心全景（P127）

图 3-43　太原发射工位上的 CZ-4［图片来源：INPE］（P130）

图 3-47　退役的远望一号［图片来源：Go Taikonauts］（P137）

图 3－51　中国航天计划的设计者［图片来源：Go Taikonauts］（P143）

图 3－53　洁净室内的卫星［图片来源：INPE］（P146）

航天科技图书出版基金资助出版

中国航天

——伟大的跨越式发展

第2版（下）

CHINA IN SPACE

The Great Leap Forward

Second Edition

[爱尔兰] 布莱恩·哈维（Brian Harvey） 著
许永建 郭玲华 鲍晓月 胡 伟 郭世杰 译
刘 浩 审校

中国宇航出版社
·北京·

目 录

第 5 章　通信卫星

通信卫星一直是中国航天事业的重要组成部分。1984 年，中国发射了第一颗通信卫星①，标志着通信卫星系列的研制正式开始，该系列卫星旨在将电视信号和现代通信网络覆盖全国。东方红系列卫星平台（Dong Fang Hong，DFH）的研制也由此展开，目前已研发至东方红五号卫星平台（DFH－5）。DFH 系列卫星平台可支持众多先进衍生航天器和中继设备（如天链中继卫星星座）。中国也试图开放其航天计划，为西方国家发射通信卫星，但中美之间长期持续的激烈对峙影响着两国关系，为此带来了一些阻碍。尽管如此，中国仍然成功地为一些国际客户（如尼日利亚、巴基斯坦、玻利维亚）发射了通信卫星，同时也研制了一系列国内通信卫星。

5.1　331 工程

1972 年美国总统尼克松访华，美方随行的工作人员记录下了尼克松的所有活动，通过位于地球静止轨道的通信卫星同步转播到美国的千家万户，这引起了中国对通信卫星的兴趣。由于将这个卫星地面站运回美国的成本很高，活动结束后它被留在了中国，就像是一张标志着卫星通信的潜力名片。

中国想要发展卫星通信有几个原因：一是卫星通信网络可以快速地为全国提供先进通信服务，高质量的通信链路是国家现代化的标志；二是通信卫星既可以直接传输电视信号（不需要建设地面中继系统），也可以提供电话通信业务（不需要建立地面线路）；三是在 20 世纪 70 年代，通过租用若干西方卫星线路，中国的研究人员成功测试并证明了卫星通信系统的能力，这一点具备足够的说服力。

在地球赤道上空 36 000 km 高度的卫星每 24 小时绕地球一圈，看起来就像一直在同一点（地球同步轨道）。科幻小说家亚瑟·查理斯·克拉克首先领会到地球同步轨道的价值。在《无线电世界》（1945 年）中，他概述了如何利用三颗这样的卫星覆盖整个地球。20 多年后预言成真，1965 年美国利用晨鸟（Early Bird）同步卫星率先启用了这条 24 小时同步轨道。如今这条轨道已经变得非常拥挤，必须通过精心详细的布置来分配轨道资源，还需要及时将废弃的卫星送至太空中密度较低的地区（墓地轨道）。

不过地球同步轨道也有自身的问题。首先，我们需要一个强大的运载火箭（launcher）和一个能够到达最终目的地的上面级，才能将卫星送到 36 000 km 的高空，并让其进入圆形轨道。其次，由于轨道位于赤道上空，这意味着火箭不仅必须达到很高的高度，还必须

① 1984 年 4 月 8 日，中国成功发射了第一颗静止轨道通信试验卫星东方红二号。

完成一个向南飞行转向的轨道机动（dogleg maneuver）。虽然利用传统的三级火箭就可以进入地球同步轨道，但如果想把大量有效载荷设备送入轨道，需要更高效能的推进剂和能够重新启动的上面级。

1965 年，中央委员会讨论并批准了研制通信卫星的想法。1970 年，中国运载火箭技术研究院（China Academy of Launch Vehicle Technology，CALT）开始安排工作人员，进行运载火箭的初步设计。中国考虑首先发展低地球轨道系统，就像美国的电星（Telstar）通信卫星，以及特殊且高效的苏联闪电型通信卫星系统（Molniya）。闪电轨道每 12 小时绕地球一周，并且在远地点缓慢地穿过北半球。尽管困难重重，中国直接选择了更具挑战性的地球同步轨道系统。1974 年，周恩来总理主导了通信卫星研制会议。与此同时，国际电信联盟（International Telecommunication Union，ITU）的邀请也让通信卫星的研制变得更加紧迫。如果中国无法使用分配给自己的轨位（87.5°E，98°E，103°E，110°E 和 125°E），那么将失去这些轨位。1975 年 3 月 31 日，《关于发展我国卫星通信问题的报告》获得批准。同年 4 月份，毛泽东主席批示项目继续进行。由于项目报告在 3 月 31 日获得批准，中国发射通信卫星的项目被命名为 331 工程，概念设计很快就完成了。1979 年，卫星的第一个工程样机/初样（engineering model）完成研制。邓小平也是 331 工程的坚定支持者，在 331 项目进行的同时，中国还尝试从美国购买一颗通信卫星，但是谈判两年后没有成功。

发射通信卫星需要动力强大的火箭，这促使中国考虑利用氢燃料火箭，因其相关技术涉及低温也被称为低温技术（cryogenic technology）。和传统火箭相比，氢燃料具有很大的优势，一是推力增强了 50%，二是它的燃烧产物更加环保。但是氢是一种很难处理的燃料，在 −253 ℃下才能冷却，其氧化剂在 −183 ℃下才能冷却。这对金属提出了很高的要求，因为在如此的低温下，传统合金会变得像玻璃一样易碎。在发射台上，燃料和氧化剂会迅速蒸发，因此要始终确保燃料在点火的那一刻是加满的。液态氢的渗漏率也比水要高 50 倍。1965 年，中国在液体火箭发动机研制生产基地①开始了对液态氢的研究。1974 年，开展第一批产品测试。

这个新型火箭就是长征三号（CZ-3），高 43.25 m，直径 3.35 m，重 204 t，起飞推力 280 t，如图 5-1 所示。火箭的第一、二级发动机采用长征二号（CZ-2）的一、二级发动机。真正的考验是氢动力的第三级（H-8）和它的新型发动机（YF-73）。发动机的主任设计师是王之任，中国最杰出的女性火箭专家之一。研制 YF-73 的过程困难重重，耗时 7 年。

---

① 第七机械工业部主管火箭研制，大力推进液体火箭发动机的研发工作，为此在陕西省凤县建设了 067 基地——液体火箭发动机研制生产基地，这就是航天推进技术研究院的前身。

此外，火箭上面级二次点火一直都是火箭学的遗留难题。因为在零重力下重启发动机时，推进剂无法利用法向力（normal forces）进入燃烧室。俄罗斯也面临同样的难题，由于质子号运载火箭无法解决上面级重启的问题，其昂贵的月球、金星和火星探测器一直被限制在近地轨道。尽管面临重重挑战，1976 年中国还是决定采用最雄心勃勃的方案——氢动力可重启上面级（hydrogen-powered restartable upper stage）。

图 5 - 1　为发射新型通信卫星而研制的长征三号运载火箭［图片来源：Cindy Liu］（见彩插）

转移到地球同步轨道需要一系列复杂的变轨操作。首先，上面级要放置在近地轨道上，高度在 215 km 左右。大约一小时后，在东经 160°上方时，火箭第一次南下经过赤道，这时氢动力上面级进行点火，将轨道的远地点（即轨道的最高点）提升至 36 000 km，也就是地球同步轨道的高度。这次燃烧需要最高级别的能量，以到达地球静止转移轨道（GTO）。接下来，需要提高轨道的最低点，并且将倾角从 28°变为 0°。最后一个变轨操作由远地点发动机完成，这是一种小型的固体运载火箭，可以使卫星从椭圆的地球转移轨道进入到圆形的地球同步轨道。在这一系列的操作中，有几个关键步骤需要在火箭远离中国地面管控时完成。然而在 20 世纪 70 年代末，中国的计算机发展水平远远落后于西方和苏联，这给中国火箭技术的现代化发展带来了巨大的挑战。

还有一个难题也与发射相关，那就是如何从高纬度的发射场（酒泉卫星发射中心位于 41.1°N）到达赤道轨道。为了解决这个问题，有的国家选择在赤道上建立发射场，比如法国就在其殖民地建立发射场——圭亚那航天中心[①]。更有趣的是，一家俄罗斯、乌克兰、美国合资的财团另辟蹊径，将一座挪威石油钻井平台改造成发射平台，拖至太平洋的赤道

① 圭亚那航天中心是由法国与多个欧洲国家共同合作，在法属圭亚那的库鲁设计的航天中心与火箭发射场，纬度为 5°N。此处发射的火箭只需要较少的推进剂就可以飞行到需要的轨道高度。欧洲空间局和法国国家空间研究中心都常在此地发射火箭。

附近实施发射，这个公司就是海上发射公司[①]。如果建立一个更靠近赤道的发射场，发射地球同步轨道卫星的负担会比在酒泉发射减轻许多，准确得说会减轻 18.5%。这个新的发射点就是中国南部的西昌（西昌卫星发射中心位于 28.25°N），它的纬度与美国的卡纳维拉尔角（建在此地的肯尼迪航天中心位于 28.58°N）非常接近。

虽然离赤道近了许多，但西昌也有一些缺点。发射场位于多山地区，增加了额外的建设成本。在气候方面，西昌的温度常年在－10～＋33 ℃之间，比酒泉温和许多。西昌每年 10 月到次年 4 月天气十分干燥，有利于发射。但 5 月至 9 月期间可能有倾盆大雨及雷暴，不利于发射。世界上其他的发射场，有的位于沿海，有的载着火箭驶向海洋，有的位于内陆沙漠。这样可以将平民伤亡的风险降到最低。但西昌与此不同，并不荒凉，而是村庄环绕。

之后的一颗试验卫星被命名为东方红二号，卫星本体是一个高 3.1 m、直径 2.1 m 的圆筒，下面有一个远地点发动机，上面有两个用于接收和发射信号的天线。卫星的发射质量是 916 kg。它的基本功能是利用高增益天线接收、放大来自地面的信号，然后用两个转发器向地面转发，其波束主要覆盖中国本土。太阳能电池则安装在卫星外侧，功率是 315 W。设计的最大难点是自旋稳定系统下的消旋设计（de－spin system）：卫星本身以每分钟 50 转的速度旋转，一是为了保持自身稳定，二是为了得到太阳光均匀照射。但天线系统需要指向一个固定的方向，这里就要进行消旋设计。

5.2 第一代通信卫星

1984 年元旦，新的长征三号火箭和卫星到达了发射场（见图 5－2）。考虑到发射可能不会一次成功，中国安排了三枚火箭执行这项任务。1984 年 1 月 29 日，在火箭发射的倒计时中，氧化剂蒸发时的一缕缕轻烟从第三级中慢慢飘散。刚开始一切都很顺利，上面级带着试验卫星进入了倾角 31°、高度 290～460 km 的停泊轨道。按计划，第一圈在西昌上空时，第三级火箭应该二次点火，将卫星送入地球同步轨道。但发动机发生故障，卫星滞留在了近地轨道上。发射舱内的压力只达到了要求的 90%，三秒后设备失效。根据远望一号测量船的下行链路信号分析，故障原因是一台涡轮机（turbine）过热。

这令研究团队非常失望，因为 YF－73 发动机已经完成了尽可能全面的各种测试。中国决定竭尽一切完成发射任务，技术人员模拟了最后的变轨和位置保持操作，测试了通信系统和发动机系统。工程师们夜以继日地工作，希望能在夏天的雷暴天气来临前解决这些问题，进行下一次发射。新的卫星命名为试验同步通信卫星。1984 年 4 月 8 日黄昏时分，乌云散去，渐渐暗下来的天空中繁星闪烁。远望号到达指定位置，聚光灯打在整装待发的火箭上，燃料加注开始，人群慢慢在周围的山上聚集。19 时 20 分 02 秒，一名技术人员按

① 海上发射公司（Sea Launch）是一个提供飞船发射服务的国际公司，利用移动海上发射平台，在赤道水域（纬度为 0°）利用专门改进的天顶－3SL 运载火箭发射商业有效载荷。投资方来自美国、俄罗斯、乌克兰和挪威的四家公司。公司主要由美国的波音公司管理，其他股东共同运营。

图 5－2　安装在 CZ－3 上的第一颗通信卫星［图片来源：Cindy Liu］

下红色发射按钮，长征三号运载火箭升空。当上面级向南巡航至地球赤道上空时，重新点火将 1 t 重的卫星送入太空。20 min 后，远望号报告说这一次点火情况良好，进入了高度 437～35 499 km 的地球同步轨道①，倾角 31.08°。两天后，远地点发动机点火，将近地点提高到 35 521 km，远地点提高到 36 383 km，轨道倾角小于 1°，卫星位于 125°E 上空。

如图 5－3 所示为第一颗通信卫星的纪念邮票。

图 5－3　第一颗通信卫星的纪念邮票
（见彩插）

4 月 16 日，研究人员进行了最后一项测试——运行电视转播系统。第一张图片清晰稳定，色彩逼真，声音也完全符合标准。这颗卫星承载着 200 条电话线，许多连接中国偏远的西部地区。在试验卫星的电话测试中，国防部部长在北京与新疆维吾尔自治区党委第一书记进行通话，语音清楚，保真度好。为庆祝卫星发射成功，北京人

① 二次点火后进入的是地球转移轨道。

民大会堂举行了隆重的庆祝活动。卫星可以转播 15 个广播和电视频道，包括粤语、厦门话、客家话、日语、西班牙语、俄语、缅甸语和他加禄语节目，其中一些语言是其他国际卫星没有涉及的。这颗卫星运行了 4 年，每两个月修正一次轨道，于 1988 年退役，进入墓地轨道。

在试验同步通信卫星发射成功的两年后，中国发射了第一颗可运营的通信卫星：实用同步通信卫星。主要改进是采用了直径为 0.7 m 的抛物面天线①。这颗卫星运营了 4 年，为 30 个电视台转播节目。

5.3 东方红二号甲和东方红三号系列卫星

东方红二号甲和东方红三号系列卫星是东方红卫星平台的两个卫星系列。东方红二号甲系列的第一颗卫星，高 3.68 m，在轨质量 441 kg，设计寿命 4 年，拥有 2 万片太阳能电池单元。卫星配有 4 个转发器，可以同时传输 5 路电视信号和 3 000 路电话②。这颗卫星在 1988 年发射成功，使用寿命达到 9 年，1997 年 9 月退役。之后中国又成功发射了两颗东方红二号甲通信卫星，均在轨服务 10 年。东方红系列卫星向全国转播 30 路电视信号，并为政府和其他机构提供电话和传真服务。中国在地面建设了大约 3 万个配套的接收天线，卫星单日累计转播 30 多个小时的教育节目，惠及 3 000 万人。

1991 年 12 月 28 日，实用同步通信卫星 5 号发射失败。火箭第三级只燃烧了 58 s。原因是第三级中的氦气增压气体发生泄漏，燃烧室的压力在点火后 135 s 降为零。为了弥补卫星转播业务上的缺口，中国国家航天局在第二年购买了美国通信卫星 Spacenet 1。这是一颗即将结束使用寿命的在轨卫星，它从 240°E 移动到 115°E（中国故障卫星的预定目的地）。这颗卫星被重新命名为中星 5 号（“中星”的意思是中国之星），在轨运营 8 年后退役。

东方红三号系列卫星旨在将通信容量提高 12 倍，使用寿命至少 8 年，对标美国的休斯 276（Hughes 276）卫星。为了对技术标准更新换代，中国大力推动该系列的研制工作。在 1998 年，有专家撰文评论，中国卫星技术落后，尤其是电子设备，远远落后于国际标准。如果基础工业很薄弱，那么拥有强大的火箭也毫无意义，就好像巧妇难为无米之炊。东方红三号系列卫星中，有 20%的设备来自西方科技公司，比如德国 Messerschmitt Bölkow Blohm 公司的太阳翼，法国 Matra Marconi 公司的中央处理器，德国 Daimler Chrysler 公司的天线，以及意大利 Officine Galileo 公司的姿态控制传感器。卫星采用带有两个太阳翼（solar wings）的箱式机构，取代了东方红二号卫星和东方红二号甲系列卫星中的圆柱形结构（见图 5-4）。东方红三号卫星质量翻倍，发射质量 2 200 kg，在轨质量 1 145 kg。卫星高 5.71 m，天线直径 2 m，可产生 6 个点波束。24 个转发器可同时转播 6 个彩色电视频道，处理 8 000 路电话，覆盖中国 90%的地区。太阳翼跨度为 18.1 m，功率

① 采用抛物面天线，指向性优于试验同步通信卫星上的全向波束喇叭形天线，辐射功率大大提高。

② 东方红二号甲卫星有 4 路转发器，可以传输 4 路电视信号。

为4 000 W。卫星设计寿命为 8 年。由于质量和尺寸的增加，需要更强大的长征三号甲运载火箭执行发射任务。

图 5-4　测试中的东方红二号：圆柱形结构是早期通信卫星的典型特征（见彩插）

东方红三号系列卫星的第一次发射并不顺利。1994 年 11 月 29 日，DFH 3-1（又称中星 6 或 6A），在 181～36 026 km 的转移轨道上变轨失败。尽管在 12 月 29 日，卫星利用自己的推进剂将近地点提高到 35 181 km，但因为燃料已经用完，卫星只能被放弃了。和上次一样，中国购买了一颗美国休斯 276 卫星作为替代，但这颗卫星当时并不在轨。1996 年 8 月，长征三号运载火箭将其成功发射，被命名为中星 7 号。可惜变轨再次出现故障，它滞留在 200～17 230 km 的轨道上。故障原因是增压气体失效，推力仅维持了 48 s 就停止了，导致卫星无法到达既定轨道。研究人员尝试抢救卫星，将它的轨道提升至 21 667～46 507 km，但随后这颗卫星还是被放弃了。这是五年来连续第三次失败。最终在 1997 年 5 月 11 日，长征三号甲运载火箭将东方红三号卫星（DFH 3-2/中星 8 号）成功送入轨道。2004 年 4 月 1 日，这颗卫星在 125°E 离轨退役。第三颗东方红三号系列卫星是中星 5C，也被称为鑫诺 3 号，于 2007 年发射成功。表 5-1 总结了东方红二号和东方红二号甲系列卫星的信息。

表 5－1　东方红二号和东方红二号甲系列通信卫星

DFH 2－1	东方红二号试验通信卫星	1984 年 1 月 29 日	第三级故障
DFH 2－2	东方红二号试验通信卫星（试验同步通信卫星）	1984 年 4 月 8 日	125°E－试验
DFH 2－3	东方红二号通信卫星（实用同步通信卫星一号）	1986 年 2 月 1 日	103°E－运营
DFH 2A－1	东方红二号甲通信卫星（实用同步通信卫星二号）	1988 年 3 月 7 日	87.5°E－2A 系列首颗
DFH 2A－2	东方红二号甲通信卫星（实用同步通信卫星三号）	1988 年 12 月 22 日	110.5°E
DFH 2A－3	东方红二号甲通信卫星（实用同步通信卫星四号）	1990 年 2 月 4 日	98.5°E
DFH 2A－4	东方红二号甲通信卫星（实用同步通信卫星五号）	1991 年 12 月 28 日	第三级故障

如图 5－5 所示为新型通信卫星东方红三号邮票。

图 5－5　新型通信卫星东方红三号

5.4　商业化

在长征三号运载火箭成功后，中国开始向西方国家提供火箭发射服务。刚开始几乎没人关注，但后来情况发生了变化。2003 年，美国航天飞机失事，紧接着大力神（Titan）和德尔它（Delta）运载火箭也遇到了问题，导致美国发射停摆。与此同时，欧洲的阿丽亚娜（Ariane）运载火箭也暂停了发射[①]。

中国火箭的商业发射快速发展有几个驱动因素。一是邓小平重新加入了中国领导层。

① 这几个事件均发生于 1986 年：1986 年 1 月 28 日，挑战者号航天飞机升空 73 秒后爆炸解体，7 名机组成员罹难；1986 年 4 月 18 日，一枚搭载军事侦察卫星的大力神 34D 运载火箭在发射 8.5 秒后爆炸，箭星双毁；1986 年 5 月 3 日，一枚搭载气象卫星的德尔它运载火箭在起飞 91 秒后失去控制，箭星双毁；1986 年 5 月 30 日，阿丽亚娜二号运载火箭第三级未能及时点火，发射失败。

他削减了航天预算，认为发展出口业务才是出路，要求航天行业开拓国内外市场。几家航天公司迅速响应，开始生产消费产品，从摩托车到冰箱，以此为核心业务提供资金。1984 年 5 月，航空工业部副部长刘纪原拨款 30 万元（45 000 欧元）进行可行性研究，计划向国际市场提供商业火箭发射，主要目标是发射通信卫星。这项计划在 1985 年 4 月得到批准，并在同年夏天的巴黎航空展上对外公布。中国的发射报价比西方国家低 15%。二是为了发展通信业务，设立了几家合资公司：1）亚洲卫星有限公司（Asiasat），这是一家成立于 1988 年的中英合资企业，后来成为上市公司；2）亚太卫星公司（Apstar），成立于 1992 年，前身是一家中泰合资企业；3）中国通信广播卫星，属于邮电部，有时也被称为中国电信①。三是邓小平十分重视航天领域合作。1973 年邓小平访美时，参观了约翰逊航天中心（位于得克萨斯州），并在登月器和航天飞机中进行了模拟飞行。

事实上，中国的第一次商业发射并不是通信卫星，而是一颗瑞典的小型存储转发卫星——邮政星（MailStar）。1986 年 1 月，双方签署发射意向书。瑞典方面的专家斯万格朗是一名业余无线电爱好者，一生都很关注俄罗斯和中国的航天发展，也熟悉中国航天的工作模式。1992 年，弗利亚科学实验卫星（Freja）取代邮政星，与 FSW1-4 卫星一起成功发射（见第 4 章）。

对急于发射通信卫星的西方国家来说，长征系列火箭具有很大吸引力。中国最初的目标是获得全球 4% 的市场份额。中国长城工业总公司（China Great Wall Industry Cooperation，CGWIC）负责火箭发射的海外市场，在欧洲和美国设立了办事处。经历了开局不利后，长城工业总公司与亚洲卫星有限公司达成了首单发射协议，发射亚洲一号卫星。这颗卫星之前名为“Westar 6”，是一颗休斯 376 卫星，在美国发射失败后被航天飞机回收。

摆在双方面前的还有一个难题：中国（和苏联）受到美国禁运条例限制。禁运条例一是防止中国和苏联以低于美国的报价进行竞争，二是避免有意或者无意的技术转移，以防其应用于军事。美国要求必须获得许可证，才能使用中国火箭发射美国卫星或其组件。这一规则随后扩展至使用美国部件的欧洲卫星。因为卫星广泛使用，并且高度依赖西方的计算机和电子技术，这几乎意味着禁运涉及所有卫星。位于北京的美国驻华大使馆一度要求中国政府让步，但他们低估了中国政府的决心，或者说发射商背水一战的决心。后来中国获得了印尼的卫星发射合同，但在美国威胁印尼要撤回其海外援助后，印尼退缩了。

即使会付出沉重的代价，中国也决心开拓火箭发射的海外市场。在经过 4 年的谈判

① 中国通信广播卫星，最初由邮电部成立。2000 年 6 月，国务院正式批准在其基础上组建中国卫星通信集团公司。2001 年 12 月正式挂牌，成为中国六大基础电信运营商之一。2009 年电信业重组，中国卫通一分为二，一部分并入中国电信，另一部分由中国航天科技集团公司管理，成为中国卫通集团股份有限公司。目前，中国卫通运营管理 15 颗在轨民商用通信广播卫星，覆盖中国全境、澳大利亚、东南亚、南亚、中东以及欧洲、非洲等地区。

后，中美双方于1989年1月签署了一份备忘录①。在1994年前，中国可以发射9颗商业卫星，在1995—2001年之间，可以发射11颗卫星。条件是中国的报价不能比西方报价低15%以上。这份文件包含多项商业和保密限制条款，要求中国做出很多承诺，却没有相应的回报。此外，美国也指责欧洲阿丽亚娜火箭报价低于自己，但美国并不会向欧洲强加一份这样的协议。亚洲一号卫星的许可证将在1989年12月到期，此时离最后期限只差4个月了。在发射前，亚洲一号卫星被一支超过18人的美国保安队全程看守。卫星于1990年4月成功发射。在接下来的9年里，伴随着中美关系的升温和降温，许可证也经历了不断颁发和暂停[1]。

亚洲卫星公司并不是国际通信卫星市场的前沿公司。为了发射更新、更重的主流通信卫星，中国特别研制了长征二号捆绑运载火箭（CZ-2E），简称长二捆。为了更好地满足客户需求，1987年中国和美国休斯公司（卫星制造商）、澳大利亚卫星公司（卫星运营商，后为奥普图斯公司，Optus）进行了技术讨论，随后签订合同。休斯公司将为澳大利亚卫星公司制造两颗通信卫星，而发射服务由中国提供。目标发射时间是1990年6月（如果逾期需要支付罚金），而此时CZ-2E还在设计阶段。

从名字上看，CZ-2E很像长征二号火箭系列，但技术上却更像长征三号火箭系列，都是从西昌发射。CZ-2E是CZ-2的加长型，配备了更强大的YF-20B发动机和4个液体燃料助推器。在起飞时，8个发动机同时点燃，包括第一级的4个核心发动机和4个捆绑式助推器，产生高达142 dB的噪声。CZ-2E重达463 t，是中国最重的火箭，也是当时最强大的火箭。发射成本是4.5亿元（相当于5 900万欧元，CZ-3B的发射成本是8 200万欧元）。CZ-2E的研发成本是3.5亿元（相当于4 500万欧元），主要来源是银行贷款。研发成本包括在西昌建设一个新发射平台。与此同时，中国继续长征系列火箭的研制，逐步淘汰CZ-3（有效载荷1.4 t），代之以强大的CZ-3A（有效载荷2.6 t）和更强大的CZ-3B（在CZ-3A基础上增加CZ-2E的捆绑式助推器，有效载荷5.5 t）。研制CZ-2E并不在原定的航天发展计划中。在不到18个月的时间里，CZ-2E完成了从设计阶段到交付使用，是一项惊人的成就。王永志也因此被任命为载人航天计划的负责人。载人飞船的运载火箭CZ-2F是在CZ-2E的基础上研制的，可以说没有CZ-2E，就没有CZ-2F。

1990年6月，CZ-2E首次亮相，结果喜忧参半。它成功地将一颗小型巴基斯坦卫星Badr送入轨道，但奥普图斯卫星的模拟星却出现了问题。由于近地点发动机（Perigee Kick Motor，PKM）发射方向错误，模拟星未能进入预定椭圆轨道，而是返回了大气层。

1991年8月，CZ-2E成功发射奥普图斯一号（Optus B-1），这是CZ-2E第一次完全成功的商业发射。100名澳大利亚人和其他游客在西昌现场观看发射，中央电视台进行现场直播，镜头在升空的火箭和客户满怀希望的表情中不断切换。奥普图斯卫星系统为澳

① 1988年10月和12月，中美双方在北京和华盛顿进行了两轮谈判，达成了正式合作意向。1988年12月17日，中美两国签署了《关于卫星技术安全的协议备忘录》和《关于卫星发射责任的协议备忘录》。1989年1月23日，中美两国又签署了《关于商业发射服务国际贸易问题协议备忘录》。

大利亚提供偏远地区的广播电视服务、空中交通管制、远程教育和医疗服务。中国希望通过这次成功获得更多澳大利亚和美国的发射订单。

图 5-6 是为纪念 CZ-2E 发射成功发行的邮票。

图 5-6　为纪念 CZ-2E 发射成功发行的邮票（1991 年）

由于近地点发动机在 1990 年 6 月的发射中失败了，澳大利亚坚持使用美国的 Star 63F 发动机。这个决定在当时似乎无关紧要。1992 年 12 月 21 日，中国用 CZ-2E 发射奥普图斯二号。发射任务开始仅 70 s 时，一团气体从运载火箭顶部出现，后面的进展看起来一切正常。直到在预定轨道上发现了卫星碎片，人们才知道卫星已经爆炸。这颗卫星在发射开始的一分钟后遇到了致命事故，但火箭包裹住了爆炸。

1994 年中国发射成功两次，分别是 7 月的亚太一号卫星（直到 2006 年 3 月还在轨运行）和 8 月的奥普图斯三号（用于取代两年前失败的奥普图斯二号）。

1995 年 1 月 25 日，再次使用 Star 63F 发动机的亚太二号卫星，也在发射 51 秒左右失败。这次发生了爆炸，箭星俱毁。从电视画面可以看到，火箭在有毒的滚滚烟雾中坠毁。令人费解的是，爆炸似乎是从火箭顶部开始，而不是正在燃烧的底部。很显然，Star 63F 发动机再次爆炸，但这一次，整流罩没能包裹住它。各方就事故原因进行了各种各样的推测。和 1994 年的发射一样，接下来的两次发射都成功了，分别是 11 月的亚洲二号卫星（AsiaSat 2）和 12 月的回声星一号通信卫星（EchoStar）。奥普图斯二号和亚太二号的失败原因一直没有找到。Phil Clark 提出了一个解释，认为是 Star 63F 发动机和长二捆火箭没有适配，发射器压力最大的时候导致火箭不稳定[2]。同年，俄罗斯火箭也发生了类似的事故，印证了这个推论。后来这颗卫星使用中国火箭发射，亚太卫星公司同时也使用俄罗斯火箭发射。

可惜的是，发射再次出现事故。CZ-3B 在 1996 年 2 月 14 日首次发射，搭载美国的国际 708 通信卫星（INTELSAT 708）。这颗卫星价值 7 000 万澳元（5.4 亿元）。CZ－3B 是长征三号系列火箭的最新型，运力超过 5 t。虽然是新型火箭，但它源于 CZ－3A，有着良好的继承性。同时，捆绑式助推器也已经在 CZ－2E 上得到验证。

升空仅仅两秒钟后，火箭在空中倾斜失控，最终撞山爆炸，碎片散落在周围数英里的范围内。这次撞击非常剧烈，现场没有发现任何大的碎片。这次发射进行了现场直播，西方国家立刻得知，引发了对中国火箭的质疑。不管奥普图斯二号和亚太二号卫星失败的原因是什么，这一次很明显是火箭的故障。

为了调查事故原因，投资者和保险公司邀请国际专家加入，成立了两个调查委员会。官方的解释是向惯性系统供电的模块焊接不良，导致火箭惯性基准倾斜，引发了故障。虽然火箭配置有中止系统，但在前 15 s 无法激活，当时可能没有足够的时间发送指令[3]。

随着 CZ－3B 的发射失败，长征系列火箭的可靠性降低了，西方投资者对中国的商业发射失去了信心。之前预定好的客户转而选择其他发射商（回声星二号、亚洲三号通信卫星和全球星），主要是俄罗斯的质子号和天顶号，因为它们的价格最接近。本来中国已经占到了全球市场份额的 10%，这次失败使中国的商业发射遭受重创。

虽然遇到了挫折，但中国没有停下继续前行的脚步。亚太地区的一些卫星通信公司还在继续使用中国火箭。5 个月后，CZ－3 将 Apstar 1A 成功送入轨道。它在 133°E 一直运行到 2005 年 11 月，之后转移到 125°E，最后于 2006 年离轨。然而，距上次成功发射一个月后问题再次出现。1996 年 8 月，CZ－3 在发射中星 7 号（休斯公司制造）时出了问题，卫星在到达地球同步轨道的中途搁浅。在这之后，中国制定了一套严格的质量管理准则，以加强质量控制和发射安全，还引入了国际质量标准（ISO 9000 质量标准）和一家质量管控公司。

这些措施显然取得了成效，1997 年 8 月 20 日，CZ－3B 为新客户发射阿吉拉通信卫星（Agila 2，属于菲律宾马部海卫星公司）。这颗卫星的轨道令人惊讶，它的远地点为 44 500 km，远高于标准的 36 000 km。这是一次发动机过度燃烧，还是又一次故障？事实上，这次变轨操作利用了所谓的超同步轨道，是 CZ－3B（以及 3A）迄今未公开的特点。这是一种聪明的策略，需要格外精确的计算，用额外推力将卫星送至 44 000 km 后再变轨，可以节省卫星燃料。后来美国指控菲律宾马部海公司违反发射价格协议，但克林顿政府没有进一步追究。

5.5 考克斯

中国刚带着 CZ－3B 胜利回归，就卷入了和美国的激烈争端。自此中美关系僵化，持续 20 多年直至今日。1998 年 6 月，美国众议院以 409 票赞成、10 票反对的结果，决定成立一个九人特别委员会，来调查是否向中国转让了航天技术。加利福尼亚州共和党人考克斯（Cox）被任命为主席。调查的起因是，人们担心中国利用与美国航天工业的商业合作获取技术。休斯公司拥有一些先进技术，比如可收集电子信号的天线阵列，被认为具有高度技术转移风险。

这项调查在华盛顿引发了激烈辩论，但最后并没得出什么结论。实际上，这更像是一场政治辩论，主题是美国对华政策：是遏制（就像 1972 年以前），还是不同程度的合作（尼克松、里根和老布什执政时期），甚至是对抗（争端发生后的实际状态）？与此同时，问题渐渐变得复杂。卫星制造商希望以最低的价格向用户交付在轨卫星，他们倾向于选择报价低廉的中国发射公司。那么一旦撤销对中国的卫星出口许可证，美国的发射公司会获得巨大的利益。这并不是寻常的党派之争，根据报道，卫星发射公司向共和党提供竞选捐款，而卫星制造公司向民主党提供竞选捐款。从 1994 年开始，纽特·金里奇（Newt Gingrich）领导的共和党国会对克林顿充满敌意，最终弹劾总统没有成功。20 世纪 90 年代中期，共和党成功改变了美国的对华政策，并延续至今[4]。受美国对华政策、两党斗争、火箭发射商与卫星制造商之争的多方影响，中国火箭陷入了复杂的境地。

考克斯报告的篇幅很大，共计十一章，涉及导弹、卫星、计算机、工业界和保险[5]。报告描绘了一幅耸人听闻的画面，认为中国进行间谍活动，最早甚至追溯到钱学森回国那天。尽管钱学森从未被判间谍罪，但考克斯仍然认为钱学森将美国的火箭蓝图带回中国，对他的指控是真实的。按照考克斯的说法，中国在这几十年里，通过学术会议、发放许可证、军民两用技术和间谍活动，获取了许多计算机、火箭、潜艇和原子弹的技术信息。卫星制造商也受到了不实的指责，甚至被一位国会议员评价为“背叛”。他们认为卫星制造商超出许可证的规定，向中国泄露信息用于改进制导系统。在试图解决 CZ－2E 发射故障时，休斯公司提供了一些信息。考克斯认为中国利用这些信息发展弹头。他们还认为 CZ－3B 爆炸后，中国拿走了国际通信卫星 708 上的加密芯片。《考克斯报告》通篇充满了不实指责和错误，这些煽动性的指控带来很大的影响。

《考克斯报告》很大程度上依赖“双重用途”论点，认为合法民用技术也可以用于军事。比如考克斯认为，用于发送通信卫星的火箭制导系统可以用于核弹头制导。中国概念里的“双重用途”与此不同，中国在讨论载人航天发展计划时，曾有过激烈的争论，是优先发展军事技术还是民用技术。邓小平指出，技术发展应该同时服务于这两个方面。但这并不代表中国需要从国外非法获取技术。

其实在报告发表之前，国会就已经下定决心。它没有完全禁止向中国出口卫星，而是将颁发许可证的责任部门从商务部改为国务院。卫星被归类为战争物资，颁发许可证时的主要考虑因素是国防，而非贸易。通信卫星更是被列入了所谓的美国军需品清单（United States Munitions List，USML），被定义为不能出口的战争武器。这些被纳入《国际武器贸易条例》（International Traffic in Arms Regulations，ITAR），和正式禁令一样有效。

国会的决定达到了政治目的，让中美卫星贸易陷入停滞。美国国务院人手不足，出口许可证的批准过程被严重拖延，需要等待 18 个月或更长时间。这让中国的商业发射变得毫无吸引力。实际上，这种许可证也从来没有被颁发过[6]。任何价值超过 5 000 万美元

(3.37 亿元)的出口贸易都需要得到国会批准。此时,仍有三颗西方卫星计划用长征火箭发射。不过很快这些客户就意识到,想将卫星送入轨,中国这条路是走不通了。中国与欧洲、韩国和以色列的发射合同也被取消。1997 年以后,CZ-3B 很久都无法为西方国家发射卫星,CZ-2E 也没有再发射过。卫星制造商休斯公司和劳拉公司被送上法庭,在巨大的压力下承认责任,最终与国防部达成和解。之后,休斯公司被波音公司收购,劳拉公司则宣告破产。2000 年的《对华制裁法案》严格限制了中美技术交流,甚至禁止 NASA 接待中国官方代表团的访问。

如图 5-7 所示为西昌卫星发射中心的主发射台。

图 5-7　西昌卫星发射中心的主发射台。《考克斯报告》极大阻滞了中国火箭发射西方商业卫星
[图片来源:Cindy Liu]

《考克斯报告》给中美关系带来了长期的负面影响。2002 年 10 月,世界空间大会在美国得克萨斯州休斯顿举行。美国政府只允许两名中国代表参会,其余的所有人都无法参加。中国代表团团长栾恩杰,时任中国国家航天局局长,也没有拿到签证,最后从加拿大回国。已经安排为口头报告的中国论文也被全部撤回。后来,情况越来越糟。甚至有谣言说中国会用激光攻击美国卫星,对 NASA 进行网络攻击,以获得火星勘测轨道飞行器的数据。

《考克斯报告》带来的冲击无处不在。2004 年,中国首位航天员杨利伟访美,只能用私人身份办理流程,无法和 NASA 进行正式官方会晤。2008 年 2 月,一名 72 岁的加利福尼亚华裔——罗克韦尔工程师钟东藩,被指控向中国传递航天飞机的技术信息。这些信息可追溯到 20 世纪 70 年代初，还是非机密计划。中国也曾联系 NASA，希望可以在国际空间站进行一些科学实验，但遭到国会议员的强烈反对。有记者曾问 NASA 局长肖恩·奥基夫（Sean O Keefe）如何看待与中国的航天合作，他表示很高兴与中国合作，但同时也补充，他必须遵守国务院的规则。

对中国来说，最大的影响不是外交和媒体，而是巨大的商业损失。一些卫星因为包含美国组件，客户不得不改换发射商，比如大西洋鸟卫星和原恒星卫星。《考克斯报告》达到了他想要的效果：中国商业发射的收入从 1997 年时的 1.48 亿美元（约合 10 亿元）锐减至 1999 年时的 2 300 万美元（1.55 亿元）。2000 年至 2005 年，颗粒无收。同期，全球市场价值在 10 亿美元（68 亿元）到 27 亿美元（180 亿元）之间[7]。这给中国的商业发射带来了巨大的经济损失。

有一个商业领域没有受到波及。1995 年，中国与摩托罗拉公司谈判成功，为其铱星系统（Ilium system，一个包含 66 颗卫星的全球通信系统）中的 22 颗提供低轨发射。铱星被豁免的原因是它在低轨运行，而不是利润丰厚的地球同步轨道。铱星是一个全球性的卫星移动通信系统，信息在低轨的卫星间传递，到达远端的适当地点后进行下传。不过，在普通手机越来越小的时候，铱星系统的手机显得有些笨重。CZ-2C 火箭为铱星研制了特殊的分配器，能够成对发射卫星。火箭也因此命名为 CZ-2C-SD。1997—1999 年，中国在太原成功发射了 6 次 CZ-2C-SD 火箭，将 12 颗卫星送入轨道。直到 1999 年铱星项目破产前，一切都十分顺利。具有讽刺意味的是，出于政治因素，中国发射的这些卫星后来被美国国防部接管，用于军事通信网络。铱星留下了宝贵的视觉财富：虽然卫星不大（质量在 650～670 kg），但太阳能电池板很大。当卫星在轨道上转弯时，可以产生 3～4 s 的闪光，被称为“铱星闪光”，许多天文爱好者为之着迷①。

表 5-2 列出了中国为铱星系统执行的发射任务。

表 5-2　CZ-2C-SD 发射的铱星

铱星模拟星	1997-9-1
铱星 42,44	1997-12-8
铱星 51,61	1998-3-25
铱星 69,71	1998-5-2
铱星 3,76	1998-8-19
铱星 11A,20A	1998-12-20
铱星 14A,21A	1999-6-11

① 铱星拥有三个巨大的长方形天线，表面光滑闪亮。当阳光入射角度合适时，天线反射的阳光会在地球表面投下明亮的光带。铱星闪光是因为天线反射而非太阳能电池板。

5.6 打破 ITAR

中国并没有轻易放弃，而是尝试了许多策略，希望能避开美国 ITAR 的限制。虽然卫星经常使用美国器件，但很多欧洲通信卫星公司也生产同类器件，其中一些公司和中国关系还很好。大家很快就意识到，如果在制造卫星时不用美国器件，就可以合法避开 ITAR 的限制。这些被称为“ITAR free”的卫星，完全可以用中国火箭发射。“ITAR free”也因此成了航天界的新名词。一些欧洲公司开始与中国合作，既包含大型通信卫星制造商，比如可以制造整星的阿尔卡特（Alcatel）公司［后被称为泰雷兹·阿莱尼亚（Thales Alenia）公司］①，也包含小型卫星技术公司，比如提供计算机电路测试软件的 Spacebel 公司（比利时）和制造功率调节器的 ETCA 公司（比利时）。与欧洲公司合作绕开 ITAR 是第一步，随后中国开始在发展中国家中寻找新的客户。

2005 年 4 月 12 日，中国首次绕过 ITAR 的限制，用 CZ－3B 从西昌发射了亚太 6 号卫星。这颗卫星由泰雷兹·阿莱尼亚宇航公司制造，重 4.5 t，采用 SpaceBus（SB）4000 卫星平台。重要的是，这是一个完全没有美国器件的卫星，是“ITAR free”的。尽管成本有所上升，但终于摆脱了 ITAR 的限制，这是一个重大突破。亚太 6 号卫星包含 38 个 C 波段转发器和 12 个 Ku 波段转发器，初始轨位是 142°E，一个月后移至定点轨位 134°E。它标志着中国时隔 7 年重回全球商业发射市场。ITAR 被打破了。

随后，中国发射了更多“ITAR free”卫星，中星 6B（Chinasat－6B）、中星 9 号（Chinasat－9）和亚太 7 号（Apstar 7）卫星都是在欧洲制造的。这几次成功发射证明了中国火箭的运载能力。2007 年 7 月 5 日，CZ－3B 火箭成功将中星 6B 卫星送入地球同步轨道，过程中利用 233～49 721 km 的超同步轨道进行变轨。中星 6B 卫星有 38 个转发器，波束覆盖中国和太平洋地区。2008 年 6 月 9 日，CZ－3B 火箭再次成功发射，中星 9 号卫星先被送至 245～49 592 km 的超同步轨道，然后变轨定点至 92.2°E。中星 9 号卫星采用 SB 4000 卫星平台，整星功率 11 kW。转播完奥运会后，中星 9 号卫星开始向偏远地区转播电视信号，可以在地面使用 45 cm 大小的机顶盒接收电视信号，项目期望惠及 2.7 亿人。2012 年 3 月，亚太 7 号卫星成功发射，这是泰雷兹·阿莱尼亚宇航公司（TAS）为亚太卫星公司（Apstar/APT）制造的。这次发射打破了超同步轨道的纪录，达到了 50 101 km 的高度。亚太 7 号卫星用于替换亚太 2R（Apstar 2R），向亚洲、欧洲、澳大利亚、中东和非洲提供电视转播和卫星通信服务，计划运营至 2028 年。

2007 年中国的目光投向了更远的市场，万岛之国——印度尼西亚（简称印尼），计划为其发射一颗采用 SB 4000 卫星平台的通信卫星。此前，印尼一直从西方购买卫星。通信卫星对印尼十分重要，用来连接其所属的 17 000 个岛屿，并提供网络连接（目前互联网使用率仅为 20%）。2009 年 8 月 31 日，CZ－3B 火箭为印尼发射 PALAPA－D 通信卫星。

① 这里指泰雷兹·阿莱尼亚宇航公司（Thales Alenia Space，TAS），是泰雷兹集团购买了阿尔卡特公司参与的两个合资公司后组成的一个公司。

由于火箭第三级的发动机故障，卫星被送到了 221～21 135 km 的轨道上。9 月 16 日，卫星使用自身燃料四次点火，最终到达地球同步轨道。因为燃料减少，卫星寿命从 15 年降至 10 年。

通过与欧洲合作，中国成功且合法地规避了 ITAR，美国对此反应十分强烈。2008 年，共和党国会议员提出预算修正案，想要惩罚那些与中国进行商业发射合作的国家，无论卫星是不是涉及 ITAR 条款。但这并没有阻碍大型国际卫星运营商——欧洲通信卫星公司（Eutelsat）。2009 年春季，欧洲通信卫星公司宣布委托泰雷兹・阿莱尼亚宇航公司制造一颗"ITAR free"卫星——Eutelsat W3C，利用中国长征火箭发射。中国的报价在 3 500 万欧元至 5 000 万欧元（约合 2.7 亿～3.85 亿元）之间，远低于俄罗斯的质子号火箭（Proton）。在美国国会上，Dana Rohrabacher 等共和党议员威胁要制裁欧洲通信卫星公司。他抨击中国的商业火箭发射，认为该技术会用于发展大规模杀伤性武器。2011 年 10 月 7 日，中国成功发射了 Eutelsat W3C，但没有做过多宣传。

中国继续开展规避 ITAR 的工作。2012 年 11 月 27 日，CZ－3B 火箭成功发射了中星 12 号卫星。这颗卫星是泰雷兹・阿莱尼亚宇航公司采用 SB 4000C2 卫星平台制造的，由 SupremeSAT 公司（斯里兰卡）与中国卫通集团股份有限公司共同拥有。卫星先是在 81.5°E 进行测试，之后移至 87.5°E 开始运营，提供直接到户的卫星电视服务、数据传输和数字电视转播服务。第二年，斯里兰卡租用了中星 11 号卫星（也被称为 SupremeSAT 2，定点于 98°E），同时向中国预定了 SupremeSAT 3 卫星，计划采用 DFH－4 卫星平台。中星 11 号卫星是当时中国最强大的通信卫星，包含 45 个 C 频段和 Ku 频段转发器，以及 5 个天线。

然而，并不是每一次都能成功。2011 年，中国与土库曼斯坦签订发射合同，计划发射其国内的第一颗通信卫星。卫星由泰雷兹・阿莱尼亚宇航公司制造，但由于技术原因无法绕过 ITAR，后来改由 SpaceX 的猎鹰九号火箭发射。美国的封锁政策也是前后矛盾的，因为与此同时，五角大楼正在租用亚太 7 号卫星的频道（租金 1 070 万美元），美国气象局也在使用风云气象卫星的数据。

除了卫星发射上的限制，美国国内还发生了其他限制事件。2011 年，NASA 援引"禁止外国人进入 NASA 大楼"的法律，拒绝中国科学家出席将在加州艾姆斯研究中心召开的开普勒科学大会。这一禁令遭到美国科研人员的强烈对抗，之后 NASA 态度有所缓和，将会议重新定义为多边活动，让中国科学家参会。因此弗兰克・伍尔夫（Frank Wolf）① 将艾姆斯研究中心描述为非法活动中心。当时的 NASA 局长查尔斯・博尔登（Charles Bolden）曾两次访问中国，一次是 2013 年的国际宇航联大会（International Astronautical Congress，IAC），另一次是在 2014 年。但他说没有在会议上会见中国航天官员（这很奇怪，因为会议就是为了让各国航天官员交流而举办的）。而在 2014 年的访问中，他只是倾听，并不违反伍尔夫法案。后来应弗兰克・伍尔夫的要求，博尔登与中国人

① Frank Wolf 是美国国会议员，也是众议院拨款委员会的主席，权限在 NASA 之上。他发起了拒绝外籍人士进入 NASA 所有设施的法律。

图 5－8　国际合作［图片来源：INPE］

权活动人士会面，期望建立沟通渠道，但并没有解决问题。

中美之间的对峙仍在继续，而且随着俄罗斯形势变化（乌克兰首都基辅的政府被推翻，克里米亚回归俄罗斯），局面变得更加复杂。2014 年 10 月，国际宇航联大会在加拿大多伦多召开。加拿大显然是与美国一道的，通过拒发签证，阻止中国（和俄罗斯）的代表参会。原计划参会的科学家和记者都没有拿到签证。

白宫敦促向中国开放，但对航天合作影响甚微。2013 年，美国总统奥巴马和中国国家主席习近平在安纳伯格庄园会晤，就共同构建中美关系达成共识，中美关系站在了新的起点上[8]。虽然如此，航天合作局势仍不乐观。2015 年，国会议员伍尔夫退休后，接替者是得克萨斯州共和党人约翰·卡伯森（John Culberson）。他誓要继续实施之前的对华限制政策，甚至还希望更加严格（2018 年 11 月他在竞选中败给了民主党）。这种禁止对华合作的做法受到美国科学界和航天界的广泛批评。但《考克斯报告》的影响还在，国会中孤立中国的多数人不为所动[9]。奥巴马总统离任时，主张与中国合作的 NASA 局长博尔登认为国会的观点不太可能改变。

特朗普总统任命的 NASA 新局长是吉姆·布里登斯汀（Jim Bridenstine）。虽然是共和党人，但他并没有被党派身份影响。在美俄关系紧张的时候，依然迅速与俄罗斯建立合作关系。2018 年 10 月，国际宇航联大会在德国不莱梅召开。在期间的领导人会议中，德国东道主安排布里登斯汀和中国国家航天局局长张克俭同坐，两人进行了友好的交谈，讨论如何分享科学数据（见图 5－9）。后续他的同事还谈及如何交换月球采样。

图5-9 布里登斯汀和张克俭

5.7 中国的卫星公司

尽管围绕ITAR的斗争异常激烈，但对于卫星制造商和卫星运营商们来说，国际边界其实是越来越模糊的。中国很多通信公司股权十分复杂，有一些成立于香港回归前，有一些有西方公司投资并且公开上市。大多数中国的卫星公司都采用中国火箭发射，但也不是全部，有的公司甚至完全不用。

中国的卫星公司主要有亚洲卫星公司（Asiasat）、亚太卫星控股有限公司（Apstar/APT）、鑫诺卫星通信有限公司（Sinasat）和中国卫星集团通信公司（Chinasatcom）。亚洲卫星公司于1988年在香港成立，是一家中英合资企业，目标是为亚洲地区提供通信。它的第一颗卫星——亚洲1号卫星（AsiaSat 1）由长征火箭发射，但后来转向了俄罗斯和西方火箭公司。1999年3月21日，亚洲3号卫星由俄罗斯质子号火箭发射升空。2003年4月11日，亚洲4号卫星（型号：Hughes 601）由美国阿特拉斯IIIB型火箭发射。2009年8月12日，亚洲5号卫星（型号：Loral 1300）由质子号火箭发射升空。2011年11月26日，亚洲7号卫星（型号：Loral 1300）由质子号火箭发射升空。亚洲7号卫星定位于105.5°E，用于替代亚洲3S号卫星，包含28个C波段和17个Ku波段转发器，波束覆盖亚洲和中东地区①。2012 年，亚洲卫星公司订购了亚洲 6 号、亚洲 8 号②和亚洲 9 号卫星，均采用 Loral 1300 卫星平台。2017 年，亚洲 9 号卫星由质子号火箭发射成功，用于替代亚洲 4 号卫星。亚洲 10 号卫星计划于 2020 年发射。

亚太卫星控股有限公司成立于 1992 年，是公开上市公司，其早期的卫星发射在前面介绍过。2016 年，公司营收 12.3 亿港元（1.36 亿欧元），为股东带来 4.93 亿港元（5 500万欧元）的利润。2017 年，该公司拥有 181 个转发器（利用率为 70%），覆盖全球 75%的人口，包括亚洲、欧洲、非洲、澳大利亚和太平洋等地区。亚太卫星最近的一次任务，是 2018 年 5 月发射成功的亚太 6C 卫星（定位于 134°E）。这颗卫星由中国空间技术研究院（China Academy Space Technology，CAST）研制，采用 DFH－4 卫星平台，配有 26 个 C 频段转发器和 19 个 Ku/Ka 转发器③。后续还会再发射两颗。表 5－3 是亚太卫星控股有限公司的通信卫星列表。

表 5－3　亚太卫星控股有限公司通信卫星列表

亚太卫星编号	发射时间	卫星平台	C 频段转发器	Ku 频段转发器	轨位
5	2004	LoralFS 1300	38	16	138°E
6	2005	SB 4000	38	12	134°E①
7	2012	SB 4000	28	28	76.5°E
9	2015	DFH－4	32	14	142°E
5C	2018	Loral 1300	63②		138°E
6C	2018	DFH－4	45③		134°E
6D	2019	DFH－4			

注：信息来源于亚太卫星公司 2016 年报。

①经查询亚太官网，亚太 6 号卫星现在的轨位为 163°E；

②亚态 5C 卫星配有 34 路 C 频段转发器，32 路 Ku 频段转发器；

③亚太 6C 卫星配有 32 路 C 频段转发器，20 路 Ku 频段转发器。

截至 2018 年年中，亚太卫星公司的编队包括亚太 5 号、6 号、7 号（西方公司制造）、9 号、6C（DFH－4 平台）和即将发射的 6D（DFH－4 平台）。2018 年 9 月 10 日，亚太 5C 卫星由 SpaceX 公司的猎鹰九号火箭发射成功。亚太 5C 卫星也被称为 Telstar 18，由亚太卫星公司和加拿大 Telesat 公司联合运营。

鑫诺卫星通信有限公司是中国国内的主要运营商之一，于 1994 年在北京成立，与德

① 亚洲 7 号卫星包含 28 个 C 频段转发器，17 个 Ku 频段转发器，1 个 Ka 频段转发器。

② 亚洲 6 号卫星于 2014 年 9 月 7 日由 Space X 公司的猎鹰九号火箭成功发射，定位于 120°E；亚洲 8 号卫星于 2014 年 8 月 5 日由 Space X 公司的猎鹰九号火箭成功发射，定位于 105.5°E，与亚洲 7 号卫星共轨。

③ 根据亚太官网信息，亚太 6C 卫星包含 32 个 C 频段转发器，20 个 Ku 频段转发器以及特定区域的 Ka 频段转发器。

国合作关系密切①。它在北京拥有自己的地面控制中心。1998年7月，鑫诺1号（Sinosat 1）发射成功，定点于110.5°E，主要功能是为农村提供电视、广播和远程教育，成功运营直至2012年4月离轨。虽然名字叫鑫诺1号，但它采用的是西方SB3000型卫星平台，在考克斯政权上台前发射成功。后来由于通信业务国际化，鑫诺1号被命名为中星5B。2012年6月，被印尼的Pacific Satellite Nusantara公司接管，移至146°E，更名为PSN 1。此后，鑫诺卫星专注于发展国内卫星业务。鑫诺2号卫星是采用DFH－4卫星平台的第一颗卫星，鑫诺3号卫星采用的是DFH－3卫星平台。之后的鑫诺4、5、6、7号卫星也都计划采用DFH－4卫星平台。

中国卫通集团股份有限公司，简称中国卫通，隶属于中国航天科技集团有限公司。2007年，通过中国东方通信卫星有限公司控股，中国卫通先后接管了亚太卫星和鑫诺卫星。中国卫通现在是一家大型的通信运营商，负责260个电视频道和230个广播频道，拥有4个地面站，分别位于北京、沙河、大浦（香港新界）和都江堰（成都）。它的卫星直播资源由中国直播卫星有限公司（ChinaDBSat）运营，没有单独命名。2015—2017年，中国卫通的收入为74.87亿元（9.73亿欧元），其中40%来自海外卫星租赁业务。

5.8　东方红四号卫星平台

受《考克斯报告》影响，在长达7年的时间里，中国无法进入全球发射市场，遭受巨大经济损失，这是一笔本来可以用于推动航天其他项目的资金。作为应对，中国与一些西方公司合作，设法打破了ITAR的封锁。与此同时，中国也在积极发掘新客户，那些同样希望合理避开美国出口管制的客户。市场开拓的利器就是“东方红四号”大型通信卫星公用平台（DFH－4），这是一个更加先进的卫星平台，可用于互联网接入、高速数据传输、直播到户等业务。DFH－4的研制于2001年立项，是“十五”期间重点开展的民用卫星工程。DFH－4平台系列卫星重达5 250 kg，可携带22～52个转发器（最小配置包含18个36 MHz带宽转发器和4个54 MHz带宽转发器），具备高容量数据链路（high－capacity data links）。为了做到这些，DFH－4平台的太阳翼尺寸是破纪录的，宽32 m，面积62 m^2，比一些体育场地还宽，功率达到10.5～13 kW。DFH－4的指向精度是0.06°，偏航0.2°，信号可至直径45 cm的地面天线，使用寿命15年，其西方同类型平台是Boeing HS－601。

中国的想法是在国内进行卫星设计、总装和测试，采用欧洲国家的部分关键器件，制造出达到世界最高水平的卫星。四家公司递交了提案，最后胜出的是法国泰雷兹·阿莱尼亚宇航公司。DFH－4的目标是将DFH－3的承载能力提升一倍，至少可以对标西方国家的SB 3000和Boeing 702。DFH－4的研制历时5年，其系列的第一颗卫星是鑫诺2号卫

① 1993年11月16日，中德双方签署了《中德航天领域民用合作备忘录》。1994年7月8日，中国航天工业总公司与德国宇航公司在慕尼黑成立了华德宇航公司，作为卫星总承包商，为鑫诺卫星公司研制鑫诺1号。

星，于2006年10月28日由CZ-3B发射成功。鑫诺2号卫星定点于苏门答腊岛以西的92.2°E，配置22个Ku频段转发器，计划为全国提供电视和宽带入户业务。

可惜的是，不到15个小时任务就失败了。鑫诺2号卫星在定点过程中，出现技术故障，致使太阳能帆板无法展开。技术人员在有限的通信条件下，尝试打开帆板，但历经十天后，于12月8日放弃了。鑫诺2号卫星飘移到了70°E。2008年3月技术人员再次抢救，仍然没有成功，卫星继续飘移。2009年1月，鑫诺2号卫星到达115°E，之后在7月离轨。

西方媒体经常忽视中国的火箭发射，甚至是载人飞船的新闻，这次却对DFH-4的失败大加报道。《航空周刊》（*Aviation Week*）和《空间技术报》（*Space Technology*）称，"对于很少出现在轨故障的项目来说，这是中国航天史上最严重的航天器故障，是一次重大挫折。"这次的损失在1.5亿～4亿欧元之间（约合11亿～30亿元）。如果第一次是外国客户，损失将更惨重。这次失败虽然引来了不少国外媒体的负面报道，但对中国航天计划的其他部分影响不大。只是即将到来的奥运会直播任务，就得依赖其他卫星了。中国快速选择了鑫诺3号（中星5C）卫星来执行这个任务。2007年5月31日，鑫诺3号卫星被成功送至125°E，这是一颗DFH-3系列卫星，是在DFH-4改进阶段的权宜之计。之后，鑫诺3号卫星被欧洲通信卫星公司（Eutelsat）租用，移至3°E，更名为Eutelsat 3A。

DFH-4系列成功的第一颗卫星是鑫诺6号卫星（也称中星6A）。2010年9月4日，鑫诺6号卫星在西昌由CZ-3B火箭发射成功，定点于124°E。这是一颗直播电视卫星，用于取代鑫诺2号卫星。有一份未经证实的报告称，它遭遇了氦气泄漏，使用寿命可能会从15年减少到11年。

2011年6月20日，CZ-3B火箭成功发射鑫诺5号卫星（也称为中星10号），这是DFH-4系列成功的第二颗卫星。一切都很顺利，只是发射中有碎片坠落，一间民房屋顶被打了个洞，好在没有人受伤。鑫诺5号卫星是中星5B的替代星，定位于103.5°E，向亚洲地区提供直播到户业务。它在8月转移到110.5°E中星5B旁边。

作为DFH-4系列的一员，中星9A的发射并不顺利。2017年6月18日，发射中火箭上面级的推进器故障，没有将卫星送入理想轨道。中星9A从2008年就开始规划，原计划定点于101.4°E开展Ku频段广播业务，但被推迟。为了提升轨道高度，中星9A进行了10次推进器点火，最终于7月7日到达预定轨位。卫星配有4个54 MHz带宽转发器和18个36 MHz带宽转发器，可向地面天线传输电视信号和进行无线电传输。因为点火用掉了一部分推进剂，其使用寿命可能会从15年减少到12年①。第二年，中国航天科技集团有限公司（China Aerospace Science Technology Corporation，CASC）的研究人员胡迪提出创新方案，研制一种携带推进剂的飞行器，依靠机械臂与需要救援的卫星对接，带着卫星飞行，来维持其工作轨道。长远看，这种救援方式可以节省时间和金钱②。

① 中星9A的寿命缩短到4年。

② 2018年7月，中国航天科技集团有限公司举行首届创新创意大赛，中国空间技术研究院通信卫星事业部提出一种创新的太空救援方案——在轨服务飞行器项目（项目负责人胡迪）。

通过汲取前两次失败的经验，DFH－4 的设计逐步完善，更加可靠[10]。在此基础上，中国决定研制 DFH－4S（S 代表小型）和 DFH－4E（E 代表增强型）[11]。DFH－4S 配有锂电池，重 3 800 kg，包含 24 个转发器，可由 CZ－3C 火箭发射，目标是更小、更简单、更便宜。而 DFH－4E 则更大，有多达 70 个转发器，重 6 000 kg。2014 年，DFH－4E 在珠海航展上推出，并宣布其首发星是中星 16 号。这两个平台都将采用电推进技术。

2014 年公布的航天发展计划中，推出了一种新的全电推卫星平台——DFH－4SP[12]，如图 5－10 所示。波音公司在这一领域技术领先，该平台对标了波音公司的 BSS－702SP 卫星平台①。这是一项革命性的技术发展。电推进发动机不仅用于位保，也用于到达同步轨道前的变轨操作。这样可以减少大量化学推进剂，将卫星质量减小一半，节省发射成本。实际上，以前运载一颗化学推进剂卫星的火箭，以后可能运载两颗全电推卫星。全电推最主要的缺点是速度慢，卫星可能需要 6 个月才能到达地球同步轨道。当然，只要客户不着急，或者这是有计划的替代在轨卫星，那就没有问题。

DFH－4SP 平台的发动机名为 LIPS300，拥有 4 个推进器，是在完成在轨测试的 LIPS200 基础上研制而来的。从地球静止转移轨道上开始启动电推进系统，首先使用高功率的双推进器模式，然后切换低功率的位保模式，这时通常只用一个推进器。同时预留足够的推力，用于卫星寿命末期的离轨操作。DFH－4SP 平台系列卫星质量在 2 000～2 500 kg 之间，CZ－3B 运载火箭一次可以发射两颗。

虽然 DFH－4 平台系列卫星的开局不太顺利，但是中国没有放弃开拓海外市场，一直致力于赢得 DFH－4 的国际订单。中国向发展中国家提出了一项创新性的“轨道交付”一揽子计划（delivery to orbit package），除了研制通信卫星，还提供用于建立公司的贷款，以及地面站培训等相关业务，一步到位。这个计划与签订普通订单大不相同，使中国一跃成为更具吸引力的商业伙伴。第一个整星出口的客户是尼日利亚，中国在竞标中打败了 21 个对手，价格是 2.5 亿欧元（19 亿元）。尼日利亚通信卫星一号（NigComSat－1）定位于 42°E，工作寿命 15 年，为村庄提供广播电视和电话服务。其中 14 个 Ku 频段转发器覆盖非洲南部和西部，C 频段波束覆盖非洲中部和南部，L 频段用于导航。

2007 年 5 月 13 日晚上，NigComSat－1 在西昌发射，包括时任总统奥卢塞贡·奥巴桑乔在内的尼日利亚政府官员都高度重视。NigComSat－1 的到来使尼日利亚成为非洲卫星通信的领先者，每年有 5 000 万欧元（3.85 亿元）的收入。令人失望的是，2008 年 11 月 10 日，由于太阳能帆板故障，供电系统失效了。第二年 3 月，中国宣布提供接替星。2011 年 12 月 19 日，尼星 1R（NigComSat 1R）正式发射，一周后到达轨位，并在 2012 年的前两个月完成了在轨测试。2012 年 3 月 19 日，在尼日利亚首都阿布贾奥巴桑乔航天中心举行的仪式上，卫星正式移交给尼日利亚。尼星 1R 配有 2 个 L 频段转发器、4 个 C 频段转发器、8 个 Ka 频段转发器和 14 个 Ku 频段转发器，旨在覆盖 30 个非洲国家的 5 亿人口。2018 年 1 月，尼日利亚与中国又签署了两个通信卫星协议，预计于 2020 年发射

① 2012 年，波音公司在其 BSS－702HP 平台基础上，创新设计电推进系统，推出了全球首款全电推进卫星平台——BSS－702SP。

图 5-10　DFH-4SP

NigComSat 2 卫星。尼日利亚与中国的合作十分愉快，政府宣布打算将航天员送往北京，为以后飞往中国空间站做准备。

在非洲赢得了第一份合同后，中国在南美洲也谈成了合作。第二次整星出口的是委内瑞拉通信卫星一号（VenezSat），简称委星一号，后来被命名为 Simon Bolivar 号。2005 年，在考虑了中国、俄罗斯、欧洲和印度的方案后，委内瑞拉与中国签订了卫星合同，价格是 2 亿欧元（约合 15 亿元）。2008 年 10 月 29 日，CZ-3B 运载火箭成功发射委星一号，委内瑞拉总统乌戈·查韦斯在西昌观看了发射过程。卫星包含 14 个 C 频段转发器和 14 个 Ku 频段转发器，定位于 78°W。波束不仅覆盖美洲，还延伸到了伊比利亚。这颗卫星整体由中国制造，部分配件采购于泰雷兹·阿莱尼亚宇航公司，这些配件花费了 320 万欧元

（约合 2 460 万元）。此外，中国还为 Bamari 和 Luepa 的两个地面站提供技术人员培训服务。

2012 年 9 月，中国为委内瑞拉发射了一颗应用卫星——委内瑞拉遥感卫星（VRSS－1），也被称为 Sebastian Francisco de Miranda，以纪念一位革命英雄。VRSS－1 采用 CAST 2000 平台，重 1 t，配有两台高分辨率和两台中分辨率相机，用于多光谱和全色观测。2014 年 7 月，中国与委内瑞拉签署了 VRSS－2 卫星协议，并于 2017 年 10 月 9 日发射升空①。VRSS－2 也被称为 Sucre 号，以纪念独立运动领袖 Antonio José de Sucre。VRSS－2 同样采用 CAST 2000 卫星平台，载有一台全色/多光谱高分辨率相机和一台短波/长波红外相机。VRSS－2 高 2.1 m，宽 1.75 m，太阳能帆板宽度 7.9 m，将用于国土资源巡查、环境保护、灾害监测、农作物估产与城市规划。2018 年 3 月移交给委内瑞拉。

2012 年 12 月，中国为土耳其发射了 GK－2 地球观测卫星，重 450 kg，由土耳其航空航天工业公司制造。它携带了 2.5 m 分辨率的多光谱、红外和立体视觉摄像机，数据通过 15GB 存储器，利用 X 和 S 频段发往安卡拉附近的地面站。通过电视直播，包括埃尔多安在内的许多土耳其人观看了发射过程。

虽然 ITAR 限制的主要是通信卫星，但中国在其他领域也找到了合规的方法。比利时开始与中国谈判，合作研发小卫星。这是继 2013 年 PROBA－V（PRoject for On Board Autonomy－Vegetation，星上自主项目卫星-植被观测）小卫星②发射成功后的又一颗卫星，其观测图像主要由比利时、意大利和中国使用。新卫星 Global V 将是一颗 500 kg 重的卫星，采用 SAST 1000 平台建造，将由 CZ－2D 发射。两个主要仪器分别是比利时的植被观测仪器和中国的热红外传感器[13]。

委内瑞拉和尼日利亚通信卫星的巨大成功鼓舞了其他国家。2010 年 4 月，玻利维亚成为下一个签下 DFH－4 订单的国家，命名为 Tupac Katari（以纪念 18 世纪反抗西班牙的领袖）。卫星配置 30 个转发器，提供电视转播、通信等业务，惠及教育、医疗健康和社会服务，同时也进行营利性的商业运营。玻利维亚政府出资 3 000 万欧元（2.3 亿元），中国国家开发银行出资 2 亿欧元（15 亿元）。项目还包括为 74 名工程师提供为期两年的卫星操作培训。2013 年 12 月 22 日，Tupac Katari 卫星在西昌由 CZ－3B 运载火箭发射成功，定位于 87.2°W。2014 年 4 月 1 日，埃沃·莫拉莱斯总统出席了在首都拉巴斯举行的移交仪式，卫星正式交付玻利维亚。

这之后，中国获得了更多的订单。中国的发射费用低于西方和俄罗斯：CZ－2 的价格为 2 000 万欧元（1.54 亿元）；CZ－3A 和 CZ－4 的价格为 4 000 万欧元（3.08 亿元）；CZ－3C 的价格为 5 000 万欧元（3.85 亿元）；CZ－3B 的价格为 6 500 万欧元（5 亿元）。后来虽然出现了价格更低的猎鹰九号（Falcon 9），但 CZ－3B 的价格并没有变化，因为美

① VRSS－2 的合同于 2014 年 10 月签署。

② “星上自主项目”（PROBA）卫星系列属于欧洲空间局的技术验证计划，资金来自“通用支持技术计划”（GSTP）。该系列卫星是小型、低成本卫星，用于验证新的航天器技术和研究方法。目前包括 PROBA－1、PROBA－2、PROBA－3 和 PROBA－V。

国的限制意味着它们市场不同。在珠海航展上，中国宣布了价值 18.5 亿欧元（约合 142 亿元）的通信卫星发射合同。中国接洽了一些还没有地球同步轨道卫星的国家，包括尼加拉瓜、孟加拉国、苏丹、尼泊尔和缅甸等，提供了很有吸引力的方案，希望能够为这些国家在轨位资源失效前发射卫星。

并不是每一次谈判都能成功。2012 年 12 月 1 日，中国和刚果民主共和国协商，计划为其发射一颗采用 DFH－4 平台的刚果卫星（Congosat），价值 3～3.25 亿欧元（23～25 亿元）。但项目进展十分缓慢，合同在 2015 年才能达成一致，发射日期也没有确定。2013 年，中国与柬埔寨达成一项关于通信卫星的协议，可惜没有后续进展。中国继续努力开拓海外市场。2017 年，中国承诺分两笔出资 2 000 万欧元和 4 000 万欧元，为埃及建造一颗卫星，计划于 2019 年发射[14]。2017 年 7 月，中国和老客户印度尼西亚再度合作，计划在 2020 年发射 PALAPA－N1 通信卫星。促成这笔交易的决定性因素除了卫星和发射成本，还有全方位的服务，包括灵活的融资计划、发射、地面站、保险和技术人员培训。这样的合作还会带来额外的好处，客户会倾向于购买中国更多的高科技产品，比如火车和发电站。中国每个月都派代表团到雅加达与客户接洽积极促成合作[15]。

早在 1990 年，中国就为巴基斯坦发射过卫星，那时候还没有制裁政策。2011 年 8 月，中国发射了 PAKSAT 1R 卫星，于当年 11 月投入使用。卫星配有 12 个 C 频段转发器和 18 个 Ku 频段转发器。2018 年 7 月 9 日，中国又发射了两颗巴基斯坦卫星。一颗是高分辨率的光学遥感卫星——巴基斯坦遥感卫星 1 号（PRSS 1），简称巴遥 1 号，采用 CAST 2000 卫星平台；另一颗是较小的科学实验卫星 PakTES－1A，由巴基斯坦空间及外大气层研究委员会（Pakistan's Space and Upper Atmosphere Research Commission，SUPARCO）研制，南非提供了部分帮助。发射中使用了固体推进剂的上面级发动机，即 SMA①。空间及外大气层研究委员会称，PRSS 1 使得巴基斯坦在多光谱成像方面实现自主。PRSS 1 也是中国国际客户的第 17 个现役卫星。卫星配有两台分辨率 1 m、幅宽大于 60 km 的全色多光谱相机，用于国土资源普查、灾害监测和管理、农作物估产和城市规划。PRSS 1 被巴基斯坦誉为“中国出口的最好产品”。卫星在完成 7 年的任务后，将主动离轨，避免成为空间碎片。中国为巴基斯坦培训了 30 名技术人员，执行地面站的操作任务。

2018 年 12 月 7 日，中国在酒泉卫星发射中心用 CZ－2D 运载火箭，成功将沙特的两颗应用卫星 Saudisat 5A 和 5B 发射升空，搭载发射 10 颗微小卫星。Saudisats 是由沙特阿卜杜拉国王科技城研制的高光谱高分辨率成像卫星。

中国与老挝的合作十分成功，研制了基于 DFH－4S 卫星平台的老挝 1 号广播通信卫星（LAOSAT－1）。发射日期定在 2015 年 11 月 20 日，在卫星被送去西昌前，老挝人民革命党中央总书记朱马里与卫星合影②。这是老挝的第一颗卫星，为此专门在万象建立了

① 2018 年 7 月 9 日 11 时 56 分，CZ－2C/SMA 运载火箭于酒泉卫星发射中心成功发射，将巴基斯坦遥感卫星 1 号（简称巴遥 1 号）和科学实验卫星 PakTES－1A 送入预定轨道。

② 2015 年 9 月 2 日，老挝人民革命党中央总书记、国家主席朱马里，到中国空间技术研究院参观访问，出席“老挝 1 号”卫星出厂仪式，期间与卫星合影。

一个地面站。老挝 1 号卫星配有 14 个 C 频段转发器和 8 个 Ku 频段转发器，能够传送 130 个电视频道，结束了老挝租用外国卫星的历史。

接下来是白俄罗斯通信卫星 1 号（Belintersat），配有 38 个转发器（20 个 C 频段，18 个 Ku 频段），采用 DFH－4 卫星平台，价值 3.22 亿欧元（24 亿元）。卫星的功率为 10 kW，使用寿命 15 年，任务控制中心设在首都明斯克。2016 年 1 月 15 日卫星发射成功。

之后是阿尔及利亚 1 号通信卫星（Alcomsat－1），同样采用 DFH－4 卫星平台。2013 年 9 月达成合同意向，按计划卫星将定位于 28.5°W。阿尔及利亚在 2002 年成立航天局，拥有两颗光学对地观测卫星 AlSat 1 和 AlSat 2（分别于 2002 年和 2010 年发射）。Alcomsat－1 是其迄今为止最雄心勃勃的项目，在 2017 年 12 月 10 日由 CZ－3B 运载火箭成功发射。卫星配有 33 个民用转发器（19 个 Ku 频段、12 个 Ka 频段和 2 个 L 频段），以及 X、UHF 和 EHF 频段的军用转发器，可工作至 2032 年。地面站分别设在阿尔及尔和美狄亚。中国希望可以借此进入阿拉伯市场。

为了更好地满足潜在客户的需求，随后开发了 DFH－4 平台的一些改进型，包括 DFH－4－SE、DFH－4－SP、DFH－4S，还有重 300 kg 的全电推 DFH－ST Mini 平台。

通过外交、商业、自身利益相结合的方式，中国打入了国际卫星市场。发展中国家对发射卫星有兴趣，既是为了实际的商业利益，也因为卫星是国家现代化发展的象征。比如尼日利亚，一方面通过商业租赁在 7 年内付清卫星费用，比如提供电视转播和银行业务，另一方面也造福社会，比如为偏远农村地区提供远程教育，在线获取政府服务和记录以及远程监测石油管道。

许多西方公司出于对腐败的担忧，避开了 NigComSat 的竞标。但中国没有被吓倒，还带来了配套的融资方案。额外的收获压过了风险，比如石油贸易、两国政治关系和中国在非洲的影响力。中国继续降低发射成本，在 2018 年年底 CZ－3 的发射费用是 5 100 万欧元（3.92 亿元），比猎鹰九号低一点；对于较小的卫星，CZ－11 的发射费用是 1 200 万欧元（9 200 万元），快舟火箭（KZ）① 的发射费用是 600 万欧元（4 600 万元）[16]。表 5－4 概述了中国的 DFH－3 和 DFH－4 系列通信卫星，以及一些国外制造的卫星。

表 5－4　通信卫星列表（包含 DFH－3，DFH－4 平台系列卫星和一些国外卫星）

卫星	发射时间	运载火箭	型号，所属国家或公司，别称
Asiasat 1	1990－4－7	CZ－3	Hughes 376，亚洲卫星
Badr	1990－7－16	CZ－2E	巴基斯坦实验卫星
Optus B－1	1992－8－13	CZ－2E	Hughes 601，Optus 公司
Optus B－2	1992－12－21	CZ－2E	Hughes 601，Optus 公司，发射失败
Apstar 1	1994－7－21	CZ－3	Hughes 376，亚太卫星，后名中星 5E

① 快舟系列运载火箭，由中国航天科工集团有限公司研制，采用了国际首创的星箭一体化技术，是中国首个具有快速集成、快速入轨能力的小型固体运载火箭。

续表

卫星	发射时间	运载火箭	型号，所属国家或公司，别称
Optus B-3	1994-8-27	CZ-2E	Hughes 601，Optus 公司
中星 6 号①	1994-11-29	CZ-3A	DFH 3，第三级故障
Apstar 2	1995-1-25	CZ-2E	Hughes 601，亚太卫星，发射失败
Asiasat 2	1995-11-28	CZ-2E	LM-7000，亚洲卫星
Echostar	1995-12-28	CZ-2E	LM-7000
Intelsat 708	1996-2-14	CZ-3B	Loral 1300，Intelsat 公司，发射失败
Apstar 1A	1996-7-4	CZ-3	Hughes 376，亚太卫星，后名中星 5D
中星 7 号	1996-8-18	CZ-3	Hughes 376，中国卫通
中星 6B②	1997-5-11	CZ-3A	DFH 3，中国卫通
Agila 2	1997-8-20	CZ-3B	Loral 1300，菲律宾马部海公司，又名 ABS-5
Apstar 2R	1997-10-16	CZ-3B	Loral 1300，亚太卫星
中卫 1	1998-5-30	CZ-3B	LM-2100A
鑫诺 1 号	1998-7-18	CZ-3B	SB-3000，又名中星 5B
Apstar 6	2005-4-12	CZ-3B	SB-4000，亚太卫星
鑫诺 2 号	2006-10-28	CZ-3B	DFH-4，发射失败
NigComSat	2007-5-13	CZ-3B	DFH-4，尼日利亚，18 个月后失效
鑫诺 3 号	2007-5-31	CZ-3B	DFH-3，中国卫通，后名 Eutelsat 3A
中星 6B	2007-7-5	CZ-3B	SB-4000，中国卫通
中星 9	2008-6-9	CZ-3B	SB-4000，中国卫通
Venezsat	2008-10-29	CZ-3B	DFH-4，委内瑞拉，又名 Simon Bolivar
Palapa D	2009-8-31	CZ-3B	SB-4000，印尼，寿命受损
鑫诺 6 号	2010-9-4	CZ-3B	DFH-4，中国卫通
鑫诺 5 号	2011-6-20	CZ-3B	DFH-4，又名中星 10
Paksat 1R	2011-8-11	CZ-3B	DFH-4，巴基斯坦，替换 Paksat 1
Eutelsat W3C	2011-10-7	CZ-3B	SB-4000C3，Eutelsat 公司
NigComSat 1R	2011-12-19	CZ-3B	DFH-4，尼日利亚，替换 NigComSat 1
Apstar 7	2012-3-31	CZ-3B	SB-4000，亚太卫星，替换 Apstar 2R
中星 12	2012-11-27	CZ-3B	SB-4000C2，中国卫通
中星 11	2013-5-2	CZ-3B	DFH-4，中国卫通和斯里兰卡联合运营，又名 Supremesat 2

① 此处应为东方红三号通信卫星 01 星。

② 此处应为东方红三号通信卫星 02 星(中星 6)。

续表

卫星	发射时间	运载火箭	型号，所属国家或公司，别称
Tupac Katari	2013－12－20	CZ－3B	DFH－4，玻利维亚
Apstar 9	2015－10－16	CZ－3BG2	DFH－4，亚太卫星
Laosat	2015－11－20	CZ－3B	DFH－4S，老挝
Belintersat	2016－1－15	CZ－3B	DFH－4，白俄罗斯
中星 9A	2017－6－18	CZ－3BG2	DFH－4，中国卫通
Alcomsat	2017－12－10	CZ－3B	DFH－4，阿尔及利亚
Apstar 6C	2018－5－3	CZ－3B	DFH－4，亚太卫星

5.9　东方红五号卫星平台

在 DFH－4 系列卫星运营的同时，中国开始研制更先进的 DFH－5 卫星平台（见图 5－11）。这个平台的卫星重达 5 t，功率 18 kW，需要用 CZ－5 重型运载火箭发射。中国希望用 DFH－5 打入通信卫星的高端市场，这块市场之前的主导者包括劳拉公司（Loral）、波音公司（Boeing）、泰雷兹·阿莱尼亚宇航公司（Thales Alenia Space）和阿斯特里姆公司（Astrium）①。不过因为火箭失利，DFH－5 系列的第一颗卫星实践十八号没有成功入轨。中国宣布将在 2019 年发射 DHF－5 系列卫星实践二十号②。

5.10　低轨星座：虹云、鸿雁

2018 年最后一周，CZ－11 运载火箭成功将虹云系列的第一颗卫星送入轨道。中国航天科工集团有限公司的虹云工程是极地轨道的低轨星座，利用 Ka 频段向全球提供 500 MB/s 的 WIFI 宽带服务，旨在将宽带连接覆盖全球，包括沙漠、山区、航班，甚至南极洲。传统意义上的通信卫星位于地球同步轨道，卫星体量大，需要火箭提供较大的推力才能入轨。从 20 世纪 90 年代起，伴随铱星系统的出现（见表 5－2），美国率先提出用更小的低轨卫星，执行同样的通信功能。低轨星座需要多颗卫星，但总体而言费用仍然低很多，也不会因为单一故障而全体失效。而且随着微卫星技术的发展，低轨星座可以更小，功能更强，比如提供宽带服务。

虹云 1 号是一颗重 247 kg 的工程技术验证卫星，配有飞机自动识别系统（Automatic Identification System，AIS）、船舶自动相关监视系统（Automatic Dependent Surveillance－Broadcast，ADS－B）和数据采集系统（Data Collection System，DCS）。之所以命名为

① 阿斯特里姆公司是欧洲宇航防务集团（EADS）下属的子公司，致力于军工系统与航天系统研发业务。

② 2019 年 12 月 27 日，CZ－5 运载火箭在中国文昌成功发射实践二十号卫星。

图 5－11　DFH－5 平台卫星

“虹云”，是因为它是中国航天科工集团有限公司“五云一列车”的商业航天工程之一。其中五云工程分别是飞云工程（无人机构建空中局域网）、快云工程（浮空机动平台）、行云工程（80 颗小卫星组成的低轨窄带通信星座）、腾云工程（空天往返飞行器）和飞行列车。中国航天科工集团有限公司宣布，在第一颗技术验证星之后，将发射 4 颗业务试验星组成测试网络，然后期望在 2022 年完成虹云星座全部 156 颗卫星的建设。这些卫星将在中国航天科工集团有限公司武汉商业航天基地制造，总设计师是向开恒。

如图 5－12 所示为虹云星座卫星。

行云工程的首颗技术验证星跟随林业 1 号卫星一起进入轨道①。行云试验 1 号卫星是由航天科工集团和西北工业大学联合研制的立方体卫星，包括用于窄带通信的 L 频段转发器，用于测试计划于 2025 年完成的低轨通信卫星星座。星座的轨道高度是 1 000 km，可实现全球（包括陆地、海洋和空中）的互联网接入。航天科工集团宣布，将在 2018—2020 年间发射 4 颗演示验证星。行云工程与 O3B（Other 3 Billion，代表非洲和发展中国家没有互联网的另外 30 亿人）的系统不相上下。2018 年 3 月，O3B 的 4 颗卫星由联盟号运载

① 2017 年 1 月，快舟一号甲固体运载火箭将吉林 1 号灵巧视频卫星（又名林业 1 号卫星）发射成功，同时搭载两颗 2U 立方星，分别是航天科工集团的行云试验 1 号卫星和北京凯盾科技公司的凯盾 1 号（Caton－1）卫星。

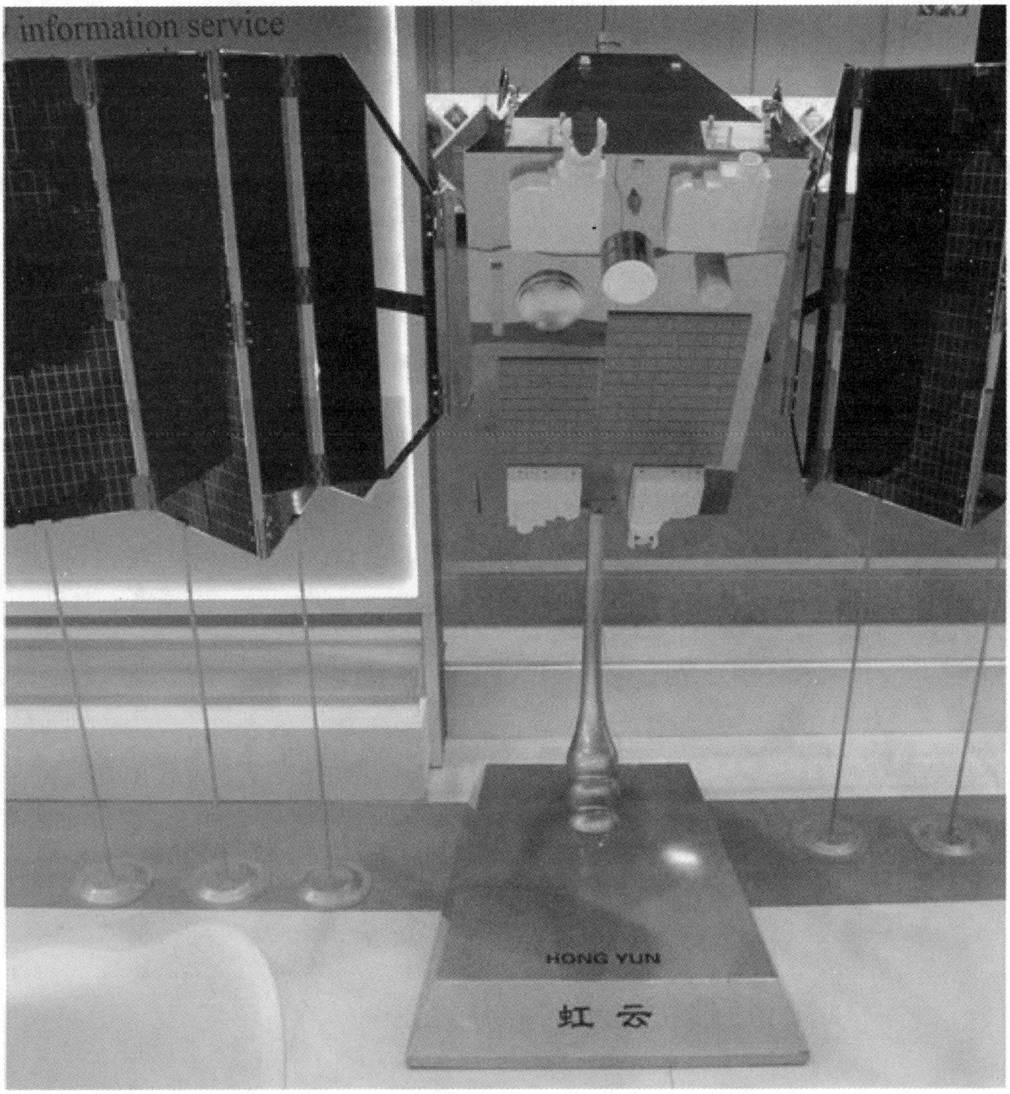

图 5－12　虹云星座卫星（中国航天科工集团有限公司）

火箭从法属圭亚那发射升空。

如图 5－13 所示为行云星座模型。

航天科工集团的虹云工程和中国空间技术研究院的鸿雁星座名字十分相近，但其实是两个不同的项目。虹云工程的卫星由航天科技集团的 CZ－11 运载火箭发射。一周后，鸿雁星座首颗试验星和 6 颗云海 2 号卫星一起，由 CZ－2D 运载火箭在酒泉发射升空，用于鸿雁星座一期（60 颗卫星）的测试。该星座计划为全球提供互联网服务，最终数量是 300 颗。为此，中国空间技术研究院在天津建立了批量生产卫星的生产线。

图 5-13 行云星座模型

5.11 结语：通信卫星

通信卫星是中国现代化发展的重要组成部分，覆盖区不仅有人口密集的城市地区，也包括人口分散的偏远农村，面向观众、听众、商业用户、学生、读者、农民提供电视、广播、电话、银行、互联网、报纸、远程教育等多项服务。通信卫星是“蛙跳”技术的典型应用，无须建设电视塔和电话线，直接利用无处不在的卫星天线。卫星通信为中国的现代化发展做出了巨大贡献，有关项目的总技术负责人孙家栋（生于 1929 年）功不可没。他先后毕业于哈尔滨工业大学和苏联茹科夫斯基工程学院，自 20 世纪 50 年代以来一直参与航天建设。卫星的工作寿命越来越长，从 3 年（DFH-2 平台）到 6 年（DFH-2A 平台），到 8 年（DFH-3），再到 15 年（DFH-4）。尽管一些失败拉低了平均水平，但大多数卫星的实际寿命比预计要长。

在 20 世纪 70 年代，对中国来说，掌握氢燃料技术，利用地球同步轨道，研制高性能卫星的难度还很大，所以发展通信卫星是一项艰巨的挑战。但通过不懈的努力，和有选择地引进欧洲技术，中国研制的卫星追赶上了欧美卫星。DFH-5 系列卫星已经可以对标俄罗斯、欧洲、美国的先进大型卫星。

20 世纪 80 年代，在发展自己的通信卫星计划时，中国很难想象会遇到这样的国际政治障碍。面对美国国会自 20 世纪 90 年代以来日益严格的封锁，中国表现得很克制很耐心，在技术和政治上不断创新。几年后，中国最终获得回报，不仅成功规避了 ITAR 的限制，发射了西方制造的卫星，还与一些发展中国家签订了卫星合同。中国主推的一揽子计划全方位涵盖融资、技术培训等，是一个非常聪明、无懈可击的策略。发展中国家不断扩展通信能力，这个市场会随之继续增长。

美中安全评估委员会（US-China Security Review Commission）的分析表明，ITAR 成功地将中国限制在了低价和服务不完善的市场，无法进入利润更大的高端卫星市场[17]。总体而言，中国在全球通信卫星发射市场的份额不大，不到 10%。可能美国的封锁实现了其主要目的，但却无法阻止中国成功研制高质量的通信卫星。

参考文献

[1] Smith, Marcia: China's space program—an overview. CRS report for Congress, 21 October 2003; Chen, Lan: Hard road to commercial space—the past of Chinese commercial launches. Go Taikonauts!, #22, 2018.

[2] Clark, Phillip S: China's DFH - 2 and DFH - 2A communications satellites program. Journal of the British Interplanetary Society (JBIS), vol 54, 2001. Clark, Phillip S: The Chinese space program—an overview. Molniya Space Consultancy, 1996, 124 - 7.

[3] Chen Lan: Mist around the CZ - 3B disaster. Go Taikonauts! #8, 2013.

[4] Lamb, Robert D: Satellites, security and scandal—understanding the politics of export control. Center for International and Security Studies, University of Maryland, 2005.

[5] United States House of Representatives: US national security and military/commercial concerns with the People's Republic of China, submitted by Mr. Cox of California, chairman. Report 105/851. Washington DC, US Government Printing Office, 1999.

[6] Smith, Marcia: China's space program—an overview. CRS report for Congress, 21 October 2003.

[7] Kulacki, Gregory & Lewis, Jeffrey: A place for one's mat—China's space program, 1956 - 2003. Cambridge MA, American Academy of Arts & Sciences, 2009; Handberg, Roger & Li, Zhen: Chinese space policy—a study in domestic and international politics. Routledge, Abingdon, 2007.

[8] Myrrhe, Jacqueline: Hop on and hop off... but where do you go? Go Taikonauts! #11, 2014; Johnson, Andrew: An agreement to disagree. Go Taikonauts! #12, 2014.

[9] Oberhaus, Daniel: Will NASA ever work with China? Popular Mechanics, 18 October 2016; Normile, Dennis: Red Star rising. Science, 22 July 2016.

[10] Deng Hong; Wang Min & Pan Yi: Flight experience of DFH - 4 commercial satellites. Paper presented to International Astronautical Congress, Naples, 2012.

[11] Zhou, Zhicheng: Chinese DFH - 4 platform product line improvement and enhancement. Paper presented to International Astronautical Congress, Naples, 2012.

[12] Zhang, Tianping: Electric propulsion development for DFH - 4SP satellite platform. Paper presented to International Astronautic Congress, Toronto, 2014.

[13] Pirard, Theo: Global V in 2018—Sino Belgian satellite to monitor the global biosphere every two days. Go Taikonauts! #18, 2016.

[14] With MP approval, Egypt's space and satellite plans move ahead. Africa Times, 26 December 2017.

[15] Leithen, Francis: How China is using soft power in space business. Aviation Week & Space Technology, 7 July 2017.

[16] Liang, Ma; Ping, Xie, Dapeng, Liu & Yang, Wu: Research on the influence of China's commercial

space flight on the economic and social development of the regions along the Belt and Road. Presentation to International Astronautical Congress, Bremen, October 2018.

[17] Pollpeter, Kevin; Anderson, Eric; Wilson, Jordan & Yang, Fan: China dream, space dream. China's progress in space technologies and implications for the United States. US - China Economic and Security Review Commission, undated.

第6章 应用卫星

通信卫星的成功极大地激励了卫星行业，中国后续研发了一系列应用卫星，包括用于天气预报的极地轨道和地球静止轨道气象卫星风云系列，用于探测地球资源的高分卫星、高景卫星、资源卫星、吉林卫星，用于海洋监测的海洋卫星，用于测绘的天绘卫星，用于应对气候变化的碳卫星，以及用于导航的北斗导航星座。其中一些项目是与其他国家合作开展的，比如与巴西合作的中巴地球资源卫星。此外，中国还研制了多颗微小卫星，如灵巧卫星等。下面将描述这些应用卫星项目及其成果、价值和意义，并且制表总结。

6.1 极地气象卫星：风云一号、三号

对一个国家来说，尤其是依赖农业且容易受到破坏性天气影响的国家，准确的天气预报至关重要。由于风暴、洪水等自然灾害，中国遭受的经济损失数以百万计，任何能够降低损失的措施都是有益的。1960年，美国发射了第一颗气象卫星（TIROS）。1969年，苏联发射了极轨气象卫星系统“流星”（Meteor）。1970年，中国批准了气象卫星的任务概念方案。1978年投入资金进行研制。与此同时，第一个接收国际气象数据的地面站在北京建成。随后中国也开始在乌鲁木齐和广州建站。

中国第一颗气象卫星被命名为“风云”，由上海航天技术研究院建造。风云一号卫星为六角形结构，高1.76 m，宽1.4 m，重757 kg，两侧太阳翼跨度8.6 m。风云卫星的主要任务是拍摄，同时也配有仪器进行三维大气剖面探测，可以提供温度、湿度、云和雨的信息。卫星上的扫描辐射计，可用于监测云层、水色、作物、森林和污染，其数据可以实现实时自动传输和磁带机传输。卫星利用小型氮气推力器保持定位准确。

风云气象卫星被送入极地太阳同步轨道（SSO），每天绕地球飞行14圈，飞越地球两极，并且每天覆盖相同的地面轨迹，同样的时间出现在地球表面同样的点。因为观测目标同时被太阳照射，更加容易得到两天之间的天气数据对比。如果从酒泉发射，那么火箭向北飞行时会迅速到达蒙古和俄罗斯上空，所以需要采用新的发射中心，因此选中了位于北京西南的工业煤城太原。

长征二号运载火箭（CZ-2）推力不足，而长征三号运载火箭（CZ-3）推力又过大，于是新的长征四号运载火箭（CZ-4）应运而生。CZ-4以高度可靠的CZ-2C为基础，采用新的、更强大的上面级，高41.9 m，发射时的推力达300 t，配有一个使用常规燃料的小型第三级。

1988 年 9 月 6 日，中国第一颗气象卫星被送入倾角为 99.1°，高度为 881～904 km 的轨道，很快发回飓风、暴雨、海雾和高山积雪的照片。但这次任务没有完全成功，其中一个辐射计无法工作，卫星也在 39 天后失效。在发射前，卫星中的凝结物没有被完全清除，敏感的辐射计因此受到了影响。

1990 年 9 月 3 日，风云 1－2（风云及以后的系列使用 1A、1B 等标号，这里采用原始标号）发射成功，同时搭载两颗气球卫星（见第 4 章）。这颗卫星更重，达到 889 kg。1991 年 2 月，卫星似乎遭受到太阳耀斑的辐射损坏。经过 50 天的努力，喀什地面控制中心创造了一个小小的奇迹，成功修复卫星。但后来卫星再次遭受辐射，最终失效。

中国表示这两颗卫星是风云 1－3 运行前的试验星。1999 年 5 月，风云 1－3 发射成功，当天就收到第一批图像。到 7 月份，所有频道都收到了高质量的图片。对风云卫星来说，提高使用寿命十分重要，所以采取了许多措施来预防辐射损害。首先，卫星会被送往罗布泊核试验场进行检查，以防出现辐射损伤问题。风云 1－3 的使用寿命超过了设计值。两年后，它仍稳定地在轨运行，每天早上 8：30 穿越中国，传回清晰图像。风云 1－3 配有一个 10 通道的多通道可见光和红外扫描辐射计，其中 4 个可见波段，3 个近红外波段，1 个短波红外波段，2 个长波红外波段，分辨率为 1.1 m。在最初的两年里，它采集了一系列关于洪水、干旱、森林火灾和冰雪的信息，摄像机捕捉到一场从蒙古吹到中国的沙尘暴。由于它状态稳定地超期服役，其替代卫星的发射计划被推迟。2002 年 5 月 15 日，风云一号系列的最后一颗卫星——风云 1－4 发射成功，配有 10 通道扫描辐射计。2002 年，风云 1－3 和 1－4 在监测淮河洪水水位时发挥重要作用，拍摄到洪水淹没面积的大小，每天将图片传送到地面并发布在互联网上。

有了风云一号，中国不仅可以提高天气预报的及时性和质量，还可以获取海面温度数据、估计云中的雨量、预测作物生长和产量、编制城市热岛、大气烟雾和灰尘、藻类大量繁殖、森林虫害、污染和荒漠化的图片。

风云一号研制结束后，上海航天技术研究院开始研制风云三号，卫星重达 2 500 kg，在成像能力（微波、红外和可见光）、臭氧探测和垂直剖面绘制能力等方面均有提升（见表 6－1）。

表 6－1　风云三号配备仪器列表

Visible and Infrared radiometer(VIRR)	可见光和红外辐射计，10 个通道
Infrared Atmosphere Sounder(IRAS)	红外大气探测仪，26 通道
Microwave Temperature Sounder(MWTS)	微波温度计，4 个通道
Microwave Humidity Sounder(MWHS)	微波湿度计，5 个通道
Medium Resolution Spectral Imager(MERSI)	中分辨率光谱成像仪，20 个频道，分辨率 250M
Solar Backscatter Ultraviolet Sounder (SBUS)	太阳后向散射紫外线探测仪
Total Ozone Unit (TOU)	臭氧总量单位

续表

Microwave Radiation Imager (MWRI)	微波辐射成像仪
Atmospheric Sounding Interferometer (ASI)	大气探测干涉仪
Earth Radiation Measurement (ERM)	地球辐射测量
Space Environment Monitor (SEM)	空间环境监测器
Solar Irradiation Monitor (SIM)	太阳辐射监测仪

风云三号卫星长4.4 m，宽10 m，高3.8 m，太阳翼面积22.4 m^2，总功率2.48 kW。微波湿度计（MWHS）由中国科学院国家空间科学中心的李靖及其团队完成，研制团队由30余名青年科学家构成。微波湿度计的研制主要基于李靖在神舟四号的相关工作。风云三号的前两颗是试验星。2008年5月27日，风云3-1在太原由CZ-4C运载火箭发射成功，送入周期为101.4 min、倾角为98.8°、高度为804～811 km的轨道。卫星很快就在X频段和L频段开展工作，每天发送88张照片，分辨率为250 m，地面扫描带为3 000 km，测温精度为0.1°。2010年11月5日，风云3-2在太原发射成功，于次年5月投入使用，轨道平面与风云3-1相距130°，用于下午时段的覆盖。风云三号的构想是交替覆盖上午和下午的路径。在星上大气探测仪的帮助下，中国有能力绘制大气中甲烷（CH_4）的图像，来研究这种重要的温室气体。2012年，国家卫星气象中心张兴赢发表文章，内含2003—2008年这6年间对流层的甲烷数据。通过分析得出的主要结论是，中国不同区域的甲烷含量差别很大，西部（由于工业和农业水平较低）和南部（风将甲烷吹向海洋）最低，而且甲烷会在夏季和冬季出现季节性高峰，这一现象在2007年达到最高峰。这项研究能够准确地测量和定位温室气体，并有望在气候控制措施生效时，跟踪温室气体的减少情况。

后续的风云三号分为AM系列（覆盖上午）和PM系列（覆盖下午），分别位于极地轨道和倾角为55°的轨道上。2013年9月23日，该系列第一颗正式卫星——风云3-3发射成功，设计使用寿命从3年提升到5年，具备更高的数据传输率，功率从1 180 W增至1 500 W。2014年5月5日，风云3-3投入使用，取代风云3-1，一年后退役。风云三号可提供定期预报，在互联网上公开提供实时图像，发回雾霾、热带气旋、沙尘、强对流天气、森林火灾、湖泊水位、降雪和海冰，以及臭氧水平图[1]。2017年11月15日夜间，风云3-4在太原由CZ-4C运载火箭发射，配有四台新仪器：一台高光谱大气垂直探测仪、一台温室气体监测仪、一台广角极光成像仪和一台电离层光度计。预计到2021年，还将发射四颗风云三号卫星，其中一颗将是低倾角降水测量卫星。

6.2 地球同步轨道气象卫星：风云二号、四号

对中国来说，下一步就是发展地球同步轨道气象卫星，这将是风云一号的补充，因此被称为风云二号。风云二号的构想是，不间断地扫描中国和西太平洋地区，然后将照片从

36 000 km 上的静止轨道发回。同时，风云一号和风云三号在高度为900 km 的轨道上掠过中国，周期为 100 min。为风云二号设定的轨位有 86.5°E 和 105°E，计划先研制两颗试验卫星，分别配有三个和五个通道。1988—1994 年间，中国完成了风云系统的地面系统建设。

由于地球静止同步轨道距离地面太远，不仅需要大型火箭执行发射任务，也需要能远距离进行成像的仪器，所以造价较为昂贵。然而，此类卫星占据有利轨位，可以为大面积国土提供气象服务。1974 年，美国发射第一颗地球同步气象卫星（SMS－1）。1977 年，日本和欧洲分别发射第一颗地球同步气象卫星（Himawari 和 Meteosat）。俄罗斯直到 1994 年才发射第一颗地球同步气象卫星（Elektro）。

风云二号（见图 6－1）是一颗鼓形卫星，高 4.5 m、直径 2.1 m、重 1 380 kg。它配有一个五通道的可见光和红外自旋扫描辐射计，每 30 min 可向中国和澳大利亚墨尔本的地面站传输一次数据，包括一张 1 250 m 分辨率、2 500 行的可视图像，一张分辨率为 2 500 m 的红外图像，以及一张分辨率为 2 500 m 的水蒸气图像。这颗卫星由上海航天技术研究院研制，旨在提供云图、温度图、风向图等信息，设计使用寿命 3 年，部分星上设备由上海技术物理研究所研发。FG－36 固体燃料远地点发动机用于执行卫星最后的变轨，发动机长 1.53 m，直径 900 mm，重 729 kg，推力 44 kN 或 289 s ISP。

1994 年 4 月 2 日，风云二号在西昌卫星发射中心加注推进剂时发生爆炸，价值超过 8 800 万欧元（6.75 亿元）的卫星报废。为了避免此类事故，中国耗时三年重新设计推进剂贮箱系统。

1997 年 6 月 10 日晚 9 时，新的风云 2－1 在西昌由 CZ－3 火箭发射，23 min 后氢动力第三级点火，进入 105°E 的轨位。同年 9 月卫星完成全部测试，准备移交给国家气象局。风云 2－1 与风云 1－3 以青海湖为地面基准点，进行了仪器校准。此外，卫星还配有太阳 X 射线光谱仪和空间粒子探测器。

1998 年 4 月 10 日，风云 2－1 失效，至此全面运行了 6 个月。经过地面控制人员的努力，它在年底恢复工作，但每天仅能获取 6 张图像。在这一年中，陆陆续续有图像传回。2000 年 3 月，风云 2－1 停止工作，并于同年 4 月移至 86°E 继续工作。2006 年 9 月 1 日，卫星离轨退役。

2000 年 6 月 25 日，CZ－3 运载火箭将替代卫星风云 2－2 送入 105°E 的轨位。所以风云二号运行中断的时间并不长。一个月的在轨测试后，国家卫星监测中心启动了成像系统，完成对地球的全面扫描。25 min 后，彩色的和红外的全视盘图像如洪水般涌向地面中心。在图中可以看到，云团在东南亚上空盘旋，澳大利亚南部像素清晰，热带风暴 Tembin 正在威胁日本。它在 36 000 km 的高度，还能达到 5 km 的分辨率是非常出色的。从那时起，它每隔 25 min 就会向监控中心发送三张图像，以及收集和转发海上自动气象平台的数据。此外，风云 2－2 还搭载了太阳 X 射线光谱仪和空间粒子探测器，用于监测太阳活动和带电粒子辐射。2006 年 10 月 7 日，风云 2－2 离轨，移动到 123°E 并开始漂移。

图 6-1　风云二号发射前测试（见彩插）

2004 年 10 月 19 日，风云 2-3 被送入 105°E 的轨位，配有可见光和红外设备，用于观测海洋状况、雾、冰雹、沙尘暴和火灾，并于次年 5 月宣布投入运行，被认为是第一个正式运行的风云二号卫星。这也是第一次使用 CZ-3A 运载火箭发射风云卫星，CZ-3 型运载火箭已经退役。2014 年 12 月，风云 2-3 退役。

2006 年 12 月 8 日，风云 2-4 由 CZ-3A 运载火箭送入 86.5°E 的轨位，与风云 2-3 组成一对，之后于 2015 年 8 月移至 123.5°E。2008 年 12 月 23 日，风云 2-5 由 CZ-3A 运载火箭发射，24 min 后进入转移轨道。风云 2-5 发射中不同寻常的地方在于，CZ-3A 运载火箭的末级在 1 500 s 后重新点火，使其离轨，可以缓减碎片。2015 年 6 月，风云 2-5 移至 87°E。风云 2-6 于 2012 年发射。风云 2-7 于 2014 年最后一天发射，送入 105°E 的轨位，并于次年 4 月宣布投入使用，于 2018 年被移至 99.5°E。这一系列卫星中单个运行寿命可达 8 年，风云 2-7 预计将运行到 2022 年。风云 2-8 是风云二号的最后一颗卫星，于 2018 年 6 月 6 日发射成功，先是前往 94°E 进行试验，之后在 7 月底部署到 79°E 正式运行，在那里可以覆盖中国、印度洋、非洲和“一带一路”国家。它配备了一个系统，允许地面用户触发紧急观测。卫星入轨后，其远地点发动机被留在倾角为 2.4°、高度为 36 000 km 的轨道上，这并不利于避免碎片碰撞。

在风云系统天气信息的帮助下，中国可以进行台风警报、采取分洪措施、在风暴来临前将船只带回港口、在恶劣天气来临前收割庄稼、通过水坝控制河流流量。该系统使中国能够根据植被和湿度指数估计作物生长情况，绘制土地使用和荒漠化图，并提供关于城市热点、烟雾和灰尘、藻类水华、森林病虫害、污染物甚至南极上空臭氧洞等数据。到 2006 年，中国有 100 多个接收风云数据的接收站，并于当年签署了一项协议，同意让秘鲁、泰国、孟加拉国、巴基斯坦、蒙古、伊朗和印度尼西亚等几个国家接收气象数据。中国还建立了一个名为 FengYunCast 的信息传播系统，面向亚洲和澳大利亚的国内外用户（同类型的系统包括欧洲的 EUMETCast，美国的 GEONETCast）。风云系列还观测到智利卡尔布科火山爆发后，火山灰落满阿根廷，以及湖泊水位下降等信息。风云系列的数据被用于研究 1997 年以来的气候变化（973 项目），也被用于绘制 2015 年夏季温度图（一些地表温度达到 60 ℃）、分析同年冬天浓雾，以及气溶胶地图[2]。

风云 2－7 发射时，中国宣布了后续的风云四号，该系列将有六颗卫星。第一颗风云四号卫星采用的是 SAST 5000 平台，计划配备 10 个可见光和红外通道以及一个微波探测仪，编制大气温度和湿度的 3D 地图。卫星于 2013 年开始设计，2015 年 1 月完成卫星正样研制，计划轨位是 86.5°E 和 107°E。卫星每 15 分钟扫描一次地球，速度是以前的两倍，配备的闪电成像仪每秒能拍摄 500 张照片。它的重量是 5 400 kg，4 个仪器分别为先进地球同步辐射成像仪（AGRI）、地球静止干涉红外探测器（GIIRS）、闪电测绘成像仪（LMI）和空间环境组件（SEP）。目标是到 2020 年，建立风云三号和风云四号综合系统，提供大气圈、水圈、生物圈、岩石圈和冰冻圈等信息，其中风云三号和 3 颗雷达测雨卫星系统可在上午、下午各提供一次信息。

2016 年 12 月 11 日，风云四号（见图 6－2）第一颗卫星风云 4－1（也称为风云 4A）由 CZ－3B 运载火箭发射，先送入 99.5°E 进行测试，然后于 2017 年 5 月 18 日移至 104.7°E 正式运行。两个后续任务随后被公布：一是与欧空局合作开发风云 4M（M 代表微波），卫星包含一台地球探测仪；二是计划于 2020 年发射降水雷达卫星，用于跟踪台风，目标轨道高度为 407 km、倾角为 50°。它将携带 3 种仪器：降水测量雷达（PMR）、微波辐射成像仪（MWRI）和中分辨率光谱成像仪（MERSI）。

截至 2018 年秋季，中国国家卫星气象中心已收到超过 10PB 的天气数据，并且以每天 8 500 GB 的速度上升，有一个免费的门户网站可以下载数据。95％的用户来自中国，最大的外国用户是印度、俄罗斯和美国。表 6－2 总结了风云系列信息。

图 6 - 2　风云四号

表 6-2 风云系列

系列概况			
风云一号	950 kg	880～900 km	
风云二号	1 380 kg	GEO 105°E，倾角 86.5°	
风云三号	2 200 kg	800 km	
风云四号	9 000 kg	GEO 104.7°E，倾角 86.5°	
风云一号系列			
风云 1-1	1988-09-06	CZ-4A	
风云 1-2	1990-09-03	CZ-4A	与大气一号甲/乙气球卫星一起
风云 1-3	1999-05-10	CZ-4B	
风云 1-4	2002-05-15	CZ-4B	与海洋 1A 一起
全部在太原发射			
风云二号系列			
风云 2-2	1997-06-10	CZ-3	105°E→86°E→58°E
风云 2-3	2000-06-25	CZ-3	105°E→123°E
风云 2-4	2004-10-19	CZ-3A	105°E
风云 2-5	2006-12-08	CZ-3A	86.5°E
风云 2-6	2008-12-23	CZ-3A	123.5°E→103°E→87°E
风云 2-7	2012-01-13	CZ-3A	112°E
风云 2-8	2014-12-31	CZ-3A	105°E→99.5°E
风云 2-9	2018-06-06	CZ-3A	79°E
全部在西昌发射			
风云三号系列			
风云 3-1	2008-05-27	CZ-4C	
风云 3-2	2010-11-05	CZ-4C	
风云 3-3	2013-09-23	CZ-4C	
风云 3-4	2017-11-15	CZ-4C	
全部在太原发射			
风云四号系列			
风云 4-1	2016-12-11	CZ-3B	104.7°E
在西昌发射			

6.3 地球资源卫星

1972 年美国的陆地卫星（LandSat）是第一颗地球观测卫星。随后欧洲、日本和俄罗斯都发射了类似的卫星。中国的地球资源卫星项目则需要从基础开始。从 1970 年年初至 1980 年，中国购买美国陆地卫星的数据，来绘制 1∶2 000 000 比例的中国地图，共生成

738个子地图。此外，还购买了两架Citation轻型飞机用于仪器测试。中国广泛使用日本、美国以及欧洲的地球资源卫星（ERS）来进行水稻测绘、土地利用测绘、洪水、海洋学、地震活动、大气、气候、滑坡和森林研究[3]。中国使用法国SPOT的数据建立国家中分辨率（10～30 m）影像数据库（大小为21TB），每5年更新一次，作为土地管理和生态评估的基础。并挑出一些特征进行详细关注，比如森林防护林带、三峡大坝、南水北调工程、西藏高原以及城市大气污染严重的地区。

6.3.1 资源卫星与龙计划

20世纪80年代中期，中国批准了观测国土的卫星系统，命名为资源系列。中国向国际空间研委会（COSPAR）提交的报告表明，在资源系列之前，中国在很大程度上依赖西方卫星图像。中国选择与巴西合作开发资源卫星，命名为中巴地球资源卫星（CBERS）。这就是资源一号，首颗星于1999年10月入轨，之后的卫星完全由中国制造。2000年9月1日，CZ-4B运载火箭将资源二号卫星送入极地轨道。资源系列的总设计师是叶培建（生于1945年），他曾在瑞士接受教育（1980—1985年），精通法语和英语，因资源系列的成就而获奖。资源系列实时地球观测卫星使用寿命长，具备高数据率传输和高分辨率CCD相机，逐步淘汰了FSW系列（FSW系列的图片必须用可回收舱每两周一次带回地球）。后来，叶培建继续参与嫦娥计划，于2017年再次受到表彰，一颗小行星以他的名字命名。

如图6-3所示为卫星到达太原火车站。

图6-3 卫星到达太原火车站

资源二号卫星的轨道高度比 CBERS1 低 40%，为 468～493 km。截至 9 月 10 日，资源二号卫星 3 次使用发动机提升其近地点，至 484 km。此后至 10 月底，又点火 3 次，维持 488～496 km 的近似圆形轨道，但是仍远低于 CBERS1。之后，资源二号卫星继续每 9 天到 47 天调整一次轨道，一旦下降到 94.41 分钟周期轨道，发动机就工作，把它送回 94.45 分钟周期轨道。它的轨道一直都不是圆形的，远地点和近地点之间差 10 km，这种模式持续到 2002 年。资源二号卫星与 CBERS1 卫星共面，都在太阳同步轨道上，但倾角略有不同。到 2001 年 10 月，资源二号卫星已进行了 21 次轨道调整，其轨道高度稳定在 490～495 km，误差不超过 1 km，并且以 13、17、21、25 和 29 天的模式重复相同的轨道路径。卫星最终于 2004 年 12 月退役。虽然资源二号卫星与 CBERS 1 卫星相似，但其频繁的低轨道调整又与之非常不同[4]。

2002 年 10 月 27 日，一颗伴星在相似的轨道上与资源二号卫星会合，这两颗卫星分别被称为资源 2A 和资源 2B。到 2002 年 11 月 12 日，资源 2B 进入 475～504 km 的轨道，而资源 2A 继续在 488～492 km 的轨道上运行，直至 2006 年 8 月退役。一颗卫星每五天覆盖一次相同的地面路径，因此它们之间可以每两天半覆盖任何地面位置。据称，这两颗卫星前后相距 120°。2004 年 11 月 6 日，太原大雪纷飞，第三颗卫星资源 2C 由 CZ-4B 运载火箭发射升空。它的轨道最初与其他卫星一样，约为 480 km，在 2008 年 6 月被提升至 520～533 km，在 9 月被提升至 530～590 km，之后在 11 月被提升至 550～610 km。2011 年 12 月，资源 1-02C 发射成功，这个奇怪的名字起源于它的身份，是 CBERS 系列中的一颗中国造剩余卫星。在离开太原发射场约 13 min 后，它进入了 773～774 km 的轨道，携带的两台高分辨率相机和一台用于地球成像的全色多光谱相机，于 2012 年 2 月 29 日正式运行。

2008 年，第三代资源系列获得批准。2012 年，首颗卫星资源 3-01 从太原发射升空，被送入倾角为 97°、高度为 98～506 km 的太阳同步轨道。这是一颗重 2 650 kg 的高分辨率立体三维制图卫星，使用寿命为 5 年。资源 3-01 配有 3 台分辨率分别为 5 m、3.5 m 和 2.1 m 的后向、前向和天底相机，用于编制 1∶50 000 比例的地图；还配有分辨率为 5.8 m 的多光谱相机，用于节水、能源和运输规划。发射 12 分钟后，西安控制中心报告星箭分离成功。很快，对地观测与数字地球中心密云地面站收到了信号。当天晚些时候，收到从喀什和三亚发出的信号。2012 年 4 月，卫星完成在轨测试和校准测试，移交给国家测绘局。当年夏天，卫星正式运行，用于地图绘制和地理信息，大大提升了中国的地球观测能力。资源三号卫星使用双极化系统，10 分钟内向地面的传输速率可达 56.6 Gb，这标志着技术的大步前进。4 天后，资源三号卫星发布数据，第一次做到覆盖 210 000 km^2，连入中国数字地球项目平台（tianditu.cn）。资源三号卫星还为卢森堡搭载了一颗 28 kg 重的小型卫星 VesselSat 2[5]。

正如项目启动公告中所说，资源三号卫星旨在降低中国对外国商业对地观测卫星的依赖。对于中国来说，自主获得国土的高分辨率地理信息十分重要。在逐步建设资源系列的同时，中国也继续使用其他国家（主要是欧洲）的卫星数据。2004 年 4 月，中国科技部和欧空局在厦门举行科学会议，正式确定中欧龙计划，次年在欧空局总部签署补充协议。通过龙计划，中国可获得 Envisat 的光学和雷达数据，用于改进水稻种植、森林测绘（中国七分之一的森林覆盖面积）、蓄水层、洪水、空气质量和荒漠化的研究。因为当时中国还没有能够穿透云层的系统，Envisat 的数据对水稻监测尤其重要。Envisat 的 Sciamachy 仪器能够测量稻田的甲烷（一种温室气体）产量，以及空气中的二氧化氮和其他污染物，能够在各种天气和夜间测量洪水。Envisat 的 MERIS 仪器可以探测到扬子江的赤潮。后来陆续公布了龙计划 2（2008—2012 年），以及从 2012 年开始的龙计划 3。

作为龙计划的一部分，中国林业学院的学生前往位于意大利弗拉斯卡蒂的欧空局对地观测中心（ESRIN）学习。欧空局和中国国家遥感中心联合实施了 16 个项目。2008 年 4 月，在北京的一次研讨会上，中国科学家展示了如何利用 Envisat 数据开展科学研究，包括海洋、大气、洪水、干旱、洪泛平原测绘、林业、农业、地形测量（例如滑坡）、空气质量、湿地、海冰、森林火灾、水质、河流三角洲、海岸带、二氧化碳收支生态系统等多个领域，甚至还有奥运会对城市环境的影响。龙计划 2 开展了一系列先进技术培训课程，涉及陆地、海洋和大气遥感等领域，可细分至 25 个专门项目，共有 400 名科学家参与。此外，还包括一个青年科学家计划。中国在龙计划里的贡献主要来自海洋卫星、环境观测卫星、中巴地球资源卫星和北京一号灾害监测卫星[6]。龙计划 3 包含 50 个项目和培训课程，共有 700 名科学家参与其中①。

如图 6-4 所示为龙计划启动会。

图 6-4　龙计划启动会（欧空局供图，见彩插）

① 中欧合作龙计划是目前我国在地球观测领域的大型国际科技合作项目，旨在建立面向地球观测数据应用研究的中欧联合研究队伍，促进双方卫星遥感技术水平的共同提高。

在 2016 年 5 月 30 日，资源 3－02 发射成功，同时搭载两颗乌拉圭小卫星。资源 3－02 与 3－01 联合工作后，意味着重访时间可以从 6 天减少到 3 天。资源 3－02 配有精度为 1 m 的高度表和雷达测距仪，可以绘制分辨率为 2.5 m 的 3D 图像，于 2016 年 12 月 29 日宣布投入运营。资源 3－03 和 3－04 预计晚些发射。表 6－3 概述了资源系列。

表 6－3 资源系列

资源 2A	2000－09－01	490～495 km
资源 2B	2002－10－27	475～504 km
资源 2C	2004－11－06	610 km
资源 1－02C	2011－12－22	
资源 3－01	2012－01－09	数字绘图卫星，搭载 Vesselsat2（卢森堡）
资源 3－02	2016－05－30	数字绘图卫星，搭载两颗 Nusat（乌拉圭）

注：全部由 CZ－4B 运载火箭在太原发射。

6.3.2 中巴地球资源卫星

中巴地球资源卫星（China－brazil earth resource satellite，CBERS）由中国和巴西联合研制，是一个备受瞩目的国际合作项目（见图 6－5～图 6－7）。巴西的雷纳托·阿彻（Renato Archer，1922—1996 年）在这个项目中功不可没。他是一名海军军官和核能专家，在 20 世纪 60 年代成为社会民主党国会议员，随后被军政府投入监狱，多年后成为科学和技术部长，负责巴西国家空间研究所。在政治层面，他认为巴西应信奉独立于欧洲和美国的外交政策。因此，1984 年 12 月，巴西派代表团前往北京，探讨在空间应用方面开展合作的可能性。巴西有着积极的航天发展计划（探空火箭，1993 年研制出第一颗卫星），也努力尝试开发火箭，但进展缓慢。1986 年 7 月，雷纳托·阿彻访问中国空间技术研究院，探讨了三个合作领域：地球资源、通信和火箭。1987 年 2 月，中国技术人员访问巴西，提出合作开展地球资源卫星项目的想法。1988 年 7 月 6 日，时任巴西总统何塞·萨尔内于北京签署协议，项目正式确定。

该合作项目采用数字成像技术。FSW 系列使用常规胶片，每次任务完成后返回地球再冲洗。在 20 世纪 80 年代，中国曾希望通过与德国和法国合作 FSW 系列，获得数字成像技术。但碍于美国压力，德国和法国并没有分享这项技术。巴西也拥有数字成像技术，并且更容易与中国合作。

该项目的总预算在 3.3 亿～3.45 亿欧元之间（约合 25 亿～26.5 亿元），中国投入 70%，巴西投入 30%。CBERS 计划建造两颗卫星，分别在中国和巴西研制。第一次发射原定于 1992 年，后来推迟了 5 年。语言障碍是一个很大的问题，大多数年轻的巴西科学家都在美国或欧洲的大学学习，不懂俄语或者汉语，无法和中国科学家交流。后来经双方协商，使用英语。中国的技术文件只有中文，工作人员英文也不熟练，打几行字就需要花费几个小时[7]。幸运的是，后来找到了一位在中国台湾出生、会说中文和葡萄牙语的地理学家陈雪莉（Sherry Chou Chen）来帮助双方沟通。双方技术人员有时拿着字典，打着手势交流。通过这个项目，中国获得很多国际合作经验，包括建立 1∶1 联合团队，共同商定数据共享和处理办法，设定项目里程碑、术语表和规则等。

图 6-5　中巴地球资源卫星项目设计师

CBERS 的长、宽、高分别为 1.8 m、2.2 m、2.2 m，重 1 450 kg，太阳能电池板高 2.6 m、长 6.3 m，可以产生 1.1 kW 的功率，其动力装置为联氨驱动。按照设计方案，卫星每天上午 10：30 穿过赤道，为观测目标的太阳角度设定一个标准参考点，重访周期为 26 天。这是中国第一颗数字成像卫星，技术上超越了老式的 FSW 系列。CBERS 计划进入倾角为 78.5°、高度为 774 km 的轨道。与风云一号相似，卫星配有分辨率为 20 m 的线阵 CCD 相机，可提供 5 个通道的地球详细图像，能够向任意方向倾斜 32°，技术水平可以媲美法国的 SPOT4 卫星。CBERS 还搭载了红外多光谱扫描仪（IRMSS，分辨率 20 m，扫描带 120 km）和宽视场成像仪（WFI，分辨率 258 m，扫描带 890 km）。除了 WFI 是巴西制造的以外，其他部件都是中国制造的。卫星旨在同时以窄分辨率、中分辨率和宽分辨率覆盖国土。数据收集系统可以接收和转发来自内陆自动站和浮标的信息。

图 6-6　中巴资源卫星-中巴合作（见彩插）

图 6-7　中巴资源卫星-项目规划

中巴地球资源卫星原定于1998年9月发射，但在7月，由于不利天气即将到来，发射被推迟了一年。1999年9月26日，第一颗中巴地球资源卫星在太原准备发射，随后的三天完成燃料加注。国庆假日后，10月3日至11日进行了最后的整合，之后CZ-4B运载火箭加注燃料。10月14日，来自两国的400名技术人员观看了发射，如图6-8所示。CBERS 1在发射22分40秒后星箭分离，25秒后搭载的子卫星SAC-1（又名科学应用卫星1号）星箭分离。很快，位于南宁的地面跟踪站证实，两个卫星成功入轨。2000年3月11日，CZ-4B上面级中的燃料意外燃烧，在轨解体为300个碎片，变成了一团由微小燃料颗粒组成的尘埃云。

图6-8 CBERS 1发射（见彩插）

卫星在7小时后飞抵巴西上空，位于圣若泽多斯坎波斯市的主跟踪站接收到了卫星信号，数据随后被发送到位于库亚巴和阿尔坎塔拉的地面站。在中国境内时，位于北京、广州和乌鲁木齐的地面站负责跟踪卫星，位于西安的主控制中心负责在轨测试。CBERS 1的初始轨道高度为728～745 km，倾角为98.55°（极地轨道），周期为99.6 min。卫星在6天后开始利用发动机升轨，希望到达完美的太阳同步轨道高度。在一个月的时间里，卫星经过了13次机动，于11月9日到达了高度为774 km、周期为100.32 min的预定轨道。卫星能够每天绕地球14圈，每26天重访同一地面轨迹。CBERS 1保持着小而有规律的机动来提高轨道，每当它下降到100.315 min周期轨道后，发动机将短暂点火，使其上升至100.322 min周期轨道。

从 4 个月后发布的任务报告可以看出，卫星收集了许多可以用于农业、林业、水质、城市规划和环境保护的信息。卫星数据的第一批商业用户是纤维素制造商，为了获取桉树的相关信息。巴西政府机构也试图利用卫星的数据信息，来阻止境内对丛林的刀耕火种。2001 年 10 月，北京空间机电研究所举行了一次研讨会，纪念卫星发射成功两周年。CBERS 1 共发回了 20 多万张图像，其中 3 000 张被定制成公开可用的 CCD 图像，图片内容从宁夏的煤矿大火到西藏波密易贡河沿岸的山体滑坡。中国的 1 200 个用户和巴西的 3 000 个用户使用过它的图像。如图 6 - 9 所示为里奥德哈涅罗，取自 CBERS 拍摄的图片。

4 年后，CBERS 1 的轨道提升至 773～782 km，并在那里退役，其运行时间是计划寿命的 2 倍，共发回 8 000 多张中国的图像，覆盖了中国 99% 的地区。CBERS 1 卫星于 2003 年 8 月退役。

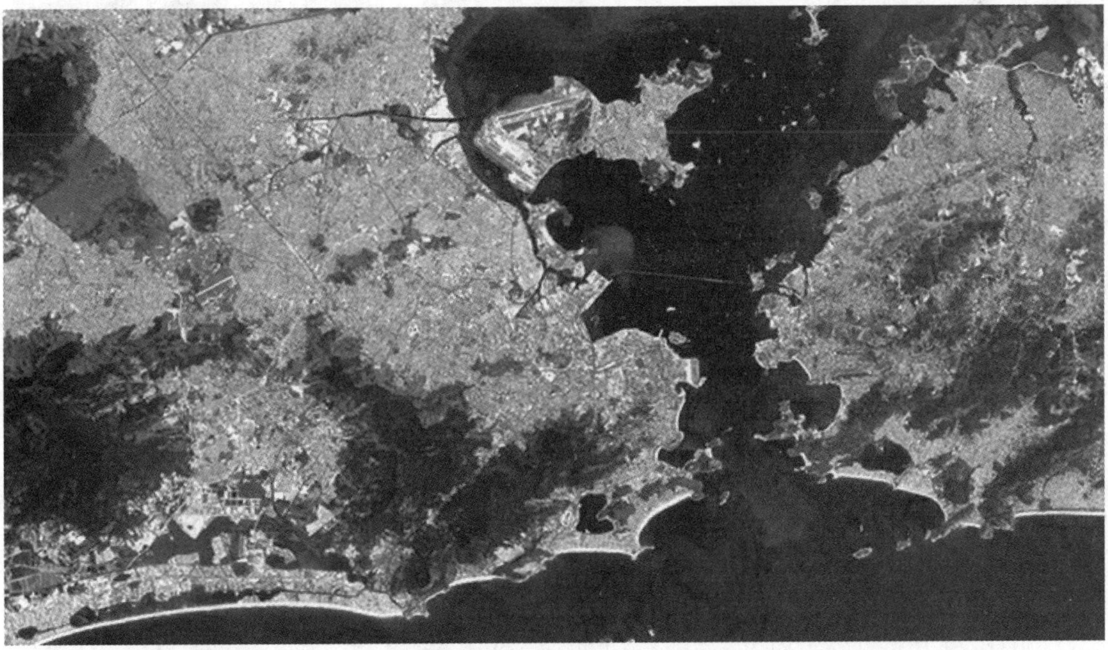

图 6 - 9　里奥德哈涅罗（Rio de Janiero），取自 CBERS 拍摄的图片

中巴资源卫星 1 号（CBERS 1）很快被中巴资源卫星 2 号（CBERS 2）取代。CBERS 2（见图 6 - 10）由中国在巴西建造，于 2003 年 10 月 21 日送入轨道，重 1 550 kg。发射时还搭载了第一颗创新微小卫星，这是当时中国最小的卫星，仅重 88 kg。CBERS 2 与 CBERS 1 相似，在技术上有所改进，下行数据量增加一倍，重访时间由 26 天缩短至 13 天，并且能够做到实时发送图像。这些星上设备由北京空间机电研究所负责研制。其中，多光谱 CCD 相机重198 kg，焦距为 1.01 m，空间分辨率为 5 m，在工作高度 778 km 时，分辨率为 10 m，并且具备 32°的侧视能力；多光谱扫描仪重 135 kg，焦距 1.4 m，分辨率 40 m；轻型高分辨率 CCD 相机重 73 kg，焦距 3.3 m。CBERS 2 可观测森林砍伐、土地变化、自然灾害、污染和地下资源等信息。卫星从最初的 731～750 km 轨道，提升至与 CBERS 1 相同的高度。

图 6-10　CBERS 2 正在准备工作中

在一年的时间里，CBERS 2 每周生成 2 100 张图像，数据用于来自 8 000 个研究所和组织中的 15 000 个个人用户。在最初的 3 年里，CBERS 2 建立了一个超过 15 万张图片的图像库。截至 2006 年 5 月，CBERS 2 分发的 CCD 场景总数为 210 000 个，每个光盘有 145 MB，其用户包括私人机构和农场（51%）、教育组织（26%）和政府机构（23%）。平均来说，CBERS 的数据目录每天被下载 650 次。

2007 年 9 月 19 日，CBERS 2B 时隔 4 年后，由 CZ-4B 运载火箭于太原发射。卫星重 1 452 kg，旨在发送有关土地使用、农业生产和环境保护的数据。9 月 21 日，卫星爬升至 773 km 的运行高度。CBERS 2B 卫星延用了高分辨率 CCD 相机和宽视场图像，但 IRMSS 中分辨率相机被新的高分辨率相机取代。在可见光波段，分辨率为 5 m，扫描带长 27 km，可旋转 4°。为了提高指向精度，卫星同时搭载了卫星导航全球定位系统（GPS）和一台星敏感器。一年内，全世界从互联网上下载了它提供的 32 万张照片。CBER S2B 于 2010 年 4 月停止运行，巴西向中国施压，要求提前发射 CBERS 3。

2013 年 12 月 9 日，CBERS 3（见图 6-11、图 6-12）在太原由 CZ-4B 运载火箭发射，可能是因为缺少燃料，最后一级发动机 YF-40 提前 11 秒中断了，导致 CBERS 3 无法入轨，卫星在 15 分钟后烧毁。中巴双方都对此十分失望，对巴西来说，等待多年的卫星没有成功，对中国来说，这已经是两年内，由于发动机过早停止带来的第二次失败。CZ-4B 运载火箭以前从未发生过故障，后来故障定位于异物堵塞进油口。

图 6－11　CBERS 3 卫星与技术人员

图 6－12　卡车上的 CBERS 3

2014 年 12 月 7 日，CZ－4B 运载火箭在太原发射了中巴地球资源卫星 4 号（CBERS 4），这也是长征系列的第 200 次发射。12 月 11 日，卫星的 5 m 分辨率全色相机和 8 m 分辨率多光谱相机所拍摄的第一批图像公布。CBERS 4 配有用于制图的可见光和红外多光谱照相机、高分辨率全色和多光谱相机、红外多光谱相机、用于地球资源成像的可见光和红外宽视场相机，以及传输到远程站点的系统。传输速率从 100 MB/s 提高到 300 MB/s。其他国家也加入了该项目，并在南非和新加坡建立了卫星接收站。CBERS 4 是两颗卫星中的第一颗，巴西出资 2.3 亿欧元（17 亿元），并计划贡献 50%的制造工作，其在 CBERS 1 和 CBERS 2 的制造工作只占 30%。CBERS 4 卫星的设计寿命为 3 年。CBERS 4A（见图 6－13）将于 2019 年年底发射①，卫星分辨率为 2 m，配有巴西制造的多光谱相机和宽视场成像仪，以及中国制造的全色多光谱相机和红外探测系统。随后，2020 年将发射分辨率为 1 m 的 CBERS 5 和 CBERS 6，接着是 CBERS 7 卫星，一颗合成孔径雷达卫星。

图 6－13　CBERS 4A

中巴地球资源卫星系列为巴西带来了丰硕成果。早在首次发射前，巴西国家空间研究院就成立了一个小组，专门负责卫星数据的传播和应用。项目开始后，定期举办讲习班和“CBERS 周”，讨论卫星应用成果。在巴西国家空间研究院中巴地球资源卫星网站上登记的申请人，首先需要确定他们所感兴趣的地面区域，然后可以选择他们希望下载的图像。中巴地球资源卫星能够提供 1∶250 000 比例尺的农业地图，为全国提供了 172 幅新地图。不同的着色可以识别哪些作物可以收割，哪些已经收割，比如大豆在收割之前是红色的，之后是绿色的。卫星数据被维索萨大学用于制作新的植被图，也用于查看土地所有权，包含国家公园和个体私营业主（以检查税收执行情况为准），还在沿海发现石油泄漏。截至 2018 年，下载图片已超过 400 万张。

探测森林被砍伐领域也是卫星的应用之一。CBERS 配备的宽视场成像仪能够对新的

① 2019 年 12 月 20 日 11 时 22 分，我国在太原卫星发射中心用 CZ－4B 运载火箭成功发射 CBERS 4A 卫星，此次任务还搭载发射了埃塞俄比亚微小卫星、天琴一号技术试验卫星、玉衡号卫星、顺天号卫星、天雁 01 卫星、天雁 02 卫星、未来号 1R 卫星、巴西 1U 小卫星等 8 颗卫星。

森林砍伐地区进行成像，和早期陆地卫星和 SPOT 卫星拍摄的照片进行对比。结果显示，在东海岸大西洋森林只剩下 7%。1977 年，陆地卫星第一次运行时发现，森林砍伐率为 2.5%，第二次运行时森林砍伐率为 7%。后来通过 CBERS 的数据发现，全国森林砍伐率为 18%，每年损失 25 万平方千米森林。相关地图均被移交给执法机构。

中巴两国都对中巴地球资源卫星高度重视。2004 年，胡锦涛主席访问位于圣保罗的巴西国家空间研究院，并在那里种下一棵风铃树。中巴地球资源卫星系列尺寸相同（1.8 m×2 m×2.5 m），表 6-4 列出了卫星的不同性能参数，表 6-5 总结了该系列的发射情况。

表 6-4　中巴地球资源卫星系列参数

参数	中巴资源 1,2	中巴资源 3,4
质量/kg	1 450	2 100
功率/W	1 100	1 500
数据速率/MB	100	300
巴西参与度	30%	50%
使用寿命/年	2	3
传输频段	UHF,VHF,S	S

表 6-5　中巴资源卫星系列发射情况

卫星	发射时间
CBERS 1	1999-10-14
CBERS 2	2003-10-21
CBERS 2B	2007-09-19
CBERS 3	2013-12-09,发射失败
CBERS 4	2014-12-07

6.4　环境卫星

在资源系列启动 8 年后，中国推出一项新的、更加专业的地球资源卫星计划，侧重于环境和灾害预警。这两颗卫星名为“环境”，于 2008 年 9 月 7 日在太原同时发射，进入高倾角太阳同步轨道。该计划始于 2005 年，由中国和美国牵头，公开面向由 74 个国家组成的地球观测组织（Group on Earth Observations，GEO），遵守《2000 年空间与重大灾害国际宪章》，计划将图像传送到受灾地区。中国指出，环境系列的目的之一是跟踪土地使用开发，主要打击奸商非法使用土地的行为。

这些都是小型卫星，重 475 kg，采用中国空间技术研究院的 CAST 968 卫星平台。卫星平台可适用于各种任务，标准化设计可以降低生产成本。两颗卫星配有四种类型的相机：两个分辨率为 30 m、幅宽为 700 km 的 CCD 成像器；分辨率为 100 m、幅宽为 50 km 的紫外相机；超光谱成像仪（仅 A 型）；一台分辨率为 150 m、幅宽为 750 km 的红外相机

(仅B型)。这两颗卫星的重访周期为4天，交会时间为每天上午10:30，使用寿命为3~5年。它们的目标轨道是倾角为98°、高度为649 km的圆轨道。其轨道高度与遥感卫星的接近，但低于海洋卫星（798 km）。数据传输速率为120 MB/s（A型）和60 MB/s（B型），被发送到中国资源卫星应用中心。该中心建设于2008年，同时也负责处理中巴地球资源卫星的数据。

2008年9月9日，卫星的第一批图像传回。2009年3月20日，卫星正式投入运行。在一年内，卫星向环境保护部提供了51万张图像，并向其他注册用户提供了7万张图像。在救灾方面，卫星提供的图像包括两次大雪（西藏和北方）、地震（包括汶川地震）、森林火灾（澳大利亚）、泥石流（重庆武隆）、河流洪水（淮河、黄河）和冰冻的海洋（如渤海）。这些照片在确定运输路线，以便提供救援方面发挥了重要作用。卫星数据还可用于调查藻类大量繁殖、河流中的水沉淀物含量、水污染风险、沙尘暴、空气污染秸秆焚烧和石油泄漏等。数据既可用于环境保护，也可用于后续的执法操作。来自卫星的地震图像能够分辨出倒塌的建筑物（红色）和完好的建筑物（绿色）。卫星还在绘制滑坡、冰湖和2009/2010年冬季渤海冰灾等方面发挥了重要作用。这两颗卫星均由地球观测和数字地球中心使用。2009年2月，澳大利亚的维多利亚州发生丛林大火，为了帮助澳大利亚，卫星被重新定位，每天两次飞越灾区。在接下来的三周里，环境卫星以光学和红外的方式下传了130 GB的数据，包括火风的强度和方向，这些数据既能协助消防人员工作，又能及时疏散受灾居民。

截至2012年，环境1A和1B共提供了70万张图像，包括季节性拼接图像、土地利用情况、植被的表征，洪水风险的计算，干旱、洪水、河海冰雪的监测，跟踪沙暴和火灾以及探测石油泄漏。卫星向巴基斯坦、泰国、蒙古、印度尼西亚、孟加拉国、伊朗、澳大利亚和秘鲁等国提供图片。与资源系列相比，环境系列的数据被很好地记录下来。

2012年11月18日，第三颗环境1C从太原发射，重890 kg，比第一颗环境卫星大，同时搭载了两颗小型技术卫星，蜂鸟1号和2号。这次环境卫星执行了为期四天的再访问试验，并且搭载试验一台分辨率为5 m、幅宽为400 km的合成孔径雷达（SAR）。2013年4月，合成孔径雷达天线出现故障。为了使卫星能够更有效地工作，轨道降低50 km至437~464 km。环境1C于2013年7月正式交付生态环境部。

环境系列的下一步是环境2号，将携带微波辐射计、微波散射计和雷达高度计。根据中国科学院空间发展长期计划——《至2050年路线图》，中国最终的目标是获取包含20个参数在内的气候变化数据（比如甲烷、冰雪覆盖、气溶胶、氧化氮、土地利用、云和降水、林业），然后建立气候系统和气候变化的参考模型。这些数据将由下一代3D微波传感技术获取，被存储在数字地球科学平台中，用于测量海洋、盐度、降雨植被和地块的主要特征。该平台包括一个名为“黎明”的超级计算机中心节点，三个网络节点（密云、喀什、三亚），位于西安、长春、上海、三亚、昆明、拉萨、喀什、乌鲁木齐等地的多个国内地面站、巴西海外站、南极中山基地，以及18个分节点。该系列旨在通过卫星观测，每天更新平台数据。表6-6概述了环境系列卫星信息。

表 6－6　环境系列

卫星	时间
环境 1A	2008－09－07
环境 1B	
环境 1C	2012－11－18
蜂鸟 1	
蜂鸟 2	

注：全部由 CZ－2C 运载火箭在太原发射。

2017 年 10 月，中国发布了精度为 30 m 的全球地球资源图（1 个像素相当于边长为 30 m 的正方形），由美国陆地卫星数据和中国环境系列卫星数据汇编而成。次月，科学技术部发布了 2017 年度全球生态环境感知报告，详细介绍了整个世界的景观和植被，细分为湿地、沙漠、冰雪、耕地、草原、森林、灌木林地和苔原。通过对比 2000 年和 2010 年的地图，能够揭示变化，快速辨别出 2008 年北京奥运会时建造的公园。

中国对地观测卫星的运行寿命不断延长。CBERS 1 和 CBERS 2 运行了 4 年，其后续卫星的运行时间要长得多。环境 1A 和 1B（2008 年）、环境 1C（2012 年）、资源 1－02C（2011 年）、CBERS 4（2014 年）、资源 3 号（2012 年），以及随后的所有高分卫星在 2016 年年底仍在运行。

6.5　测绘卫星：天绘

2010 年 8 月 24 日，为国家测绘局研制的第一颗新型测绘卫星天绘一号，在酒泉由 CZ－2D 运载火箭发射成功。卫星进入高度为 488～504 km、周期为 94.5 min、倾角为 97.3°的轨道，可能采用了 CAST 2000 卫星平台①。之后不到两年，第二颗天绘卫星被送入类似轨道，卫星配有一台 5 m 分辨率的测绘相机。两颗卫星穿越赤道的时间都是当地时间 13：30。2015 年 10 月 26 日，第三颗天绘卫星在酒泉发射成功，三颗卫星在匹配的轨道平面上运行。天绘系列（见表 6－7）旨在结合高分辨率立体地形相机和低分辨率相机。

表 6－7　天绘系列

卫星	时间
天绘 1－01	2010－08－24
天绘 1－02	2012－05－06
天绘 1－03	2015－10－26

注：全部由 CZ－2D 运载火箭在酒泉发射。

① 天绘一号是中国第一代传输型立体测绘卫星，主要用于科学研究、国土资源普查、地图测绘等领域的科学试验任务。卫星由航天东方红卫星有限公司研制，采用了 CAST 2000 卫星平台。

6.6 海洋卫星

资源、环境、探索、天绘都是以陆地观测为重点，与此同时，中国也在研制专门观测海洋的卫星，这系列卫星需要一套完全不同的设备。自美国 Seasat 卫星出现以来，海洋观测卫星的潜力广为人知，法国与美国联合研制的 Topex/Poseidon 卫星和 Jason 卫星，俄罗斯的 Okean 卫星陆续出现。从 20 世纪 70 年代起，中国就开展了理论研究，姜景山大力推广了天基海洋观测的概念，并获得 863 项目的支持。1997 年，海洋系列的第一颗卫星获得批准，用户为国家海洋局科技司。该系列的卫星能够拍摄三维彩色海洋图像，旨在监测海洋、潮间带、岸外沙洲和海洋环境，辨识出流入大海的污染物和沙子等信息。卫星监测的重点区域是中国近海，包括渤海、黄海、东海、南海。

2002 年 5 月 15 日，第一颗海洋一号卫星（海洋 1A）与风云 1－4 一起被送入轨道。海洋 1A 是一颗小型卫星，尺寸为 1.2 m×1.1 m×1 m，重 365 kg，采用 CAST 968B 型卫星平台。对海洋 1A 来说，风云 1－4 的轨道太高。在五月的最后一周，卫星利用发动机降至高度为 792～795 km、周期为 100.7 min 的轨道。

海洋卫星配有十波段三维海洋水色和温度机械扫描仪，扫描幅宽 1 164 km，分辨率 1 100 m，重访周期 3 天，以及一种四波段推扫式电荷耦合器件，扫描距离 500 km，分辨率 250 m，重访时间 7 天。卫星可以观测海洋中的浮游生物、荧光、沉积物、叶绿素浓度、表面温度、泥沙淤积、污染物海冰、洋流和气溶胶等信息。卫星每天早上 8：35 到 10：40 经过中国，在观测的同时下传数据，速率达到 5 MB/s，2 GB 内存磁带机存储的数据在22 min 内可以下传完毕。

海洋一号重点关注渤海、黄海、东海和南海。最初的计划是，在发射正式卫星（1B）之前，先发射一颗寿命为两年的试验卫星（1A）。这颗试验卫星取得了成功，其传回的高质量图片覆盖了从琼州海峡到墨西哥湾。卫星从发射成功到 2004 年 4 月，工作了 685 天，完成了 830 次扫描。这颗试验卫星也暴露出四个技术问题：第一，它的太阳能电池寿命没有预计的长；第二，太阳在海洋卫星表面的闪烁程度不理想，为了获得更好的观测角度，将下一颗海洋卫星穿越赤道的时间延后，从上午 10：00 到 10：30；第三，卫星的内存不足，所以下一颗海洋卫星在每一次数据下传中，从下载一组数据增加到下载五组数据；第四，卫星的扫描幅宽太窄，后来增加到 3 000 km。

2007 年 4 月 11 日，海洋 1B 正式发射，设计寿命为 3 年，配有 10 台计算机和改进的太阳能电池，数据容量是原来的 3 倍，分辨率更高，对温度和振动的耐受性也更强。它的任务是监测海洋温度，跟踪污染，观察海岸开发和研究环境变化。卫星轨道高度为 798 km，重访周期为 7 天。

海洋卫星获取了大量海洋观测信息，并出版了彩色海洋温度地图，包括可以显示太平洋西北部平均海洋温度的地图，从中不仅可以看到渤海的冰层和厚度（每年冬天都会结冰 3 个月）、河流沉积物进入海洋，还可以看到温暖水域和寒冷水域的交汇处，在那里可以找到鲭鱼、鱿鱼等鱼类。海洋卫星不仅展示了中国周边海域的地图，还可以用于评估海洋生产力，这是碳循环的一个重要组成部分，进而估算全球生产率。海洋卫星可以对黄海中的二氧化碳分压进行估计，构建海洋碳循环的模型。基于海洋卫星的数据，出版了菲律宾和印度之间海域的风浪图，以及绿潮和红潮侵袭的详细地图，并判断出这对海洋环境、渔业和旅游业破坏的可能性（比如2008年绿潮影响青岛奥帆赛）。海洋卫星能够观测海洋中的浮游植物、底栖植物和自养细菌的水平，并且测量风力和台风的强度，计算精度为6 cm的波浪高度。从海上监测获得此类信息要慢得多，费用也高得多。2012年4月，国家海洋局宣布，将利用与CBERS卫星类似的数据分享系统，在互联网上提供海洋数据。

海洋系列标志着中国在遥感方面的重要进步，但根据项目负责人蒋兴伟和林明森的说法，中国仍然落后于其他国家，在提高精度和扩大数据应用方面还有许多工作要做。基于此，计划研发三个系列，海洋一号系列侧重于海洋水色监测，海洋二号系列将利用微波监测动态的海洋环境，而海洋三号系列将使用合成孔径雷达（SAR）监视和监测海洋，使用网格天线进行连续和单视监测。海洋系列的下一次发射将是海洋双星1C（上午通行）和1D（下午通行）。

2011年8月15日，海洋二号系列的第一颗卫星——海洋2A发射成功。9月15日，海洋2A进入周期为103.38 min、高度为911～929 km、倾角为99.36°的等待轨道。9月29日，卫星到达周期为104 min、高度为965～968 km、倾角为99.37°的圆形轨道。2012年3月2日，卫星开始运行，在前两年将遵循14天的周期，然后遵循168天的周期，其中分周期为5天。海洋2A的目的是跟踪浅水的污染和地形、海风、海浪、海流、潮汐和风暴等信息，并监测海洋状况。卫星配备的仪器包括用于测量海洋温度、风速和大气蒸汽的微波辐射计，用于测量海平面、风速和海洋高度的双频Ku和C波段雷达测高仪，以及用于测量风速风向的雷达散射计。不同设备之间的交叉测量可以消除数据中的不一致。之前的欧洲ERS卫星和美国SEASAT卫星都曾经成功运用过散射计。海洋2A的散射计由姜景山负责研制，可以在340 km的狭长地带内测量2 m/s内的风速和20°内的风向。在卫星运行的7年里，散射计成功跟踪了超过79个台风。

海洋2A和海洋1B的不同之处在于，海洋1B是一颗海洋水色卫星，用于观测水色和海温，而海洋2A是一颗海洋动力环境卫星，用于观测海面和波高以及风矢量。这些卫星同时运行，每天可以提供关于海洋污染物、沉积物和叶绿素水平的报告（海洋1B），以及海水温度、表面高度、浪高和风向（海洋2A）。由此编制的地图可提供中国沿海的叶绿素浓度、全球海洋温度图、全球海浪高度和风向模式等信息。海洋2A的扫描幅宽是1 500 km，是欧洲Metop卫星的2倍，并且能够提供更广泛的全球覆盖，包括全球90%的海洋。海洋2A在2012年追踪到25个台风，2013年追踪到31个台风，它还能根据赤潮和浒苔的报告，发出航运危险警告，它的冰层观测帮助被困在南极冰层中的雪龙号（Snowdragon）找到了出路[8]。

2018年9月，海洋1C在太原由CZ-2C运载火箭发射成功，这颗卫星由中国空间技术研究院研制，配有中国海洋颜色和温度扫描仪（COCTS）、重15 kg的50 m分辨率海岸带成像仪（CZI）、紫外成像仪、光谱仪和船舶跟踪自动识别系统（AIS）。其中，重 50 kg 的 COCTS 是一种复杂的仪器，能够探测气溶胶、生物量和溶解有机物。海洋 1C 能够以最大 20°的角度拍摄照片。第二个月，海洋 2B 也发射成功，除海洋监测外，还携带了船舶自动识别系统和浮标数据收集系统①。表 6－8 概述了海洋系列。

表 6－8　海洋系列

卫星	时间	运载火箭
海洋 1A	2002－05－15	CZ－4B,与风云 1－4 一起
海洋 1B	2007－04－11	CZ－2C
海洋 2A	2011－08－15	CZ－4B
海洋 1C	2018－09－07	CZ－2C
海洋 2B	2018－10－25	CZ－4B

注:全部在太原发射。

6.7　高分卫星

2013 年 4 月 26 日，CZ－2D 运载火箭在酒泉发射第一颗高分系列卫星，并且搭载了来自阿根廷、土耳其和厄瓜多尔的三颗微卫星。这三颗微卫星由荷兰制造的分配器进行星箭分离。高分的含义是高分辨率，该系列的总设计师是童旭东。高分一号配有两台高分辨率全色多光谱高清相机和四台宽视场 8 m 分辨率相机，扫描辐宽分别为 69 km 和 830 km，可以捕捉到洪水、烟雾和地震造成的破坏。高分一号于 2013 年 12 月 30 日投入运行，最初只是拍摄北京的主要景点，比如机场和紫禁城，这些照片令人印象深刻。虽然这个系列没有提前公布，但很快大家就知道了，这将是一个实质运行的对地观测卫星系列，先发射 6 颗卫星，然后再发射 7 颗卫星。

高分系列的全称是中国高分辨率对地观测系统，于 2010 年获得批准，旨在缩小与西方先进遥感系统的差距。当时中国 85％的成像信息都来源于西方遥感系统。高分系列的正式定义是多光谱可见和红外卫星系统，旨在为资源、环境、气象、气候、水文和气候变化监测提供数据，相当于是中国的欧洲哥白尼体系。2010 年，政府批准研制 14 颗高分辨率卫星，推动高分系列的发展，目的是到 2020 年实现遥感任务的自给自足。为加快这一进程，也欢迎私人投资的加入。

高分一号是该系列的第一颗高分辨率卫星，分辨率是 2 m，与高分六号组网运行。高分一号由航天东方红卫星公司研制，采用 CAST 2000 卫星平台，有两块太阳能电池板。卫星被送入高度为 645 km、周期为 98 min 的极地太阳同步轨道，在轨道上时指向为 25°～35°，以 2 450 MB/s 的速度向下传输数据。它的目标是 4 天的重访周期（宽视场）和

① 2020 年 6 月 11 日 2 时 31 分，中国成功发射海洋 1D 卫星，与海洋 1C 组成中国首个海洋民用业务卫星星座，进行上、下午组网观测，填补中国海洋水色卫星下午无观测数据的空白。

41 天的重访周期（高分辨率），设计寿命为 8 年[9]。下面是高分系列各个卫星的特点：

1）高分一号，宽辐带，低轨道，与高分六号组网运行。

2）高分二号，亚米级高分辨率全色。

3）高分三号，分辨率 1 m，低轨道 SAR。

4）高分四号，地球同步凝视。

5）高分五号，高光谱。

2014 年 8 月 19 日，高分二号由 CZ－4B 运载火箭在太原发射成功，同时搭载了一颗名为 Hevelius 的波兰天文卫星（见图 6－14）。卫星重 2 100 kg，采用 CS－L3000A 卫星平台，分辨率是高分一号的 2 倍，其相机分辨率为 80 cm，多光谱相机分辨率为 3.24 m，扫描辐宽为 45 km[10]。高分二号将中国带入了亚米级测量时代。它位于高度为 631 km、倾角为 97.9°的太阳同步轨道上，每天上午 10：30 向南穿越赤道，重访周期为 5 天。太阳能电池板的跨度为 11 m，可供应 3.2 kW 的功率。它的计算机配有 4.9 TB 的固态存储器，可以在 X 波段以 450 MB/s 的速度传输数据。卫星入轨后的前 5 周进行了有效载荷和图像测试。2015 年 3 月，卫星正式投入运行，发回的照片令人震惊，清晰显示了停在迪拜机场的飞机、上海电视塔和天安门广场。这颗卫星将用于生态监测、城乡规划、灾害援助、矿产调查非法采矿、国土资源调查和森林火灾监测。

图 6－14　将卫星运到发射场

高分系列的第三颗卫星由上海航天技术研究院研制，编号是高分八号，于 2015 年 6

月由 CZ－4B 运载火箭从太原发射升空。2015 年 9 月 14 日，高分九号发射升空。

2015 年 12 月 28 日，高分四号由 CZ－3BG2 运载火箭送入地球同步轨道，这是中国第一颗在地球同步轨道上运行的资源卫星。高分四号于 2016 年 6 月正式投入运行，卫星重达 4.6 t，设计寿命 8 年，具有 50 m 的光学分辨率，400 m 的红外分辨率，7 000 km×7 000 km 的扫描幅宽，以及 400 km×400 km 的窄带幅宽，可以显示北京上空的雾霾、黄河流经之处以及南澳大利亚的森林火灾。在其 36 000 km 高的有利轨位上，它还发现过一艘油轮。据称，高分四号是第一颗位于地球同步轨道的高分辨率对地观测卫星。虽然其他一些国家可能会对此提出异议，但无论如何，它的性能都令人印象深刻，可以在几秒钟内更新图像，并以 300 MB/s 的下行速度快速传输数据。高分四号快速绘制了 2016 年夏季的中国南方地图和 2015—2017 年孟加拉国的洪水地图。

2016 年 8 月 10 日，高分三号在太原由 CZ－4C 运载火箭发射成功。卫星配有 650 km 扫描幅宽和 1 m 分辨率的合成孔径雷达（Synthetic Aperture Radar，SAR），由上海航天技术研究院和中国空间技术研究院共同研制，采用 CS－3000B 卫星平台，设计寿命 8 年，用于收集陆地和海洋状态数据。高分三号于 2017 年 1 月投入使用，从 500 km 的高度拍摄幅宽 650 km、分辨率 1 m 的照片，并在 2017 年 5 月制作了斯里兰卡洪水泛滥地区的雷达图。

2018 年 5 月 8 日，高分五号由 CZ－4C 运载火箭在太原发射成功，送入倾角为 98°、高度为 708 km 的轨道。卫星采用 SAST 500B 卫星平台，是一颗纳米级光谱分辨率高光谱立体卫星，用于污染探测，配有先进的超光谱成像仪、工作在可见光和短波红外波段的目视和红外多光谱传感器、作为温室气体监测仪的扫描光栅红外光谱仪、临边探测红外光谱仪、用于大气臭氧的四波段紫外可见和光栅成像光谱仪以及八波段目视、云与气溶胶红外辐射计偏振计。5 月 13 日，卫星传回了第一批图片。中国宣布它是世界上第一颗专用超光谱卫星。2018 年，欧洲的航天员亚历山大·格斯特在国际空间站也安装了一个类似的系统。

2018 年 3 月 31 日，三颗新卫星由 CZ－4C 运载火箭在太原发射成功，送入高度为 645 km 的太阳同步轨道，与原来的高分一号一起组网工作，编号分别为 1－02、1－03 和 1－04。这些卫星重达 805 kg，每颗卫星都配有 2 m 全色分辨率、8 m 多光谱分辨率的相机和 16 m 分辨率的多光谱成像仪。高分一号系列能够达到 2 天的重访周期和 11 天完成全球覆盖。

2018 年 6 月 2 日，高分六号在酒泉发射成功，并搭载了珞珈一号立方体卫星。与高分一号相似，高分六号重 1 064 kg，配有一台 16 m 分辨率的多光谱广角相机、一台 8 m 多光谱成像仪和一台 2 m 分辨率的全色照相机，用于观测玉米、水稻、大豆、棉花、花生等农作物及其营养成分。6 月 7 日，卫星传回第一批图像，在 6 分钟内转储了 40 GB 数据。它与高分一号的主要区别是增加了用于观测农作物的红边光谱波段，并且重访周期从 4 天减少到 2 天。

高分系列在控制寄生虫方面取得了突破性成果。2003 年，公共卫生领域空间信息技术应用研究中心成立。它的第一个目标是控制血吸虫病，这种疾病由受感染淡水蜗牛释放的寄生虫传播，寄生虫进入人体后攻击肠道、肝脏和膀胱引发疾病。2015 年出现了77 194个病例，主要发生在长江流域。在高分系列成像的数据中，根据红外波段的水道反射特性，可以确定蜗牛最有可能传播的区域（重点是沟渠和池塘），然后定点清除蜗牛[11]。

6.8 商业成像卫星

6.8.1 吉林一号

2015 年，一个新的对地观测卫星系统——吉林一号出现了，这个系统的目的是商业成像。2015 年 10 月 7 日，吉林一号由 CZ－2D 运载火箭从酒泉发射成功。卫星重 420 kg，配有全色多光谱相机，分辨率为全色 0.72 m，多光谱 2.88 m。吉林一号由长春光学研究所下属的长光卫星技术有限公司研制，得到了吉林省政府的大力支持，并且因此得名。卫星将服务于土地资源、测绘、矿产资源、城市建设交通基础设施、农业估产、林业、环境监测、灾害预防和突发公共卫生事件。伴随吉林一号卫星一起入轨的，是三颗灵巧成像卫星，也被称为视频星，属于吉林一号系列。其中，灵巧 1 号和 2 号重 92 kg，被称为智能视频成像卫星，第三颗是灵巧技术验证星，重 50 kg。

2017 年 1 月，吉林林业卫星发射成功，卫星重 165 kg，两块太阳翼展开达 5.5 m。和它一起入轨的还有两颗小卫星，凯盾和行云试验一号。吉林林业卫星配有一个 1 m 分辨率的摄像机，可以拍摄 4.5 km×11 km 的照片，用于跟踪森林火灾。同年，俄罗斯发射了 Kanopus V－IE 卫星，也可以用于跟踪森林火灾。作为试验，吉林林业卫星还拍摄了月球的照片，当然照片里并没有发现树。

总设计师钟兴介绍，该系列旨在填补国内商业遥感的空白，助力倚赖重工业的东北地区发展经济。2016 年 11 月 21 日，第二组吉林卫星由 CZ－6 运载火箭送入轨道，分别被命名为吉林一号视频 04、05、06 星。每颗卫星重 95 kg，大小为 1.1 m×1.19 m，可以拍摄长为 19×4.5 km、分辨率为 1 m 的照片①。

2018 年 1 月 19 日，第三组吉林卫星由 CZ－11 运载火箭发射成功，分别被命名为吉林一号视频 07、08 星。一起升空的还有 4 颗搭载小卫星。吉林一号视频 08 星也被命名为德清一号，致力于高分辨率视频成像②。

2018 年 9 月 7 日，一颗吉林一号卫星正在酒泉发射场上空飞行，当时零壹空间科技集团有限公司（OneSpace）正在测试其 OS－X1 固体运载火箭，进行了一次 200 s、35 km 高亚轨道飞行。吉林一号拍到了当时的图片。虽然吉林卫星距离它 535 km，但因为鸟瞰

① 2017 年 11 月 21 日，由长光卫星技术有限公司自主研发的吉林一号视频04－06 星，在中国太原卫星发射中心用 CZ－6 运载火箭成功发射。卫星重 208 kg。

② 吉林一号视频 08 星又被称为德清一号卫星，是由长光卫星技术有限公司为浙江省德清县人民政府、湖州莫干山高新区政府打造，主要围绕测绘、交通、水利、环保、农业、统计等多个行业提供遥感应用服务，推动大数据背景下的地理信息产业的发展。

的视角，看起来就像是从附近的飞机上拍摄一样。图 6-15 是吉林卫星吊装时的场景。

长光卫星技术有限公司表示，希望在 2020 年前实现 60 颗卫星在轨组网，具备全球热点地区 30 min 内重访能力，在 2030 年前实现 138 颗卫星在轨组网，具备全球任意地点 10 min 内重访能力。表 6-9 给出了吉林系列的详细信息。

图 6-15　将卫星运至火箭

公司拥有一支年轻的研制队伍，主要是八零后和九零后。

2018 年，陕西省政府宣布了遥感立方体卫星星座计划，包含 72 颗立方体卫星，将用于环境、林业、水源保护和农业。该星座计划在 2019 年发射两颗 10 cm×10 cm×10 cm 的试验性立方体卫星西安 1A 和西安 1B，用于监测大气和水污染。

表 6-9　吉林系列

吉林一号	2015-10-07	CZ-2D,酒泉
灵巧成像验证卫星		
灵巧成像视频卫星 01 星		
灵巧成像视频卫星 02 星		
吉林林业一号	2017-01-09	快舟一号甲,酒泉
行云试验一号		
凯盾一号		

续表

吉林一号视频 04 星	2017-11-21	CZ-6，太原
吉林一号视频 05 星		
吉林一号视频 06 星		
吉林一号视频 07 星	2018-01-19	CZ-11，酒泉
吉林一号视频 08 星		

6.8.2　珠海星座

2018 年 4 月 26 日，CZ-11 固体运载火箭在酒泉将一组新的遥感卫星送入轨道。这个星座促进了国有企业和私营公司的融合发展。与火箭一样，遥感卫星也在逐步商业化，参与者包括一些国有企业和国家机构，一些新成立的、独立的、市场融资的私营公司，以及一些介于两者之间的机构。2014 年 10 月 24 日，李克强总理主持召开国务院会议，批准民营企业发展遥感专项基金，以及导航卫星地面应用产品。这一决定是应中国现代测绘科学先驱李德仁院士的提议而做出的。

珠海星座属于珠海欧比特宇航科技股份有限公司。2000 年，这家公司在珠海成立，后来在深圳证券交易所注册，旨在为国土监测、农业、水利、林业、海洋和环境监测提供地球资源数据。该公司希望建立一个由 34 颗卫星组成的星座，包括 2 颗 2 m 视频成像卫星，10 颗 1 m 视频成像卫星，10 颗超光谱卫星，2 颗高分辨率光学卫星，2 颗合成孔径雷达卫星和 8 颗红外卫星。

该系列的前 5 颗卫星包括 4 颗高光谱卫星（OHS 1-4，Orbita Hyper-spectral Satellite）和 1 颗视频卫星（OVS2，Orbita Video Satellite），运行轨道高度为 500 km，被称为珠海一号 02 组。当年 5 月，卫星在轨道上进行调整，使其间距完全相等。2017 年 6 月，两颗搭载硬 X 射线调制望远镜的 OVS 1 视频微型卫星发射成功，被称为珠海一号 01 组。OVS-1 的分辨率为 1.98 m，重 50 kg，成像范围为 8 km×6 km，数据传输速率为 80 MB/s，年数据容量为 58 TB/年。OVS 2 的分辨率为 90 cm，重 90 kg，图像成像范围为 22 km×2 500 km，数据传输率为 300 MB/s，10 颗这样的卫星每年可收集 4 PB 数据。高光谱卫星分辨率为 10 m，重 80 kg①，有 256 个谱段，数据性能相近。OVS 系统主要用于图像收集，但也可以为移动物体拍摄视频（OVS 1，90 s；OVS2，120 s）。OHS 1 被称为青科大 1 号，OHS 3 被称为贵阳 1 号，名字来源于他们的赞助商。此外，珠海卫星还搭载了新研制的小型星敏感器，质量仅为 108 g。表 6-10 列出了珠海系列卫星参数。

① 高光谱卫星重 67 kg。

表 6-10 珠海系列

视频卫星 1A(OVS 1)	2017-06-15	CZ-4B,酒泉
视频卫星 1B(OVS 2)		
高光谱 01 星(OHS 1)	2018-04-26	CZ-11,酒泉
高光谱 02 星(OHS 2)		
高光谱 03 星(OHS 3)		
高光谱 04 星(OHS 4)		
第二代亚米级视频卫星(OVS 2)		

6.8.3 高景卫星

高景卫星是另外一个商业成像卫星系列。2016 年 12 月 28 日，该系列的前两颗卫星在太原由 CZ-2D 运载火箭成功发射，卫星由北京航天世景公司研制①。一起入轨的还有 BY70-1 业余无线电立方体卫星，重 2 kg。这两颗卫星采用航天东方红卫星公司的 CAST 3000B 卫星平台，形状像一个盒子，顶部有两块太阳能电池板，向下指向一个大镜头相机。据中国航天科技集团有限公司介绍，高景星座将由 16 颗 50 cm 分辨率的光学卫星、4 颗高端光学卫星和 4 颗微波星组成。北京航天世景公司还拥有发布环境 1A、环境 1B、WorldView、QuickBird 等卫星图像的权利。其中，高景是该公司与高分 1-4 号、资源 3 号和资源 3 号 02 星共享数据的一部分。

该系列每颗卫星轨道高度为 500 km，分辨率为 50 cm 全色，2 m 多光谱（红、绿、蓝、近红外），扫描幅宽为 12 km。卫星每天上午 10：30 穿过赤道向南飞行，重访周期是 4 天。最大单幅场景为 60×70 km，每天最大容量为 70 万平方千米。星上数据存储容量为 2 TB，数据下传速度为 450 MB/s。最初的计划是先研制一个由 4 颗卫星组成的星座，每颗卫星在轨道上相距 90°。

高景卫星的相机由北京空间机电研究所（Beijing Institute of Space Mechanics and Electricity，BISME）研发，是国内最先进的，分辨率达到 50 cm，能够拍摄 45°角的照片。根据 BISME 的说法，它们比高分系列上的产品更轻，机动性更好，抗震和散热方面的性能也都更好。

在进入轨道时，有 100 ms 动力不足，使得卫星偏离了预定的 500 km 高度轨道，在 212～500 km 的轨道上运行。第二天，这两颗卫星将其近地点提高到 352 km 和 369 km。而没有机动能力的 CubeSat 仍保持在 212 km，这对它的任务影响并不大。截至 2017 年 1 月 7 日，两颗卫星已将轨道高度提升至预定的 517～536 km。接下来的一个月，中国公布

① 高景一号是中国航天科技集团有限公司商业遥感卫星系统的首发星，由中国空间技术研究院航天东方红卫星有限公司抓总研制，将由中国航天科技集团有限公司旗下专业公司中国四维测绘技术有限公司负责商业化运营，其下属公司——北京四维世景科技有限公司是由中国四维测绘集团有限公司、美国 DigitalGlobe 公司、北京四维图新科技股份有限公司共同投资成立的一家以高分辨率卫星影像应用发展为主营业务的高新技术企业。

了高景卫星发回的图像，证明该任务取得成功。首批发布的图片包括西藏拉萨的布达拉宫和法国尼斯港口。

2018 年 1 月 9 日，高景系列在太原进行第二次发射，这是中国当年的第一次发射，地上还飘落着雪花。通过这次发射，第一个由 4 颗卫星组成的高景星座组建成功，卫星们被间隔 90°分开运行。照片显示，第二批高景卫星是带有太阳能电池板的盒状卫星，顶部有两个巨大的相机式镜头。截至 2018 年 10 月，该系列已发回 60 多万张图像。这些成果令人印象深刻，其中一张拍摄港口设施的照片包罗万象，从大型货船到小船，甚至还有码头边停着的车。表 6－11 列出了高景 SuperView 系列卫星的参数。

表 6－11　高景 SuperView 系列

高景 1－01	2016－12－28
高景 1－02	
八一·少年行卫星	
高景 1－03	2018－01－09
高景 1－04	

注：都由 CZ－2D 运载火箭从太原发射。

6.9　导航系统：北斗

美国（Global Positioning System，GPS）和苏联（GLONASS）是最早研发全球导航卫星系统的国家，欧洲（Galileo）和印度（Gagan）随后加入。早在 1965 年，谭述森①就提出中国应发展卫星导航系统。1967 年，该建议被列入“十五”计划航天发展部分[12]。此后不久，中国海军要求为潜艇配备卫星导航系统，就像美国导航系统为北极星潜艇服务一样。这就是 691 工程（1969 年的第一个工程），开始研制名为灯塔的卫星系统，包含 3 颗卫星，每颗重 200 kg，将在倾角为 70°的轨道上运行。1980 年，就在准备好要发射时，计划被取消了。

1983 年，考虑到美国 GPS 和苏联 GLONASS 的巨额成本，首席科学家陈芳允提出区域双星系统北斗一号，主要用于中国及其近海水域。卫星重 200 kg，采用 DFH－3 卫星平台。北斗意为指南针，也象征北斗七星和北极星。卫星的设计工作从 1986 年持续到 1994 年。由于当时载人航天对资源需求更加急切，北斗一号很难获得资金。事实上，前两颗卫星用的是其他计划的备份星名额。孙家栋是北斗一号的总设计师，因为他具有研制 DFH－2 和 DFH－3 系列卫星的丰富经验。

系统中用于信号计时的原子钟是一个关键技术。1999 年，在中国科技大学郭光灿教授的建议下，成立了量子计算中心，研究如何用激光冷却原子，攻克原子喷泉的难题，时

① 谭述森，男，汉族，1942 年 1 月 30 日出生于重庆开县，中国工程院院士，卫星导航系统总体设计专家，中国卫星导航专家，长期从事大地测量装备和卫星导航系统设计论证与应用研究。

钟精度可达到每三千万年误差一秒。然而，这些还处于早期研究阶段。第一颗卫星使用的是无线电测定系统，精度为 20 m。

2000 年 10 月 31 日，中国第一颗导航卫星北斗一号（后来被称为北斗 1-1）发射成功。当天午夜，CZ-3A 运载火箭成功将卫星送入高度为 36 000 km 的轨道，轨位是 140°E。同年 12 月 21 日，北斗 1-2 发射成功，并在千禧年前的第三天抵达预计轨位 80°E。这两颗北斗卫星分别位于 80°E 和 140°E，预示着中国的导航系统与美国和俄罗斯的设计截然不同。该系统以中国为中心，在阿拉伯和澳大利亚之间使用两个卫星，是仅提供区域定位而非全球定位的系统。

此外，中国预留了 110.5°E 的轨位。2003 年 5 月 24 日，第三颗北斗卫星抵达该轨位，成为备用卫星。与前两次发射一样，北斗 1-3 从 200～41 991 km 的超同步轨道转移到目的轨位。卫星每个月都会进行轨位保持，保证其轨道误差不超过 1°，即 150 km。1999 年，新系统在北京的 7 000 多辆公交车上进行首次测试。之后，北斗将为船舶、公路和铁路运输提供精确的导航定位，可能还会为飞机提供导航定位。2010 年 10 月，北斗 1-1 漂移至 59°E。2011 年 11 月 21 日，北斗 1-2 和 1-3 退役。

北斗一号具有简单、成本低的优势，但一次只能供 150 名用户使用，而且定位速度慢，无法用于高速军事活动（比如战斗机或潜射导弹）。民用市场对该系统的接受程度也不高。中国国内用户，比如出租车司机，习惯使用更加方便的 GPS，其占据了中国手持设备 95%的市场份额[13]。很难成功说服大家改用北斗系统，唯一的解决办法就是推出更好的国产导航系统——北斗二号。1997 年，中国开始进行北斗二号的可行性论证。北斗二号把覆盖范围从中国和紧邻的国家扩大到了更广泛的一带一路国家。2013 年，中国国家主席习近平提出一带一路倡议（又称新丝绸之路），旨在将中国的贸易向西扩展至欧洲和中东，包括亚太地区、欧亚大陆、中东和非洲的 65 个国家。最初的丝绸之路是一条商贸路线，从西安开始，向西到撒马尔罕，经过伊斯坦布尔，最后到达鹿特丹。新丝绸之路则包括多条路线，比如通过印度洋通往威尼斯的海上路线。图 6-16 为发射北斗二号卫星的 CZ-3A 运载火箭发射邮票。

两个警钟的出现，让人们意识到发展国产导航系统势在必行。第一个是科索沃战争期间，美国利用卫星制导的精确武器轰炸了中国驻贝尔格莱德大使馆，其优良的性能证明了导航卫星的价值。第二个是 1996 年，中国利用美国的 GPS 系统向台湾海峡发射了三枚导弹，虽然第一枚导弹击中目标，但第二枚和第三枚导弹则失去踪迹。这是因为美国发现后，迅速关闭 GPS 系统，导弹因此丢失目标[14]。

随后，中国考虑与欧洲合作开发新的北斗系统。2003 年，中国与欧盟签署了一项伙伴关系协议，获得了当时正在建设中的欧洲伽利略系统的使用权。中国为政府和社会资本合作模式（Public-Private Partnership，PPP）① 提供 2 亿欧元（15 亿元），计划用于资助

---

① PPP（Public-Private Partnership），又称 PPP 模式，即政府和社会资本合作，是公共基础设施中的一种项目运作模式。在该模式下，鼓励私营企业、民营资本与政府进行合作，参与公共基础设施的建设。

图 6-16　CZ-3A 发射邮票，西昌

伽利略系统，但协议很快就破裂了。首先，PPP 的安排上出现了问题，欧洲找到了公共资金，使得 PPP 和中国的资助变得没有必要。第二，美国开始介入，认为欧洲与中国的这种合作是背信弃义的。与《考克斯报告》相呼应，他们认为中国正秘密地试图获取西方技术[15]。一些欧洲政治领导人也对中国怀有敌意，他们破坏了这笔交易。于是中国做出决定，独自开展项目。2004 年 8 月 30 日，中国开始建设北斗二号系统。2007 年伽利略系统正式修订时，中国被排除在招标名单之外。

2006 年 11 月，北斗二号正式公布，目标精度是 2.5～10 m，当时 GPS 的精确度为 3～5 m。最初的计划是研制 16 颗卫星，但在 2010 年，总设计师孙家栋提出，先在 2012 年前建成一个区域性系统，然后到 2020 年前成全球性系统，包含 5 颗地球静止轨道卫星和 30 颗其他轨道卫星。据报道，中国向瑞士 Spectratime 公司订购了 18～20 台铷钟，该产品以 10 m 的地理精度和 50 ns 的计时精度而闻名，但目前尚不清楚这些产品是否会受到美国的制裁①。图 6－17 为北斗 2－1 首日封。

图 6－17　北斗 2－1 首日封

2007 年 4 月 13 日，下一颗北斗卫星紧跟着发射，4 天后入轨。这是北斗二号的第一颗试验星。令人惊讶的是，它在高度为 21 000 km、倾角为 55°、周期为 773 min 的轨道上运行。大约每 12 小时绕地球一圈，这是俄罗斯 GLONASS 导航卫星使用的一种轨道（高度 19 000 km，周期 675 min）。中国称其为中轨道，卫星代号为 M，轨道代号为 MEO。之后这颗卫星迅速离轨，被认定失效。技术人员夜以继日地工作了整整一个月，找到了失效的原因。它的后续星于 2009 年 4 月 14 日发射成功。

5 年来，北斗 2－1（MEO 1 或 M1）是这类卫星中唯一在轨运行的。2012 年 4 月 30 日，MEO 3 和 MEO 4 由 CZ－3B 运载火箭一起发射，这也是北斗系列首次使用 CZ－3B 运载火箭。MEO 2 则从未被列入系统。两次卫星发射的间隔很长，可能是因为要开发国产时钟。

中国启用了新的命名方式，提出了用 DW 代表北斗导航卫星。因此，北斗 2－1 现已成为 DW1。随后宣布，北斗将细分为 G、I 和 M 三个子系列，每个子系列都使用自己的子代号，表 6－12 是到 2020 年由 35 颗卫星组成的运行中的北斗星座。

① 星载铷钟是北斗二代卫星的核心部件，关系到整个卫星系统导航定位的精度。北斗系统后来采用的高精度星载铷钟由航天科工集团二院 203 所研制。

表 6-12 运行中的北斗星座

5 颗 GEO 卫星	G 系列
3 颗倾角为 55°的 IGSO 卫星	I 系列
27 颗高度为 21 000 km 的 MEO 卫星	M 系列

为了使系统达到高精度，北斗由三种不同轨道的卫星组成，包括赤道同步轨道、倾斜地球同步轨道和中轨道。三种轨道上卫星的信号系统也各不一样：G 系列使用中继，I 系列使用铯钟，M 系列使用铷钟。在这个系统基础上扩展了北斗三号，将北斗二号的一带一路覆盖范围扩展至全球。中国宣布北斗系列将使用国产铷钟和氢钟，达到 2.5 m 的定位精度和三百万年一秒的计时精度。

北斗 2-5（DW5）采用了新的轨道，即倾斜地球同步轨道。这是 I/IGSO 系列中的第一个。在接下来的 18 个月里，DW7、8、9 和 10 相继发射。这些北斗卫星分布在赤道上空倾角为 55°的地球同步轨道上，可以俯瞰中国北部地区。

之后的发射又回到常规轨道，DW3、4、6、11 被送入地球同步轨道。到 2012 年夏天，系统逐步建设完整，包括 13 颗卫星：4 颗地球同步轨道卫星，6 颗倾斜地球同步轨道卫星和 3 个中轨道卫星。不管用什么标准来衡量，这都是一个重要的国家项目。2012 年 12 月 27 日，北斗二号正式投入运行。现在它的足迹覆盖了中国、印度、东南亚、日本、印度尼西亚和除东部以外的澳大利亚所有地区，精度为 6～10 m。北斗二号将运行到至少 2020 年。系统还有两颗备份星，其中一颗于 2018 年 7 月 9 日在西昌由 CZ-3A 运载火箭发射成功。

北斗系统的扩展用途暂时还不可知。同为导航系统，俄罗斯的 GLONASS 主要用于公共部门和军队，至少有 40 000 名客户。到 2015 年，北斗系统预计可带来经济价值 2 250 亿元（约合 250 亿欧元）。渔业是北斗应用中的一项，有三万多个北斗终端安装在渔船上。海南省政府率先行动，花费 7 900 万元安装北斗终端，只需要渔民自己支付 10%的费用。过去中国的一百多万艘渔船中，绝大部分没有现代化的安全设备。而现在，北斗终端可以帮助渔民发送求救信号。2008 年四川汶川大地震后，救援部门也广泛使用了北斗系统参与救援工作。

然而，大多数人还是继续使用美国的 GPS。到 2010 年，中国的导航卫星终端已经达到 5 000 万个，主要是手机和汽车导航应用，大部分使用 GPS。与之对比的是，到 2016 年，北斗终端仅有 300 万个。为了将用户们迁移到北斗系统上，需要所有终端都与北斗兼容，政府机构（交通、海洋、救灾）也率先使用北斗。中国的目标是生产 2.6 亿台终端，40%用于出口。2013 年，老挝启用了一个北斗地面站。2014 年，巴基斯坦和泰国也紧随其后。

2013 年，中国发布了技术信息，企业据此能够开发北斗应用程序。同年，中国卫星导航系统管理办公室发布了一份 82 页的用户手册——《系统空间信号接口控制文件》。三星 Galaxy 是第一款配有北斗接收终端的西方式个人手机。同时，机器人专家也在设计无人驾驶汽车。中国科学院光电院导航专家徐颖介绍，仅仅智能手机支持北斗应用是不够的，同时拥有支持该应用的芯片至关重要。目前华为、小米、一加、魅族和努比亚已成功配备。北斗的设计者们知道大部分人目前仍将GPS作为首选，但希望大家可以逐步向北斗系统迁移。

新一代的北斗三号卫星陆续于2015年3月30日、2015年7月25日、2015年9月30日和2016年2月1日发射成功。北斗三号于2009年获得批准，计划成为全球性导航系统。中国科学院微小卫星创新研究院（重组后名为上海微小卫星工程中心）入选，成为开发者之一。新一轮的发射引入了远征上面级。2015年7月25日，两个新一代北斗试验卫星（代号分别为M1S和M2S）成功进入中轨道，这是远征上面级首次发射双星。这两颗卫星比之前的北斗卫星更小，质量分别为850 kg和1 014 kg，具有更好的信号传输能力，还可以进行星间通信。卫星继承了DFH-3卫星的技术状态，大小为2.25 m×2 m×1 m。9月30日，一颗IGSO北斗卫星发射成功。这是有史以来最先进的一颗北斗卫星，重达4 600 kg。发射时掉落的火箭碎片击中了一辆汽车，但好在，没有造成人员伤亡。这颗卫星的定位精度可达2.5 m，并首次使用原子氢钟。从2022年起，更加精确的微波水银钟有希望问世。

2017年年底以来，中国大力开展导航系统建设，北斗发射数量激增。2017年11月的发射被广泛宣传，因为卫星配有有史以来最精准的铷钟，时间精度达到三百万年一秒，是北斗二号性能的10倍。这两颗卫星由远征上面级送入倾角为55.5°的中轨道。北斗三号重新启用了M编号系统，将这两颗卫星命名为M1和M2，或MEO1和MEO2。北斗三号的总设计师是杨长风。

2018年，中国以至少18次的发射次数创造纪录，这也快速推动了北斗导航系统建设。2018年1月12日，M3和M4成功发射。远征上面级将两颗卫星送入倾角为55°的210～18 546 km转移轨道，紧接着远地点提高到22 000 km。二次点火后，卫星进入21 543～22 194 km的预定轨道。远望六号测量船负责跟踪此次发射。中国电视台报道了远望六号启航时的画面，船员们挥舞着国旗，与亲人们挥手告别。

2月12日和3月30日又进行了两次发射。发射计划是在2018年发射10颗北斗三号MEO卫星和1颗GEO卫星，随后在2019—2020年发射6颗北斗三号MEO卫星，3颗IGSO卫星和两颗GEO卫星。参与北斗系统的海外跟踪站至少有21个，包括太平洋岛屿2个，南美洲3个（圭亚那、里约热内卢和乌拉圭），南极1个，澳大利亚3个（堪培拉、珀斯和达尔文），印度1个，巴基斯坦1个（卡拉奇），非洲3个（南非、阿尔及利亚和尼日利亚），新加坡1个，欧洲2个（德国和英国），加拿大1个（卡尔加里），俄罗斯3个。2018年夏季，北斗继续着高密度发射，从7月底到10月中旬共发射了4次，均为MEO卫星。中国卫星导航系统管理办公室表示，希望在2020年年底按时完成系统建设①。2018年10月31日，北斗DW41被送入地球同步轨道，卫星配有氢钟、铷钟、无线电测定系统，每小时可以向一千万用户发送短消息。图6-18为北斗三号展览图。

① 2020年6月23日，北斗三号最后一颗全球组网卫星在西昌发射成功。

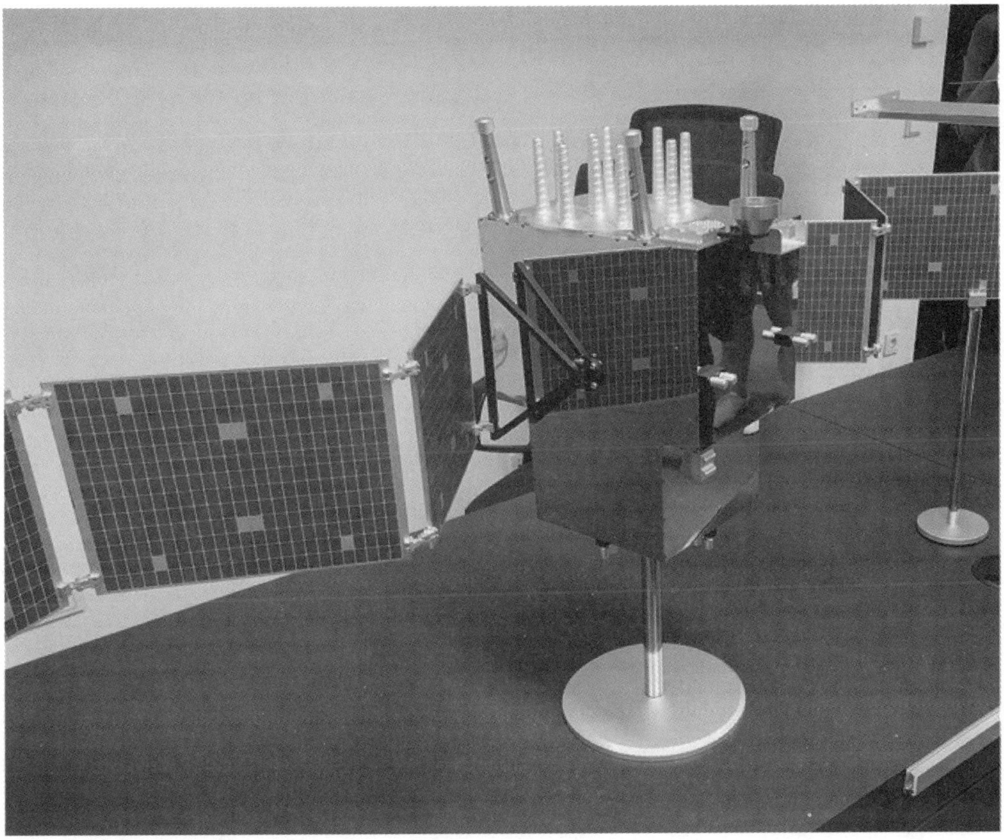

图 6-18　北斗三号［图片来源：Jacqueline Myrrhe］（见彩插）

北斗系统配有 COSPAS SARSAT 接收器，可以接收海上船只的求救信号，用于在比赛中或环球航行时遇险的游艇。2017 年 10 月，在加拿大蒙特利尔举行的第 31 届年会上，北斗正式加入全球 COSPAS SARSAT 网络。当时已有 44 个国家参与该网络，在卫星上安装接收设备。到目前为止，中国已经发射 29 颗北斗卫星，广泛应用于自行车、出租车（400 万）、公共汽车、卡车和 40% 的智能手机，甚至包括南极科考基地。大众汽车（Volkswagen）宣布，从 2020 年起将兼容北斗全球卫星导航系统，美国最大的手机电脑芯片制造商高通（Qualcomm）也紧随其后。

2014 年，中国国家主席习近平在中国-阿拉伯国家合作论坛第六届部长理事会和中国-阿拉伯国家北斗合作论坛上发表讲话，提出北斗卫星导航系统落地阿拉伯的项目[16]。阿盟共有 22 个成员国，拥有 4 亿人口，包括一些富裕国家，如沙特阿拉伯、卡塔尔、阿拉伯联合酋长国和科威特，以及一些拥有庞大的年轻人口和市场潜力的国家，如埃及、阿尔及利亚和摩洛哥。在这里，政治和经济一样重要。对该区域来说，中国是一个有吸引力的发展伙伴，因为中国不像一些欧洲国家具有殖民主义包袱，也不像美国因为支持以色列而被反感。阿拉伯也派出外交使团，前往位于秦皇岛的北斗数谷数字城市参观。2018 年 4 月，北斗系统的首个海外中心——中国-阿拉伯北斗卫星导航中心在突尼斯落成。中阿北斗合作论坛也将于2019年在突尼斯举行。2017年5月15日，中国与埃及签署协议，建设新开罗航天城，占地7 721平方米，主要用于卫星的建造、测试（振动、电子、真空）和集成。项目由北京航天器环境工程研究所负责，投资5 800万欧元（约合4.46亿元）。新开罗是现代历史上最雄心勃勃的专用首都，超过伊斯兰堡、巴西利亚和堪培拉。现在的首都是老开罗，从公元969年开始使用。

2016年6月，《中国北斗卫星导航系统》白皮书发布，北斗系统的目标是占据中国导航卫星市场90%的份额，覆盖50万个天线、2 400万个接收终端和1 800万部智能手机，运行可靠性达到99.996%。第八届全国北斗大会于2017年举行。同年10月，北斗系统与俄罗斯GLONASS签署互操作协议。到2018年，北斗芯片价格已降至6元（截至2017年4月已售出6 500万个）。新的应用也正在开发中，比如可穿戴接收终端和无人机控制终端。预计到2018年，北斗系统的经济价值将达到2 000亿元（约合260亿欧元）。北斗系统是中国航天计划中备受瞩目的项目，预计耗资80亿欧元，2020年完工。国家主席习近平评价北斗系统是一项伟大的成就。表6－13列出了北斗系列卫星参数。

表6－13　北斗系列卫星参数

北斗导航试验卫星1A(北斗1－01)	2000－10－31	CZ－3A	GEO,140°E
北斗导航试验卫星1B(北斗1－02)	2000－12－21	CZ－3A	GEO,80°E
北斗导航试验卫星1C(北斗1－03)	2003－05－24	CZ－3A	GEO,110.5°E
北斗导航试验卫星1D(北斗1－04)	2007－02－02	CZ－3A	GEO,147°E
北斗二号导航卫星M1星(北斗M1)	2007－04－13	CZ－3A	MEO,倾角55°
北斗二号导航卫星G2星(北斗G2)	2009－04－14	CZ－3C	GEO,85°E
北斗二号导航卫星G1星(北斗G1)	2010－01－16	CZ－3C	GEO,160°E→140°E
北斗二号导航卫星G3星(北斗G3)	2010－06－02	CZ－3C	GEO,84.6°E
北斗二号导航卫星I1星(北斗I1)	2010－07－31	CZ－3A	IGSO,倾角55°,118°E
北斗二号导航卫星G4星(北斗G4)	2010－10－31	CZ－3C	GEO,160°E
北斗二号导航卫星I2星(北斗I2)	2010－12－17	CZ－3A	IGSO,倾角55°,118°E
北斗二号导航卫星I3星(北斗I3)	2011－04－09	CZ－3A	IGSO,倾角55°,118°E
北斗二号导航卫星I4星(北斗I4)	2011－07－26	CZ－3A	IGSO,倾角55°,93°E
北斗二号导航卫星I5星(北斗I5)	2011－12－2	CZ－3A	IGSO,倾角55°,93°E
北斗二号导航卫星G5星(北斗G5)	2012－02－24	CZ－3C	GEO,58.6°E
北斗二号导航卫星M1星(北斗M3)	2012－04－30	CZ－3B	MEO,倾角55°
北斗二号导航卫星M1星(北斗M4)			
北斗二号导航卫星M1星(北斗M5)	2012－09－18	CZ－3B	MEO,倾角55°
北斗二号导航卫星M1星(北斗M6)			
北斗二号导航卫星G6星(北斗G6)	2012－10－25	CZ－3C	GEO,80.4°E
北斗二号全球导航试验卫星I1－S星(北斗I1－S)	2015－03－30	CZ－3C	IGSO,倾角55°,94°E
北斗二号全球导航试验卫星M1－S星(北斗M1－S)	2015－07－25	CZ－3B	MEO,倾角55°
北斗二号全球导航试验卫星M2－S星(北斗M2－S)			

续表

北斗二号全球导航试验卫星 I2-S 星（北斗 I2-S）	2015-09-30	CZ-3B	IGSO，倾角 55°，94°E
北斗二号全球导航试验卫星 M3-S 星（北斗 M3-S）	2016-02-01	CZ-3C YZ-1	MEO，倾角 55°
北斗二号导航卫星 I6 星（北斗 I6）	2016-03-30	CZ-3A	IGSO，倾角 55°，94°E
北斗二号导航卫星 G7 星（北斗 G7）	2016-06-12	CZ-3C	GEO，144°E
北斗三号导航卫星 M1 星（北斗 M1） 北斗三号导航卫星 M2 星（北斗 M2）	2017-11-05	CZ-3B YZ-1	MEO，倾角 55°
北斗三号导航卫星 M7 星（北斗 M7） 北斗三号导航卫星 M8 星（北斗 M8）	2018-01-12	CZ-3B YZ-1	MEO，倾角 55°
北斗三号导航卫星 M3 星（北斗 M3） 北斗三号导航卫星 M4 星（北斗 M4）	2018-02-12	CZ-3B YZ-1	MEO，倾角 55°
北斗三号导航卫星 M9 星（北斗 M9） 北斗三号导航卫星 M10 星（北斗 M10）	2018-03-30	CZ-3B YZ-1	MEO，倾角 55°
北斗二号导航卫星 I7 星（北斗 I7）	2018-07-09	CZ-3A	IGSO，倾角 55°
北斗三号导航卫星 M5 星（北斗 M5） 北斗三号导航卫星 M6 星（北斗 M6）	2018-07-29	CZ-3B YZ-1	MEO，倾角 55°
北斗三号导航卫星 M11 星（北斗 M11） 北斗三号导航卫星 M12 星（北斗 M12）	2018-08-25	CZ-3B YZ-1	MEO，倾角 55°
北斗三号导航卫星 M13 星（北斗 M13） 北斗三号导航卫星 M14 星（北斗 M14）	2018-09-19	CZ-3B YZ-1	MEO，倾角 55°
北斗三号导航卫星 M15 星（北斗 M15） 北斗三号导航卫星 M16 星（北斗 M16）	2018-10-15	CZ-3B YZ-1	MEO，倾角 55°
北斗三号导航卫星 G1 星（北斗三号 G1）	2018-10-31	CZ-3B	GEO，58.6°E
北斗三号导航卫星 M17 星（北斗 M17） 北斗三号导航卫星 M18 星（北斗 M18）	2018-11-18	CZ-3B	MEO，倾角 55°

6.10 数据中继：天链

20 世纪 80 年代，美国引入跟踪和数据中继卫星系统（TDRSS），用于支持航天飞机的运行。在此之前，航天飞机只能在飞越地面跟踪站时通信，效率十分低下，需要根据每个新地面站进行调整。而利用 TDRSS，航天飞机只需要发送信号到静地轨道上最近的 TDRSS 卫星，随后信号被传送回任务控制中心。俄罗斯也有类似的系统（Luch）①，用来与和平号空间站通信。这个系统十分昂贵，但能为任务控制中心和航天员提供无缝全天候通信。而在 2003 年中国的神舟五号任务中，杨利伟只有 15% 的时间能够与地面

① Luch 系统也译为射线中继卫星系统。“射线”原是其中继转发器的名称。

通信。

为了解决这个问题，中国对东方红三号通信卫星（重约 2 300 kg）进行适应性改造，用于载人航天的数据中继任务。因为天链卫星更重，CZ-3A 运载火箭的运力不足，需要采用新的 CZ-3C 运载火箭。2008 年 4 月 25 日，第一颗天链卫星进入地球同步轨道，准备用于即将到来的神舟七号。天链覆盖了神舟飞船轨道的 50%，包括最关键的太空行走阶段。

3 年后，天链 1-02 紧随其后，正好用于天宫空间站。它比神舟九号晚了两个月，有可能是被推迟了。两颗天链卫星能够提供 85%的覆盖率，这一数字是在神舟十一号任务期间给出的。通信质量也有所提高，可以使用手机、互联网和看电视[17]。

第三颗卫星在一年后发射。2016 年 11 月，就在神舟十一号返回的几天后，天链 1-04 发射，正好赶上天舟为天宫二号执行对接任务。它似乎补位了天链 1-01。中国宣布将建设新的天链系统，用于支持空间站，其数据下行能力可达到 1.3 Gbit/s。天链系列信息见表 6-14。

表 6-14　天链系列信息

天链 1	2008-04-25	76.5°E
天链 1-02	2011-07-11	176.3°E 2013-07-29 移至 170.4°E 2013-10-28 移至 166.4°E
天链 1-03	2012-07-25	16.8°E
天链 1-04	2016-11-22	77°E

注：全部由 CZ-3C 运载火箭从西昌发射。

6.11　微小卫星：越来越小，越来越多

20 世纪 90 年代，虽然各国航天机构纷纷研制更大更强的火箭，但同时，许多越来越小的卫星也不断涌现。微电子电路和更先进的计算机水平促进了这一发展，卫星可以变得更小，更加智能，能够在地面站不控制的情况下完成更多任务。多用途的微小卫星可以用更小、更便宜的火箭（如美国飞马座运载火箭）发射，或作为现有火箭（如俄罗斯第聂伯运载火箭）的搭载载荷，从而进一步削减成本。微小卫星的技术要求和预算都在大学的能力范围之内，可用于培训新一代航天工程师。它们具有设计简单、制造速度快、易于大规模生产、制造和发射成本低等优点。与其他大卫星一起发射，失败风险也比较低。这是一种理想的方式：将不同专业的本科生和研究生聚集在一起，低成本开发跨学科的尖端技术。从技术上讲，新一代卫星可分为小卫星（小于 1 000 kg）、微小卫星（小于 500 kg）、微卫星（小于 100 kg）、纳卫星（小于 30 kg）、皮卫星（小于 1 kg）和飞卫星（小于100 g）。立方星是指立方体形状的卫星，具有标准化尺寸（1U、2U、6U 等，最大 12U）。

20 世纪 90 年代末，中国开始研制微小卫星[18]。清华大学和中国微电子中心最先行

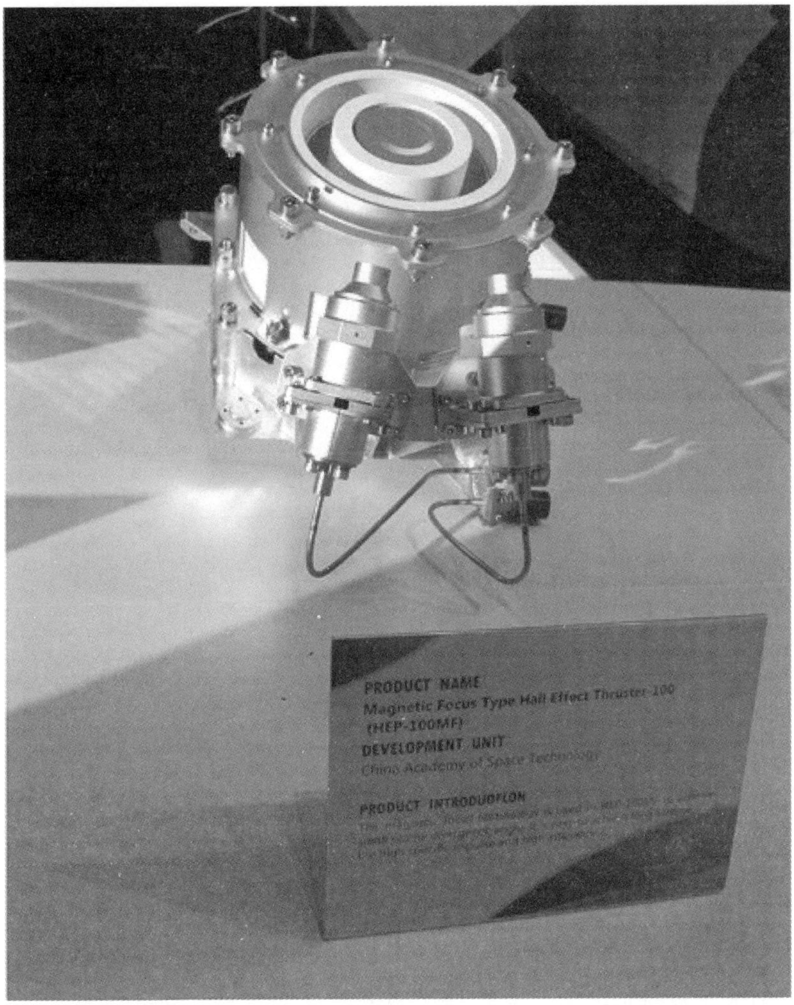

图 6-19 HEP-100MF 推力器

动，组建了国家航天高技术空间机器人工程研究中心，并获得 863 计划微小卫星研制项目的资助。1998 年，中国航天机电集团公司①与清华大学企业集团、清华同方股份公司共同出资组建航天清华卫星技术有限公司。到 2003 年，公司已拥有一个 300 m^2 的洁净室和 1 300 m^2 的研究办公区。那里的工程师与微型卫星技术的世界领先者——英国萨里大学（萨里卫星技术有限公司，SSTL）进行技术交流与咨询，制造对地观测小型卫星。

中国的第一颗微型卫星是清华 1 号，由英国萨里卫星技术有限公司研制。卫星重 49 kg，高 1.2 m，体积仅 0.07 m^3。2000 年 6 月 20 日，俄罗斯宇宙 3M 火箭在普列谢茨克发射场将卫星送入高度为 700 km 的轨道。清华 1 号进入轨道后，立刻传回照片，第一张拍摄的是中国海。卫星搭载的相机系统能够在 3 个光谱波段对地球成像，分辨率为 39 m，可用于监测植被、洪水、野火、荒漠化和赤潮。在一个月内，它发回了一百多张图

① 2001 年，中国航天机电集团公司更名为中国航天科工集团。

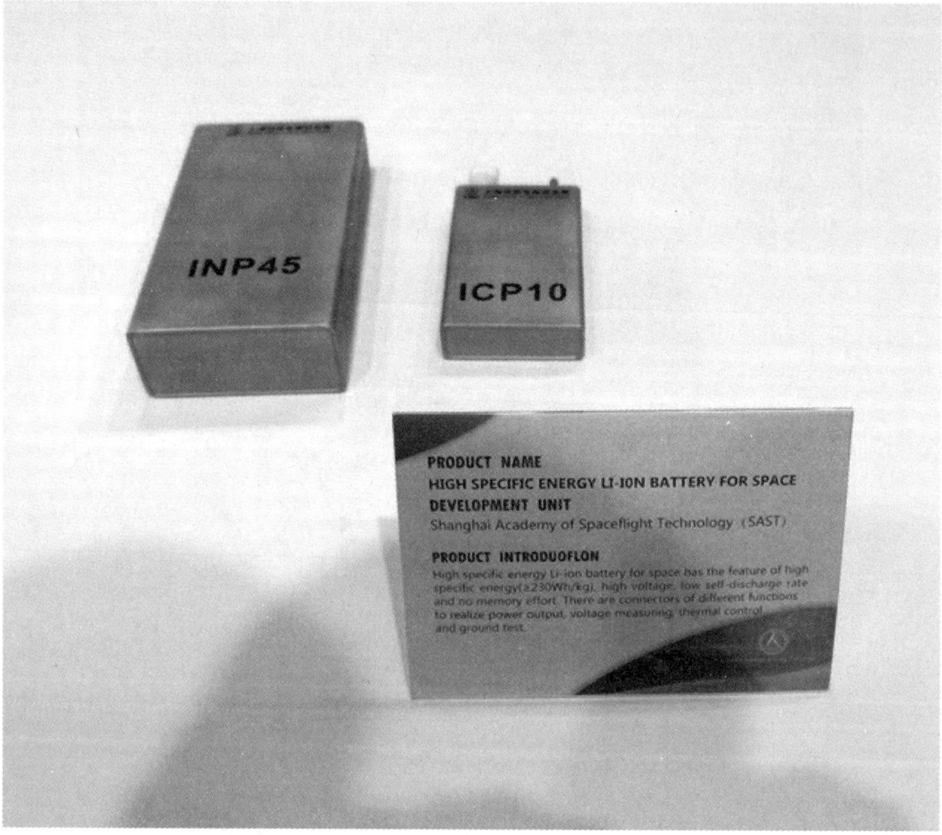

图 6-20 锂离子电池

片，清华大学将照片免费提供给需要的人。卫星的设计寿命是 10 年，这是为了缩小与印度和西方成像系统差距而做出的重要尝试。在轨道上，它还与另一颗萨里卫星 SNAP-1（卫星重 6.45 kg，采用萨里超小型卫星应用平台）进行联合演习。成功之后，中国宣布成立国家小卫星及相关应用研究中心。2003 年 4 月 20 日，该中心的第一块 8 000 m^2 场地破土动工。

在与萨里公司的合作中，工程师们在参与工作的过程中学习，积累研制卫星的经验。清华大学自主研制的小卫星由开拓者一号运载火箭①发射，但前两次发射都失败了②。

接下来，清华大学参与了灾害监测星座（Disaster Monitoring Constellation，DMC）。该星座包括中国、阿尔及利亚、尼日利亚、土耳其和英国发射的一批卫星。其中，中国研

① 开拓者一号小型运载火箭是四级全固体运载火箭，具有可机动发射、操作简单、发射速度快等特点，可用于发射质量在 100 kg 以下的各种近地轨道小卫星及微小卫星，最快可在 12 小时之内将小卫星送上天空。

② 2002 年 9 月 15 日，开拓者一号运载火箭发射清华大学开拓一号皮卫星（01 星），发射失败；2003 年 9 月 16 日，开拓者一号运载火箭发射清华大学开拓一号皮卫星（02 星），发射失败；2003 年 9 月 20 日，开拓者一号运载火箭发射清华大学开拓一号皮卫星（03 星），发射成功。

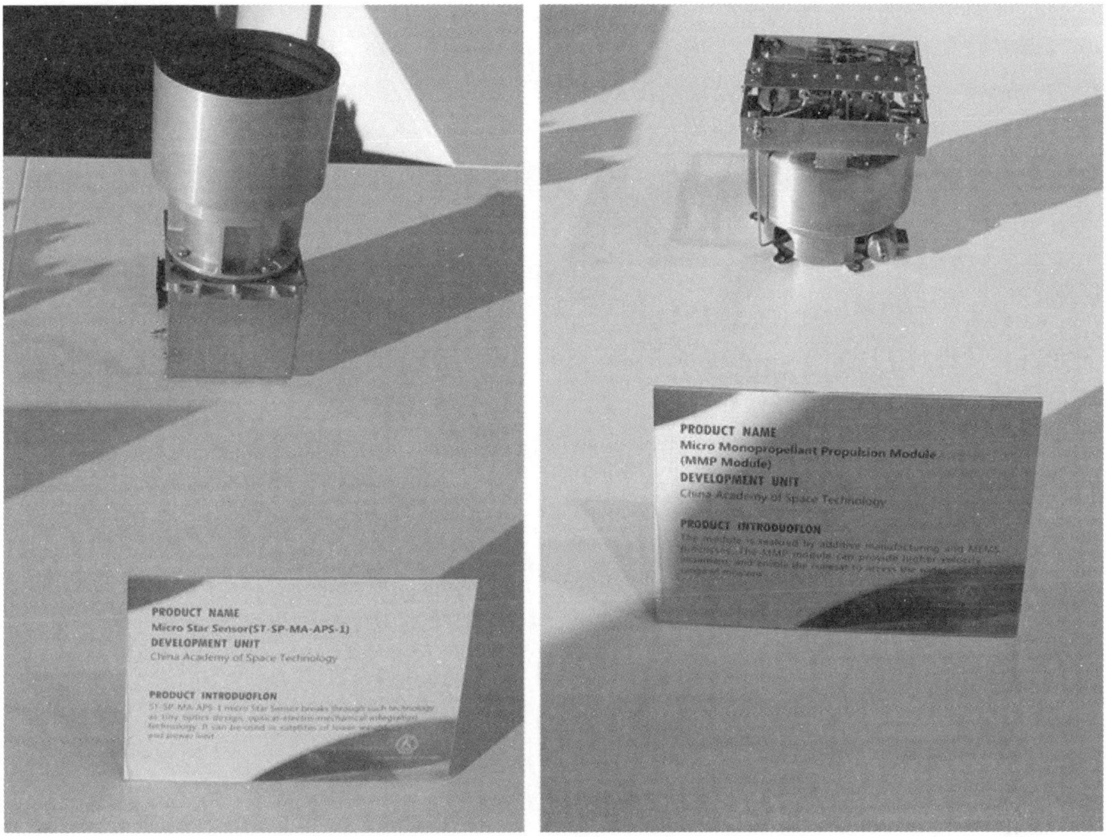

图 6－21　一切都必须更小：（左）微型卫星星敏感器；（右）立方星推进系统。

制的 DMC－4，也被称为北京一号，于 2005 年 10 月 27 日在普列谢茨克由宇宙 3M 号运载火箭发射升空，送入高度为 686 km 的太阳同步轨道。北京一号重 166 kg，搭载了一台能够以 40 MB/s 传输实时数据的 4 m 全色相机和一台扫描辐带为 600 km 的 32 m 多光谱相机。卫星配有一个 240 GB 存储容量的硬盘，可以随时接入访问。到 2007 年，它完成了 32 m 分辨率的无云中国地图，包括一个 4 m 分辨率的北京地图。8 年后，它仍然在轨运行。2011 年 6 月 27 日，英国萨里卫星技术有限公司与二十一世纪空间技术应用股份有限公司（21AT）签署协议，为新的灾害监测星座发射一颗卫星。新的星座将由 3 颗卫星组成，卫星的分辨率分别为 1 m（全色成像）和 3 m（多光谱）。二十一世纪空间技术应用股份有限公司将独家获得这些图像。2015 年 7 月，印度火箭如期发射了这两颗卫星。

作为学习研究，清华大学继续研制了更为复杂的纳星一号（NanoSatellite，意为超小型卫星）。这颗卫星重 25 kg，是最小的三轴稳定卫星，用于完成超小型卫星的照相机、地球观测、惯性接收器、软件上载能力和导航（使用 GPS 定位）系统测试。2004 年 4 月，卫星与试验卫星一号一起发射升空，其星箭分离的画面被电视台转播。

中国首颗独立研制、自主发射的微型卫星是创新一号，重 88 kg，由中国科学院研制。2003 年 10 月，创新一号与中巴地球资源卫星 02 星（CBERS 2）一起发射升空。这是一颗存储转发通信卫星，旨在协助水文、气象和救灾。它的工作是从监测点、浮标和仪表上获取数据，收集水上数据、水文和电力，然后传输到位于上海、北京、新疆和海南的终端。因为研制中经过辐射加固，所以没有受到太阳耀斑和单粒子的影响。接下来的两颗创新卫星，创新一号 02 星和 03 星分别与试验卫星二号和四号一起入轨。2014 年，创新一号 04 星与灵巧智能通信试验卫星一起发射升空。这是一颗由上海航天技术研究院研制的数据中继卫星，旨在将水文和气象数据传输到偏远站点。灵巧卫星重 135 kg，用于测试智能通信。这次发射并不经济，因为发射总质量只有 225 kg，只是 CZ－2 运载火箭运力的一小部分。

接下来，中国开始进行皮卫星研制（见图 6－22）。浙江大学和上海微系统与信息技术研究所共同研制了一颗 1 kg 重的 MEMS 卫星（微电子机械系统），它与遥感 2 号一起入轨，旨在测试加速度计、微陀螺、红外传感器和照相机。它是一个覆盖着太阳能电池板的立方体，带有红外传感器、S 波段接收器和摄像头，有 26 个面（18 个正方形面和 8 个三角形面）、2 根天线和 17 块 270 cm^2 的太阳能电池，可提供 2 W 的功率。该卫星没有活动部件、姿态控制和推进系统。S 波段遥测在 2 300 MHz 以 4 kbit/s 的速率中继传输，上行链路频率为2 100 MHz。后续的皮卫星更重，分别为 2.5 kg 和 3.5 kg。每颗卫星都配有单独的相机进行对地成像。

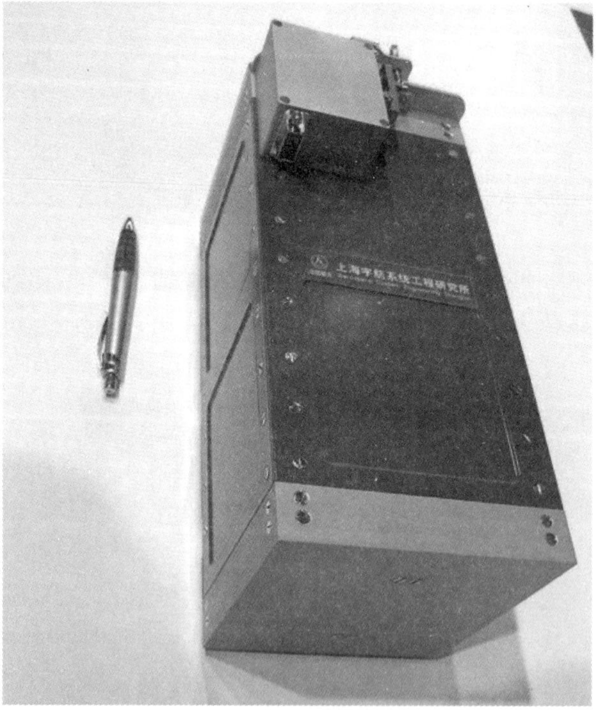

图 6－22　皮卫星分离装置（见彩插）

遥感卫星搭载了许多早期的微小卫星的载体。比如遥感 8 号搭载了希望号卫星，这是为我国青少年研制的第一颗业余无线电卫星，可用于提供信标、语音和数据通信，还配有全景彩色摄像机。遥感 12 号搭载了天巡一号卫星，由南京航空航天大学研制。这是一颗重 58 kg 的箱型卫星，配有重 2.5 kg、分辨率为 30 m 的地球成像 CCD 相机。遥感 14 号搭载了天拓一号卫星，由国防科技大学研制。天拓一号重 9.3 kg，配有一台成像仪和一台原子氧传感器，用于测试光学成像和探测原子氧。它还配有船舶自动识别系统（Automatic Identification System，AIS），在一年内收集了 100 多万条船舶识别信息。遥感 21 号搭载了天拓二号卫星，重 67 kg，带有 4 个摄像头，用于以高分辨率跟踪快速移动的目标。一段时间之后，遥感 30 号 04 组卫星搭载了微纳- 1A 卫星，遥感 31 号卫星搭载了微纳- 1B 卫星。这些都是由上海微小卫星工程中心研制的通信试验卫星。

中国微小卫星的蓬勃发展并非偶然，而是国家大力支持的结果。2014 年，中国科学院获批成立 5 个试点创新研究院，其中一个就是上海微小卫星工程中心。同年成立中国科学院微小卫星创新研究院，拥有 600 名员工（平均年龄 31 岁），一个面积为 27 000 m^2 的设计中心，和一个微纳卫星部门。在随后的几年里，越来越多的微型卫星被送入轨道，表明研制微型卫星（见图 6 - 23）的能力在不断增强。

图 6 - 23　微型卫星的新世界

• 环境 IC 卫星搭载了一颗新技术验证卫星和蜂鸟 1 号。蜂鸟 1 号的重力梯度装置采用 CAST 研发的 3 m 长充气臂，虽然很小，但这是中国研制的首个充气式空间结构。随后，蜂鸟 1 号部署了一颗子卫星蜂鸟 2 号，也被称为 1A，用于会合和编队飞行。较大的蜂鸟 1 号重 160 kg，有太阳能电池板，8 个小型 1 N 推力器，是母船。蜂鸟 2 号较小，重 30 kg，有 12 个 30 N 推力器和太阳能电池，通过母船与地面联系。新技术验证卫星采用 CAST 150 卫星平台，用于开展 15 项不同试验。

• 墨子号卫星（MICIUS）搭载了两颗卫星。其中^{3}SAT2 由西班牙加泰罗尼亚理工大学研制，配有 L 频段接收器、全球定位系统、海洋高度计、恒星跟踪器和磁强计。另一颗是大气研究卫星——力星，配有自主导航系统和推进系统，能在超低轨道上运行，返回前其轨道高度从 488～504 km 降至 124～140 km。

• 脉冲星导航试验卫星（XPNAV）搭载了两颗微型卫星。一颗是 2 kg 重的丽水一号遥感卫星，用于测试姿态控制，一颗是 8 kg 重的潇湘一号立方星，用于测试成像系统。除此以外，上面级还有两个有效载荷：KS1Q 和 CAS 2。KS1Q 是科创航天（一个非营利性互联网科技社区）研制的 2U 立方星，用于研究广角相机、光通信、太阳敏感器和惯性平台技术。CAS 2 是中国科学院为北京市丰台区一所学校研制的业余无线电卫星。

• 硬 X 射线调制望远镜（Hard X - ray Modulation Telescope，HXMT），又名慧眼（Insight）卫星，搭载了两颗微小卫星，OVS - 1A 和 OVS - B，重 50 kg。这两颗微小卫星由珠海欧比特宇航科技股份有限公司制造，配有高分辨率相机和为业余爱好者准备的转发器。它们为珠海一号的建设铺平了道路，其后续计划是组建轨道视频卫星（OVS）系统。一起搭载发射的还有 NUSAT，一颗地球勘测卫星，也称为 Milanesat，具有多光谱、超光谱和热实时地球成像功能。

• 碳卫星（TanSat）搭载了三颗微小卫星，一颗高分辨率地球成像勘测卫星和两颗高光谱微纳卫星（Sparks 01、Spark 02）。Spark 卫星采用相同的卫星平台，配有用于地球成像的可见光、红外和高光谱照相机。

• 高景 1 - 01 和 1 - 02 搭载了一颗小型业余无线电卫星 BY70 - 1，得名于北京八一学校 70 周年校庆，配有一个业余的转发器和用于地球成像的相机。

• 吉林一号搭载了三颗灵巧卫星，也称为视频卫星，其中最小的一颗重 50 kg，配有摄像机、业余超高频发射机和姿态控制系统，用于开展技术验证。

• 风云 3 - 4 搭载了一颗重 36 kg 的商业成像卫星和德一号，该卫星带有一台商业 AIS 接收器，用于跟踪航运。它每天可以接收来自 6 万艘船的 200 万条信息，旨在为天行者星座（计划包含 24 颗卫星）铺平道路。

• 吉林林业 1 号搭载了凯盾一号和行云试验一号。凯盾一号是由北京凯盾环宇科技有限公司与南京大学共同研制的立方星[①]，用于测试甚高频数据交换系统（VHF Data Exchange System，VDES）。该系统可用于海上通信和船只跟踪，很有可能取代 AIS 系统。

2015 年 9 月 20 日，CZ - 6 运载火箭打破单个微小卫星升空的模式，发射了 20 颗微小卫星，这是一箭多星模式下的首次发射。接下来是吉林 1 - 07 和 1 - 08，然后是张衡号卫星。具体见表 6 - 15～表 6 - 17。

CZ - 11 运载火箭非常适合发射微小卫星。第一枚 CZ - 11 运载火箭搭载了天网一号星座的三颗立方星。其中天网 1C（NJFA - 1）配有 ADS 系统（跟踪飞行器）和推进系统，天网 1B（NJUST）配有 AIS 系统，天网 1A（SECM）配有一台摄像机，用于地球成像。它们都配有业余无线电转发器和星间通信设备。

风马牛卫星是中国第一颗私人卫星，具有里程碑意义。它是万通地产控股人冯仑的想法。冯仑是一名影音爱好者，创办了电子杂志《风马牛》。他在调查相关法律时发现，发射私人卫星不需要获得任何人的许可。于是他花费 500 万元（约合 65 万欧元）制造卫星，计划通过收取卫星广播费来收回成本。

---

① 凯盾一号是南京理工大学与北京凯盾环宇科技有限公司联合研制的国内首颗商业海事立方星，也是南京理工大学首次承接的商业卫星业务。

如图 6 - 24 为天行者与风云 3 - 4。

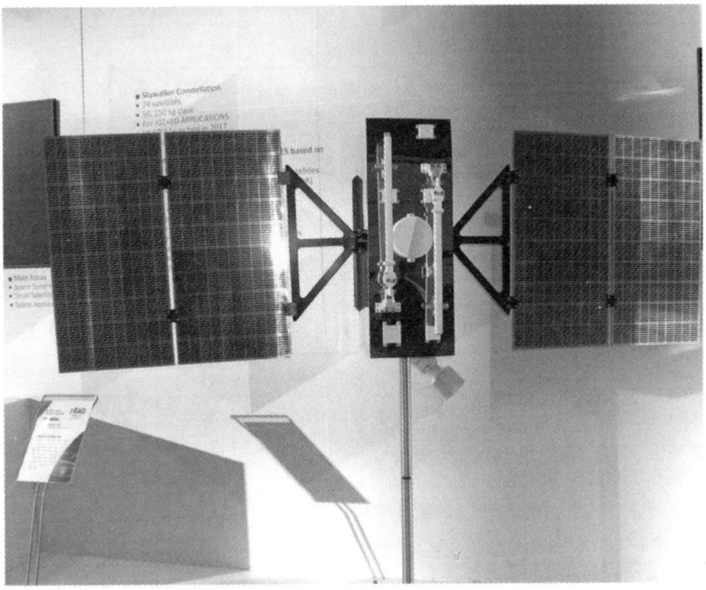

图 6 - 24 天行者与风云 3 - 4

表 6 - 15 2015 年 9 月 20 日 CZ - 6 运载火箭一箭 20 星发射的微小卫星

序号	卫星
1	开拓 1A，重 130 kg，由深圳东方红海特公司研制，采用配有两套电推系统的 CAST 150 卫星平台
2	开拓 1B，重 4 kg，是一颗从开拓 1A 上弹出的业余无线电通信卫星
3	天拓三号集群，包括重 20 kg 的主星吕梁一号(配有船舶自动识别系统 AIS 和航空目标自动监视系统 ADS - B)、重 1 kg 的纳卫星和重 100 g 的飞卫星①
4	浙江大学研制的浙大 2A 和浙大 2B，重 12 kg，配有 S 频段转发器、GPS 接收器和氨动力推力器系统，用于演示编队飞行。这些立方体形状的卫星直径只有 15 cm，功率为 3.5 W
5	六颗希望卫星：2A、2B、2C、2D、2E、2F。希望卫星是业余无线电通信卫星，大小不同，质量分别为 25 kg、10 kg、10 kg、10 kg、2 kg 和 2 kg。2A 卫星配有轨道控制系统，2B 卫星配有大气物理实验仪器
6	手机卫星智能号，重 1 kg，用于在轨测试智能手机技术，与释放的 4 颗重 100 g 的星尘号飞卫星协同工作，后者是迄今发射的最小的卫星
7	纳星 2 号由清华大学研制，重 20 kg，配有星敏感器、太阳敏感器和磁力计，紫荆 1 号和紫荆 2 号是其子卫星，一起编队飞行。紫荆 1 号配有微型摄像机、磁强计和应答机。纳星 1 号于 2004 年发射成功
8	紫丁香 2 号卫星由哈尔滨工业大学研制，重 11 kg，配有工业红外相机、AIS 系统、ADS 系统，可进行业余语音通信和空间辐射实验
9	国防科技大学 A、B、C、D 电话卫星

① 国防科技大学自主设计与研制的天拓三号集群，包括 1 颗 20 kg 级的主星、1 颗 1 kg 级的手机卫星和 4 颗 0.1 kg 级的飞卫星。其中，重 1 kg 的纳卫星就是本表中序号第 6 的智能号手机卫星，重 100 g 的飞卫星就是本表中序号第 6 中描述的 4 颗星尘号卫星，同时也是本表中序号第 9 描述的国防科技大学 A、B、C、D 电话卫星。

表 6-16　2018 年 1 月 19 日 CZ-11 运载火箭发射吉林 1-07、1-08 搭载的微小卫星

序号	卫星
1	加拿大 3U 立方星，由苏格兰克莱德航天公司（Clyde Space）研制
2	潇湘 2 号，由湖南长沙天仪研究院研制，用于开展光纤传感技术、空间无线电软件、业余无线电和图像稳定四个测试。同时发射的全图通一号也由天仪研究院研制，配有综合导航和通信技术验证系统、微型遥感相机、搜救和自动识别系统相机，质量均为 8 kg
3	恩来星淮安号，是一颗重 2 kg 的立方星，用于纪念周恩来诞辰 120 周年。这颗卫星是由淮安红军中、小学生，在总设计师张翔（南京理工大学教授）的指导下历时两年完成的。目的是拍摄高质量高密度的地球照片，高层大气和恒星。这种教育方式可以激发学生们对航天的兴趣

表 6-17　2018 年 2 月 2 日张衡号卫星发射时搭载的微小卫星

序号	微小卫星
1	少年星，共有来自 1 000 所学校的 10 万名学生参与其中。这是一颗由九天微星研制的 3U 立方星，重 3 kg，尺寸为 100 mm×100 mm×340 mm。九天微星的创始人、首席执行官谢涛，曾是中国空间技术研究院的一名工程师，2015 年离职后创办了这家公司。这颗立方星定位于教育共享，配有摄像头、无线存储和传输系统。卫星上还有一个智能手机芯片，遇到问题时能够重新启动。公司计划组建一个包含 60 颗卫星的星座，每颗 50 kg，用于物流、重型机械、教育和娱乐
2	Nusat 4 号和 5 号卫星，由 Satellogic 公司为阿根廷研制。该系列之前的两颗卫星分别由资源 3-02 和 HXMT 搭载发射。这两颗卫星分别命名为 Ada（英国数学家和作家 Ada Lovelace）和 Maryam（伊朗数学家 Maryam Mirzakhani）。该系列后续计划建立一个包含 300 颗卫星的星座。中国为其每次发射的报价是 100～200 万美元。每颗卫星都配有三台高分辨率多光谱、超光谱和热成像照相机
3	风马牛 1，3U 立方星，配有两个全景和视频相机，用于拍摄 360°的地球图像，并且对公众开放数据
4	GOMX-4B（欧空局）、GOMX-4A（丹麦国防部）

如图 6-25 所示为一箭多星发射的分离机构。

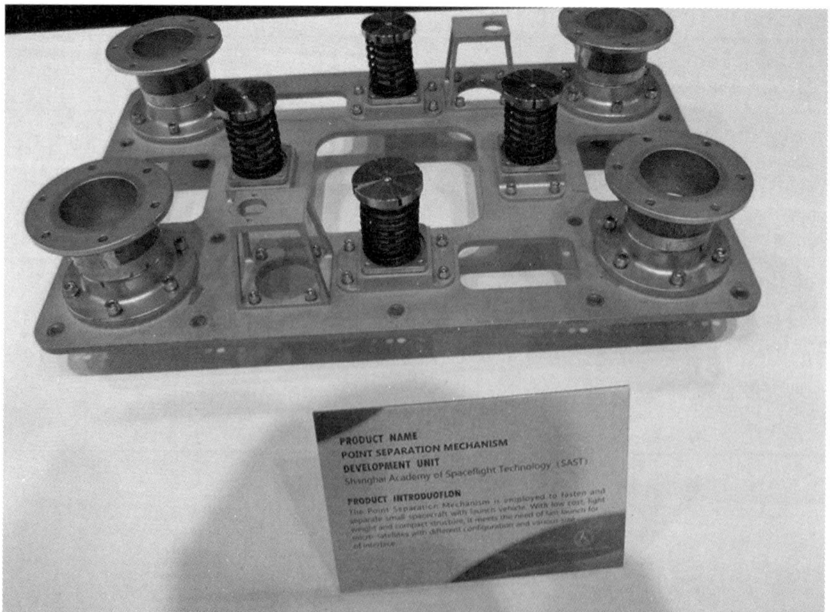

图 6-25　一箭多星发射的分离机构（SAST）

中国还为其他国家搭载发射了一些微小卫星。资源三号为卢森堡搭载了一颗 28 kg 重的 LuxSpace SARL 微型卫星（VesselSat 2），该卫星由 Deltatec 公司研制，旨在协助 ORBCOMM 的自动海事船舶跟踪系统。它与 VesselSat 1 是一对双星。VesselSat 1 由印度火箭发射成功。资源 3－02 卫星搭载了两颗国产新闻卫星，配有多光谱、超光谱和热成像照相机，可以进行实时地球成像和业余波段通信。

高分一号搭载了三颗小卫星。第一颗是土耳其卫星（TurkSat），由伊斯坦布尔技术大学研制，重 4 kg，用于教育和技术验证，配有对地观测相机、超级电容器储能系统和太阳帆。第二颗是重 2 kg 的阿根廷卫星，配有照相机和业余通信系统。第三颗是 1 kg 重的厄瓜多尔卫星飞马座（Pegaso），由瓜亚基尔天主教大学的工程师罗尼·纳德研制，用于测试隔热和防辐射性能。小卫星们星箭分离时使用了荷兰研制的 ISIOD 分离装置。不幸的是，几天后飞马座卫星被俄罗斯的太空碎片击中。

如图 6－26 所示为微小卫星太阳能电池板，如图 6－27 所示为微小卫星太阳能驱动机构。

图 6－26　微小卫星太阳能电池板

高分二号搭载了一颗 7 kg 重的波兰卫星（Hevelius），以 17 世纪著名天文学家命名。它配有一个融望远镜和光度计于一体的仪器，用来测量恒星红色波长的光度。高分六号搭载了一颗 22 kg 重的 6U 立方星珞珈一号。这颗卫星由武汉大学研制，配有长光卫星技术有限公司的夜间遥感相机。

珞珈卫星是夜光遥感的先行者。2014 年，武汉大学测绘遥感信息工程专业的教授李德仁院士发表文章论述夜光遥感卫星的价值，这个想法是他以前的学生张过提出的。2015 年 6 月 19 日，他召集 50 名专家齐聚武汉，一起研讨这一想法，并在次年获得 1 800 万元（约合 230 万欧元）的经费。卫星采用法国的专用传输设备，由 CZ－2D 运载火箭搭载发射。发射成功后，它拍摄的第一张地球夜间图像，是棕榈岛和迪拜的道路网络。珞珈一号可以在 15 天内，以 130 m 的分辨率对全球进行夜间拍摄。该系列后续计划发射珞珈 1－02

和 1－03，旨在跟踪夜间环境排放、经济活动光污染（及其对天文学家和野生动物的影响），以及犯罪和战争。

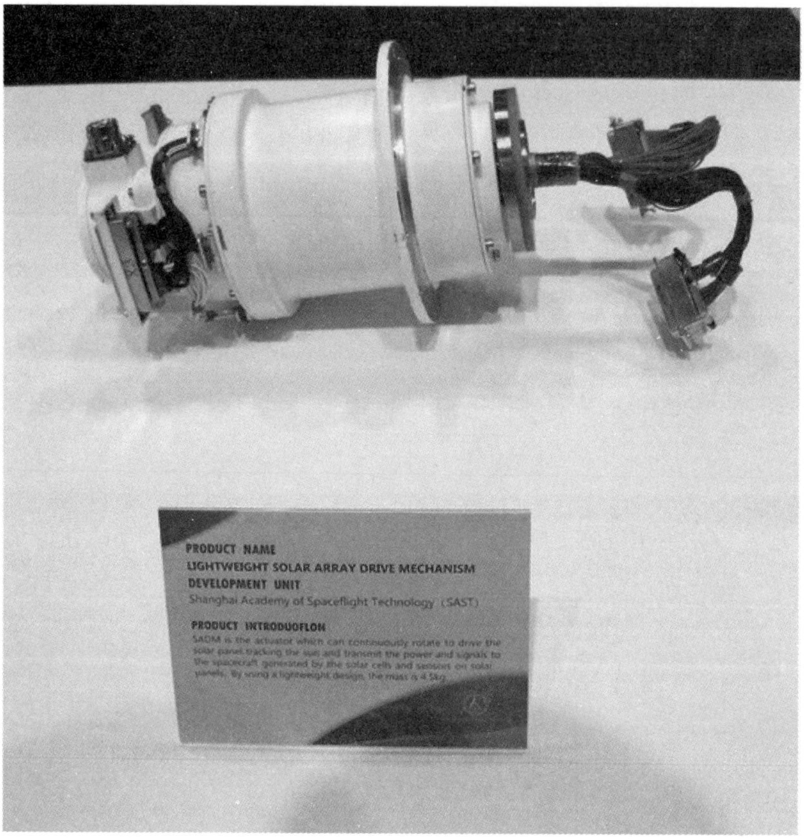

图 6－27　微小卫星太阳能驱动机构（SAST）

张衡号地震卫星发射时搭载了欧空局的两颗微小卫星，GOMX－4A 和 GOMX－4B。它们是 10 cm×10 cm 的立方星，重 8 kg，旨在测试编队飞行和相距 4 500 km 的通信能力。

GOMX－4A 也被称为 Ulloriaq，在格陵兰语中是恒星的意思，属于丹麦国防部。GOMX－4B 属于欧空局，配有两个丁烷气体推力器，可以产生 15 m/s 的 ΔV 。该设备已经在天网卫星任务中完成了测试，包括短时间内和长时间内的推进、脉冲发射和节流等操作，可以用于编队飞行和星间通信。利用该推力器，卫星可以保持星间距离在 300～4 500 km 之间。GOMX－4A 旨在连接本国与北极地区的飞机和船只，配有分辨率为 1 m 的超广谱成像仪，能够通过 45 个不同频段拍摄地球。这也是有史以来最小的成像仪，之前的都要有 100 kg。在收集大量数据的同时，它也可以高速地在轨处理数据。2018 年 4 月，两颗 GOMX 成功完成星间通信任务。这让人们对中国类似卫星可能具有的能力有了概念。

2018 年 10 月 24 日，海洋 2B 发射时搭载了糖果罐号卫星，重 29 kg，属于阿里巴巴公司，用于通过手机上的 AliExpress 向客户发送促销信息。同时搭载发射的玉泉一号，则

图 6 - 28　GomX 微小卫星（ESA 供图，见彩插）

用于星系成像和通信实验。另外还有一个空间验证平台，用于测试人类基因组的保存①。

2018 年 10 月 29 日，中法海洋卫星（CFOSAT）发射时搭载了天仪研究院的微小卫星，包括用于激光通信的潇湘一号 02 星、用于遥感和人工智能的星河号、与清华大学联合研制的照金一号、长沙高新号、天机互联网的试验星天机一号。除此以外，此次发射还搭载了 1 颗白俄罗斯国立大学研制的科教卫星 Cubebel。

2018 年 11 月 19 日，四颗微小卫星由 CZ - 2D 运载火箭发射成功。其中最重要的是嘉定一号，上海欧科微航天科技有限公司翔云卫星星座的首发星。这颗卫星重 45 kg，尺寸为 70 cm×42.5 cm×50 cm，可以与北斗导航卫星互操作。接下来是软件智能卫星天智一号，重 27 kg，由中国科学院软件研究所牵头，中国科学院微小卫星创新研究院、航天九院 771 所、中国科学院光电研究院、中国科学院西安光学精密机械研究所（简称中科院西光所）等单位联合研制，旨在将云计算和智能手机应用结合起来。最后是天平 1A 和天平 1B，用于地面测控设备精度定标。

2018 年 12 月 7 日，两颗沙特阿拉伯观测卫星沙特 5A、5B 发射成功，一同入轨的还有 10 颗微小卫星。其中 7 颗是北京九天微星科技发展有限公司研制的瓢虫系列，用于物联网系统级验证。主星瓢虫 1 号为百千克级卫星，其余为 3 颗 6U 立方星，3 颗 3U 立方

① 海洋二号 02 星（海洋 2B）由 CZ - 4B 运载火箭发射成功，同时火箭末级搭载了阿里巴巴糖果罐号迷你空间站（玉泉一号和天猫国际号含在其中）。

星。瓢虫 2 号和瓢虫 3 号分别是猫王收音机之星和华米星（用于智能可穿戴设备）。瓢虫 4 号是一颗地球成像卫星。瓢虫 5 号是立可达教育卫星。瓢虫 6 号是天猫国际星，与阿里巴巴公司合作开发，用于向用户发送“双十一”短信和虚拟礼物。瓢虫 7 号是 Re：X 星，是与鹿晗工作室合作的一颗公益卫星。另外 3 颗是由天仪研究院研制的 3U 立方星，分别为新疆交通 01、斗鱼 666 和 TY/DF－1①。天仪系列的第一颗试验卫星是少年星，与张衡号地震卫星一起搭载发射。卫星可用于接听智能手表的紧急呼叫，并获取来电者的详细情况。

近几年，中国在小卫星方面的蓬勃发展吸引了西方的关注，也成为中国航天计划的重要组成部分。最初的开发者有清华大学和哈尔滨工业大学。中国空间技术研究院旗下的中国东方红卫星股份有限公司主要负责研制微小卫星，共有三个标准化卫星平台，分别是 CAST 100（50～250 kg）、CAST 2000（300～1 000 kg）和 CAST 968（400 kg 左右）。CAST 3000 仍在开发中②。

如图 6－29 所示为 CAST 鸿雁星座卫星。

图 6－29　CAST 鸿雁星座卫星

① TY/DF－1 卫星是由天仪研究院与中国酒泉卫星发射中心共同组建的先进微纳卫星研制联合实验室研制的第一颗鉴定技术验证卫星。

② CAST 3000 平台质量为 300～400 kg，适用于低、中、高轨道，设计寿命超过 5 年。首发星是 2015 年 9 月 14 日发射的高分九号。

表 6 - 18 汇总了微小卫星信息。

表 6 - 18　微小卫星信息汇总

微小卫星	发射日期	质量/ kg
创新一号 01 星	2003 - 10 - 21	88
纳星一号	2004 - 04 - 18	25
浙江大学皮星一号	2007 - 05 - 25	1
创新一号 02 星	2008 - 11 - 5	88
希望一号	2009 - 12 - 15	50
浙江大学皮星一号 A 卫星 01/02 星	2010 - 09 - 22	2.5
皮星二号		3.5
南京航空航天大学天巡一号	2011 - 11 - 09	3.5
创新一号 03 星	2011 - 11 - 20	88
国防科技大学天拓一号	2012 - 05 - 10	9
蜂鸟一号	2012 - 11 - 18	160
蜂鸟二号		30
新验一号		140
Turksat(土耳其)	2013 - 04 - 26	4
CubeBug - 1(阿根廷)		2
Pegaso(厄瓜多尔)		1
创新三号	2013 - 07 - 19	100
Hevelius(波兰)	2014 - 08 - 19	7
创新一号 04 星	2014 - 09 - 04	90
天拓二号	2014 - 09 - 08	67
天拓三号吕梁一号	2015 - 09 - 20	20
天拓三号智能号手机卫星		1
天拓三号四颗星尘号飞卫星		0.1
浙江大学皮星 2A/B		12
清华大学纳星二号		20
清华大学紫荆一号		0.234
西安电子科技大学紫荆二号		0.173
哈尔滨工业大学紫丁香二号		11
航天东方红希望二号 A/B/C/D/E/F		25/10/10/10/2/2
深圳东方红海特开拓一号 A/B		
天网 1A	2015 - 09 - 25	2
天网 1B/天网 NJUST2		3
天网 1C/ NJFA - 1		2

续表

微小卫星	发射日期	质量/ kg
灵巧技术验证卫星	2015-10-07	50
灵巧成像视频卫星01星		92
灵巧成像视频卫星02星		92
NuSat1(乌拉圭)	2016-05-30	37
NuSat2(乌拉圭)		37
西北工业大学翱翔之星	2016-06-25	18
天鸽飞行器1		50
天鸽飞行器2		50
力星一号	2016-08-16	110
^{3}Cat2(西班牙)		7
丽水一号	2016-11-10	2
潇湘一号		8
科创KS试验载荷		100
高分辨率微纳卫星	2016-12-21	60
Spark1		43
Spark2		43
八一少年行卫星	2016-12-28	2
行云试验一号	2017-01-09	3
凯盾一号		3
珠海一号欧比特视频1A(OVS1)	2017-06-15	55
珠海一号欧比特视频1B(OVS2)		55
NuSat3(乌拉圭)		37
和德一号	2017-11-15	36
潇湘二号	2018-01-19	8
亦庄全图通一号		8
恩来星		2
Kepler(加拿大)		3
微纳1A	2018-01-25	10
NuSat4(乌拉圭)	2018-02-02	37
NuSat5(乌拉圭)		37
GOMX-4A/B		6
少年星		2
风马牛		3
微纳1B	2018-04-10	10
珞珈一号	2018-06-02	
糖果罐号	2018-10-24	29

续表

微小卫星	发射日期	质量/ kg
潇湘一号 02 星(TY1 - 02)	2018 - 10 - 29	8
星河号(TY1 - 03)		8
长沙高新号(TY4 - 01)		8
铜川一号(TY4 - 02)		8
天启一号		2
CubeBel1(白俄罗斯)		2
嘉定一号	2018 - 11 - 19	45
天智一号		27
天平 1A/1B		
新疆交通 01	2018 - 12 - 07	10
斗鱼 666		10
TY/DF - 1		10
瓢虫 1 号		92
瓢虫 2 号(猫王收音机之星)		10
瓢虫 3 号(华米星)		10
瓢虫 4 号		20
瓢虫 5 号(立可达教育卫星)		2
瓢虫 6 号(天猫国际号)		4
瓢虫 7 号(RE:X 星)		3

6.12　结语：应用卫星

中国从 20 世纪 80 年代开始讨论资源系列和海洋系列，到现在已经成功开发了气象卫星、对地观测卫星和导航卫星等多种应用卫星。进入 21 世纪以来，中国从刚开始的基础薄弱，需要大量使用西方技术，到现在已经填补了所有空间应用领域的空白，包括气象学、对地观测、海洋观测、测绘和导航，已达到（甚至有可能超过）西方标准。中国研制体系十分清晰，先是试验卫星，然后是业务卫星（比如海洋系列），专业化程度不断提高（比如天绘系列），用微小卫星测试新技术（比如创新系列）。海洋、环境等小卫星的性能也令人印象深刻。应用卫星在气象学、对地观测、环境保护、灾害救助、测绘、海洋管理和公共服务导航等领域创造了巨大的经济效益。2010 年以来，中国开始建设用于存储应用卫星数据的基础设施，包括成立对地观测与数字地球中心（CEODE）、卫星海洋应用中心，以及扩建中国资源卫星应用中心，并且允许用户访问。在《至 2050 年发展路线图》（见第 9 章）中，还规划了一个配有超级计算系统的数字地球科学平台。

过去 10 年中，微小卫星的发展令人瞩目，截至本书发稿时已发射 70 多颗。中国从引进国外技术起步，到 2003 年发射自己的第一颗微小卫星创新 1 号。微小卫星可以低成本实现技术扩展和多样性。微小卫星涉及的技术领域广泛，任务难度极大，为航天计划做出了巨大贡献。因为其重要性，中国发射的微小卫星越来越多。在很多发射中，微小卫星已经不是搭载，而是主要任务。正如中国东方红卫星股份有限公司和上海微小卫星工程中心所证明的那样，微小卫星是独具特色的“行业中的行业”。现在最值得关注的可能是行云星座，以及与之类似的虹云星座和鸿雁星座（见第 5 章）。我们不难得到这样的结论：中国已经成为该领域的领导者。

参 考 文 献

[1] Tang, Yunqiu; Zhang, Jiashen & Wang, Jingsong: FY - 3 meteorological satellites and their applications. Space activities in China, 2014 (report to COSPAR).

[2] Tang Yunqiu et al: Observations from Fengyun satellites. 2016 COSPAR national report.

[3] Chen, Shu - Peng: Remote sensing and its application Hu, Wen - Rui (ed): Space science in China. Amsteldijk, Gordon & Breach, 1997.

[4] Clark, Phil: Orbital maneuvers of China's Ziyuan satellites. JBIS, vol 55, 2002; Presentation on Chinese space program. BIS, London, June 2006.

[5] Cao, Haiyi: Overview of ZY - 3 satellite research and application. Paper presented to International Astronautical Congress, Naples, 2012.

[6] Desmos, Yves - Louis; Bergquist, Karl; Zengyuan, Li: The Dragon program—ESA and China cooperate in Earth observations. ESA Bulletin, #119, August 2004) . ESA: Dragon program final results. Proceedings of 2008 symposium in Beijing, 21 - 25 April 2008. Paris, ESA, SP655; ESA: Dragon 2 program mid - term results 2008, 2010, 17 - 21 May 2010, Guilin. Paris, ESA, SP - 684; ESA/NASCC: Dragon 2 program. Paris, author, 2009, 2011.

[7] Oliviera, Fabiola de: Brasil - China: 20 anos de cooperação espacial. São Carlos, 2009. For the issue of digital imaging, see China's space programs open up the world. Xinua News Agency, 24 October 2018.

[8] Jiang, Xingwei & Lin, Mingsen: Ocean observation from Haiyang satellites, 2012 - 2014. Space activities in China, 2014 (report to COSPAR).

[9] Lu, Chunling; Bao, Zhaoguang; Li Changjun & Lu Damin: GF - 1 satellite high resolution and wide swath mission design and technology characteristics. Paper presented to International Astronautical Congress, Toronto, 2014.

[10] Li, Ming: Gaofen 2 mission introduction and characteristics. Presentation, International Astronautical Federation, Jerusalem, 2015.

[11] Dafang, Zhuang: Research and application of space information technology in disease control and prevention field in China. Presentation at COPUOS, 60th session. Vienna, June 2017.

[12] Li, Chengzhi: The Chinese GNSS—system development and policy analysis. Space Policy, vol 29, 2013.

[13] Cordesman, Anthony: Chinese space strategy and developments. Center for Strategic International Studies, 2016.

[14] Chan, Minnie: Unforgettable humiliation led to development of GPS equivalent. South China Morning Post, 13 November 2009.

[15] Johnson - Freese, Joan & Erikson, Andrew: The emerging China - EU space partnership: a geotechnical barrier. Space Policy, 2006, #22; Pollpeter, Kevin; Anderson, Eric; Wilson, Jordan

& Yang, Fan: China dream, space dream. China's progress in space technologies and implications for the United States. US-China Economic and Security Review Commission, undated.

[16] Sun, Degang & Zhang, Yuyou: Building an outer space silk road—China's Beidou navigation satellite system in the Arab world. Journal of Middle Eastern & Islamic Studies. vol 10, #3, 2016.

[17] Chen, Erhu; Cheng, Xi & Liu, Lu: Optical satellite network design based on China's data relay satellite system. Paper presented to International Astronautical Congress, Toronto, 2014.

[18] Wu Shafen & Chen Hongyu: Macro/nanosatellite technologies and applications in China. Go Taikonauts! vol 15, 2015; Erikson, Andrew: MicroSatellites—a bell weather of Chinese aerospace progress? in Lisa Parks and James Schwoch (eds): Down to Earth - satellite technologies, industries and cultures. New Brunswick, New Jersey, Rutgers University Press, 2012. For a review of the new companies involved in microsatellites, see Chan, Lan: Commercial space takes off in China. Go Taikonauts, #22, 2018.

第 7 章　载人航天

在 20 世纪 70 年代，中国政府通过“曙光”载人航天计划对航天领域进行了探索研究。中断了 20 年后，于 1992 年，中共中央领导批准了另一项新的载人航天计划——921 工程。这一计划引领了神舟系列载人飞船的发展，本章描述了它的起源和特征（包括比较方案），以及中国引用俄罗斯等其他国家技术的程度。本章内容包括正式载人飞行前的前期任务（神舟一号至神舟四号）、首次载人飞行任务（神舟五号）、两名航天员为期一周的飞行任务（神舟六号）和中国首次三人航天飞行任务（神舟七号——翟志刚完成出舱活动）。这些任务的成功使中国成为世界第三航天大国。在 2011 年，中国发射了第一个空间实验室天宫一号，并以此为基础进行了无人交会对接试验（神舟八号）和两次为期两周的载人飞行任务（神舟九号和神舟十号）。在后两次任务中，中国分别将女航天员刘洋和王亚平送入太空，因而备受关注。

7.1　起源：714 工程

在 1961 年 4 月 12 日，尤里·加加林（Yuri Gagarin）实现了人类太空飞行，这次历史性飞行给中国和世界留下了深刻的印象，并激励中国科学院从那年夏天开始举办了一系列研讨会。在 1961 年至 1964 年期间，钱学森共组织了 12 次会议，密切关注国外载人航天领域的发展，并讨论如何在今后的长期规划中更好地实施载人深空探测计划。钱学森的著作《星际航行概论》为中国航天领域的工程师提供了基础性指导，书中有一章专门提到了载人航天，可见他很早就有开展载人航天的想法。

1951 年 7 月，苏联首次将狗送入高层大气中，中国参考他们的做法，在载人飞行前期试验中，使用生物载荷和动物进行垂直飞行。1964 年 7 月 19 日，中国首次利用“T－7AS－1”① 探空火箭将一个生物舱送入距地面 70 km 的高空，里面装有 4 只大白鼠、4 只小白鼠和 12 个带有果蝇和其他测试样品的生物试管，利用摄像机监控它们的行为和反应。在此基础上，1965 年 6 月 1 日和 1965 年 6 月 5 日又分别进行了两次飞行任务。

随后，重达 1 t 的“T－7AS－2”探空火箭（沿用了 T－7A 这个前缀）装载两只狗执行了 20 min 的飞行任务。据《南华早报》在多年后发表的纪念狗年的历史报道，当时有 100 只来自马戏团的幼犬参加了测试，从中选出了 2 只最坚韧、聪明和勇敢的来执行任务[1]。

如图 7－1 所示为 T－7M 发射场的标志。

① 国内将这一火箭型号写作 T－7A（S1），下文的“T－AS－2”写作“T－7A（S2）”。

图 7-1　T-7M 发射场的标志 [图片来源：Go Taikonauts]

携带一只狗进行太空飞行需要较为先进的生命保障系统，在下降段将舱压控制阀（压力阀）打开，使新鲜空气进入舱内，防止回收时间延误[①]。在飞行过程中，利用记录仪测量狗的心率、体温、呼吸和呼吸频率，并测量辐射剂量。1966 年 7 月 15 日，第一次飞行任务由名为“小豹”的太空犬完成。然而，“小豹”在装载到火箭的过程中对高度表现出了出乎意料的恐惧，因此颇费周折才将其放进飞船。21 岁的驯养员赵秀花同样没有对火箭高度做好准备，但她设法让受惊的小狗平静了下来。在上升过程中，“小豹”承受了 $12g$ 的加速度，同时也承受着噪声和振动，其生理数据数次超出了正常范围。舱体在距地面 80 km 的高度被弹出，在降落到约 40 km 处时打开降落伞。

一架空军直升机机组人员发现了下落的舱体，很快就找回了欢快地摇着尾巴的“小豹”。直升机把它送回基地，它被高高举起，受到驯养员和发射人员的热烈欢迎。紧随其后的第二只太空犬是一条雌犬，名为“珊珊”，它于 7 月 28 日完成了飞行。这次飞行中振动非常严重，导致监控设备损坏，因此没有获得任何数据，不过幸运的是，这只太空犬安然无恙，后来和“小豹”一起被带到北京领奖。原计划同年 9 月发射一只猴子，但后来证明猴子难以控制，因此该任务没能实施。

1966 年 3 月 4 日，召开了确定未来航天事业主要发展方向的会议，参会人员包括科学家、工程师和国家领导人，主要确定了人造卫星项目（651 计划，请参阅第 2 章）和返回式卫星任务建议。我们现在知道，在京西宾馆也有一次与上述航天会议同时举行的内部会

① 原文观点错误，实际上打开-关闭压力阀是防止密封舱内外压差过大。

议，会上讨论了载人飞船的想法。国防科学技术工业委员会（COSTIND）（请参阅第 3 章）成立了一个由三人组成的委员会来研究这一概念，该委员会花了 20 天的时间来研究中国载人飞行的目的、目标和方法，并提交了一份长达 20 页的报告。中国决定如果返回式卫星项目进展顺利，将实施载人航天计划。1968 年 1 月，这一计划被命名为“曙光”。从返回式卫星系列可以了解曙光载人飞船的大小，如图 7－2 所示。

图 7－2　从返回式卫星系列可以了解曙光载人飞船的大小

同年 4 月，政府迈出了决定性的一步，在北京西北部建立了航天医学研究所（最初被称为宇宙医学及工程研究所，也被称为空间生理反应研究中心和航天医学工程研究所）[①]。研究所配备了弹射座椅、压力舱[②]、离心机和转椅。尽管随后载人航天计划几经周折，但这一机构一直在运转，这也是当时外界并不完全相信中国放弃载人航天计划的主要原因之一。

① 最初定名是宇宙医学及工程研究所，后改为航天医学工程研究所。

② 研究所实际上配备的是低压舱和加压舱。作者合称为压力舱。

20世纪60年代末70年代初，中国曾执行了一个代号为“曙光”的载人航天计划（该计划获毛泽东圈阅同意的时间为1970年7月14日，故又称714工程）。期间启动了曙光号载人飞船及相关技术系统的研制，并进行了航天员的选拔。航天员选拔工作完成了定选，但没有正式组建航天员队伍。

鉴于当时的时代背景，714工程最终因种种原因而终止，但它仍不失为中国载人航天事业一次重要的尝试与实践，为我国后续载人航天工程提供了一定的技术基础。

7.2 崭新而未知的开始：921工程

1992年，政府做出了执行载人航天计划的决定，其代号为921工程，这个代号可能源于它是1992年的第一个决定，也可能源于该年的9月21日①，即决定做出的日期。这个决定也源于863计划下进行的两项可行性研究。1987年2月，863-2专家组成立，用以确定航天领域的长期发展目标。专家组认为拥有地球轨道空间站是二十一世纪大国的标志，代表着国家实力和国际知名度。863-2专家组下设两个专家组：863-204专家组研究新的载人航天器和火箭，而863-205专家组研究载人空间站[2]。航天工业部举行了一场竞标，1988年6月，共提出了6种设计方案（见表7-1）。

表7-1　863计划载人航天飞行研究

方案名称	设计单位	特征
多用途载人飞船	中国空间技术研究院	类似于联盟号，2000年投入使用
长城	上海航天技术研究院，航空航天工业部604研究所	大型航天飞机，94 t，乘组5人，有效载荷5 t，类似于苏联的暴风雪号
天骄	中国运载火箭技术研究院	小型航天飞机，20 t，乘组3人，长16 m，直径4 m，翼展12 m，翼长朝上，新型发射器，计划2003年完成
V-2	航空航天工业部11研究所	两级入轨，带翼，可完全重复使用，计划2015年完成
空天飞机	航空航天工业部601研究所，沈阳，设计师庄逢甘	两级入轨，乘组3人，带翼，可完全重复使用，132 t航天飞机，35 m长，翼长15 m，198 t带三种推进剂（液氧、氢和甲烷）的吸气式冲压发动机，第一段45 m，计划2015年完成
赫尔墨斯版航天飞机	航空航天工业部611研究所，成都	与达索公司合作，获取许可证建造欧洲的赫尔墨斯航天飞机

来源：Lan Chen：Dragon in space - a history of china's Shenzhou manned space program. Spaceflight，vol 47，#4，April 2005；Wade，Mark：Tianjiao 1，“http://www.astronautix.com”.

在评估中，中国运载火箭技术研究院（CALT）设计的航天飞机“天骄”排名第一（得票率84%），其次是中国空间技术研究院（CAST）的方案（得票率83%）。1988年7

① 中国载人航天工程于1992年9月21日由中国政府批准实施，因此代号为921工程。

月，在哈尔滨举行了会议，对这些方案进行了讨论，会上围绕保守设计方案（CAST）或风险较高且完成日期较晚的较激进设计方案（CALT）展开了论证。专家小组花了一年的时间才做出最终决定，推翻了原来的建议，转为支持 CAST 的方案。虽然英国航空杂志《国际飞行》[3]对此做了相关报道，但当时我们对这场重大的竞标（见图 7－3）知之甚少。实际上，这次竞标的产物一直有迹可循。这些航天飞机的设计在 1990 年国际宇航联大会上展出，并且仍可以在相关公司办公室看到。同时，“天骄”曾在 2000 年德国汉诺威世博会上展出。

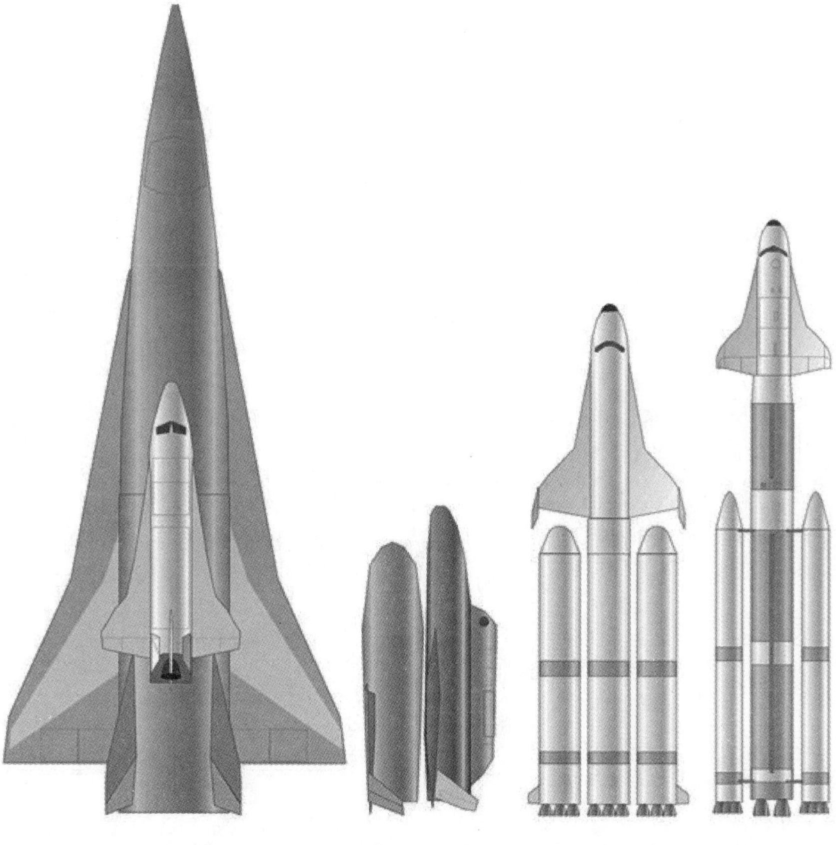

图 7－3　1988 年的竞标，以设计航天飞机而闻名［图片来源：Mark Wade］

这个项目建议随后经历了充满不确定性的三年，时断时续，同时党和政府层面围绕技术、经济和政治问题的讨论还没有结果。作为一个过渡步骤，中国一方面开展深入研究，以完善悬而未决的事项。另一方面开展一个交流项目，派遣 20 名年轻工程师前往俄罗斯，而俄罗斯则以派出专家讲学作为回应。在中国空间技术研究院设计的三个可能版本之间做出选择是技术研究的重点：

1）三舱配置，返回舱在顶部，轨道舱在中间。

2）两舱配置，没有轨道舱（类似苏联的“探测器”系列航天器）。

3）接近俄罗斯联盟号的版本，但有一个更大的轨道舱，能够独立飞行 180 天，该版本于 1987 年由任新民首先提出。这是选择的最终版本。

尽管1992年9月21日政府就做出了决定，但直到20世纪末，这一计划才得以公开。最初计划为：1998年进行无人飞行，2002年进行载人飞行，2007年建成小型空间站，2010年建成和平号级别的空间站。负责921工程的是王永志，他曾师从苏联首席设计师瓦西里·米申（Vasili Mishin）（1966—1974年任职）。为实施该工程，中国成立了载人航天工程办公室，直接向国务院汇报工作。1994年，921工程采用“神舟”的名称，并将关键任务分配给了不同的机构。中国空间技术研究院负责神舟飞船项目，推进系统则由上海航天技术研究院负责。戚发轫任（飞船）首席设计师，刘竹生负责运载火箭，徐克俊负责酒泉的新发射场建设。其他负责人包括赵军（着陆场）、于志坚（测控系统）、宿双宁（航天员培训）和顾逸东（有效载荷和应用）。

中国航天员的2名教练李庆龙和吴杰出现在莫斯科星城（见图7-4）是中国载人航天工程浮出水面的有力证据。他们都是34岁的空军飞行员，飞行时间超过了一千小时。尽管“星城”现在已经变得非常国际化，有许多欧洲人、美国人与俄罗斯人一起接受培训，但李庆龙和吴杰在场的目的只有一个：接受航天员培训并将学到的知识传授给同事。

图7-4　1996年李庆龙和吴杰在莫斯科训练［图片来源：Neil da Costa］

实际上，在长期的对立之后，中俄于1993年年初在莫斯科恢复了大国关系，并在1994年3月25日于莫斯科签署了正式合作协议。第二年，中国人前往莫斯科，计划为他们的载人航天项目购买关键部件。他们购买了一整套航天器生命保障系统[①]、一套海鹰航

① 中国实际上并没有购买整套的航天器生命保障系统，只是购买了其中部分功能部件或组件，用于实验研究。

天服、一个对接模块、一套库尔斯交会对接系统和一个完整的联盟号飞船，尽管后者是一个拆除了全部装备或电子设备的飞船外壳。他们还在俄罗斯的风洞中测试了热防护系统。

李庆龙出生于 1962 年，毕业于空军院校，有 1 300 h 的飞行经验。吴杰出生于 1963 年，曾就读于空军工程大学，有 1 200 h 的飞行经验，还担任过基地指挥官。从 1996 年 11 月开始，他们在莫斯科进行了高强度的培训，将四年的课程压缩为一年（俄罗斯人不建议这样做）。前三个月是俄语教学，随后进行常规训练（700 h 的理论学习，包括生物医学和技术方面的知识）、水中生存、北极生存、天文导航、水槽中的模拟出舱活动、联盟号模拟器、离心机和失重飞机等训练项目。第三阶段是专项培训（李庆龙学习出舱活动，吴杰学习交会对接）。他们于 1997 年 12 月毕业，得到了相当高的分数，4.55 分（满分为 5 分）。

同时，中国开始第二次招募航天员（1995 年 12 月至 1997 年 2 月）。中国人的选拔程序包括常规要求、医学选拔和心理测试。常规要求为：年龄 25～35 岁，身高 162～175 cm（男性）和 160～175 cm（女性），本科学历，有空军经历，至少拥有 800 h 飞行经验。医学选拔包括临床项目（不会对航天飞行造成干扰）、生理项目（心血管、肺、脑、协调性）和对空间环境的耐受性，后者通过缺氧试验、头低位卧床试验、耳气压变化试验、减压病易感性试验、下肢负压试验和离心机试验来测试。候选人需要在高速转椅和离心机上旋转。心理测试考察情绪稳定性、社交技巧、幽默感、智力、积极性、竞争性和应对危险的能力。每个候选人的家人通常也会接受面试。在 1997 年的选拔中，共有 886 人通过了初选，617 人通过了身体检查，60 人通过了临床选拔，20 人进入了最终选拔[4]。他们的人数在 1998 年减少到了 12 人，后来又增加了 2 名教练（见表 7－2），第一支队伍由 14 名男性组成（无女性）。

表 7－2　第二批航天员①（1997 年）

序号	姓名	序号	姓名
1	陈全	9	邓清明
2	费俊龙	10	景海鹏
3	刘伯明	11	刘旺
4	聂海胜	12	潘占春
5	杨利伟	13	翟志刚
6	张晓光	14	赵传东
7	李庆龙(教练)		
8	吴杰(教练)		

去星城的两位教练发现他们的处境较为尴尬，因为这支航天员队伍的人数，有时候被称为 12 人，并不包括他们。索马里发行的邮票和中国的明信片都向他们致敬，明确表明

① 文中将 714 工程中选拔的航天员称作第一批航天员。在国内，通常将 1997 年选拔的那批航天员称为“第一批”，以此类推。

他们有望飞行。吴杰被分配到神舟六号的第二个后备乘组，成为两人之中更有望进入太空的那个人。

图 7-5　课堂培训［图片来源：欧洲空间局］

载人航天工程的实施，使中国航天的基础设施得到了最系统而全面的发展。其中，建立一个训练中心是首要需求，他们在北京海淀西北郊区建立了一个围墙环绕的区域，位置偏僻，类似于俄罗斯莫斯科和美国休斯敦的训练中心。它位于 1970 年原训练中心附近，布局与莫斯科的“星城”相似。

航天员每周在这里训练 5 天，周末返回家中。他们居住在师级干部标准的公寓中。工作日，他们外出都有专车和警卫陪同。在周末，他们像其他人一样骑自行车或开车自由活动。与许多俄罗斯航天员一样，他们的妻子也大多在训练中心或航天领域工作。

这支队伍接受了神舟飞船模拟器、交会对接模拟器、发射逃生滑梯和 8 m 臂长离心机的训练，这台离心机能够以 42 r/min 的速度运行，加速度最高可达到 16g（正常运行时加速度为 6g）。典型的资格训练周期为 4 年。训练中心有一把转椅，可以模拟上下左右各个方向的旋转，产生眩晕效果。另外，还有一个独立的热真空舱，航天员会在里面居住几天，适应在低压环境下的生活，同时测试他们在极端条件下的舒适性，确定他们能够适应的温度和湿度范围。为了进行超重测试，航天员被安置在 10 m 高的圆柱塔中，通过高速发射来模拟发射时的压力。为了进行任务着陆期间的测试，他们在一座四层楼高的冲击塔中坠落[①]。航天员也要学习很多理论知识，刚到训练中心，他们就收到一本 600 页的载人航天工程手册，包含飞行动力学、宇宙射线和导航系统在内的全部内容。虽然他们在中国完成了大部分的训练，但他们也会前往俄罗斯，乘坐伊尔-76 飞机进行失重训练。

同时，在 1996 年 3 月，中国在北京市中心以北 40 km 的燕山地区建立了一座飞行控制中心，距离颐和园不远，被称为北京航天飞行控制中心（BACCC）[②]。该中心有 5 排共计 100 台控制器，通过光缆连接，前方的墙面则布满了巨大的屏幕。屏幕上显示着时钟、航天器在全球范围的运行轨迹图像和发射中心的电视转播。前方的四个三维展台使其显得更加现代化。它的外观与用来控制国际空间站的莫斯科任务控制系统（TsUP）相似。在两次任务之间，操作员会花时间利用模拟环境磨练他们的技能。在休息时间，屏幕上会显示一张长征火箭在发射塔架和遥远的山脉的背景下起飞的画面。计算机和高速通信链路将控制中心与西安的地面控制系统和远望测量船连接到一起。飞行控制中心不仅处理载人任务，还处理探月和行星探测任务。

7.3　神舟

921 工程的最大挑战是载人飞船本身。戚发轫 1933 年生于辽宁抚顺，是来自中国空间技术研究院的主要设计团队的负责人，并由上海航天技术研究院（SAST）提供协助。他于 1957 年毕业于北京航空航天大学，并在 13 年后参与研制了中国第一颗人造卫星东方红。随后，他相继主持了“东方红二号”“东方红三号”和“风云二号”项目。1992 年，他被任命为 921 工程飞船分系统的总设计师和负责人，领导 1 000 名科学家和工程师。

初看上去，神舟飞船很像俄罗斯的联盟号（设计于 1960 年），同样由推进舱、返回舱和轨道舱组成。推进舱包含 4 台可变推力（2 500 N，150 N，25 N）的再入发动机、28 台可变推力（150 N，5 N）的姿控发动机、两块太阳能电池板和辐射散热器。蜂巢形返回舱可容纳 3～4 名乘员[③]。返回舱顶部具有一个直径 65 cm 的舱门，两个舷窗，一个观察窗和两个降落伞（主降落伞和备用降落伞）。最前面的轨道舱有两块太阳能电池板、姿控发动机、两个舷窗和一块留给科学设备的空间。飞船可为航天员提供空气、17～25 ℃温度和 30%～70% 湿度。尽管与联盟号有很多相似之处，但两者之间依然存在不同：

1）神舟飞船更大，长 9.15 m，而联盟号飞船为 6.98 m；

2）神舟飞船直径为 2.8 m，而联盟号飞船为 2.6 m；

---

① 作者关于训练中心中的设备的描述存在错漏。

航天员低压缺氧试验或生理测试在低压舱进行，但历时不长，不可能居住几天。在模拟器进行的任务习服训练可以长达数天，但属于常压环境。

早期航天医学工程研究所有一个模拟歼击机飞机座椅弹射的“弹射塔”，当年承担航空科研任务时锻炼员和相关研究人员用它做过试验或任务训练。该设备早已报废，航天员从未使用过。

② 实际上北京航天飞行控制中心的简称应该是 BACC。

③ 国内一般将返回舱的形状称“钟罩形”，返回舱最多可容纳 3 名乘员。

3）神舟飞船更重，质量为 7.79 t，而联盟号飞船为 7.07 t；

4）神舟飞船的太阳能电池板的功率可能是联盟号飞船的 3 倍：它们的宽度为 1.53 m，展开后为 17 m，不仅安装在推进舱上（24 m^2），还安装在了轨道舱上（展开后为 10.4 m，不过后者并没有部署在神舟一号和神舟七号上），如图 7－6 所示；

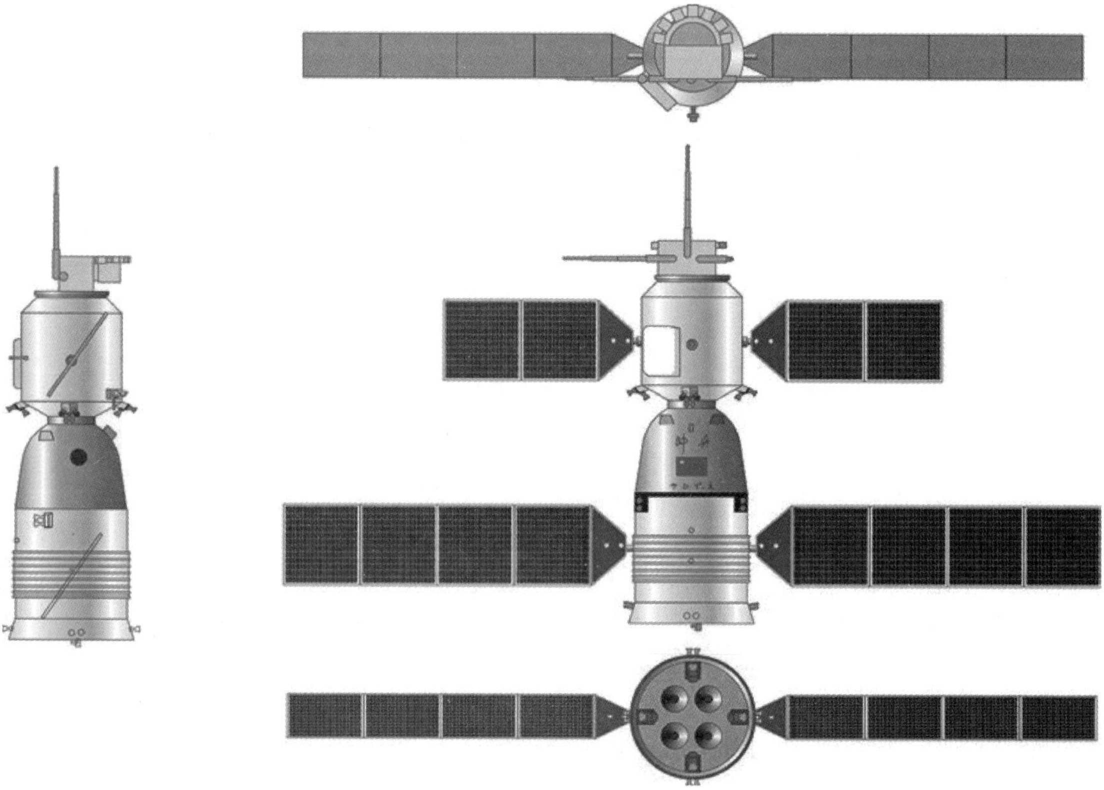

图 7－6　与联盟号不同，神舟飞船设计有两套电池板［图片来源：Mark Wade］（见彩插）

5）神舟飞船的轨道舱更重（2 t），可以留在轨道上独立飞行，并且配备四组姿控发动机，每组 4 个。同时，神舟飞船的轨道舱更长，为 2.8 m，而联盟号飞船为 2.2 m；

6）神舟飞船的返回舱直径稍大，为 2.517 m（联盟号飞船为 2.17 m），长度也更长（2.5 m，而联盟号飞船为 1.9 m），但它们具有相同的气动外形，体积为 6 m^3；

7）神舟飞船的推进舱长度为 2.94 m，直径为 2.8 m，而联盟号飞船的长度为 2.3 m，直径为 2.2 m，它具有 4 个发动机，而联盟号飞船只有 1 个。

换言之，神舟飞船遵循联盟号飞船的总体配置，但并非联盟号飞船的复制品（见表 7－3）。中国人对神舟飞船和联盟号飞船进行了比较，神舟飞船更加宽敞，总内部体积增加了 13%。同时，与联盟号飞船的“杆-锥”式对接系统不同，神舟飞船具有一种凹凸对应的花瓣式对接系统。显然，神舟飞船受到了联盟号飞船设计的影响，但是将其描述为“复制品”既不准确也不公平。中国人也不承认神舟飞船完全复制了联盟号飞船，在新闻发布会上用英语强调神舟是“中国制造”。

表7-3　神舟飞船和联盟号飞船的设计对比[①]

参数	神舟	联盟号*
飞船整体		
质量/t	8	7.21
长度/m	9.15	6.98
直径/m	2.8	2.6
推进舱		
质量/t	3	2.95
推进剂/t	1	0.9
长度/m	3.24	2.3
直径/m	2.8	2.2
底部直径/m	2.8	2.72
太阳能电池板	2块，各24 m^2	2块
返回舱		
质量/t	3.12	3
长度/m	2.5	1.9
直径/m	2.517	2.17
轨道舱		
质量/t	1.81	1.3
长度/m	3.5	2.2
直径/m	3.1	2.2
太阳能电池板	2块，各12 m^2	无

注：* TM号，在1986—2002年之间服役，神舟飞船在此期间首次飞行，现在的联盟-MS号要稍微大一些。

神舟飞船的整流罩长15.1 m，直径3.8 m，连同飞船总重11.26 t。在紧急情况下，从发射前15 min到升空后160 s[②]（此时，逃逸塔和整流罩从火箭分离）之间的任何时刻，逃逸塔都可以点火。逃生系统可以由航天员和飞行控制中心激活，也可以由自动制导系统在检测到火箭严重偏离航向时激活。低空逃生将是一次难忘的经历，最高加速度可以达到20g。这种逃生系统已在俄罗斯使用过两次，第一次是在1983年9月，联盟T-10上的航天员弗拉基米尔·提托夫（Vladimir Titov）和盖纳迪·斯特雷卡洛夫（Gennaidy Strekalov）使用逃逸塔逃离了即将爆炸的联盟号火箭；第二次是在2018年10月，联盟MS-11上的阿列克谢·奥奇宁（Alexey Ovchinin）和尼克·哈格尔（Nick Hague）在（发射）准备过程中出错时逃脱。（这两次逃逸）全部安全降落。

逃逸塔只在某些时候起作用，但在返回阶段，返回舱的降落伞必须始终能够正常工作，中国人为返回舱制造了有史以来最大的降落伞。当返回舱距地面15 km时，达到亚声

① 原表格中存在与事实不符的数据，翻译过程中进行了修正。

② 逃逸塔一般在起飞后120秒左右分离。

速，着陆流程被触发。首先，伞舱盖被抛弃，引导伞弹出，持续 16 s，将返回舱的速度从 180 m/s 降至 80 m/s。接着，减速伞弹出，使返回舱速度减慢至 40 m/s，并带出主伞。主伞是一个巨大的罩子，高 80 m，宽 30 m，重 90 kg，面积为 1 200 m^2（较联盟号的降落伞面积大 20%）。它由 100 条直径为 25 mm 的伞绳固定，每根伞绳可以承受 300 kg 的质量。一旦释放，将使神舟飞船的下降速度降至 15～8 m/s 之间。降落伞由 1 900 块薄而结实的纤维材料制成，能够承受很高的负载和高达 400 ℃的温度。如果发生了严重事故，例如降落伞扭曲打结或出现"罗马蜡烛"情况①，则释放备用伞。备用伞较小，面积为 760 m^2，是主伞的 63%。在距地面 5 km 时返回舱隔热大底分离。如果一切正常，最后一个动作将在返回舱降落时进行。当距离地面仅剩 1 m 时，伽马探测器感知到着陆点（距离）并点燃固体推进剂制动发动机，使返回舱的最终速度下降至 1 m/s，同时切断降落伞，避免它在强风中拖曳返回舱。着陆后，舱室中备有救生衣、睡袋、无线电信标、烟雾发生器、信号弹、海水染色剂、反光镜、指南针、小艇、手枪、刀、急救包甚至驱蚊剂等物品。航天器距地面 40 km，离开黑障区时，主信标开始以 243 MHz 的频率发送信号，着陆后，航天员也可以架设两个高频发射器。他们还拥有一个信标，可以在 406 MHz 国际紧急频率上传输信号。

神舟飞船的轨道舱足够大，基本满足舒适性要求。航天员可以在墙上的睡袋中睡觉，在密封的塑料帐篷中淋浴，而联盟号飞船从未提供过这种设施②。研发神舟飞船所需的时间远长于预期，所面临的困难也远超于预期。直到 1997 年，它也不过比原型外壳强一点，这使得该项目的反对者重新提出取消该项目的建议。工程师们决定先将一个简化的原型机送入轨道，从而为研发功能完备的飞船争取时间。

7.3.1 神舟一号

1999 年 6 月 9 日，中国载人航天工程开始为世人所知。互联网上发布了一张图片，图中是一枚全新的火箭，它的底部看上去像是长征二号 E，但顶部类似于俄罗斯的联盟号。工程师们围绕着一个大型平台，用这个平台将红白相间的火箭运送到酒泉的新发射塔架。在火箭的右前方，耸立着一个 12 层的蓝灰色钢制发射塔，6 个摆臂从侧面伸出以固定火箭。令人吃惊的是，在左边的背景中，坐落着一座厂房，很像世界上最大的建筑卡纳维拉尔角的火箭装配大楼。这座 80 m 高的厂房的右前门仅向下滚动了一半，说明新火箭是从那里出现的。按照传统，中国人在火箭顶部用五星红旗做了明显的标记，下面印着"中国航天"和"CZ-2F"（见图 7-7）。之后，这种火箭被赋予了一个特殊的名称——"神箭"。这枚新的长征火箭底部有四枚捆绑式助推器，顶部与俄罗斯的联盟号类似，是一个逃逸塔和四个气动整流栅，它们大概用于在紧急情况下将返回舱从火箭的头锥拖出。

---

① "罗马蜡烛"(Roman candle) 是一种焰火，借指跳伞过程中伞未成功打开而包裹住跳伞者的情况，此时跳伞者看上去像焰火中下落的火球一样。

② 实际上神舟也不具备使航天员在轨淋浴的能力。

图 7-7　搭载神舟一号的火箭在转运中［图片来源：Paolo Ulivi & Hang Heng Rong］（见彩插）

这些照片在中国航天爱好者中引起了轰动。没有人预料到这些照片会在首次发射之前出现，而怀疑论者则指责它们是伪造的——“中国根本没有能力做这样的事情”。没有人料到照片会如此清晰，且视角如此广阔，甚至在背景中呈现出发射塔和巨大的装配大楼。据了解，这些照片并不是中国公布的，而是由一名准备进行科学试验的荷兰工程师在参观发射场时偶然拍摄的。与以往一样，美国情报机构的态度难以捉摸，在晴朗的天气下，他们的间谍飞机不可能没注意到出现的东西。后来，美国国家侦察局承认，自 20 世纪 90 年代中期以来，他们一直在监视酒泉的新建筑，并在 1998 年 5 月拍摄到一个新发射器的全尺寸模型。

第一次任务的准备工作花了 5 个月的时间，时不时就会出现延误。在 8 月，他们取下推进舱，更换故障设备。同时，工程师还发现了布线问题，以及一个因为故障而必须更换的陀螺仪。直到 1999 年 11 月 19 日，这项任务才得以实施。8 台 YF-20 发动机一起点火，将飞船送入黑暗的天空。CZ－2F 火箭下方火焰滚滚，现场黑夜如昼。火箭飞向天空，针形逃逸塔在 160 s 后分离[①]。火箭在夜间发射是为了便于追踪其发射过程的后期阶段——穿越中国晴朗冬季天空的上升轨道。

尽管中国没有预先发布消息，但是，航天爱好者们采用一种从苏联时代学到的技术：观察远望号测量船的位置，来预测中国即将进行的发射任务（请参阅第 3 章）。在执行任务之前，远望一号前往北太平洋，远望二号驻扎在新西兰东北部的大洋，远望三号部署在纳米比亚/南大西洋沿岸的位置（为返回时点火做准备），远望四号被派到澳大利亚西南部的印度洋，以追踪火箭发射/返回时的过程。在苏联时期，大型俄罗斯战舰就位是进行载人、探月、火星或金星飞行任务的明确标志。现在，每当有传言称中国即将执行飞行任务时，专家们总是问："测量船在哪儿？"

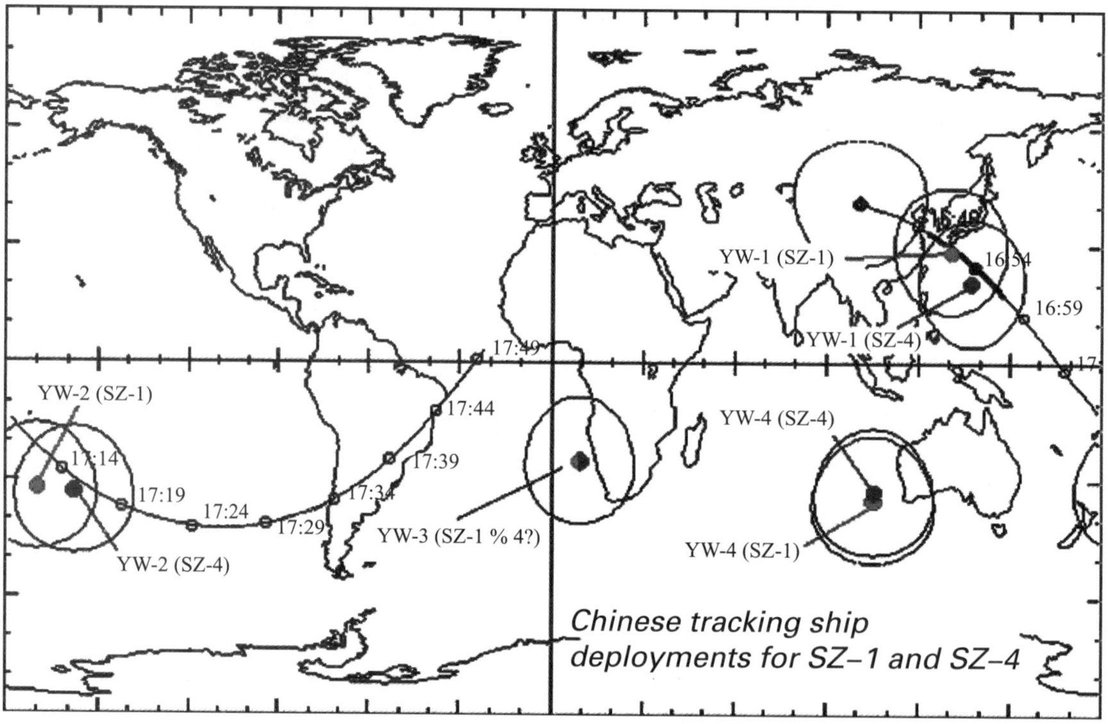

图 7－8　神舟一号的轨道，圆圈圈出了测量船跟踪天线的范围［图片来源：Sven Grahn］

神舟一号飞船进入了近地点 197 km、远地点 325 km、倾角 42.6°的轨道，轨道周期为 89.74 min。信号通过至少 7 个不同的波段从轨道传回，以确认主太阳能电池板成功展开并向飞船供电。经多位任务负责人确认后，北京飞行控制中心响起了热烈的掌声。发射台上，火箭团队完成了发射任务，他们燃放了鞭炮，在闷热、焦黑、仍然冒着烟的发射台上庆祝。飞行中的神舟一号飞船是电气测试版（同时建造了另外三艘，两艘用于地面测试，一艘用于热测试），轨道舱既没有太阳能电池板，也没有生命保障系统。神舟一号采

① 实际分离时间是 111 s。

图 7-9　测量船在哪里？远望一号停泊在上海港口［图片来源：Go Taikonauts］

用每 31 圈飞越同一个轨位的轨道模式，使其回到酒泉发射中心上空，非常适合将来可能的交会对接任务。

神舟一号飞船装载着几千克的生物实验样品（10 种蔬菜和 30 种药用植物的种子）、植物、一个假人和一些纪念品。蔬菜包括甜瓜、西红柿、豌豆、萝卜、油菜、青椒、玉米和大麦等，每种 10 g 种子。假人[①]身高 1.7 m，穿着银灰色航天服，膝盖弯曲与水平面成 15°，就像真正的航天员一样。舱内传感器记录了假人的经历，特别是温度、湿度和氧气含量。他们尽可能确保由 14 个部分组成的假人能模拟真人的特征：相同的体重，相同的体温，每天消耗 600 L 氧气并产生 12 MJ 的能量。船上还有中华人民共和国国旗、香港特别行政区区旗和澳门特别行政区区旗及邮票和纪念封，以及项目参与者签名的红色横幅和 1 001 枚纪念牌。

神舟一号飞船没有进行任何轨道调整。经过 20 小时 20 分钟，飞船绕地球飞行了 14 周。之后，制动发动机在西非海岸（35.2°S，0°E）上空点火，飞船开始在高层大气中长时间地燃烧并降落。制动发动机点火命令由远望三号发出，但这并不是一件容易的事，在过去的 20 个小时中，天气情况越来越糟，使得这艘船在 10 m 高的海浪中颠簸前进，船舷遭受着白色海浪的冲刷。在西亚上空，神舟以一个巨大的弧度转弯，在距地面 80 km 处再入，返回舱周围包裹了一个高温等离子外壳。当雷达发现了下降的返回舱后，控制人员向三架盘旋中的直升机通报了落点位置。在经过 21 小时 11 分钟的高空飞行之后，第二天 19 时 41 分，神舟一号在降落伞的帮助下缓缓降落在了发射场的东方。降落伞在高空稀薄

① 实际上，神舟三号才开始携带假人。

的大气层中展开，当返回舱靠近地面时，4 台小型固体推进剂制动发动机在距离地面 150 cm①时点火，以终止伞降过程，进行最后的着陆。制动点火后约 52 min②，返回舱在夜色中着陆于北纬 41°、东经 105°，距乌海约 110 km，发射场以东约 415 km。返回舱距离预计着陆地点 12 km，并在 5 km 外发现返回舱隔热大底。着陆地区是平坦的草原。返回舱被带回北京，并在全国范围内展览。同时，前舱（轨道舱）在制动发动机点火之前就被分离了，它在空中继续停留了 12 天，直到 12 月 1 日失去轨道高度，降至122 km 并开始坠毁。

7.3.2 测试计划：神舟二号到神舟四号

神舟二号飞船发射任务原定于 2000 年 10 月实施，但是由于进度滞后，准备工作推迟到了第二年 1 月 5 日。因为测量船所在的南部海域在冬季最为平静，因此，这个时候更利于飞船发射。在新年前夕，吊车误撞了第二级火箭，又造成了 5 天的延误。2001 年 1 月 10 日凌晨，神舟二号从酒泉发射，穿越中国海岸线，进入到了近地点 197 km、远地点 336 km、倾角 42.58°的轨道。6 小时后，得克萨斯州休斯顿的一名地面观察员通过望远镜发现了神舟飞船，它的亮度处于星等＋2～＋3.5 之间，可以用肉眼看到。神舟二号是中国第一艘功能完备的无人飞船。在飞船上，总共进行了 64 次实验。其中，在轨道舱内进行了 12 次，在位于轨道舱内部和外部的科学实验单元中进行了 37 次，在返回舱内进行了 15 次。从神舟二号开始，在每艘神舟飞船的轨道舱内部、外部和前端，都装备了不同的仪器。在这次飞行任务中，中国科学院从 87 项生命科学实验任务建议中遴选出了 25 项，其中包括 10 项生物实验，涉及微生物、植物、水生生物、幼虫和无脊椎动物等。

中国政府宣称，神舟二号飞船携带了动物和一个装载着植物、植物种子和蜗牛的实验包，但没有披露动物种类。有的媒体报道称，神舟二号携带了一只狗、一只猴子和一只兔子；有的媒体认为，携带的是大鼠，还有的报社认为是蛇（更有人脑洞大开，认为是熊猫）。神舟二号返回后，官方报道称，飞船携带的是 6 只小鼠、一些果蝇和小型水生动物。这些实验样本是由航天医学工程研究所③挑选的。2 万粒植物谷粒和种子，包括番茄、黄瓜、卷心菜、白菜、小麦、马铃薯、玉米、苹果、梨、芦笋、胡萝卜和食用菌，分别存放于三个容器中。其他实验涉及的内容包括生命科学、天文学、物理学、材料学、半导体、氧化物晶体、微重力下蛋白质和生物大分子的晶体生长以及空间环境对细胞和微生物的影响。飞船上装载了一个多室晶体生长炉，由半导体、氧化单晶体和金属合金构成，通过照相机对其进行实时拍摄。实验还囊括了分子生物学、晶体氧化物、金属合金、大气密度、天体物理学和太阳物理学等领域。

神舟飞船可以通过返回舱的摄像头进行电视转播，也可以利用这种方式回传中国首位

---

① 实际点火高度为 120 cm。

② 原文中的时间点有所偏差，返回舱在与轨道舱分离后进行第二次调姿并点火制动，约 48 分钟返回舱着陆。

③ 样本应为中国科学院挑选，携带的是来自白鼠的细胞，而不是小鼠。

航天员在太空的照片。与神舟一号不同，神舟二号飞船搭载了完整的环境控制系统，可以为乘员提供空气和适宜的温度。如图 7－10 所示为神舟二号上的探测器。同时，神舟二号还测试了飞船的姿态控制能力。1 月 10 日 13 时 23 分①，神舟二号经过 20 小时 20 分钟的飞行，在离开纳米比亚海岸时，提升了近地点，进入近地点 329 km、远地点 334 km 的更接近圆形的轨道。这次变轨是飞行任务的主要目标之一，确定了后来神舟飞船 31 圈周期性飞行的轨道模式。1 月 12 日 12 时 19 分，神舟二号进行了一次小的姿态调整，以维持轨道。1 月 15 日 10 时 34 分，神舟二号在阿拉伯海上空再一次调整其轨道，使远地点达到 345 km，以便次日进入返回轨道。1 月 16 日 10 时 23 分，轨道舱在 42.5°W 、64.7°S 上空与返回舱分离。10 分钟后，返回舱在非洲西南沿海的远望三号上空（34.2°S、7.3°W）进行了制动点火。

图 7－10　神舟二号上的探测器

神舟二号飞越坦桑尼亚、索马里、沙特阿拉伯和巴基斯坦的海岸线，最终经过酒泉发射场上空，进入内蒙古境内。这是一个多年罕见的寒冬，夜幕降临，在－30 ℃的艰苦条件下，着陆场搜救队的 4 架直升机和 6 辆搜索车已准备就绪。在遥远的西部，当飞船进入

① 文中此处为格林尼治时间。

黑障区时，地面人员观察到了它再入大气层时燃烧形成的火球。当第一个雷达站检测到高空中的返回舱时，工作人员爆发出了热烈的欢呼声。飞船在下降到距地面 20 km[①] 时，打开了引导伞，接着，打开了面积为 1 200 m^2的主伞。盘旋在夜幕中的直升机发现了着陆的返回舱，迅速向着陆点飞去。神舟二号总飞行时间为 6 天 18 小时 21 分，绕地球飞行了 108 圈，540 万千米。不久，官方宣布飞船平稳着陆，任务圆满完成。

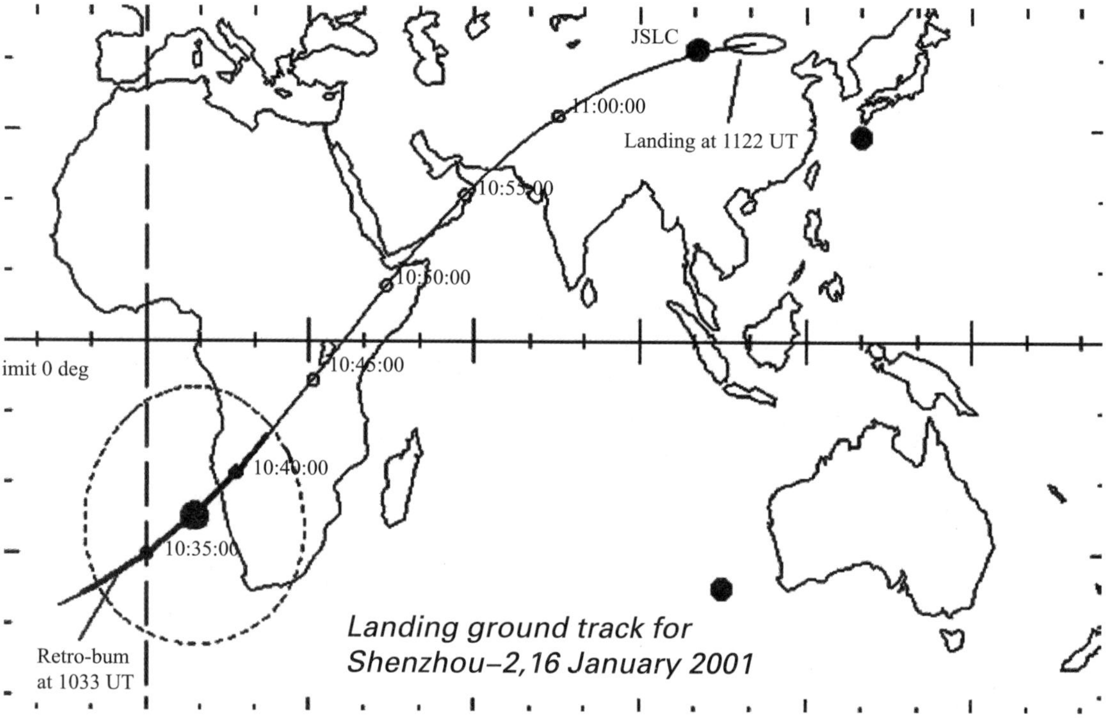

图 7－11　神舟二号再入轨迹，穿过非洲和阿拉伯半岛［图片来源：Sven Grahn］

情况真的如此吗？虽然在黑暗中拍摄清晰的照片较为困难，北京也应该公布飞船着陆时的照片。但是，北京并没有公布这些照片，也没有为飞船胜利返航举办庆祝活动。中国官方宣布，神舟二号将“很快”运往北京，而西方评论员却马上猜测“出了问题”。有一些报道称，在着陆的最后阶段，机舱因为降落伞绳索异常而受损。评论者进一步揣测了一些可能的问题。最后，中国人不再否认，由于降落伞绳断裂，返回舱硬着陆。后来还发现，在轨道舱的泄压过程中，飞船发生了失控的颠簸，导致分离前又进行了一次姿态调整。

像神舟一号一样，轨道舱随后开始独立飞行。这一次，轨道舱进行了姿态调整，其推进剂储量足以将速度提高至 60 m/s。第一次姿态调整在分离一天后进行。1 月 17 日，通过提速，轨道舱抬高了 60 km 以延长其轨道寿命。2 月 20 日，轨道舱调整到 403 km，3 月 15 日调整到 405 km。随后，它的轨道自然衰减，并在 260 天后，于 8 月 24 日，在智利

① 打开引导伞的时机实际上是距离地面 10 km 时。

西部的太平洋上空烧毁。姿态控制能力彰显着飞船自主飞行、导航控制系统以及发动机、燃料和定位系统的能力。每当轨道舱飞过一座中国的地面中继站时，就会下传数据。俄国人一直将联盟号的轨道舱废弃，从来没有这样使用过。中国人对轨道舱的新任务并不讳言，并称这一试验增加了工程试验的科学价值。

在这一阶段，中国披露了更多关于天文学和天体物理学仪器的细节。神舟二号搭载了中国第一个大型天文有效载荷，包括一个软 X 射线探测器、一个硬 X 射线探测器和一个伽马射线探测器，记录了宇宙伽马射线和太阳耀斑的高能辐射事件。硬 X 射线探测器是其中最大的仪器，重 14.3 kg，可探测的辐射能段为 20～200 keV 和 40～800 keV。伽马射线探测器重 9 kg，也是自动触发的，可探测的辐射能段为 200 keV～8 MeV，且可以探测任何方向的伽马射线爆发。重 8.2 kg 的软 X 射线探测器可探测的辐射能段较窄，为 0.2～2 keV。每次指向太阳时，设备会自动关闭，进行自我保护。这些仪器最初是为天文飞行任务准备的，只是这些任务被取消了（见第 4 章），不过它们获准搭载神舟飞船进行试验。这些设备捕获了几个伽马射线爆发的完整光曲线和能量光谱，获得了时间分辨率较高的数据，使天文学家能够跟踪高能辐射的演化及其结构变化。软 X 射线探测器和伽马射线探测器工作到 6 月 25 日，分析了 6 次伽马射线爆发的持续时间和能量水平，这是中国观测的第一组伽马射线爆发。同时，还分析了 13 次太阳 X 射线爆发的峰值和随后的衰减。这些仪器探测到了 100 次太阳耀斑，并与日本 Yohkoh 卫星同时段的观测数据进行了比较。空间环境仪器包括大气成分探测器和大气密度探测器，用于确定原子氧的密度，为飞船选择最佳轨道高度和最佳保护材料收集信息。空间环境实验为科学家提供了大气组成和密度数据的详细质谱图，并提供了全球大气密度日变化分布图。根据中国人的说法，传感器检测了轨道环境，以获得其组成和粒子密度的关键信息。

中国原计划在 2001 年 8 月，神舟二号飞船发射之后，直接进行第三次发射，但这次发射比原计划推迟了 7 个月。这次发射任务的目标，是进行一次技术状态与载人状态完全一致的演练，神舟三号还配备了一个实时逃生系统。这次任务长时间的推迟，是因为经过慎重评估之后，神舟三号将采取空运方式。这也表明，中国对载人航天工程采取了谨慎的态度。他们周密计划，行事严谨，只有在确保设备没有问题时，才会进行发射任务。商业成像卫星观察到，在 2001 年 7 月底，神舟三号出现在发射台，远望号测量船也很快就出海了。

然而，工作人员对长征二号 F 火箭（CZ－2F）检测的结果不满意，特别是一个插座不合格①，因此决定将这些插座全部拆除和更换。这在后来被描述为“一个艰难的决定”，400 名工作人员连同火箭一起回到北京。在北京，他们进一步查出并纠正了 10 项缺陷。11 月初，火箭又运回到酒泉。测量船在 12 月 16 日再次出海，在东海对其跟踪程序进行了为期十天的演练，将控制权从一艘船移交给另一艘船。他们受到了 5 m 高的海浪和 60 km/h 的海风的侵袭，船员们经历了一段艰难的时光，很多都得了出海病。新的发射日期定在

① 2002 年 1 月份，神舟三号飞船从北京运抵发射基地组装，技术人员检测出火箭底部有一个接插件出现通导故障。为排除隐患，决定更换全部接插件。

2002 年 1 月 8 日。倒计时开始。这时，发现飞船的电子设备出现故障，舱内系统不得不被全部取出并更换，又造成 3 个月的延误。当他们在寒冬中艰难等待时，酒泉受到多年罕见的沙尘暴袭击。

如图 7－12 所示为展示中的早期神舟飞船模型。

图 7－12　展示中的早期神舟飞船模型（见彩插）

神舟三号最终在 2002 年 3 月 25 日夜间发射。喷发的火柱照亮了发射塔架，并释放出四处喷涌的橙色烟雾。逃生系统在第一时间启动待命。10 min 内，神舟三号进入轨道，控制中心爆发出掌声。随后，它调整到 335 km 的标准轨道，每 91.216 min 绕地球一周，使它每 31 周精确地飞越一次酒泉。航天员观看了此次发射，以便熟悉和测试紧急出舱程序。如果不得不迅速撤离，他们必须在 5 s 内离开飞船，跑入一个逃生通道，从防护滑梯上下降八层楼高度进入掩体中躲避。飞船搭载了航天员的人体模型。

神舟三号携带了能够模拟血压、脉搏和呼吸①的假人。语音录音被传出和传进密封舱。在几天后标出任务时长的中点，预示着任务时间不会超过一周。舱内假人的图像进行了电视转播，另一个摄像头通过舷窗拍摄地球。

4 月 1 日，神舟三号在再入大气层前对轨道进行了三次调整。北京航天飞行控制中心 48 平方米液晶显示屏上显示着飞船的飞行路径。每到一个关键节点，29 岁的工作人员申敬松就会大声宣布，从制动点火到降落伞展开，再到日落前 90 min 在中国内蒙古的着陆。这次飞行任务历时 162 h，绕地球飞行 108 圈，总里程 540 万千米。北京航天飞行控制中心爆发出雷鸣般的掌声。

与之前飞行任务后的情况不同，神舟三号返回舱的照片在几分钟内就发布在了互联网上。在照片中，一名救援人员冲向返回舱，背景是一架米-8 直升机。下午晚些时候，当他们打开舱门取出假人时，阳光照进舱室。神舟三号是第一艘白天降落的飞船。

如图 7-13 所示为展览中的神舟飞船返回舱，再入留下的痕迹清晰可见。

图 7-13　展览中的神舟飞船返回舱，再入留下的痕迹清晰可见（见彩插）

与前一次飞行任务一样，轨道舱开始了自己的独立飞行，预计飞行 6 个月。4 月 1 日，它的轨道提高到 354 km，月底上升到 388 km。6 月，在轨道衰减后，轨道舱再次提高轨道至 369 km，然后是 385 km。11 月 12 日，它最终在澳大利亚西部上空脱离轨道，在 232 天的独立飞行任务中绕地球飞行了 2 821 圈。

① 实际上是安装了人体代谢模拟装置，提供模拟生理信号给传感器进行采集。

据称，飞船飞行期间进行了44项实验，其中返回舱13项，轨道舱31项，主要包括34波段中分辨率成像光谱仪、卷云探测仪、地球辐射收支仪、太阳紫外线光谱监视器、太阳常数监测器、大气成分探测器、大气密度探测器、多任务位空间晶体生长炉和蛋白质结晶装置（第二次飞行试验）、细胞生物反应器、固体径迹探测器和微重力测量仪（第三次飞行试验）。返回舱包含一个实验微芯片，一个用于孵化鸡蛋、种子和幼苗的恒温箱和一项疫苗实验。种子取自李子、藤蔓植物和苜蓿。植物幼苗实验是由中国科学院遗传学教授刘敏设计的，这是中国第一次有植物幼苗（与种子不同）进行的飞行试验。试验选择了葡萄、覆盆子和兰花幼苗。她在报告中说，幼苗返回时，其生长速率是正常的7倍。葡萄苗返回后，能够顺利附着在成年葡萄藤上。四川田乡生态农业公司供应了38个品种的种子，包括水稻、小麦、蔬菜和传统药用植物。9只丝羽乌骨鸡的卵登上神舟飞船，这是由研究员杨宁设计的实验。在他们返回地球30天后，第一个卵孵化出来了，研究人员对结果进行了分析，以培育更优质的品种。返回舱还进行了来自加拿大两所大学——萨斯喀彻温大学和拉瓦尔大学的蛋白质结晶实验。

神舟三号实验装置测试了蛋白质晶体生长和细胞行为、细胞融合和电泳。由于没有足够的能源融化晶样，可以制作低磁性低超导体的镓晶体生长实验未被采纳。实验中共测试了16种蛋白质晶体，其中，4种蛋白质在衍射质量上表现出明显的改善（磷酸烯醇丙酮酸羧激酶、脱氢表雄酮磺转移酶、细胞色素b5和抗菌缩氨酸）。

神舟三号的轨道舱还搭载了由大气物理研究所微波遥感专家吕达仁研制的地球环境监测装置，其中就包括了国产中分辨率成像光谱仪（C-MODIS）。该仪器有34个通道，分辨率为500 m，刈幅为560 km，在可见光和红外光谱范围内进行对地观测，为陆地、海洋和大气调查提供数据。光谱仪用于追踪海洋中的污染物和叶绿素、陆地上的植被、荒漠化和土壤含水量。分光计收集了数百幅图像，包括中国北方周围的海洋和北美的森林火灾，以及大气密度和成分图、太阳常数和地球辐射图谱，同时还发布了太阳常数图表。神舟三号的大气密度计记录了330～410 km范围内超过半年的数据。这是一个太阳活动平静周期，最显著的特点是白天密度较高，夜间密度较低。4月17日、19日和22日，出现了强烈的太阳风暴，太阳风到达地球约6.5小时后，空气密度升高了60%。3月至9月间，太阳辐射计（SIAR）对太阳进行了扫描，测量出太阳常数约为1 365 $W \cdot m^{-2}$。轨道舱内还进行了一项辐射实验，利用铝盒来捕获重离子。

随着神舟三号的回归，中国太空专家透露，中国只需要再进行一次飞行试验，就可以进行真正的载人航天飞行任务。这次试验使用与神舟三号一模一样的飞船，模拟两名航天员在太空中度过3天的真实任务过程。这年夏天，总重达300 kg的52个实验载荷入选神舟四号任务，其中一些参加过早期任务。2002年12月30日00：40，神舟四号成功发射，飞入中国北方寒冷的夜空，这次任务没有出现任何延误。发射时温度为−18.5 ℃，之前一度达到−27 ℃。设计师戚发轫和12名航天员出席了发射仪式，每名航天员都希望自己能够执行第一次载人飞行任务。在发射前几天，每个航天员都进入舱内测试进出程序。这一场景与1961年3月25日的情形相似，当时加加林和他所在的培训小组的5名同事前往拜科努尔观看斯普特尼克 5 号的发射，这是东方号任务前的最后演练。

神舟四号进入标准轨道后，又做了三次调整。完成全部任务后，飞船在非洲上空点燃了制动发动机，下降弧线穿过了非洲、阿拉伯半岛和巴基斯坦。米尔直升机、转运舱和装有定向仪的搜索车进入寒冷且薄雾弥漫的着陆区寻找返回舱的踪迹。夜幕中，返回舱在 60 km×36 km 的着陆区中部着陆，距离呼和浩特 40 km。穿着橙色衣服的工作人员冲向银色的返回舱，回收了里面的 2 个假人。三天后，返回舱运抵北京，工作人员打开实验单元，进舱检查它的状况。随后，生物实验继续进行：上海生命科学研究院植物生理学与生态学研究所设计了一套复杂的实验方案，用于融合一对动物细胞（小鼠的 B 淋巴细胞和骨髓瘤细胞）和一对植物细胞（黄花烟草原生质体和革新一号烟草原生质体）。这些细胞非常敏感，直到飞船起飞前 8 小时才进行装载。飞船携带了蔬菜、谷物、花卉植物、药用植物、半夏块茎和金线莲等品种的植株或种子。来自河南洛阳的牡丹种子在次年春季展出。地面工作人员再次启动了细胞电融合单元和材料科学实验设备。

和以前一样，神舟四号的轨道舱继续飞行。2003 年 1 月 5 日，轨道舱调整轨道至 366 km。2 月 9 日，当轨道近地点下降到 331 km 时，再次提升到 366 km。4 月 1 日，轨道再一次提升到 373 km。2003 年 9 月 9 日，轨道舱在经过迄今为止最长的飞行任务后，终于开始下降。轨道舱共装备了 11 种实验设备，包括一台上层大气探测器、一台高能辐射和低能辐射探测器、一个生物模块测试单元和一台微重力流体测试仪。神舟四号延续了实践五号开展的流体物理实验，这次使用了惰性液滴和硅油液滴。轨道舱内还进行了第一次电泳分离实验，这一研究开始于 20 世纪 90 年代初的 863 项目。舱内还装有离子和质子探测器。

神舟四号搭载了李靖研究员首先研发的多模态微波遥感器系统，该系统也是在 863 项目支持下完成的。多模态微波传感器（Multimode Microwave Sensor，MMS）将微波辐射计、微波高度计和微波散射计结合起来，可从五个波段观察大气和海洋，特别是温度和穿过云层的风。飞船还搭载了一个微波辐射高度计，以 10 cm 的精度（例如，331.256 31 km）测量返回舱离地的高度。高度计宽 20 cm，重 800 g，安装在航天器底部，在三天内进行了2 000 多次测量，以测试其准确性，并推断出有关地球海洋变化的信息。2003 年 1 月到 3 月间，四极质谱大气成分探测器在夏季的南半球上空进行了采样分析。结果表明，在地磁扰动期间，大气中的氮气含量上升，氧气含量下降，与南极的情况相似，这可能是由上层大气升温引起的。神舟四号的轨道舱装载了大气密度探测器，这是该飞船系列中的第三次。积累的成果在几年后发表：在太阳平静期，大气密度夜间下降，白天上升，呈日变化规律；在强磁扰动期间，大气密度可能在 7 小时内上升 56%，并在不超过 3 天的时间里恢复到原来的水平。

总而言之，神舟一号至神舟四号飞船没有搭载航天员，可用空间较大，取得了丰硕的科研成果。神舟飞船为空间科学项目提供了研究平台，主要成果涉及生命科学、物理学、地球观测、天文学和空间环境等领域。其中，最有价值的是多样本晶体生长炉实验，它带来了有关光电子、氧化物和金属的诸多成果[5]。

7.3.3 神舟五号：杨利伟的太空飞行

尽管神舟四号取得了巨大成功，但中国的项目负责人认为，最初制定的两人三天载人飞行计划过于宏大。为确保完成第一次载人飞行任务，计划被缩减为一人一天。1960 年也发生过类似事件，当时苏联最初制定的太空飞行计划为一天，但是，尤里·加加林的任务最终被缩减到仅飞行一圈。

遵循冬季发射模式，第一次载人飞行任务定于 2003 年 10 月 15 日进行。西伯利亚冷空气的突袭，使气温急剧下降。发射塔、装配大楼、发射塔架和机械装置矗立在广袤的戈壁滩上，周围是浅褐色和深褐色的低矮山脉。当 5 名骑着摩托车的护卫人员保护着一辆小客车到达发射台时，天还是黑的。

杨利伟从小客车上下来，身着带有蓝色条纹的白色航天服，左肩上缝着红色的国旗。他的身份在当时已不再是秘密，《香港文汇报》曾经刊登过他的照片。进舱之前，他一直拿着一个看起来很像工具箱的东西，那实际上是航天服最重要的控制系统。摄影师早已准备就绪，当杨利伟出现的时候，他们的相机咔咔作响。杨利伟戴着白色航天手套向人们举手示意，头盔上的面窗推到脖子后面，人们能够看到他的微笑。他的身后是两名备份航天员，聂海胜和翟志刚（主备）。如果杨利伟无法执行飞行任务，他们就会代替他。

杨利伟（见图 7－14）出生于 1965 年 6 月 21 日，辽宁绥中人，父亲是经济学家①，母亲是一位教师。在学校，他数学很好。后来，他加入了中国人民解放军空军（1987 年从解放军空军航空大学毕业），在那里，他积累了 1 350 小时的飞行经验。从那时起，他经历了大量的理论和实践训练。为了防止降落时偏离太多，他还进行了生存训练。就像尤里·加加林一样，杨利伟也毫不掩饰自己内心对成为中国飞天第一人的渴望。在过去的几年里，虽然也花了些时间打乒乓球和篮球，但是他很少离开航天员科研训练中心。他从未送过他的儿子上学，只知道儿子老师的名字，却从来没有亲自去过学校。他很少在午夜前睡觉，一年只休假两个星期陪伴父母。

杨利伟上车前，看到路两边有数百人的壮行队伍。航天服是专为乘坐飞船而设计的，不利于行走，穿者需要稍微躬身，这使他看起来比实际身高矮一些。他花了几分钟才到达事先布置好的话筒前，数百人鼓掌欢呼，挥舞着花束，祝愿航天员一路顺风。杨利伟在话筒前，向指挥官敬礼，并报告称，他已经准备好执行任务。

然后，他登上了白色长征二号 F 火箭底部的电梯，直达顶部，约九层楼高。此时，距起飞时间（9：00）还有三个小时。进入船舱是一个复杂的过程。他抓住一根栏杆，通过白色软垫滑进入口，以确保航天服不受损伤。这时，他位于飞船最顶端的轨道舱，一个穿橙色工作服的技术人员拉着他的腿，帮助他进来。之后，杨利伟自行沿着通道缓慢进入下面的返回舱。

飞船的返回舱呈钟形，两侧有舷窗，前面有一个通道，通道周围是仪器面板。座椅按

① 实际上杨利伟的父亲与母亲同为教师，后调至县土产公司工作。

图 7-14　杨利伟——中国首飞航天员

个体赋型并设置了座椅着陆缓冲装置，以缓冲着陆时的冲击。返回舱内壁用软垫包裹，既保护航天员免受冲击，又避免航天服被硬表面撕裂或损坏。进舱后，杨利伟关闭了通道（像关闭潜艇上的互连门一样），随后，技术人员撤离并关闭了他上方的轨道舱。杨利伟和他的同事们进行了一系列测试操作，以检查这两个舱的气密性。此时，杨利伟距离地面超过 50 m，可以感觉到火箭在微风中轻微晃动。

虽然离发射还有两个小时，但需要做的工作还有很多。飞船舱门关闭后，塔架从舱顶部撤回。一支 14 人组成的救援队随时待命，以防紧急情况发生。如果出现异常，塔架可以重新靠近飞船，航天员通过防爆电梯（或逃生滑梯）迅速撤离，进入地下防爆掩体。如果是最坏的情况，即火箭有爆炸的危险，则逃逸塔就会点火（逃逸塔在发射前 15 min 进入工作状态）。

在接下来的两个小时里，摇臂回旋，火箭上的所有系统都进行了仔细检查，电路和信号通路均正常。长征二号 F 火箭携带可贮存的燃料，没有明显的发射征兆，不像美国航天飞机或俄罗斯联盟号飞船，可以看到液氧在火箭周围沸腾。上午 9：00，火箭下面发出沉闷的砰砰声，箭体开始摇晃，发动机喷出氮燃料特有的橙色和棕色羽流。几秒钟后，推动力达到预定水平，火箭开始以缓慢的速度从发射塔旁上升。背靠淡蓝色的天空，它的上升看上去非常缓慢。不远处，工程师和军方人士都在专注地观看。当火焰下端经过塔顶时，火箭开始积聚力量加速。发射 20 s 后，有碎片从火箭中飞出。长征二号 F 火箭之前的 4 次发射都是在夜间进行的，没有人注意到这种情况（见图 7－15）。这与早期的欧洲阿丽亚娜火箭类似，外保护层脱落是一个正常的过程，那些碎片是保护电子设备的隔热瓦。长征二号 F 火箭的速度越来越快，朝着东方天际划出一条优美的弧线。很快，火箭开始倾斜，底部的四个捆绑式液体燃料助推器仍然明亮地燃烧着。燃烧的发动机就像一颗明亮的星星在跳动，火箭飞入更高的大气层。

图 7－15　神舟五号发射，该系列第一次白天发射，火箭在湛蓝的天空中上升［图片来源：AP］（见彩插）

两分钟后，长征二号 F 火箭底部出现闪光，捆绑式助推器完成了使命，耗尽了燃料，引爆了解锁装置与主火箭分离。它们再入大气层后，预计坠落至沙漠无人区。主火箭很快就飞至 30 km 高，穿过稠密大气层后，整流罩与箭体分离。此时，飞船暴露在真空中，自然光通过舷窗照射进来。在联盟号上，俄罗斯航天员带着一面镜子，可以看到地球在飞船下面渐行渐远。

在上升过程中，杨利伟感觉到了火箭的振动和巨响，这本是正常情况，但当火箭上升至 30～40 km 的高度时，振动变得异常强烈。直到 2018 年，才披露出火箭在上升过程中出现了低频振动（技术上称为“次声共振”），这种低于 10 Hz 的振动甚至可能将身体撕裂①，使他既看不见也无法移动。他后来说：“我以为自己要牺牲了”。振动持续了 26 s 后，突然停止。地面控制人员意识到了问题所在，但是，除了在下次发射任务中进行修正之外，别无他法。在早期的神舟飞行任务中并没有发现这个问题，但这并不是神舟独有的问题。2009 年，美国试射了计划用于发射猎户座载人航天器的战神火箭，尽管这次发射一度被宣布是成功的，但实际上严重的低频振动使战神几乎无法固定，当奥巴马总统出于财政原因取消了这项计划时，NASA 欣然接受了这个决定。

随后，飞行开始变得平稳。杨利伟手里拿着一个日志板和一支用绳子固定的铅笔，记录着发射过程中的每一个事件。下一个关键时刻在半分钟后到来，第一级火箭分离，第二级火箭开始工作。在第二级点火之前，有一个短暂的平静时期。随后，火箭加速进入轨道，将杨利伟推回座位。50 km，80 km，100 km，火箭越升越高并进一步倾斜。虽然它还在继续攀升，但是，现在的关注点已经不再是高度，而是构建火箭进入预定轨道时所需的水平速度。杨利伟穿过中国海岸线，飞越太平洋时，上方的太阳变得更加明亮。舱内有一个系在绳子上的小球，在火箭攀升过程中垂直指向下方。从地面上看去，火箭早已消失不见，高空中只留下一道轨迹，发射台依然热气升腾、滋滋作响。

9 点 10 分，长征二号 F 火箭的发动机燃料耗尽，完成使命。二级火箭与飞船分离，回落到一个较低的轨道，并开始缓慢地翻滚。三个小时后，航天爱好者 Matija Perne 在斯洛文尼亚上空发现了飞船。杨利伟听到并感受到了飞船与火箭分离时发出的响动，飞船继续前进，将二级火箭远远地甩在了身后。他不再被限制在座位上。第一次遇到失重情况时，他可以看到小球和日志板上的笔在舱内漂浮。在蔚蓝的太平洋上空，杨利伟进入了预定轨道。2003 年 10 月 15 日，中国成为世界上第三个将自己的公民送入太空的国家。如果火箭未能将杨利伟送入预定轨道，他可能会坠落在太平洋，那里有“北海 102 轮”“德鲲轮”和“德意轮”三艘应急搜救船待命救援。此时，他们已结束任务，开始返回港口。

虽然飞船已经进入轨道，但要检查轨道是否正确，高度和稳定性是否可以满足任务需要。此外，还需要检查飞船的设备是否正常运行。来自飞船的信号被校准，所有跟踪数据都被送回飞行控制中心。一切都井井有条，飞船处于近地点 197 km，远地点 328 km 的预定轨道②。这是中国连续第 30 次发射成功，只有经过精心的准备、反复的检查、严苛的质量控制和早期惨痛的失败，才能实现这种高可靠性。在 22 min 后，杨利伟感觉到了安装在推进舱和轨道舱上的太阳能电池板的振动。舱内信号显示，飞船已经可以从太阳能电池板上获取能量，不再完全依赖于电池。这个好消息通过遥测信号传送到了南太平洋的远望二号测量船。飞船通过多个频率与地面通信：超短波（生物医学数据）、短波（语音）、S

① 事实上，尽管这一振动造成了航天员身体的很大不适，但事后的数据分析表明，该振动量值仍然在人体承受的允许范围内。

② 应为近地点 200 km，远地点 350 km。

波段（遥测）和C波段（跟踪数据）。舱内的电视画面经过数字压缩后传送。

飞船在正确的轨道上稳定地飞行。9时34分，杨利伟到达南大西洋的远望三号测量船上空。“我感觉很好”，他用无线电把信号送回了测量船。载人航天工程总指挥李继耐宣布飞行第一阶段取得成功。9时42分，在进入轨道半小时后，北京官方媒体宣布神舟五号发射成功，中国报纸和电子媒体开始报导这一好消息。中国原计划对神舟五号发射过程进行现场直播，但在最后时刻，取消了直播计划。

10时30分，在不到90 min的时间里绕地飞行一周之后，杨利伟回到了中国上空。如果在这个阶段出现重大异常，神舟五号飞船可能会在第三圈或第四圈下降。杨利伟联系了北京飞行控制中心，地面工作人员告诉他，现在可以脱下手套并继续按照计划执行。一切都很顺利，他知道可以开始放松了。他被告知早点吃午饭并稍做休息。菜品包括糖醋里脊、猪肉、鸡排、八宝饭和榨菜，饭后，饮用由传统药材泡制的茶。食物需要密封包裹，以防碎屑散落在舱内。接下来的两个小时是他的休息时间，但就像以前的太空旅行者一样，他几乎把所有的时间都花在了两个舷窗外，看看蓝白棕色相间的星球，看看日出日落，看看夜晚城市的灯火，看看天气变换和雷电风暴的壮观景象。13时39分，飞行到第四圈时，他拿出日志写下迄今为止所发生的一切。天文爱好者发现飞船飞越了宾夕法尼亚州和俄克拉荷马州的夜空。杨利伟手动驾驶宇宙飞船，通过平移控制手柄和姿态控制手柄①来操控52台姿控发动机。

休息对他来说很重要，因为在15时57分，太平洋上空，神舟五号将迎来任务的关键时刻。那时，推进系统将点火启动，调整飞船的轨道，为第二天早晨的降落做准备。第5圈时，推进系统按计划启动，轨道近地点抬升，飞船进入近地点331 km，远地点338 km的近圆形轨道，轨道以42.4°倾角横越赤道，31圈为一个周期。中国的首次载人飞行里程已经超过了1961年尤里·加加林仅绕地球一圈的任务和次年约翰·格伦绕地球三圈的任务，而杨利伟还在轨道上机动。尽管如此，出于谨慎，他没有进入轨道舱。在一些电视转播画面中，他的头盔面罩依然处于闭合状态。

一小时后，17时05分，在第6圈，杨利伟开始在神舟五号飞船上进行电视直播。电视画面展示了他微笑着挥手的样子、日志板和笔在舱内失重漂浮的样子以及清晰的地球图像。他展示了缩小版的中国国旗和联合国旗帜。20点时，他在第二次电视直播中，和在飞行控制中心的妻子进行了通话。当杨利伟绕地球飞行时，控制面板和三台计算机向他提供有关任务进展的最新信息。屏幕上的世界地图显示了他在地球表面的位置，另一张读数屏幕显示了飞船的高度、速度、飞行时间、温度、湿度和所有系统的状态。数据以汉字形式显示，警报用预先录制的声音播报，很像飞机驾驶舱中的自动语音。和第一次执行太空任务的尤里·加加林一样，杨利伟也携带了一些生物实验样品：总共36种植株和蔬菜种子，包括青椒、西红柿和玉米等。

杨利伟在23点入睡。因为早晨起得很早，所以他需要保持充足的睡眠，来为第二天

① 神舟五号任务中只有姿态控制手柄，后来的交会对接任务才有平移控制手柄，而且此时飞船的姿态调整以自控为主完成。

忙碌而危险的返回过程储备体能。0时18分，第12圈时，飞船飞过测量船，遥测信号显示杨利伟已进入睡眠状态，舱内一切正常。杨利伟在2时52分醒来，睡眠时间不长，但已经足够了。13日4时34分，飞行控制中心确认飞船将在下一圈着陆。杨利伟获知这一消息后，开始为回家做准备。着陆区的气象学家刚刚发布了一份天气预报：着陆区风速为5 m/s，能见度超过10 km，温度为−4～−8 ℃，均在可接受范围内。着陆地点是中国内蒙古中部的四子王旗多尔博德西区，位于呼和浩特以北100 km，北纬41.3°，东经111.4°，备选着陆点在阿拉善右旗，靠近发射中心。救援行动负责人梁琦解释说，选择四子王旗作为主着陆点，是因为这里地势平坦，没有电线或居民楼。中国已经制定了预案，以防着陆时严重偏离航线。任务开始前，中国与澳大利亚政府达成协议，如果航天员在澳大利亚荒芜的内陆地区着陆，澳方会组织搜救。

5时整，杨利伟飞过南美洲，最关键的时刻即将到来，在任何太空飞行中，发射和着陆都是最危险的环节。他向纳米比亚海岸线靠近，再次与远望三号测量船通信。纳米比亚的斯瓦科普蒙德（Swakopmund）设有中国主要的海外测控站。飞船处于测量船和地面站之间，确保能够对任务的关键阶段进行最大程度的监控。飞船现在正在背向飞行，制动发动机指向飞行方向，飞船与地平线保持正确的夹角。5时4分，地面站确认飞船处于正确的返回位置，并下达了继续前进的命令。5时36分，轨道舱与返回舱成功分离。

5时38分，神舟五号的制动发动机点火3分钟，喷射时间和推力大小都恰到好处。5时44分，杨利伟报告点火很顺利。通过这次点火，飞船时速降低了数百千米，并脱离原轨道。飞船穿越非洲、阿拉伯半岛和喜马拉雅山脉西部，划出了巨大的弧线。飞船的外形设计使它在下降过程中处于受控状态，返回舱下方产生的气垫将其送入精确的再入点。5时59分，飞船飞到中国西部边界前一分钟，返回舱与推进舱分离，后者随后在中国北部大气层中燃烧成一团火球。返回舱独立飞行，隔热大底朝向飞行方向。6时整，它到达中国西部上空，6时4分，它进入地球致密大气层。隔热大底开始变红，然后变白，并形成包围返回舱的高温等离子层，使杨利伟与地面的通信暂时中断。

五架搜救直升机已经升空，为定位返回舱做准备，以便对航天员展开救援。返回舱在大气层中下降，外部温度逐渐下降。系统刚感应到足够浓度的空气时，杨利伟就轻按开关启动降落伞。6时11分，引导伞在距地面15 000 m处打开，杨利伟随即向地面报告。“我很好”，他通过短波电台与地面确认，“虽然这里有点热”，他接着补充道。6时14分，他将隔热大底与返回舱分离，此时已不需要隔热，需要减掉隔热大底的质量，返回舱下降速度进一步减慢。这也是使最后阶段用于缓冲的小型火箭露出的必要一步。接着，减速伞打开，返回舱速度从201 m/s下降至80 m/s。6时16分，1 200 m^2的主伞打开。“一切正常”，杨利伟报告说，神舟五号飞船向着内蒙古的草原降落。如果主伞失灵，可以启用较小的备用伞，但是着陆过程会更加困难。很快，一架搜救直升机发现了返回舱。地面上，搜索车队准备出发搜救。降落是如此精确，一张飞船降落的图像被一名摄像人员转发给了搜救团队。互联网上已经发出了“降落伞张开”的信号，世界各地的航天爱好者都在熬夜关注任务的进展。

6 时 23 分，神舟五号飞船终于着陆，返回舱底部的三枚①小型固体燃料缓冲发动机喷射了一秒钟，以降低最后时刻的下降速度，飞扬的尘土包围了飞船。如同联盟号，神舟五号平稳着陆，但是如果没有软着陆火箭，飞船将会冲击着陆，这就像俄罗斯航天员报告的软着陆火箭未正常点火时的情形一样。软着陆火箭还会使返回舱侧翻，这正是杨利伟遇到的情况。随后，降落伞被丢弃，以防止其在风中拖拽返回舱。

没有人看到飞船着陆时刻，但一架直升机的机组人员在 6 时 24 分通过无线电报告，他们发现了地面上的降落伞并给出了坐标。消息立即在世界各地传开。两分钟后，越野车队进入草原。3 号直升机首先发现了返回舱，估测距离约 7 km。6 时 30 分，机组人员设法用短波通信联系了杨利伟。3 分钟后，第一架直升机降落在返回舱旁边。杨利伟仍在返回舱内，当务之急是将他安全救出。

身穿橙色服装的救援人员只用了 5 分钟就打开了返回舱顶部的舱门，使其悬在一侧。舱门打开时，他们看到杨利伟系着安全带，坐在返回舱里，向他们挥舞着手臂。他们将他缓慢抬起，并帮助他在经历了一天的失重之后重新恢复腿部平衡。他从舱门滑出，来到地面，看上去有些恍惚。他向救援人员、记者和电视工作人员挥手致意，随后脱下了他的通信软帽，并将手套放到了膝盖的口袋里。

杨利伟在黎明之前着陆，但是现在已是清晨，光线很好。他在 21 小时 23 分钟内飞行了 600 000 km，绕地球 14 圈。6 时 38 分，搜救队伍报告称："杨利伟已被救出，状态良好"。不过，几年后，事实才得以公开，这次着陆非常剧烈，杨利伟的嘴唇都被麦克风划伤了。这主要是由于返回舱着陆时带着他上下翻滚。救援人员给他递上了毛巾，擦拭脸上的出血部位。

杨利伟坐在救援椅上，与医生、记者和救援工作人员交谈。之后他被带到一个大型医疗帐篷②中，换上了蓝色的航天员制服。他拿到了一条白色围巾用于保暖，并与救援人员合影。接着他被直升机带走，将乘坐飞机飞往北京。不久后，他就可以与飞行控制中心的妻子和儿子聊天了。

人们对中国这次成功的载人飞行充满热情。虽然可能没有 1961 年苏联人民迎接尤里·加加林时那么疯狂，但有证据表明，人们对中国在载人航天领域的成就非常满意。《人民日报》加印了 10 万份，但很快被抢购一空，其他报纸也一样。一些城市举行了庆祝游行，学生们把他们画的飞船展示给媒体和电视台。墙上张贴了将 21 世纪新技术与传统社会主义现实风格相结合的海报，同时还发行了 1 020 万枚杨利伟纪念邮票。《解放军日报》发表了胜利宣言："对中国来说，这是个开始，而且永无止境"。来自世界各地的国家领导人和航天机构负责人对中国航天不吝赞美，使中国倍感振奋。

杨利伟乘飞机到达北京，当他走下飞机舷梯时，一支乐队开始奏乐迎接，如图 7-16 所示。他走下台阶后，收到了鲜花，并受到了部队首长和国家领导人的接见。接见结束后，他们乘车返回航天员科研训练中心的公寓。

---

① 实际数量是四枚。

② 实际上杨利伟被带到了航天员医学保障车上。

图 7－16　杨利伟在热烈的庆祝活动开始时向大家回礼［图片来源：AP］

几周后，在年幼的儿子的陪伴下，杨利伟参与了在北京举办的展览，展示他乘坐的返回舱、穿过的航天服、用过的降落伞和太空食品模型。随后，返回舱被运往香港和澳门进行巡回展览。当返回舱到达上海时，成千上万的人冒着严寒排队等候，并在为期 24 小时的展览中见到了杨利伟。后来，杨利伟讲述了自己参加国际交流的故事，他于 2004 年前往华盛顿特区的航空航天博物馆，获得了《航空周刊》和《空间技术》杂志颁发的奖项，并于次年前往西班牙巴伦西亚参加了在那里举行的国际宇航联大会。他被提拔为将军，并成为航天员大队负责人。

如图 7－17 所示为杨利伟在飞天之旅后举办的新闻发布会上。

对于中国航天的相关人员来说，这是一个轻松惬意并充满成就感的时刻。持续 11 年的载人航天项目在此时达到了一次高潮。他们兢兢业业地工作换来了最好的回报——零故障。正如官方评论所言，九天揽月“是我们古老文明一直以来的梦想”，它始终存在于像嫦娥奔月和万户飞天这样的故事和传说中。

杨利伟返回后，神舟五号飞船轨道舱继续着它的任务。轨道舱从与飞船分离到 2004

图 7-17　杨利伟在飞天之旅后举办的新闻发布会上［图片来源：AP］

年 1 月底，共调整了五次轨道，并在 227 天后的 5 月 30 日再入大气层。轨道舱带有科学有效载荷和安装在外部的 CCD 观测相机，对地面的分辨率为 1.6 m。实验结果以数字形式传送回地球，包括太阳磁场的详细监测报告。据报道，轨道舱带有一台高分辨率望远镜（分辨率 1.6 m）和一台中分辨率成像光谱仪，用于地面勘测，并获取了有关伽马风暴和太阳耀斑的数据。初始阶段，中国曾考虑使用废弃的轨道舱作为对接测试的目标，但在 2005 年 3 月放弃了该计划，转而进行全方位对接试验。

杨利伟（见图 7-18）一直在中国的航天事业中扮演着重要角色。他经常接受采访，并且，中国在宣传航天计划时，通常以他为代表。此外，他的母校以他的名字重新命名，他的太空飞行经历激发了中国新一轮的肖像画创作热情，就像尤里·加加林的太空飞行在苏联的影响一样。人们竖立了航天工程的浮雕纪念碑（包括古代的星盘、中世纪的火箭、现役设计师、长征火箭和嫦娥）、神舟飞船雕塑，以及包括杨利伟本人在内的航天员凝视远方的雕像和肖像画。在交通环岛处建起了“航天雕塑”，许多地点重新命名，如“飞天广场”。同时，与飞天相关的信息在中国各地出现，毛主席关于“九天揽月”的语录出现在北京地铁的墙壁上，而上海地铁播报的食用油广告中，有一个小航天员，他的身后是正在发射的长征七号火箭。一幅空间站的壁画也出现在了河北。在中国，人们鼓励孩子们保存重大事件的剪报，而航天历史事件迅速引起了人们的关注。2015 年，中国中央银行发行了纪念钞，分别印有“东方红一号”“长征 2F”“神舟五号和九号”“嫦娥一号和三号”，以及规划中的空间站[6]。

图 7－18　杨利伟备受欢迎［图片来源：Jacqueline Myrrhe］

和尤里·加加林在星城的办公室一样，杨利伟在神舟五号飞船发射前夜在酒泉所住的房间也被保留了下来。游客可以从房间外面观看房间陈设，屋内的床上还挂着蚊帐。他们还可以看到玻璃隔间，航天员在这里参加发射前的新闻发布会并与主席交谈（有些人直接穿着蓝色西装坐在椅子上拍照，假装准备出发执行航天任务）。

7.3.4　神舟六号：在轨一周

神舟五号任务完成的第二年，中国宣布实施神舟六号任务，目标是将两名航天员送入太空，并进行为期一周的飞行。2005 年 6 月，火箭和飞船准备完毕，并通过铁路运送到发射场。与之前的任务相比，记录在案的修改有一百多项，包括基于和平号空间站系统增加的卫生间。8 月，公布了神舟六号飞船的发射日期和乘组名单。两名航天员分别是 40 岁的指令长费俊龙和 41 岁的飞行工程师（驾驶员）聂海胜，备份航天员是 39 岁的翟志刚、42 岁的吴杰、39 岁的景海鹏和 39 岁的刘伯明。这次与媒体的交流更加顺畅，并建立了合适的媒体认证体系。在 2005 年 10 月 12 日，飞船发射升空的前一天晚上，温家宝总理抵达现场，胡锦涛主席在北京飞行控制中心观看发射过程。

聂海胜（见图7-19）出生于1964年，祖籍为湖北省枣阳市的杨垱镇。他的家庭非常贫困，难以负担学费，有一次交到老师手里的学费竟是一只兔子。由于支付不起书本的费用，他只能借用别人的书本，并在归还之前用心学习。他升学那一年，杨垱中学只有两名学生考入高中。为了筹措学费，他只能在假期放牛。他说服了一位来访的征兵人员，从而加入了空军，在那里他表现出色。他在执行飞行任务时，飞机的发动机发生故障，开始失控旋转，他尽全力控制飞机。直到最后一刻，他才跳伞逃生。飞机最终坠落在了稻田里，他因此而获得三等功。

图7-19　聂海胜［图片来源：Go Taikonauts］

费俊龙和聂海胜穿着航天服，从准备区出来，向基地指挥官敬礼并报告。之后，在手捧鲜花的送行人员的掌声中登上小客车，前往发射场。他们在大雪纷飞的夜里进入神舟六号飞船。发射前一小时，酒泉发射场开始电视直播，观众可以看到火箭仍然被夹在塔架上。发射前两分钟，摄像机指向发射台上的火箭。9 时，在褐色烟雾和橙色火焰喷出后，长征二号 F 火箭缓缓升空。上升 25 s 时，抛弃防护物，45 s 时，进入云层。画面显示，两名航天员坐在宽敞的舱内。

火箭从云层中穿出，呈弧形爬升，逃逸塔在剧烈闪光中脱离。安装在长征二号 F 火箭侧面的后视摄像头拍摄了助推器脱离并翻滚坠回甘肃境内时的壮观景象，后来，牧民发现了部分碎片。电视直播视角在火箭后视视角、舱内航天员和北京飞行控制中心之间交替切换，电视屏幕上显示着轨道参数。为防止紧急情况，划定了四个陆上着陆点（酒泉东、银川、榆林和汉道）和三个海上降落点（黄海、东海和太平洋）。神舟六号飞船飞行过程中越过了中国海面上的远望一号测量船、新西兰东部的远望二号测量船、澳大利亚西南部的远望四号测量船、纳米比亚海域的远望三号测量船以及位于卡拉奇、喀什、马林迪、青岛、斯瓦科普蒙德、渭南和厦门的地面站[7]。

神舟六号飞船进入轨道后不久，费俊龙和聂海胜向观众挥手并打开了面罩。由于发射时间很早，航天员已经饿了，因此，北京飞行控制中心宣布进入午餐和休息时间。第 4 圈，飞船通过南太平洋的远望二号测量船上空时，进入 329～343 km 的标准轨道。此时，费俊龙打开了通往轨道舱的舱门，这是“神舟五号”没有进行过的操作。现在，他们可以使用两个舱了。任务开始进入例行程序，从当天晚上开始，航天员可以与飞行控制中心的家人进行交谈。在此阶段，他们脱下了航天服，穿上了蓝色制服。飞船氧气瓶携带有 50kg 氧气：通常，每位航天员每天消耗 900 g 氧气，呼出 1 kg 二氧化碳。每位航天员每天喝 2.5 kg 水，吃掉 600 g 食物，等价于 2 800 kcal 热量。在失压情况下，他们可以穿上 11 kg 重的航天服，它配备了可以维持 6 个小时的气源，时间足够支撑返回。需要紧急返回地球时，有多个紧急着陆点。电视直播播放了两名航天员写日志、吃饭、拍摄地球照片、在舱内移动、翻滚，以及与胡锦涛主席对话的画面。他们用一种可作为口腔清洁剂的口香糖清洁牙齿。

这次飞行任务较为顺利，经费约为 9 亿元（9 000 万欧元）。针对这次飞行的相关报道较少，甚至在中国媒体上也是如此（西方媒体几乎没有报道）。据说在太空中可以看到长城，但是航天员没有看到（可能与周围的自然环境融为了一体）。10 月 13 日进行了最后一次轨道调整，用时 6.5 s。

预定返回日期为 4 天后的 10 月 17 日，那天，国家主要领导人到达了北京飞行控制中心。神舟六号飞船通过旋转调整到正确返回姿态，为运行到第 80 圈时的再入点火做准备。地面上，6 架直升机和 14 辆搜索车在四子王旗的主着陆点准备就绪，酒泉是后备着陆点。在纳米比亚上空，航天员启动发动机，持续了 144 s，使用了 254 kg 推进剂，使飞船速度降低了 119 m/s，开始了长达 13 000 km 的弧形下降过程。

4 时 7 分，返回舱进入再入状态，4 时 18 分离开黑障区并被雷达捕获。4 时 19 分，打开主降落伞，4 时 33 分着陆，此时搜救区域还是漆黑一片。第一架直升机于 4 时 53 分抵达，报告称，返回舱处于直立状态。俄罗斯和中国一般都喜欢在白天着陆，充足的光线便于寻找乘组，但这次，他们在日出前两个小时就着陆了，其原因尚不清楚。他们着陆的地点距离预定的着陆点只有一千米，救援队立刻开始行动。费俊龙首先出舱，聂海胜在一分钟后出舱。当他们被抬出来时，人群已经聚集在周围为他们喝彩，如图 7-20 所示。他们坐在椅子上，工作人员提供了茶、巧克力和面条。中国对着陆过程进行了电视直播，镜头也给到了两对喜极而泣的父母。后来曝出，如果在返回过程中出现严重故障，舱内配备了 17 cm×10 cm×20 cm 的黑匣子（实际是橙色的），可以承受 1 000 ℃的高温和 10 000g 的加速度冲击。

图 7-20　费俊龙和聂海胜在返回时向人群挥手［图片来源：Reuters］

任务持续了 115 小时 32 分钟。返回舱状况良好，两天后移交给了其研制单位——中国空间技术研究院，随后在中国航天员科研训练中心的航天展览馆中展出。费俊龙和聂海胜于 9 时 28 分乘飞机抵达北京，受到热烈欢迎。两人后来被提拔为将军，并相继出任航天员大队的大队长。

神舟六号的轨道舱继续进行独立飞行任务，中国媒体偶尔会对其进行报道。它从 333～336 km 的高度出发，在 2006 年 1 月 21 日和 3 月 19 日，点火进行了轨道维持，并上升到 343～356 km 的新高度，随后，在 5 月 28 日进行了修正。因为太阳活动处于极小期，相对较为平静，高层大气摩擦率很低，所以，轨道舱的轨道衰减率很低。在 2006 年 9 月 12 日、2007 年 2 月 7 日和 2007 年 6 月 6 日分别进行了进一步的高度调整后，轨道舱的任务最终在 30 个月后的 2008 年 4 月 1 日结束。关于科学实验的报道很少，可能它并没有携带科学实验载荷。看来，后续的轨道舱也没有科学实验计划，会自然坠毁。

7.3.5 神舟七号：出舱活动

早在 2005 年，中国就公布了神舟七号飞船的任务，即出舱活动，总设计师为张柏楠。2 月，中国人就开始在莫斯科星城的水槽中训练了①。2006 年 6 月，出于对水槽的强烈需求，他们开始建造自己的水槽。这个水槽与星城的类似，直径相同（23 m），但深度较浅，在 10～12 m 之间，水槽体积略小一些，为 4 150 m^3，而星城的是 5 000 m^3。不过，与星城光线昏暗的水槽相比，这个水槽的透光率更好。水槽配备了一台起重机，帮助航天员沉入水里，并有 6～8 名潜水员陪同模拟。

下一个挑战是航天服。2004 年 4 月，中国从俄罗斯购买了 9 套“海鹰”航天服，其中包括 3 套舱外航天服、2 套低压训练服和 4 套水下训练服。随后，中国制造了自己的舱外航天服，命名为“飞天”。“飞天”重 120 kg，成本为 3 100 万元（400 万欧元）。外观与俄罗斯“海鹰”相似，但几乎是全白色，尺寸稍宽一些。外部有一些细微的差异，例如，压力表位于显示屏上，而不是手臂上②；配备了一个温控旋钮，而不是滑动手柄。头盔更大更宽敞；而且是数字控制，不是模拟控制（“海鹰”的历史可以追溯到 20 世纪 70 年代）。这套航天服的工作时间为 7 小时，可携带 1.9 L 水，脐带长度为 8 m。“飞天”的压力为 40 kPa，“海鹰”的压力为 36～40 kPa，而美国的航天服压力低得多，为 26.7 kPa。压力越高，预防减压病所需的吸氧排氮时间越少，俄罗斯航天服通常需要 30 min，美国的则需要 100 min[8]。

在第一次出舱任务中，第一名航天员穿着中国的“飞天”航天服出舱，第二名航天员穿上俄罗斯的“海鹰”航天服留在真空的轨道舱内，以此来对国产航天服和俄罗斯航天服进行比较，如图 7-21 所示。神舟七号飞船本身也进行了多处重要修改。取消了轨道舱的外部设备，为航天员出舱留出一条畅通的路径。拆除了太阳能电池板以及 16 台推进器，这意味着动力会下降、飞行时间会缩短。设计人员在它们原本的位置上安装了扶手、5 个气瓶、2 个摄像头、1 个 40 kg 的子卫星和 1 个实验包。这次任务的主要目的是进行出舱活动，一旦完成，神舟七号就将返回地球，任务持续时间定为 68 小时。

8 月，媒体上出现了中国第一位出舱航天员的名字——翟志刚（见图 7-22），他将成为继阿列克谢·阿尔希波维奇·列昂诺夫（1965 年 3 月）和埃迪·怀特（1965 年 6 月）之后第三个国家的首位出舱航天员。翟志刚来自黑龙江齐齐哈尔市的龙江，家庭困难，父亲残疾，母亲不识字，但他的母亲仍决心让孩子接受教育。像聂海胜一样，他参加了空军。“无论发生什么，他总是面带微笑”，他的同事们认为他的乐观态度帮助他在选拔中胜出。他喜欢修理小器械、书法和舞蹈。他在神舟七号飞船的同伴是空军飞行员刘伯明和景海鹏。三人都出生于马年（1966 年）。与 1965 年的两次飞行任务不同，指令长将执行出舱任务（1965 年的两次飞行任务指令长均留在舱内）。刘伯明也会参与出

---

① 实际上那是一项与水下训练服相关的合作。此外，在 2002 年航天医学工程研究所与莫斯科星城还有一项水槽技术考察和水下模拟训练方面的合作。这两项合作，航天员均未参与。

② 实际上，“海鹰”服的压力表也不位于手臂上，一般只有舱内服在手臂上安装压力表。

舱活动，但主要任务是身着“奥兰”航天服留在舱内，而景海鹏将留在压力正常的指挥舱①中。备份航天员是陈全、费俊龙和聂海胜。景海鹏在空军飞行了 13 年，他来自山西省运城市的一个小村庄，主要爱好是打篮球。到目前为止，他已经为首次太空飞行等待了 10 年。

图 7－21　翟志刚的“飞天”服，中国测试了两套服装，一套是“飞天”，另一套是俄罗斯的“海鹰”

中国部署了 5 艘测量船跟踪这一任务：东太平洋的远望一号和远望二号测量船、大西洋的远望三号测量船以及北太平洋的远望五号和远望六号测量船。此外，还有 12 个

① 神舟七号飞船采用返回舱、轨道舱和推进舱三舱结构，轨道舱兼作出舱活动的气闸舱。文中指挥舱实际应为返回舱，后同。

地面站（包括在马林迪、斯瓦科普蒙德、卡拉奇和圣地亚哥的海外地面站）以及斯里兰卡上空的天链数据中继卫星作为补充。这次发射对游客开放，费用为15 000元（1 500欧元）。这次任务中使用了俄罗斯航天服，所以，有一个俄罗斯代表团出席了发射仪式。

2008年7月10日，一架伊尔-76运输机将飞船运至酒泉，孩子们手持鲜花迎接。长征二号F火箭在9月23日运抵发射台并加注推进剂。三名航天员召开了新闻发布会，并在第二天受到了主席的接见。9月25日下午，他们穿好航天服并乘车前往发射台，受到了各界人士的热烈欢迎。他们在发射台前停下脚步，向指挥官敬礼并报告，准备执行任务。在拥挤的人群欢呼声中，他们登上了电梯，接着通过轨道舱中的滑道滑入了返回舱。

北京时间21时10分，倒计时结束，长征二号F火箭的发动机喷射出了黄色和橙色的火焰，伴随着黑色的烟雾，火箭在夜空中缓缓升起。它在爬升过程中，于酒泉晴朗的夜空上划出一道弧线，接着出现了集群发动机特有的“科罗廖夫十字”。几分钟后，神舟七号飞船进入倾角42.4°、200 km（近地点）～337 km（远地点）的轨道上。第5圈时，轨道提升至了330～337 km。在美国火奴鲁鲁，天文爱好者在2 224 MHz频率上接收到了信号。1998年成立的空间环境预报中心（Space Environment Prediction Center）为神舟七号飞船提供技术支持，该中心每8小时预报一次辐射水平，并确认是否可以进行出舱任务。中国医生研发出了一种抗空间运动病的药物，航天员在飞船发射前和出舱活动前服用，药物成分包含地芬尼多、茶苯海明、异丙嗪和咖啡因等。他们还将美国和俄罗斯的经验与传统中药相结合，推出了一种名为“太空养心丸”的新药，以缓解太空飞行中的疲劳并改善身体机能。

出舱活动定于9月27日，即飞行任务的第三天，此时飞船处于轨道飞行的第29圈。中国有意将出舱活动推迟，以确保早期空间运动病的症状都已消失。出舱活动前，完成了吸氧排氮和抗减压活动。从神舟七号飞船飞越马林迪开始，中国电视台就在国内及全球范围内进行了出舱活动直播。这是第一次有国家对自己的首次出舱活动进行直播。马林迪地面站在神舟七号任务中发挥了关键作用，它获取了出舱活动的第一张照片，这是当地的骄傲，就像澳大利亚的帕克斯地面站纪念拍摄到阿波罗11号的“月球漫步”一样。观众可以看到两名航天员从轨道舱内部打开舱门。一旦神舟七号飞船飞过马林迪上空，图像数据就上传给天链一号卫星。安装在轨道舱前部的后向摄像头被用于跟踪之后的任务过程。

翟志刚和刘伯明很难打开舱门，即使已经降压，但舱内载荷仍在不断排出空气，使得舱门承受压力——这与尼尔·阿姆斯特朗（Neil Armstrong）和巴斯·奥尔德林（Buzz Aldrin）试图打开登月舱门进行“月球漫步”时遇到的困难相同。身着“飞天”服的翟志刚最早出镜，他从舱门出来，前方是细长的神舟七号飞船，背景是蓝色的地球。现在他的身体已经完全脱离舱门，他挥手向所有国内外观众致意。他抓住扶手，系上两条安全绳，这两条安全绳一次只能连接一条，确保始终有一条固定在飞船上。然后，他完全离开了飞船，垂直漂浮，并举起一面中国国旗，向世界挥舞。

图 7-22　翟志刚［图片来源：Reuters］

如图 7-23 所示为纪念出舱活动的邮票。

图 7-23　纪念出舱活动的邮票

同时，刘伯明身着俄罗斯制造的“海鹰”服从轨道舱出现。他等在旁边，取回翟志刚递给他的一小组实验样品。这是一个含 80 个独立测试的实验项目，目的是将 11 种材料（薄膜、涂层、复合材料、箔和纤维等）与地面样品对比。一旦回到地面，实验人员就可以分析这些材料在太空暴露 43.5 h 后空间环境对它们的侵蚀状况。

在舱外停留 14 min 后，翟志刚返回舱内并关上舱门。观众们看到了在轨道舱中等待复压的两名航天员。这次出舱活动时间较短，与 40 年前列昂诺夫和怀特的出舱活动高度一致。复压时间为 45 min，其中开舱时间为 22 min。后来，中国计划研发一种载人机动装置，可以让航天员使用独立引擎自由移动一段距离而无须系安全绳。轨道舱分离时，两套昂贵的航天服也随之而去：返回舱没有足够的空间将其带回，只有手套和旗帜返回了地球。轨道舱在 2010 年 1 月 4 日燃尽。

第二天早上，三名航天员准备返回地球，这次着陆再次进行了电视直播。格林尼治时间 9 时 50 分，飞船进行了再入点火。格林尼治时间 10 时 25 分，电视屏幕上出现了有趣的一幕，降落伞覆盖了整个屏幕。格林尼治时间 10 时 36 分，返回舱着陆在一座低矮的小山后面，整个过程镜头始终跟踪返回舱。为确保出舱任务在白天进行，神舟七号飞船选择在天黑前不久（当地时间 18 时 36 分）着陆，尽管着陆一般会避开这个时段。直播镜头跟随着搜索车穿过内蒙古草原，画面显示，直升机迅速降落在返回舱旁边，附近有 300 名救援人员。神舟七号飞船侧向着陆，舱门很快打开。飞行控制中心的人们欢欣鼓舞。这次飞行任务的持续时间为 68 小时 28 分钟。

出舱前，航天员需要在舱内停留半个小时，以适应地球环境。期间，救援人员为他们递上水瓶。刘伯明首先出舱，然后是翟志刚和景海鹏①。他们很快就坐在椅子上，接受献花并发表致谢辞。随后，他们被花团锦簇的车队接走，受到热烈欢迎，如图 7－24 所示。由于此次任务乘组成员较多，且任务周期较短，神舟七号飞船的实验空间较小，携带了肌肉细胞实验②，研究太空飞行的影响，并发现这些细胞在短暂的任务时间内大幅退化，类似于 1960 年 8 月苏联在斯普特尼克 2 号卫星上进行的实验。任务结束后，三名航天员在全国巡回演讲。飞船连同“飞天”服和“海鹰”服、翟志刚的手套和旗帜、回收的外部样本以及子卫星的仿真模型一起在香港科学博物馆展出。2009 年，在南京还举办了一次“飞天”服的展览，可能是备用服。

那颗重 40 kg、边长 40 cm 的立方体子卫星执行了后续任务。它被称为伴星，由上海微小卫星工程中心研制。它由自己的推进器和冷气推进系统进行位置保持和姿态调整。并且在子卫星上，中国首次使用砷化镓太阳能电池组来为锂电池供电，首席设计师是朱振才。伴星使用储存了 1 kg 燃料的液氨气化系统作为推进系统。舱门关闭 150 min 后，伴星借助弹簧弹射时，其原始轨道与当时的神舟七号飞船相同，为 329～338 km。在接下来的一周中，伴星进行 6 次绕飞轨道控制：首先是 4 次远距离接近控制，从落后轨道舱 461 km 处接近到 33.25 km 处；随后，通过 1 次近距离逼近控制，进入距离轨道

---

① 实际出舱顺序为翟志刚、刘伯明、景海鹏。

② 实际为成骨细胞和血管内皮细胞。

图 7-24　神舟七号乘组人员［图片来源：Reuters］（见彩插）

舱 8 km 的范围内；最后，通过 1 次轨道形成控制，形成围绕飞船轨道舱的稳定椭圆绕飞，绕飞短半轴约 3.9 km。伴星在稳定绕飞 25 圈后，又进行了一次轨道保持控制，并继续绕行 70 圈。在执行为期 100 天的首次飞行任务期间，这颗子卫星在轨道舱周围共进行了 8 次姿态调整（含 1 次试喷射）和 95 圈绕行。伴星绕飞轨道如图 7-25 所示。这种拉开距离和追逐的飞行并非首创——苏联在 20 世纪 80 年代就与捷克斯洛伐克的 MAGION 子卫星一起执行过——但中国是第一次进行这种飞行。

它的两台摄像机传回了一千多幅图像，但是公布的较少（虽然图像效果很好）。伴星使用两个摄像头，一个是广角摄像头，另一个是每秒 12 帧的窄角摄像头。它通过 S 频段的下行链路以 4 kbit/s 的速率传输数据。2009 年 1 月，工程师报告说，他们仍与这颗子卫星保持着联络，这个飞行器还剩下一些燃料。之后的任务报道称，伴星展示了“检查和接近操作”，并测试了新技术，例如砷化镓太阳能电池、锂电池、微型液氨推进器、微型化姿态跟踪控制器、带双焦点系统的相机以及微型-USB-应答机[9]。它的轨道在 2009 年 10 月 29 日开始衰减。

迄今为止，这仍然是中国唯一的一次太空行走，随后的天宫太空实验室也没有进行过太空行走。我们知道，一旦开始建造空间站，中国就会恢复太空行走。但是，目前尚不清楚他们是否吸取了俄罗斯人和美国人的经验教训——仅通过一次简单的太空行走并不能完全掌握它。掌握它需要实践、耐心和经验。评论家注意到了这次太空行走过程中的一些问题，例如扶手不足，舱门把手因缺少固定位置而难以操作以及有散落的物品飞出等[11]。

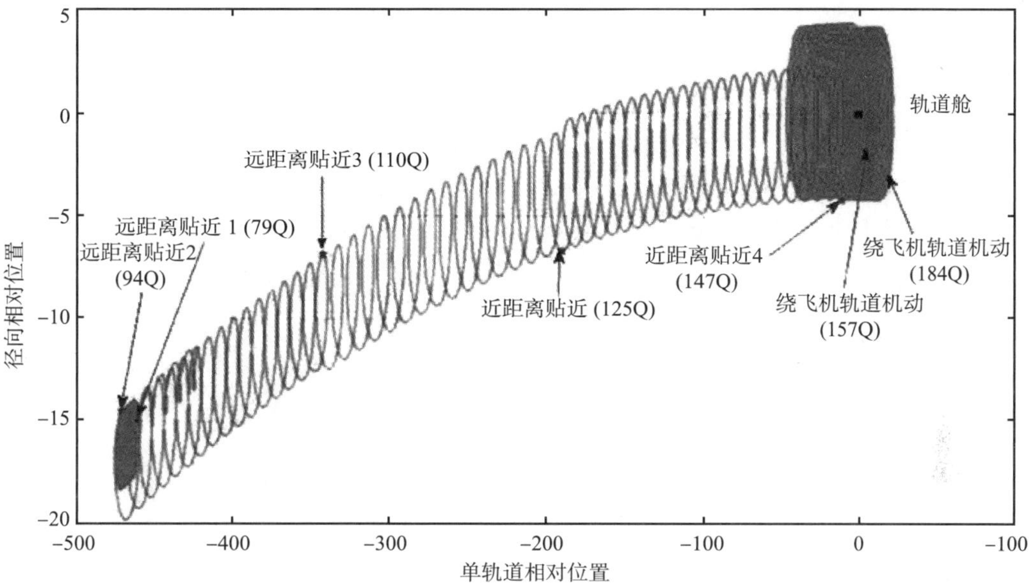

图 7－25　伴星飞行模式星螺旋椭圆形［图片来源：COSPAR 国家报告］

7.3.6　天宫：起源

1992 年，中国开始实施载人航天工程，这一工程的最终目标是将航天员送入轨道空间站中。航天员在空间站里既可以观察地表和大气层，仰望深空，又可以开展科学和工程实验，克服长期太空飞行带来的医学和其他相关问题，为日后飞往其他行星做准备。苏联采用分步走的做法，建立了世界上第一个空间站。中国也采用分步走的做法，天宫只是通向永久性空间站的第一步。苏联在 1971 年发射了第一个轨道空间站礼炮 1 号（Salyut），每次可以容纳一个乘员。接着，建造了一个半永久性的空间站礼炮 6 号，乘组人员能够得到补给并长期驻留，最后，建造了一个全生命周期内均可使用的和平号（Mir）空间站。天宫的设计思路与礼炮 1 号相似，但它的大小只有礼炮 1 号的一半。

1992 年，俄、美两国政府达成协议，将美国自由号空间站和俄罗斯和平 2 号空间站合并，建立国际空间站。美国自由号空间站的合作伙伴——欧洲空间局、加拿大和日本也正式加入了国际空间站的建设。经过多次延期，国际空间站的第一批组件最终在 1998 年进入轨道，成为历史上最大的国际性工程项目。中国多次提出希望加入国际空间站项目，曾向来访的记者和其他航天计划的负责官员（特别是欧洲）郑重表态：如果没有中国的加入，国际空间站并不是一个真正的国际性项目。他们指出，只要能够加入，神舟载人飞船就可以与国际空间站对接。然而，美国国会坚决反对中国加入国际空间站。官方理由是，中国需要签署不扩散协议，但一些国会议员发表了煽动性言论，称中国间谍不能在我们的空间站周围活动。中国曾试图租用俄罗斯已经退役但仍完好的和平号空间站。然而最终别无选择，只能建立自己的空间站。中国面对这样的挑战并不新鲜，他们的航天计划可以追溯到 1956 年，早于他们的第一颗人造卫星，从那时起，就得到了大规模的自主发展。尽管如此，中国从未放弃加入国际空间站。2012 年 3 月，法属圭亚那航天中心向国际空间站发射了欧洲货运飞船埃多尔多·阿马迪（Edoardo Amaldi）号（被禁止在卡纳维拉尔角发射）。中国官员参加了此次发射，并（至少与欧洲）讨论了飞船在某个阶段与国际空间站对接的可能性。

即使被美国拒之门外，中国与俄罗斯之间的贸易往来没有任何障碍。2000 年 3 月，两国在合作协定中增加了空间站建设这一主题。俄罗斯同意向中国提供技术援助和咨询（派遣了两名航天员）①，建造数量有限的组件，为地面控制人员提供培训，并转让空间站相关的 36 项具体技术。

早在 20 世纪 90 年代中期，中国就公布了第一个短期空间实验室设计方案——天宫。在 1999 年 2 月，中国政府正式批准了该方案，并在同年 5 月对其进行了第一次关键点审查。天宫的第一个模型建于 2003 年 2 月，上面标注了空间实验室的字样。2005 年，天宫的全尺寸模型图集正式出版。它以神舟的轨道舱为基础，体积约为俄罗斯礼炮号空间站的一半，有两个可旋转的太阳能电池帆板，寿命预计可达 2 年。2008 年，中国电视台播放了一部天宫在白色厂房里组装的纪录片，后面还有一艘建设中的备用飞船。2010 年 3 月 12 日至 4 月 27 日，酒泉卫星发射中心对模型进行了为期 50 天的试验，而实际舱体在 2010 年 8 月建造完成。

天宫的最终形状是一个两段式的圆柱体，一段较宽，一段较窄。较宽的一段设有对接端口，旁边有一个交会天线。大柱段有两个舷窗（一个用于目视观察，另一个装有照相机）和一个用于热控的辐射散热器，而小柱段只有一个与天链卫星通信的碟形天线、太阳能电池帆板和轨道机动发动机。天宫模型如图 7-26 所示。此外，天宫在多个位置装有小型姿态控制推进器。舱内有两种色调：地板用深色，天花板用浅色，还配备了一个健身器，并安装了一个尿液回收实验装置，以便航天员进入舱内开展相关实验。太空食品保质期为 250 天。对接系统的环状捕获结构是基于俄罗斯在 20 世纪 70 年代为其联盟号飞船开发的系统而设计的。天宫长 10.4 m，最大直径为 3.35 m，重 8 506 kg，舱容为 15 m^3，总设计师是张善从②。2009 年，一套科学仪器获准进驻天宫，并在随后几个月内装配完毕。天宫配有两个睡眠区，第三个航天员留在飞船的返回舱中，以防需要提前返回。

为了满足新的空间实验室的要求，长征二号 F 火箭需要进行至少 38 项大型改进和 132 项小型改进。虽然不再需要逃逸塔，但需要一个更大的整流罩。这一新的火箭型号被称为长征二号 F 改进型，用于运载天宫一号的火箭代号为 CZ-2FG，但有时也被称为 2F2、2FT1、2FY8③。它的起飞质量为 497 t，是目前酒泉卫星发射中心最大的火箭。

2011 年夏天，天宫项目的一切都在有条不紊地进行。2011 年 6 月 30 日，天宫抵达酒泉卫星发射中心。7 月 11 日，一颗天链中继卫星从西昌发射升空并进入预定轨道。至此，

---

① 俄罗斯并没有向中国派遣过航天员。

② 实际上，天宫一号的总设计师是杨宏。

③ 原文作者混淆了长征二号火箭的型号与每枚火箭的代号，例如 2FY8 是用于运载神舟八号的火箭代号，运载天宫一号的火箭实际代号为长征二号 F/T1（CZ-2FT1）。

图 7-26 天宫模型在发射后不久后问世

位于地球同步轨道 76.5°E 和 176.3°E 的两颗天链卫星能够覆盖天宫的大部分轨道，天宫可通过向它们发送信号实现与地面控制中心的通信。

随后，天宫项目遇到了挫折。8 月 18 日，另一型号的长征火箭——长征二号 C 在将无人的实践十一号 02 星①送入轨道时出现故障。故障发生在火箭上升的后期阶段，没有出现剧烈的爆炸，只是卫星从天而降，坠落到了很远的地方，这是中国自 1996 年以来首次未能将卫星送入轨道。对于一个极端需要质量控制的项目而言，这非常令人沮丧。天宫的发射因为这一次失利而暂停，以便对以往的工作进行重新检查。值得庆幸的是，失败原因很快就被查明：伺服机构与二级Ⅲ号游机之间的连接失效，导致火箭在到达轨道前关闭。

最终，天宫在 9 月 20 日返回发射场。在 25 日进行了全地面模拟倒计时，为 28 日的燃料加注清除了障碍，燃料加注过程中工程师们需要佩戴防毒面具，保护他们免受有毒燃料的侵害。发射时间定在酒泉的午夜，格林尼治时间 13 时 16 分，有 15 分钟的发射窗口。

9 月 29 日，夜幕降临，倒计时开始，多位中国国家领导人都来到了酒泉发射场观看。黑色、棕色和橙色的烟雾准时从长征火箭底部滚滚而出，并将其缓缓地推入夜色中，橙色

① 此处应为 04 星。

是硝基燃料的一个标志。随着火箭以弧线切入东北方向，一尾黄橙色的火焰蔓延开来，使其向着东海和外面的太平洋移动。先是助推器脱落，紧接着是第一级火箭脱落，第二级火箭点火。发射 8 分钟后，第二级火箭停止运行，天宫开始依靠惯性自由航行，它张开了太阳能电池板，电力系统开始工作。当飞过太平洋时，它发出的信号被下方一艘远望号测量船（远望二号、五号和六号几周前已经就位）捕获。天宫在环绕地球期间，曾被部署在斯瓦科普蒙德、马林迪、卡拉奇、圣地亚哥、阿尔坎塔拉、奥萨盖尔、克尔盖伦和东加拉的八个海外站跟踪。

测量船上的控制人员很快就确定天宫进入了正确的轨道，并指挥发动机点火，将轨道高度调整为 343 km，等待无人航天器的到来。后续，他们把轨道提升至 370 km，当轨道高度逐渐降低至 343 km 时，再度把它提升回去。

在第一次对接之前，天宫还有很多事要做。媒体重点报道了空间实验室携带了来自国际宇航联合会的 300 面旗帜，但更值得一提的是，天宫还携带了很多科学仪器。伽马射线望远镜可用于测试太阳活动和探测 X 射线爆发，为研究宇宙的结构、起源和演化提供线索。成像光谱仪可用于拍摄地球、跟踪污染物、测量大气中的气体，它还配有一个 3D 微波高度计，用于测量海洋和内陆海域的水面高度。天宫外部是一个暴露平台，用于测试玻璃、光学仪器和合金材料在恶劣的地球轨道环境中的承受能力。天宫内有用于测试重力理论的高精度原子钟，以及用于测试微重力流体物理、材料结构和力学特性的实验装置。表 7－4 列出了天宫一号的科学目标、实验和活动。

表 7－4　天宫一号的科学目标、实验和活动

密闭生命保障系统，测试生态可持续系统
复合胶体晶体生长实验装置，材料形成与力学
外部暴露平台，测试光学电子和材料（例如金属合金、玻璃）
高精度原子钟，测试重力理论
极化伽马射线望远镜（伽马射线爆发、太阳耀斑），测试太阳活动、宇宙结构、起源和演化
磁层-电离层-大气环境的观测设备，开发预测模型
推扫式成像光谱仪、地球观测超光谱图像光谱仪，探测和研究全球大气微量气体、大气环境
3D 成像微波高度计，测量陆地、海洋和波高

资料来源：Gu，Yidong：Utilization of China manned space engineering. International Astronautical Congress，Glasgow，Scotland，2009。

7.3.7　神舟八号：万千梦想

下一阶段的任务，是把一艘无人飞船送到天宫。中国以前从未进行过轨道对接，因此不愿冒险让航天员来完成第一次对接任务。俄罗斯人在 1969 年实现载人对接前，分别在 1967 年和 1968 年进行了两次自动对接。中国的神舟载人飞船能够自动飞行，前四次飞行没有搭乘航天员。与早期的型号飞船相比，这艘新的神舟飞船做了一些改进。除了交会对接系统外，它的在轨设计寿命为 180 天。这意味着，它可以与天宫一号保持长达 6 个月的连接。为了继续试验生命保障系统，神舟八号搭载了两名由橡胶制成的航天员模型。苏联在第一次载人飞行任务之前也曾搭载过航天员模型，结果有些出乎意料：当救援人员赶到着陆的飞船旁时，他们发现，早已到达的当地村民在试图“搭救”一名看似严重受伤的航天员。

神舟的第三个座位用于开展一个特殊的国际合作实验——SIMBOX（微重力箱中的科学）。SIMBOX 是中国与德国宇航中心（DLR）联合开展的实验。这是一个质量为 25 kg、体积为 34 L 的实验箱，箱中共有 40 个单元，分别存放鱼、藻类、植物、细菌、线虫和癌细胞，以便开展免疫学实验。实验箱足够大，能够容纳一个微型鱼缸以及泵、照明系统、传感器等必要的支持设备。SIMBOX 开展了 17 个实验。SIMBOX（见图 7 - 27）在德国南部的弗里德里希沙芬建造，包括阿斯特里姆公司和七所德国大学（埃尔兰根、霍芬海姆、马格德堡、图宾根、弗莱堡、汉堡和柏林大学①）。中德联合实验的目的是研究蛋白质的结晶作用。另一个（中德）实验则研究食品、氧气和干净水的生产，以期能够实现长时间的太空飞行。此外，飞船上还携带了对抗生素有抗药性的肺炎克雷伯氏菌（klebsiella pneumoniae），用于测试其对航天员的保护能力，以及太空引起的突变（space - induced mutation）是否会减少其抗药性。还有一项实验，测试了线虫（c 线虫）在太空中的突变，这些突变对于理解肌肉萎缩症、帕金森综合征和阿尔茨海默症[12]有参考价值。

图 7 - 27　SIMBOX——神舟八号上的德国科学实验箱［图片来源：德国宇航中心］

2011 年 9 月 23 日，神舟八号运抵酒泉，比天宫发射的时间还早。神舟八号的发射时间为 10 月 31 日 21 时 58 分（格林尼治时间），此时已经是当地的第二天凌晨，如图 7 - 28 所示。电视画面显示，神舟八号升入夜空，在寒冷的高空中凝结出一道尾迹。火箭顶部的

① 实际是柏林沙里特医学院。

箭载摄像机拍摄了第一级火箭坠落的画面，标志着控制任务的完成，飞船随后进入了轨道。地面上的应用天文学家对神舟八号和天宫进行了跟踪，它们掠过北京附近的上空，犹如两颗明亮的、快速移动的恒星。天宫的亮度达到了视星等+2，就像北极星一样。测量船已经准备就绪，远望一号位于中国海域，远望二号位于新西兰附近海域，远望三号位于纳米比亚附近海域，远望四号位于澳大利亚西南部海域①。

图 7-28　神舟八号发射。大多数神舟任务都在夜间发射，图中生动地展示了火箭燃料的颜色［图片来源：德国宇航中心］（见彩插）

天宫把国旗带到了太空，而神舟八号承载的是中国人的“万千梦想”。在一次网络活动中，《中国日报》邀请了 1 200 万名参与者给出了他们的未来梦想，并挑选了其中的 42 891 个装载在一个芯片上，这个芯片在飞船着陆后会被回收。梦想入选的人可以在网站上下载授权证书。

对接系统是完成这项任务的一大挑战。1997 年 4 月，举行了关于对接系统的研讨会。会后，决定采用异体同构周边式对接系统（Androgynous Peripheral Assembly System，APAS-89）[13]。最初，苏联联盟号和美国阿波罗号的对接系统采用“销钉-锥孔”式机构，当美国和苏联在 1975 年进行阿波罗-联盟号联合试验飞行时，对接系统出现了不兼容的问题。为此，他们开发了一个新系统，在每个航天器的前部，都装配了一个由环瓣组合在一起的对接机构，主动方和被动方可互换，并配有捕获闩锁、密封环和弹簧，以吸收冲击。APAS-89 的优点是可以方便地与其他航天器和空间站（如国际空间站）对接。这曾

① 实际上此时远望一号和远望二号已经不再承担任务，远望四号受损维修并在不久后退役，实际参与者为远望三号、远望五号、远望六号，都部署在太平洋上。

是中国遵循的路线，尽管多年以后，中国开发了一个没有指定未来用途的“杆-锥”系统原型。

在 1996 年，上海宇航系统工程研究所开始研制对接系统，并于 1998 年完成了第一个原型的制造。在 2001—2004 年之间，进行了第一次组装系统测试。尽管它看起来很简单，但需要开发全新的复杂系统，才能使其达到较高的精度和可靠性。2006—2008 年，建造并测试了第一个符合飞行标准的原型机。2010 年，完成实际任务模型机。主动对接机构重 310 kg，被动对接机构重 200 kg，包括两个电子系统。它由 12 对结构挂钩（每对一个主动和一个被动）、一个带三个花瓣的引导环、一个捕获闩锁、三个球螺杆-螺母对和五个固定器组成。

进入轨道后，飞船位于天宫后方 1 万千米处。接下来的两天，它进行了 5 次轨道调整来缩小两者的距离。飞船的雷达接收到了 200 km 外的天宫发出的信号，它随即打开了光学和激光传感器以及微波雷达。11 月 2 日，在 340 km 的高空，飞船在夜色中靠近天宫。它分别在距离天宫 400 m、140 m 和 30 m 处停留下来，进行系统检查。11 月 2 日 17 时 28 分（格林尼治时间），天宫飞行的第 542 圈，两个对接环相遇，天宫的 12 个挂钩将两个航天器拉在一起，12 分钟后，确认对接稳固。在接下来的 12 天里，它们一直连接在一起。中国的电视台直播整个对接过程。

为了确保之前的对接不是偶然成功的，11 月 14 日 11 时 27 分（格林尼治时间），神舟八号分离至距天宫 140 m 的地方，进行第二次对接测试。这次测试对光学系统的要求更加苛刻，目的是在更强的日照条件下也能实现对接。测试历时 26 分钟，飞船于 11 时 53 分（格林尼治时间）与天宫对接成功。从地面上看，对接后的航天器亮度相当于一颗 0 等星。天链一号 01 星和 02 星作为数据中继提供了不间断的通信链路，将对接的图像传送到地面。

11 月 16 日 10 时 30 分（格林尼治时间），神舟八号飞船第二次脱离天宫，后退至距其 5 km 处，准备返回地球。24 小时后进入再入阶段，前部的轨道舱和后部的推进舱先后与返回舱分离。在距地面 11 km 处，静态高度计控制引导伞、减速伞和主降落伞打开。距地面 6 km 时，返回舱完全处于主降落伞下。11 月 17 日 11 时 32 分（格林尼治时间），神舟八号在夜色中着陆。在取出实验装置后，返回舱迅速被带回北京进行分析。德国科学家取回了他们的 SIMBOX，如图 7-29 所示。2012 年 4 月 2 日，神舟八号的轨道舱最终脱离地球轨道。

11 月 18 日，天宫将轨道提升至 360 km，对实验室中的空气质量进行定期检查。在任务间隔期间，远望三号和远望五号测量船于 1 月返回母港，而远望六号在巡航 154 天，航行 5 万千米后，于 2 月返回。据总设计师戚发轫介绍，在天宫实验室中取得了珍贵的科学成果。天宫正在传回仪器采集的关于空间天气、高能粒子、磁场和大气密度的数据，同时还在进行测试燃料电池作为未来航天器电源的技术实验。燃料电池早在 1965 年就用于双子座 5 号（Gemini 5）的发电、供氧和供水，随后美国和俄罗斯的太空项目中都使用过它。

图 7-29　检查德国 SIMBOX 样品（图片来源：德国宇航中心）

下一步是实现天宫与神舟载人飞船的交会对接。一部于中国各地上映的电影将预期的发展描绘得栩栩如生。

电影《飞天》由中国人民解放军八一电影制片厂发行。为确保真实性，制片厂在亚洲光速技术公司的帮助下制作了特效，包括全尺寸的神舟和天宫模型、航天服、机械臂、交会对接以及令人印象深刻的对失重和太空行走的数字模拟。拍摄历时 5 个月，一些片段在莫斯科的星城完成。为了产生戏剧效果，空间站在太空中发生了碰撞，舱内空气被耗尽。由男主角张天聪带领的两男一女不得不在 7 天内出动，营救被困的航天员。

7.3.8　选拔新一批航天员

2012 年 3 月 23 日，由于轨道随着太阳活动的增加逐渐降低，天宫将轨道提高回 364 km。随后，天宫进一步调整了轨道，为 5 月 26 日、6 月 11 日和 6 月 14 日与神舟九号交会对接做准备。为了满足 21 世纪第二个十年的任务需求，中国航天员队伍扩大了规模，并首次招募了女航天员。2009 年 5 月，第三批航天员的选拔开始，最初的 500 人中，共有 30 男 15 女入围，随后从这 45 人中选出了 15 人，他们于 2009 年 10 月在航天员训练中心接受进一步筛选。2010 年 3 月 10 日，最终选拔出了 5 名男航天员和 2 名女航天员。这组航天员的年龄在 30～35 岁之间，平均年龄为 32.5 岁。

第一批女航天员的招募经历了数个阶段，在杨利伟飞行之后，全国妇联主席顾秀莲首次提出将一名女航天员送入太空。中国人民解放军空军的女飞行员成了首选对象。中国在 1949 年招募了第一批女飞行员，随后又在 1957 年、1965 年、1973 年、1981 年、1989 年和 1997 年组织了招募，共招募了七批，总计 328 人。她们被招募时的年龄一般介于 17～19 岁之间，第七批女飞行员包括 37 名成员，全部出生于 1978 年至 1980 年之间，其中有 21 人成为运输机飞行员。2005 年，空军招募了第八批女飞行员，她们进行两年以上的学习，以获得航空学位，之后进行一年以上的飞行实践。在 2009 年，有 16 人毕业。她们中的一些人有幸参加了同年 10 月举行的新中国成立六十周年阅兵式。她们是女航天员的“潜力股”。

女航天员的选拔标准包括已经结婚生子[①]、牙齿健康、没有伤疤和体味。2010 年 5 月 7 日，两名女性被选为航天员，有报道称，她们与 5 名男航天员一起进行训练，如图 7-30 所示。虽然名单并未在中国的媒体上公布，但她们的名字已经不再是秘密，信息来自中国军方曾公布过的全部顶尖女飞行员的传记和当地媒体对新一批航天员的报道。新闻记者托尼·奎因（Tony Quine）推测了名单，在 2010 年太空探索者协会会议上，中国官员没有否认这份入选名单，进一步证实了王亚平和刘洋的航天员身份。

图 7-30　直升机训练

① 实际上，生育与否并不是女航天员选拔中的决定项。

在执行首次进入太空的任务中，两位女航天员都具有很强的竞争力，如图 7－31 所示。在某一阶段，王亚平似乎更受青睐。当杨利伟进入太空之后，她也决心追随其脚步。2008 年，她因两件事被大家熟知，一是在四川地震后的飞行援助，二是执行飞机播云任务，有效阻止了北京奥运会期间的降雨。王亚平的竞争对手刘洋 1978 年 10 月出生于河南郑州。她一直给人以安静、勤奋的印象。在 18 岁时，她申请进入空军航空大学，让每个人都大吃一惊。大学四年里，她从没有回过家。她于 2001 年毕业，两年后，她的飞机撞鸟，血液溅到挡风玻璃上，飞机的一个发动机失去动力。她发送求救信号，并设法紧急着陆，在此期间她的沉着冷静进一步吸引了航天员选拔人员的目光。2004 年，刘洋嫁给了一位军官并随他搬到了武汉，在那里，她被分配到一个运输机中队，并开始学习英语。此时，她已经累积了 1 680 小时的飞行时长。2010 年 5 月，她在丈夫的陪同下前往北京进行训练。在她被选中之前，互联网上关于两者谁可能入选、谁更合适的话题众说纷纭。最后，刘洋入选，一切争论戛然而止。王亚平与聂海胜、张晓光一起成了备份航天员。

图 7－31　刘洋（左）和王亚平（右）

第三次选拔将中国的航天员队伍扩大到 21 人，在世界上领先于欧洲、日本和加拿大，仅次于美国（68 人）和俄罗斯（40 人）排名第三。在神舟七号任务后的访问中，代表团团长张建启宣布，第四批航天员队伍中将包括工程师，并对香港和澳门开放。之后，来自工业部门、大学和其他科研机构的申请也将被接受。2018 年，新一轮的航天员选拔将再次启动，目标为 17～18 人，科学家和工程师必须拥有硕士学位，有效载荷专家必须拥有博士学位，并且都在相关领域至少有三年的工作经验。他们的身高须在 160～172 cm 之间[①]，体重须在 55～ 70 kg 之间。

现在的训练要求非常严格。入选者应精通 30 门课程，并在一年后通过考试；在离心机上承受 8 g 的离心力；穿着 160 kg 的训练服在水槽里待 4 小时。人们注意到，从水槽中出来后，大多数人体重减轻了大约 2 kg，累到连筷子都拿不起来。

如图 7－32 所示为中国航天员和欧洲航天员参加培训。

图 7－32　中国航天员和欧洲航天员参加培训［图片来源：欧空局］

2018 年 1 月，为纪念航天员招募工作 20 周年，曾进入太空的 11 名航天员重温誓词。至此，中国航天员已经在太空中累积飞行了 68 天。2014 年，第一批航天员中有 5 人退役。这批航天员还在现役的人中，邓清明是唯一没有执行过航天任务的，2018 年时他已经 52 岁了。他是神舟十号和神舟十一号的后备指令长。景海鹏曾说过，即使这五人已经退役了，他们仍然和其他航天员一样刻苦训练，表现优秀，不忘誓言，他们也是英雄。表 7－5 总结了中国航天员的选拔工作。

① 实际为 165～175cm。

表 7-5　航天员队伍选拔

第 1 批	1971 年	19 名男性
第 2 批	1996 年	14 名男性，包括 2 名教练
第 3 批	2010 年	5 名男性，2 名女性
第 4 批	2019 年（预计）	10～12 名科学家和工程师，包括 2 名女性①

7.3.9　神舟九号：刘洋

数百人聚集在航天员更衣室和准备区外，他们已经等待了一段时间。三四十名女性穿着红蓝相间的中国传统服装，有些人准备了红色和黄色的礼花筒，其他祝福者手捧着鲜花。这是一群年轻人，大多数在二十几岁的时候就开始投身中国航天事业。一支乐队演奏了动听的军乐曲来安抚等待中的人群。美国航天员勒罗伊·乔（Leroy Chiao）曾分别从卡纳维拉尔角和俄罗斯的拜科努尔起飞进入太空，他比较过毫无生气的美国发射场与气氛热烈的拜科努尔发射场。中国的酒泉更接近于俄罗斯。

随着大门打开，明媚的阳光照射进来，三名航天员即将执行中国的第四次载人航天飞行任务。他们相隔几英尺并排走着（见图 7-33），中间的是 45 岁的指令长景海鹏，他有着丰富的飞行经验；左边的是 42 岁的操作员刘旺，这是他第一次执行飞行任务；右边的是 33 岁的刘洋，作为中国首位飞天的女航天员成为全场的焦点。景海鹏四年前曾驾驶神舟七号飞船登上太空，现在是一名大校，而刘旺在空军服役了六年，飞行时间超过一千小时，也是一名大校。除王亚平外，此次备份航天员乘组中还有曾经驾驶过神舟六号飞船的指令长聂海胜和第二批航天员张晓光。

三人微微弓着背向前走着，步伐显得很僵硬，前来壮行的人们欢呼雀跃，挥舞着鲜花，乐队演奏进行曲的节奏更快了。他们停下脚步，向指挥员报告，然后登上大巴。五辆大巴从航天员宿舍附近的绿茵大道上出发，由前面的一辆吉普车和摩托车护送。乐队继续演奏，更多的人在沿途排成一排，其他人沿着草地向前冲去，跟随缓慢的车队并拍照留念。

车队行至由大梁、平台和脚手架组成的发射塔下方，身穿蓝色外衣、头戴口罩的助手帮助航天员走下巴士。三人站在一起向国家领导人报告并挥手致意。随后从发射塔底乘坐电梯到塔顶。电梯把他们送上巨大的塔架，那里有身穿红色制服的工作人员迎接他们。

此时，长征二号 F 火箭已到达酒泉发射中心两个月了。2012 年 4 月初，它被放倒搭上火车，在工人们的目送下顺着直接铺进工厂的铁路离开了北京的装配厂房，经过了两天的旅程，经过甘肃的沙漠进入酒泉。4 月 9 日，继神舟九号载人飞船之后，火箭抵达发射中心，飞船将由起重机吊装至火箭顶部。

① 这一批次选拔已于 2020 年 10 月 1 日结束，共有 18 名预备航天员（含 1 名女性）最终入选，包括 7 名航天驾驶员、7 名航天飞行工程师和 4 名载荷专家。

图 7 - 33　神舟九号乘组人员离开更衣室，乘坐巴士前往发射塔。从左到右：刘洋、景海鹏、刘旺
［图片来源：美联社］（见彩插）

5 月 29 日，距发射还有两周，神舟九号飞船开始加注燃料[①]。6 月 9 日，它被吊装到长征二号 F 火箭上，并被运到建在沙漠上的发射台。当天，此次任务的两组航天员从北京抵达发射场，进行最后的准备和训练。刘洋（见图 7 - 34）在临行前做的最后一件事是打电话给她的婆婆，告诉她即将起飞，不用担心。

中国从未在夏季发射过神舟飞船，在发射前的几天里，天气是一个关键因素。首先，夏季的高温很可能引发暴风雨，导致发射任务推迟；其次，火箭的硝酸燃料在常温下可以储存很长时间，但当气温升高时，很容易引发一系列问题。为此，工作人员利用气象气球对大气的稳定性进行测试。发射前两小时，航天员登上火箭，从顶部的轨道舱进入飞船，小心翼翼地通过一段拥挤的空间进入蜂巢型的返回舱。刘洋坐在左边，刘旺坐在右边，最后进入的指令长景海鹏坐在中间。在完成最终检查后，他们安静下来等待起飞，如图 7 - 35 所示。

中国电视台对发射过程进行了现场直播，这已经是一种常态了。可以看到，印有中国国旗的白色火箭屹立在棕色的沙漠上，旁边是蓝色和浅绿色相间的巨大钢筋塔架。与拜科努尔一样，酒泉发射场没有公共倒计时时钟，观摩人员必须听广播才能知道距离发射还有多久（尽管一周前已经公布了具体的发射时间，即当地时间 18：37）。在一分钟倒计时开始后，红色摇臂渐渐从火箭上移开，让它独自屹立在发射台上，十秒的最后倒计时开始了。

① 实际上 6 月 14 日才开始加注燃料。

图 7-34　中国首位女航天员刘洋［图片来源：美联社］

图 7-35　运载神舟九号飞船的长征二号 F 火箭，背景是装配厂房［图片来源：德国宇航中心］（见彩插）

摄像机给出了火箭底部的特写镜头。硝酸燃料点燃时，发出“砰”的一声，火箭在一秒钟内开始上升。最初，长征二号 F 火箭缓慢而笔直地上升，30 秒后逐渐倾斜，沿弧线加速上升。地面摄像机捕捉到了火箭加速上升的画面，红外摄像机拍到了正在燃烧的发动机。飞行的第二分钟至关重要。第 126 秒时，捆绑在火箭上的四个助推器分离，然后一级火箭脱落。第 160 秒时，针状逃逸塔和整流罩从顶部脱落，自然光线照射进舱内①。舱内设置有彩色摄像机，画面显示，景海鹏、刘洋和刘旺的双脚收紧在赋型的座椅上，他们显得很放松，没有明显的颤动。

火箭向远方飞去，周围形成了弓形冲击波，从冒着棕色烟雾的发射台上看去，它就像一根细针。火箭向着东南方向飞行，穿过中国的黄海飞向太平洋。二级火箭推动飞船水平飞行，使其加速到进入预定轨道所需的速度。后视摄像机拍摄到的景象令人头晕目眩，地面在下降，地平线从直线变为了曲线。不到 8 分钟后，神舟九号飞船即将进入轨道。火箭上的摄像机拍摄到了飞船与火箭分离的画面，宛如洒落的水滴自我放飞。飞船进入预定轨道，飞行控制中心内响起了掌声，三名航天员挥手、握手以示庆祝，景海鹏的日志板在失重条件下开始自由漂浮。此时，初始轨道为 261～315 km，同预期一样。

飞船进入轨道后，外部的摄像机拍摄到两个太阳能电池板打开的画面。当时，神舟九号飞船正从远望五号测量船的上方经过，接收信号出现了短暂的中断，来自舱内的图像也时断时续。此时，如果太阳能电池板打开失败，飞船将失去电力，需要紧急着陆在中国西部的指定区域。

航天员脱下航天服，换上蓝色工作服，然后打开舱门，进入前面更宽敞的轨道舱。神舟九号飞船里装满了实验设备和 300 kg 的水、食物。在中国，媒体报道了这次发射，他们的目光都聚焦在刘洋身上，因为她即将成为中国历史上最著名的女性之一。媒体来到她的家乡采访她的家人、同学和空军同事。刘洋是第 56 位进入太空的女性，这次发射使中国成为第三个将女性送入太空的国家。这一天恰好是 1963 年第一名女性——瓦伦蒂娜·捷列什科娃（Valentina Tereshkova）——进入太空的 49 周年纪念日。

接下来是平淡的两天，神舟九号飞船在轨道上追逐着天宫。它需要进行三次轨道调整来靠近天宫，第一次是将近地点从 261 km 提升至 315 km。次日，在格林尼治时间 6 月 17 日 14 时 40 分，神舟九号将轨道从 315 km 调整到 326 km。在 18 日早上，神舟九号飞船已经接近天宫，两者都在距地球 343 km 的轨道上飞行。神舟九号飞船在距离天宫 53 km 处，开始用雷达向其发送信号。天宫和神舟九号飞船都安装了黑白摄像机，以便于飞行控制中心在屏幕上跟踪对接过程。神舟九号飞船在自主控制的模式下，以 20 cm/s 的速度接近天宫。飞船上像花瓣一样的对接部位在屏幕上变得越来越清晰，犹如张开的大嘴，逐渐靠近天宫的对接环。

格林尼治时间 6 月 18 日 6 时 08 分，神舟九号飞船与天宫轻微碰撞后，稳稳对接（见图 7-36～图 7-38）。之后，向对接通道中注入空气，实现了神舟、天宫和对接通道中的

① 实际上，逃逸塔在 126 秒时分离，助推器在 160 秒时分离，整流罩在 210 秒时分离。

压力平衡。9 时 10 分，组合体飞经中国上空，景海鹏和刘旺打开舱门，漂浮着进入了天宫，而刘洋则暂时留在了飞船里。天宫内部呈长圆柱体，舱壁上安装了很多小吊带，它们可以帮助航天员在失重状态下保持平衡。一面舱壁上安装有三个供航天员操作的电脑屏幕，另一面舱壁上挂着一面中国国旗。舱内还配有一个食品加热器和一个隐藏的卫生间。一段时间后，三名航天员一起出现在电视摄像机前敬礼并报告，地面控制中心里掌声雷动。自此，天宫一号宣布投入使用，中国终于建成了一个属于自己的轨道空间实验室。在电视直播中，胡锦涛主席来到地面指挥中心，向航天员们表示祝贺。

图 7-36　神舟九号与天宫对接。中国成为第三个在地球轨道上建造自己空间站的国家［图片来源：美联社］

航天员们身穿蓝色制服在天宫里工作，中国电视台每晚都会跟踪报道他们的工作进展。刘洋从舱壁上取下一辆折叠式自行车，展开后开始锻炼，其他两位航天员在操作电脑并进行实验。6 月 21 日，他们与身处地面控制中心的家人通了电话。一般情况下，两名航天员在天宫内休息，一名航天员留在飞船里。在航天爱好者看来，天宫的大小更接近于之前由航天飞机携带的太空实验舱，比苏联的礼炮号空间站小。

航天员们开展了十项医学实验，同时，地面控制人员公布了他们的食物，如大米布丁。以前，航天员吃的主要是食用饼干和牙膏状食品。这次任务，他们的菜单更加多样，包含 70 余种不同的食品，以中国的传统美食为主。新菜单包括糖醋食品、豆腐、辣味食品和炒饭。除了实时直播，他们还可以通过电子邮件、照片、文本和视频等方式与地面进行通信。在视频中，刘旺在吹口琴，为他的妻子庆生。刘洋则在她的笔记本电脑前忙碌。

图 7－37　神舟九号和天宫一号对接模型［图片来源：美联社］（见彩插）

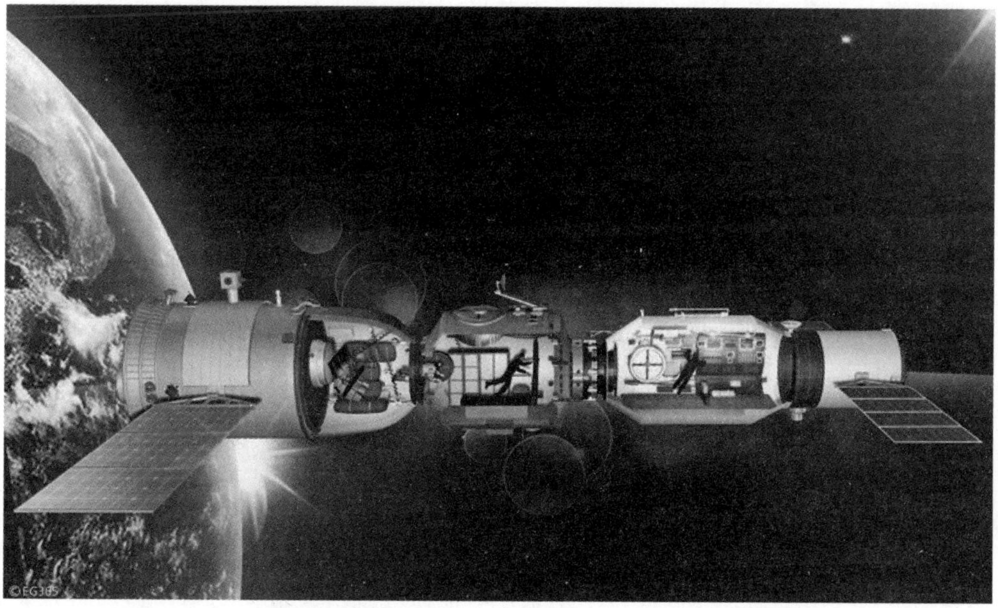

图 7－38　神舟和天宫在太空对接时的构型［图片来源：美联社］

她表示，失重让她感觉像一条在水里自由游动的鱼。同样在这一周，蛟龙号潜水艇成功潜入太平洋马里亚纳海沟 6 965 m 深处进行深海探索。对中国来说，这是充满科学成就的一周。

本次任务还包括一项重要测试：乘组人员在太空工作生活一个星期后，需使飞船脱离天宫，再通过手动控制重新对接。这是为了确保，在今后的飞行任务中，万一自动控制系统出现故障，手动对接可作为应急预案实现交会对接任务。景海鹏和刘旺已经在模拟器中演练了 1 500 次，但实际中总会出现意想不到的问题。6 月 22 日，关闭定位系统，刘旺进入飞船测试机动发动机第二天，他们面临重要的挑战：首先使飞船与天宫分离，退回至距离 400 m 处，然后通过手动控制重新对接。这一天正好是端午节，航天员向所有人送上了节日的祝福后，穿上航天服（以防失压）进入飞船的返回舱。飞船在格林尼治时间 3：10 与天宫分离。之后，通过自动控制后退了 400 m。

飞行控制中心的大屏幕上分成了三个区域，中间部分，显示着两个航天器正在彼此探测，并嵌入了获得的数据；右边，呈现出返回舱里身穿航天服的三名航天员，但面窗被推起；左边，航天器相互靠拢，这一过程是通过黑白图像呈现的。驾驶员刘旺负责执行对接，人们可以看到他正在进行操作。这时，画面切回地面，可以看到地面控制人员穿着蓝色的实验服，佩戴着任务徽章、耳机和麦克风。

距离天宫 140 m 时，手动控制系统被激活，飞船继续前进。此时，显示器不再显示距离。通过全局跟踪地图可知，对接在非洲之角（horn of Africa，索马里和阿塞俄比亚地区）上空进行。距离天宫 100 m 时，激光雷达打开，两个航天器以 40 cm/min 的速度靠近，天宫在屏幕上越来越大。屏幕上的天宫光线很暗，但飞船的图像清晰可见，弯曲的大地上方，飞船的太阳能电池板在明亮的阳光下闪烁。背景中不断传来任务控制人员的声音。飞船缓缓向天宫靠近，用于校准的十字靶标出现在了飞船摄像机的十字准星上，在距离成功对接还剩最后几米时，可以清晰地看到飞船的细节。对接过程进行得非常顺利，在格林尼治时间 04：48（北京时间 12：48），飞船经过 97 min 的独立飞行，在轻微的摇摆中与天宫对接成功。航天员们齐心协力，完成了最后的锁紧和刚性连接。几分钟后，航天员再次进入天宫。任务控制人员纷纷鼓掌庆祝，一些人竖起了大拇指，然后离开座位与同事们握手，大家脸上都洋溢着灿烂的笑容。

格林尼治时间 6 月 27 日晚，航天员登上神舟九号飞船准备返回地球。22：37，连接通道的舱门关闭。第二天凌晨 01：22，一阵轻微的震动后，神舟飞船与天宫解锁，并缓缓离开。刘旺手动控制飞船飞行到距离天宫 5 km 的地方。凌晨 04：35，他将飞船驾驶到新的轨道为再入做准备。着陆时间定在第二天（6 月 29 日）清晨，因此，着陆前航天员有近一天自己的时间。

着陆的关键过程发生在南大西洋上空，接近非洲海岸线。格林尼治时间凌晨 01：16，轨道舱在飞越一艘测量船上空时与飞船分离。它将继续绕地球飞行几个月，之后在高层大气中燃烧殆尽。一分钟后，飞船向位于纳米比亚海岸斯瓦科普蒙德的中国地面跟踪站报告姿态调整完成，随后，制动发动机点火。飞船开始在非洲上空沿弧线下降，经过肯尼亚的马林迪跟踪站后，飞越印度洋，在那里，有另一艘测量船停泊在巴基斯坦的海岸外。1：37，返回舱和推进舱分离，在距地面 140 km 的高度上独自飞行，沿着伊斯兰堡和新德里之间的路径，向预定轨迹的下一站（巴基斯坦的卡拉奇）飞去。跟踪雷达捕获到了 695 km 外的神舟九号飞船，然后开始跟踪它。值得一提的是，红外摄像机捕捉到了飞船再入大气层的整个过程，并在高层大气中发现了两条巨大的尾迹。其中，推进舱的尾迹更大，呈斑点状，并逐渐变亮、闪烁、破裂、溶解，返回舱的尾迹在它前面，更长、更平稳，就像流星划过一样。三名航天员处于狭窄的舱内，据他们描述，飞船再入时，他们仿佛置身于喷灯内，巨大的热量使得返回舱周围的气体散发出红色、橙色、黄色的光芒。

4 min 后，返回舱飞离黑障区，下降到距地面 40 km 的高度。摄像机继续聚焦于穿越中国北方上空的飞船，此时，天色渐明，飞船已经肉眼可见。主降落伞在距地面 10 000 m 时打开，返回舱在降落伞绳下来回摆动，10 分钟后落至地面。

米尔直升机中的搜救人员很快发现了正在降落的返回舱。此时，有三个角度在拍摄降落过程，分别是：从地面上拍摄，从第一架直升机上远程拍摄和从盘旋在降落伞上方的第二架直升机上近距离拍摄。这比拍摄联盟号飞船在哈萨克斯坦降落时复杂得多。受风力影响，返回舱发生了侧移，它通过释放多余的燃料来降低着陆时发生事故的风险。直播画面显示，飞船越过草原，飞过交叉重叠的车辙和救援吉普车聚集的小路，路上还有一辆卡车和一些当地牧民，不知什么原因，他们得以越过警戒线看到了这一切。返回舱的影子清晰地映在地面上，当它着陆时，四个制动发动机点火，冒出一股黑烟，使其翻倒在地，在泥土中砸出了一个很深的印痕。被切断的降落伞缓缓并拢，落到地面上。

返回舱降落在了一个山谷里的小河边，沙地上长满了青草和小灌木，如图 7－39 所示。着陆时间为当地时间 10：02，格林尼治时间 02：02。由于当地风力较强，飞船着陆点位于北纬 42.2°，东经 111.2°，距预定地点 16 km，但仍然在 36 km×36 km 的着陆区范围内，这里距酒泉约 1 000 km。为了防止飞船再入大气层时出现意外，在酒泉南部设立了一个备用着陆点。在飞船准备着陆时，这两个着陆地的航班都被取消了。

图 7－39　着陆后的神舟九号。航天员坐在座椅上放松，他们身后是返回舱［图片来源：美联社］

身穿红色工作服的救援队员和身穿白色工作服的医疗队员冲上前去打开了舱门。由于舱口离地面很近，航天员肯定处于面朝下 45°角悬挂在座椅上的状态。从医学角度而言，航天员需要在舱内停留 75 min，以适应地面的重力状态，这与俄罗斯航天员直接出舱的做法截然不同。在航天员出舱前，每人接过一瓶救援人员递上的矿泉水，以补充体内缺失的水分。刘洋（见图 7－40）面带微笑，最后一个走出舱门，三名航天员并排坐在离返回舱几米远的椅子上，飞行控制中心再次响起了掌声。三名救援队员向航天员们献上了鲜花，航天员坐在椅子上敬礼致意。三人举起手，在空中握拳，以示此次任务的圆满完成，温家宝总理和飞行控制中心的人员再次鼓起了掌。这一刻，工作人员纷纷从座位上站起来向同事们表示祝贺。

图 7－40　刘洋受到欢迎，后面是一架直升机［图片来源：美联社］

随后，救援队将三名航天员抬进一架早已就位的大型直升机，进行初步的医学检查后返回北京。此次任务持续了 12 天 15 小时，是中国之前时间最长的太空任务的两倍多。在接下来的两个星期里，航天员进行了修整并完成了任务报告。7 月 16 日，他们接受了记者采访。一年后，刘洋（见图 7－41）在维也纳见到了世界上第一位进入太空的女性瓦伦蒂娜·捷列什科娃（Valentina Tereshkova）。

中国媒体对此次任务的关键过程进行了实时直播，任务进展非常顺利，没有发生异常。在两周的时间里，中国圆满完成了持续时间最长的太空任务，仅仅在其第四次载人飞行任务中就实现了一系列突破：将第一位女航天员送入太空，分别执行自动和手动交会对接，拥有第一个自己的空间实验室。更鼓舞人心的是，在神舟九号任务刚刚结束，中国就宣布，2013 年年初，将执行神舟十号飞船任务。天宫继续绕地飞行，进入 354～365 km 的更高轨道，为 6 个月后的再次对接做准备。神舟九号的轨道舱留在 333～354 km 的轨道上继续飞行，最终在 2012 年 12 月 2 日再入大气层烧毁。

尽管其他国家，特别是俄罗斯，已经进行了多年的长期载人任务（一名航天员在轨道上度过了 438 天），但是，中国的载人航天才起步不久，尚缺乏属于自己的关于失重影响的数据库。在任务前夕，航天员进行了地面实验以模拟失重带来的影响，重点是头低位卧床实验（bed - rest and head - down tilt experiment）。2007 年，航天员训练中心、法国国家空间研究中心（CNES，即法国航天局）和香港中文大学合作开展了一项为期 60 天的实验，共有 21 名男性参与者。研究表明，失重会造成心率活动降低、骨密度下降和肌肉量减少等影响。2009 年，研究人员又对 14 名男性进行了一次为期 30 天的头低位卧床实验，期间他们骑自行车、穿企鹅服、使用负压设备进行锻炼，结果显示效果良好。另外，通过小白鼠实验，验证了中药可缓解骨质和肌肉流失。

图 7 - 41　执行任务后的刘洋

7.3.10 神舟十号：太空教师王亚平

2012年夏（8月30日），在神舟十号发射之前，天宫将轨道高度从344～356 km提升至355～366 km。2013年5月21日，为了迎接新乘组的到来，又将轨道稍微降低了一些。2013年4月初，神舟十号的运载火箭通过铁路穿越中国，历时三天抵达酒泉卫星发射中心。月底，远望三号和远望六号测量船离开港口准备执行跟踪任务，远望五号测量船紧随其后。神舟十号由一架伊尔76型（Ilyushin 76）飞机运送。

新乘组包括第二次执行任务的指令长聂海胜、第一次执行任务的驾驶员张晓光和研究人员王亚平。聂海胜当时已经48岁，是中国最年长的航天员，已经成为一名少将。在此次任务中，张晓光为驾驶员，王亚平主要从事研究和教学。备份乘组由刘伯明、潘占春和邓清明①组成。本次飞行的主要目的是重复神舟九号任务，为中国在运行轨道空间站和失重方面积累经验。

王亚平的一个任务是在太空中给学生们授课，几乎全世界的目光都集中在她身上。她说，自己从来没有想过能够成为一名航天员，她的理想是当一名律师或教师[14]。开设空中课堂不是中国原创的想法，最初这也是克里斯塔·麦考利夫（Christa McAuliffe）的任务计划，但是，没来得及实现，她牺牲在了挑战者号航天飞机上。后来，候补人员芭芭拉·摩根（Barbara Morgan）进入太空，完成了这项太空授课任务。进入轨道后，王亚平收到了摩根发来的贺电。

张晓光在32岁时加入航天员队伍。为了训练，他把9本手册烂熟于心，写了20万字的笔记。他为飞船的每一个细微角落和缝隙都拍了照片，把它们保存到电脑里。他熟悉驾驶舱中每个按钮的位置，这些内容他闭着眼睛都能说出来。聂海胜说，张晓光是他见过的最执着的人。他本有希望更早地进入太空，但是，在一次模拟5 000 m高空缺氧环境的测试中，他出现了黑视。因此，他进入太空的计划被推迟了。为了尽快加入乘组队伍，他对自己要求非常严格，在旋转椅加练。

2013年6月11日，神舟十号发射升空，此时距离上一艘飞船发射已经过去近一年的时间。中国电视台对此次发射进行了现场直播，并在乘组人员飞离地面后进行了跟踪报道。光学摄像机和红外摄像机同时对上升中的火箭进行跟踪。当逃逸塔脱落时，喷出了一团火焰，随后助推器和一级发动机先后分离。中国电视台提供了火箭、舱内乘组人员，以及外部小型后视摄像机拍摄的画面。9 min后，后视摄像机拍摄到二级火箭在大量水滴中脱落，航天员进入了轨道。两名男航天员和一名女航天员瞬间失重，他们的手册和笔在舱内自由地漂浮起来。

6月13日，神舟十号飞船在经过两天的飞行后，与天宫进行了自动对接，对接的最后阶段平稳而缓慢，格林尼治时间5：13，对接成功。3个小时后，乘组人员转移到天宫中。此时，天宫已经绕地球飞行了620天。航天员很快安顿下来，并更换了新的地板。噪声是

---

① 实际上，神舟十号的备份乘组由翟志刚、陈全和邓清明组成。

图 7-42　天宫一号和神舟十号

天宫的一个重要问题，通风风扇、使用中的阀门、电子设备和发动机转动以及点火时噪声都很大。因此，航天员铺设了聚氨酯地板，来吸收、隔离和消减噪声，可以使噪声降低至 62 dBA 以下[14]。

一周后的 6 月 20 日，王亚平在太空给 6 000 万名小学生上了一堂 45 min 的物理课，为此她专门携带了一个 2.9 kg 重的仪器。包括来自港澳的 5 所小学的学生们都有机会提出问题。这次太空授课的主要内容包括：使用钟摆测量质量、陀螺运动、水的表面张力和水球的形成。授课任务进行得很顺利。6 月 24 日，航天员登上神舟十号飞船，通过人工控制与天宫分离，然后再次对接，重复了上一次任务中的操作。

6 月 26 日，这次任务结束。红外摄像机拍摄到神舟十号飞船返回舱在中国西部上空划过的画面。着陆地点是多云天气，直升机载着摄像机在空中搜索降落伞的踪迹。此次返回与联盟号飞船在哈萨克斯坦返回时一样，米尔直升机编队起飞，沿着一条最容易发现返回舱的航线飞行。红外摄像机拍下了降落伞垂直拉出并张开的画面，此时地面控制中心响起了掌声。光线条件正常，摄像机在接下来的几分钟内一直跟踪着飞船，直到飞船着陆时，制动发动机喷射出一股烟尘。飞船是侧身着陆的，橙白相间的降落伞在地面上撑开并拖拽返回舱，对舱内的人来说，这可能是一段颠簸的过程。一架直升机迅速降落在返回舱旁边，机组人员冲向返回舱并打开舱门。神舟十号的返回舱恰好降落在一群奶牛旁边，而它们似乎对周围发生的重大事件漠不关心。

为期 15 天的飞行任务圆满完成，医学研究结论随后公开。睡眠模式实验显示，航天员执行任务期间的睡眠比飞行前或飞行后要少，但着陆后能够恢复[15]。有人对五名欧洲航天员和五名中国航天员进行了比较，从多数指标上来看，两者对太空飞行的医学反应没有区别。但有一项不同，着陆后中国航天员直立行走时的心率基本上与飞行前一样，而欧洲航天员有所提高。虽然人们给出了各种各样的解释，如中药和中餐的好处，但真正的原因并不明确[16]。来自天宫一号的科研成果涵盖了矿物识别、洪水以及澳大利亚火灾的高光谱成像解译，为此还专门建立了一个网站（www.msadc.cn）。此外，还发表了结晶实验结果以及与地面样本对比的图像[17]。被称为“太空教师”的王亚平返回后，收到一些孩子们的来信，这些孩子来自 8 万所学校，是观看了她的天空授课的 6 000 万孩子中的一部分。她参观了几十所学校，并全身心地投入到对外宣讲中，以此激励学生走进科学殿堂[18]。王亚平同样希望能够重返太空，2018 年 5 月，有人看到她与陈冬在一起进行沙漠生存训练，还有人看到她在北京训练中心附近安静的道路上慢跑。

2013 年 12 月 1 日，神舟十号飞船的轨道舱再次进入大气层。这标志着围绕天宫一号的一系列飞行任务圆满完成。并且，有报道称该空间实验室将在三个月内脱离轨道。然而，在神舟十号飞船返回地面 30 小时后，天宫却再一次将轨道提升至标准高度，并在 9 月 11 日和 10 月 31 日又进行了两次同样的轨道调整。12 月 15 日，天宫将轨道高度提升至 388～403 km，绕地球飞行一圈的时间为 92.47 min。天宫保留了足够的用于轨道调整的推进剂，而且仍在向地面传送科学数据。由此可见，中国已经决定延长其任务时间。

如图 7-43 是正在展出的神舟十号返回舱。

图 7-43　神舟十号返回舱展出［图片来源：Go Taikonauts］（见彩插）

2016 年 3 月 23 日是“天宫一号”发射后的第 1 630 天，它将在未来几个月内脱离轨道并返回地球。此时轨道处于 378～395 km，距离自然衰减并坠毁还有很长一段时间，但实际时间将取决于太阳活动（增加空气密度和提高衰减速度），以及航天器在轨道上的姿态和承受的空气阻力。由于天宫体积很大，它的一部分很有可能经受住再入大气层的高温，而坠落至地面，至少会在南、北纬 42°之间的某一区域坠毁。2018 年 4 月 2 日，天宫最终脱离轨道，顺利坠入远离人口密集地区的南太平洋，俄罗斯的进步号货运飞船完成任务后就坠入了这一区域。天宫一号轨道衰减图如图 7 - 44 所示。表 7 - 6 列出了天宫一号系列任务。取而代之的是天宫二号（见第 1 章）。

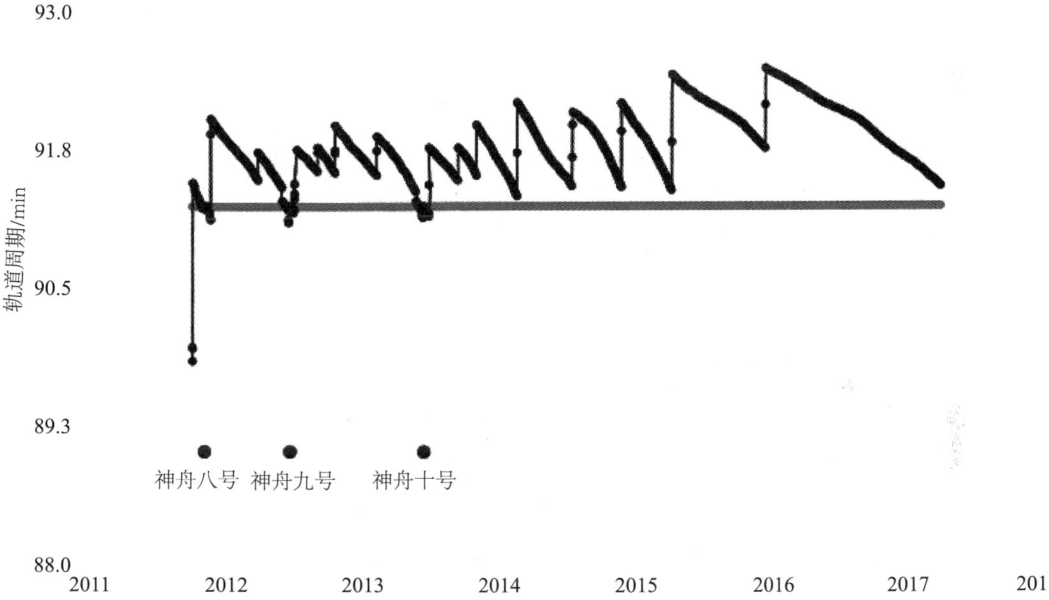

图 7 - 44　天宫一号轨道衰减图。该图显示了轨道如何连续再次提升，其中最后一次提升是在 2016 年年初，然后开始最终的衰减。图中标记了神舟八号、神舟九号和神舟十号的对接时间点［图片来源：Phil Clark］

表 7 - 6　天宫一号系列任务

天宫一号	2011 年 9 月
神舟八号	2011 年 10 月
神舟九号	2012 年 6 月
神舟十号	2013 年 6 月

7.4　结语：载人航天

本章概述了中国发展成为世界上第三个实现载人航天国家的全过程。中国载人航天项目的起点并不明朗。更准确地说，它经历了两次项目启动。1971 年那个启动失败的项目告诉我们，中国在太空问题上拥有长远的打算，同时也说明了当时的特殊政治环境。现在已没有人愿意争论那个项目是否成熟。尽管如此，载人航天的梦想依然在这片大地上“生根发芽”，医学训练也在继续。从多个角度来看，该项目在 1989 年[①]的第二次启动是耐人寻味的。首先，中国的领导层同意载人航天项目立项实属不易，立项之前伴随着不确定性，尽管很多争论是关起门来进行的。其次，许多入围的设计（如航天飞机和单级入轨）都是有风险的长期计划，他们最后采用了最稳妥的方案，结果显然是令人满意的（我们只能推测中国什么时候会拥有航天飞机）。第三，很显然，即使在 1992 年以后，也没人能保证载人航天项目一定能够成功。有人曾试图取消这个项目，但是设计师们最终在截止日期前完成了任务。1999 年的第一次任务也许是一次愿赌服输。这是一个关于很多“如果和假设”的故事。在中国开展载人航天项目的过程中，什么都有可能发生。

中国载人航天项目最终得以发展，其最显著的特点是稳中求进。虽然西方专家可能认为中国发展载人航天计划的速度与美国和苏联在 20 世纪 60 年代初的速度持平，但事实并非如此。中国载人项目的发展一直在稳扎稳打地进行着，在开展了四次无人飞行任务（1999 年、2001 年和 2002 年两次）之后才将一名航天员送入太空执行一次短暂的任务（2003 年）。即便如此，该项目的发展进度仍然慢条斯理，两年之后才实现第二次飞行（2005 年），花了三年时间实现了太空行走（2008 年），又时隔四年才飞向空间实验室

图 7-45　刘洋在一次国际会议上

① 日期应为 1992 年 9 月 21 日。1992 年 9 月 21 日，中共中央政治局常委扩大会议正式批准了载人航天工程，代号“921”工程。同时中国载人航天三步走的发展战略也被确定下来：第一步，发射载人飞船；第二步，发射空间实验室；第三步，建造空间站。

(2012 年，2013 年)。任务中没有发生过事故是这种积极稳妥的发展路线带来的好处。这种发展路线是明智的，也是经济的，每一次载人航天任务都代表了一次实质性的进步，神舟十号是唯一一个重复上一次任务过程的例子。

中国载人航天项目的进程证明了将发展国产化与外来技术相结合是明智之举，神舟本身就是最好的例子。中国学习而非仿制联盟号的系统，选择从俄罗斯购买航天服、环境控制系统和航天员训练相关技术是为了不耽误进程①。中国不允许自己受到外来技术的限制，他们将轨道舱作为一个独立项目，这是神舟系列的一个奇迹，也是俄罗斯人在联盟号轨道舱中从未做过的事情。这为中国的每一次任务都提供了可观的红利，在神舟二号、神舟三号和神舟四号的任务中，公布了大量的科学项目。表 7－7 对神舟系列飞船进行了总结，包括轨道舱执行任务的时间。

表 7－7　神舟系列飞船（一～十）

时间	飞船	任务时间	轨道舱
1999－11－19	神舟一号	21 小时	12 天
2001－01－10	神舟二号	7 天	226 天
2002－05－25	神舟三号	7 天	232 天
2002－12－30	神舟四号	7 天	247 天
2003－10－15	神舟五号	1 天	227 天
2005－10－12	神舟六号	6 天	532 天
2008－09－25	神舟七号	3 天	466 天
2011－10－31	神舟八号	18 天	137 天
2012－06－16	神舟九号	13 天	169 天
2013－06－11	神舟十号	15 天	173 天

神舟十一号参见第 1 章。总的在轨时间包括飞船独立飞行时间和与天宫连接的时间。

① 实际上，中国有限地借鉴了一些俄罗斯技术，主体研究与研制工作，包括材料、工艺、实验/试验装备开发都是自主完成的。

参考文献

[1] Chen, Stephen: China's secret 1960s mission to send two dogs into space. South China Morning Post, 25 February 2018.

[2] Kulacki, Gregory & Lewis, Jeffrey: A place for one's mat—China's space program, 1956 - 2003. Cambridge MA, American Academy of Arts & Sciences, 2009. The early program is also covered in some detail by Mark Wade's www. astronautix. com. See also Platt, Kelvin: China's manned space program—excellent value for money. JBIS Space Chronicle, vol 57, #2, 2004.

[3] Furniss, Tim: China plans space station. Flight International, 4 July 1987.

[4] Vis, Bert: China's pathfinder astronauts and Selecting Taikonauts. Presentation to British Interplanetary Society, 19 - 21 June 2015.

[5] Gu, Yidong: Scientific utilization planning for China space station. Presentation, COSPAR, Moscow, 6 August 2014.

[6] Thomas, Andy: Monumental Statues to the Local, Living Cosmonaut in Russia and China: A case study of Kaliningrad (Russia) and Húludăo (China) . Presentation at the British Interplanetary Society, June 2017.

[7] Anselmo, Luciano: Orbital analysis of the Shenzhou 6 manned mission in support of Malindi tracking station. Pisa, Spaceflight Dynamics Laboratory, 2006.

[8] Skoog, A. Ingemar & Abramov, Isaak P: Russian space suits. Chichester, Praxis - Springer, 2003.

[9] Chen, Hongyu et al: Companion micro - satellite in Shenzhou 7 flight mission. ChineseJournal of Space Science, vol 29 (3), 2009.

[10] Fisher, Richard: Closer look—Shenzhou 7's close pass by the International Space Station. International Assessment and Strategy Center, accessed 20 January 2012; US - China Economic and Security Review Commission: Annual report, 2017. Washington DC, US Congress, 2018.

[11] Croog, Lewis: Chinese spacesuit analysis. NASA, 18 February 2010.

[12] Li, Yinghui et al: National report on space medicine progress in 2014 - 2016. COSPAR national report, 2016; Dan Xu: Effects of ten days of mutation on c elegans on Shenzhou 8. Paper presented to COSPAR conference, Moscow, August 2014.

[13] Qiu Huayon, Liu Zhi, Shi Junwei & Zheng Yunqing: Birth of the Chinese docking system—the development history and application status of China's manned spacecraft docking system. Go Taikonauts! # 16, 2015; same authors: Development history and application status of China's manned spacecraft docking system. Paper presented to International Astronautical Congress, Beijing, 2013.

[14] Wei, Chuanfeng et al: Design and implementation of the manned environment control of Tiangong 1 spacecraft. Paper presented to International Astronautical Congress, Toronto, 2014.

[15] Li, Yinghui: Sleep quality and circadian patterns in short term spaceflights during Tiangong 1

docking missions. Paper presented to International Astronautical Congress, Toronto, 2014.

[16] Myrrhe, Jacqueline: Is there a Taikonaut gene? Go Taikonauts! #17, 2015.

[17] Gu, Yidong: Science research of Chinese manned spaceflight, from Space science activities in China. China COSPAR, 2016.

[18] Myrrhe, Jacqueline: "If I could, I would be a space teacher forever" . Go Taikonauts! #16, 2015.

第 8 章　月球和火星探测

中国的探月计划始于 20 世纪 90 年代，是 863 计划的研究课题之一。中国最终在 2007 年发射了首个月球探测器嫦娥一号，同期日本和印度正在竞相开展探月活动。嫦娥一号绘制了月球地形图。随后发射的嫦娥二号距离月球表面更近，以搜寻（未来任务的）着陆地点。但是嫦娥二号并没有落月，而是飞到了日地拉格朗日 L2 平动点（libration point），然后穿越太阳系，对小行星图塔蒂斯（Toutatis）进行了一次令人震撼的探测。2013 年，嫦娥三号在雨海（Mare Imbrium）实现了软着陆，并释放了玉兔号月球车。尽管一个月后月球车的机构控制出现了故障，但得益于月基天文望远镜、粒子激发 X 射线谱仪和测月雷达的探测，这次任务取得了重大的科学成果。之后的嫦娥五号 T1 试验器（Chang e 5T1）是对嫦娥五号月球采样任务的演练，试验器进行了环月飞行，并返回地球。通过弹跳式再入返回技术，试验器将返回器成功送回内蒙古着陆点，之后再返回月球。这是无人探测历史上史无前例的壮举。最终，中国将在月球上建立一个基地，月球基地的地面模型（Earthbound model）月宫已经经过测试。中国已经将目光瞄准了火星。早在 2011 年，中国就曾试图搭载俄罗斯（福布斯-土壤）探测器将萤火一号送入火星轨道，虽然那次发射任务失败了，但中国将在 2020 年发射自己的火星探测器，这将为中国未来的太阳系探测任务奠定基础。本章将讲述月球和火星探测的故事。

8.1　211 工程

和中国大多数航天项目一样，中国的探月工程也有其历史渊源。第一篇研究论文可以追溯到 1962 年，当时南京大学提出了一种具备撞击月球能力的简单月球探测器，与苏联于 1959 年向月球发射的探测器类似。1978 年，美国总统吉米 · 卡特向中国赠送了月球岩石[①]，后来中国科学家对其进行了仔细的研究。欧阳自远曾经参与了对赠予月岩的研究。多年以后，他成了中国月球探测和星际计划的权威人物。他已经是陨石撞击方面的地质专家，并成为中国探月工程的倡导者（evangelist），经常进行高校的科学讲座，接受媒体采访。2002 年 5 月，欧阳自远被任命为中国探月工程首席科学家。到第二年，已发表的关于中国如何执行探月工程的论文至少有 67 篇。

在 2003 年 2 月 28 日的政府会议上，探月工程最终获得批准，代号“211 工程”（很明显，代表了 21 世纪第一个航天工程）。同时，也取名“嫦娥工程”，以飞向月宫的仙女嫦娥来命名。孙家栋被任命为探月工程的总设计师，年近八旬的他是很多航天任务的资深设

① 1978 年，美国总统卡特的安全事务顾问布热津斯基访问中国时，将 1 g 月球岩石的样品赠送给了中国。

计师，最近的一项航天任务是北斗导航系统；叶培建被任命为嫦娥一号总设计师；欧阳自远为首席科学家。探月工程的预算为 14 亿元（1.4 亿欧元），通过使用现有的系统可以降低成本。四项总体任务目标包括：对月球进行三维成像以确定月球的结构、地形、陨石坑、月球地质历史和结构演化；测定月球化学元素的含量和分布；测量月壤的厚度；探测月球粒子和辐射环境。

探月工程的全面研制始于 2004 年。任务采用了东方红三号卫星平台，使用现有的成熟技术可以节省费用，避免了研制全新探测器所需的高昂成本。很显然，适应性改造是必不可少的，例如远程测控系统、相机、仪器和传感器。尽管卫星质量为 2 350 kg，但复杂的飞行轨迹意味着所需的燃料将占到整颗卫星一半的质量。有效载荷较少，并全部依赖 161W 的能源，数据传输速率为 3 MB/s。任务决定使用位于西昌卫星发射基地已经退役的旧发射台（launch pad），并对其进行整修。运载火箭为长征三号甲。表 8－1 列出了嫦娥一号的仪器。

表 8－1　嫦娥一号的仪器

仪器	英文
立体相机：获取月球表面三维立体图像	Stereo camera to take 3D images
紫外线成像仪	Ultraviolet imager
32 波段干涉成像光谱仪	Interfering imaging spectrometer in 32 bands
激光高度计	Laser altimeter
伽马射线谱仪	Gamma ray spectrometer
远程微波辐射计	Remote microwave radiometer
高能粒子探测器	High energy particle detector
低能太阳风离子探测器	Low energy solar wind ion detector
X 射线谱仪	X－ray spectrometer

嫦娥一号月球探测器如图 8－1 所示。

图 8－1　嫦娥一号月球探测器［图片来源：Paolo Ulivi］（见彩插）

探月任务的测控要求对地面测控系统进行大规模投资。2006 年春天，工程有了新的进展：在云南昆明凤凰山山顶 2 000 m 高处的崭新的 40 m 测控天线破土动工。该天线可以和上海附近的天线以及新疆的天线协同工作。后来，位于北京附近的 50 m 天线也加入该系统中。此外，中国与阿根廷签署了一项关于使用位于圣胡安（San Juan）费利克斯·阿吉拉尔（Felix Aguilar）的射电天文台天线的协议。同年，国际探月工作组（International Lunar Exploration Working Group）在中国召开了第八届会议。

8.2 嫦娥一号

到 2007 年夏天，日本和印度也竞相准备在短时间内将探测器送往月球。日本的月亮女神号（Kaguya，也被称为 Selene）首先于 2007 年 9 月 14 日发射，印度在 2008 年发射的月船号（Chandrayan）探测器是三个国家中最晚的。对日本来说，这是它的第二次探月任务，复杂的航天器还搭载了两颗子卫星，随后发布了引人注目的图像和视频。

嫦娥一号于 2007 年 10 月初抵达西昌卫星发射基地。鉴于此次探月任务的知名度，预期会有严格控制的新闻报道，但事实却恰恰相反，中国对这次发射进行了全球直播（on worldwide feed）。根据天体力学计算，发射时间定在 10 月 24 日至 26 日之间。一旦发射失败，下次发射机会将是次年 4 月。如果 24 日的倒计时进展顺利，长征三号甲运载火箭将于中国当地时间 18：06 点火升空。火箭起飞后不久，嫦娥一号探测器进入大椭圆地球轨道（highly elliptical Earth orbit），近地点 205 km，远地点 50 930 km，倾角 26°，周期 16 h，并且太阳能电池板已经展开。第二天，近地点抬升到了 600 km。

嫦娥一号探测器的轨道与美苏两个太空超级大国在 1958—1959 年发射的首次探月任务的轨道大不相同。美苏的月球探测器都是直奔月球，其中苏联的第一艘宇宙飞船（First Cosmic Ship）月球探测器在发射后仅 34 小时就完成了对月球的飞越（pass）。由于嫦娥一号探测器受制于长征火箭运载能力的限制，嫦娥任务的策略是将嫦娥一号探测器送入高地球轨道（high Earth orbit），然后在接下来的一个多月时间里逐渐抬高椭圆轨道，将探测器推入月球轨道。这种策略是有风险的，因为这意味着火箭要携带沉重的推进剂，而且需要多次精确的轨道机动（maneuver）。

在接下来的两周里，嫦娥一号探测器进行了 4 次轨道机动来抬高轨道，首先提升到 7 万千米，然后 12 万千米，再然后 38 万千米，最后通过 13 min 的点火使探测器以足够快的速度（10.9 km/s）进入地月转移轨道。这是一次通过狭窄轨道入口（narrow entry gate）的生死攸关的关键轨道机动，如果失败，嫦娥一号探测器将滞留在地球或太阳轨道上。最终，通过第五次轨道机动，嫦娥一号探测器于 11 月 5 日 11 时 37 分被推入月球轨道。这次距离月球约 300 km 的轨道制动（braking maneuver）将速度从 2 300 m/s 降至 1 948 m/s，以实现进入周期 12 h 的月球椭圆轨道（近月点 200 km，远月点 8 600 km）。11 月 6 日，探测器将轨道调整到近月点 213 km，远月点 1 700 km，周期 3.5 h。11 月 7 日进行了最后一次点火，将嫦娥一号探测器送入工作轨道。后来经过计算，精确的轨道为近月点 195.53 km，远月点 202.07 km，倾角 88.2°。至此，已经进行了 7 次推力器点火，但携带的推进剂还剩余 1 150 kg。

嫦娥一号探测器的相机首先开机，11 月 21 日地面收到了来自月球轨道的首批图像。第一组图像包括 19 个轨迹或轨道图像（tracks or orbits of images），覆盖了月球东南象限（54～70°S 和 57～83°E）的范围，覆盖总面积为 280 km×460 km。评论文章将该地区描述为布满斜长石的玄武岩高地（basalt with plagioclase highland）。相机月表成像宽度为 60 km，通过向下、向前（+17°）和向后（−17°）成像来形成立体图像（stereo pictures）。该相机由中国科学院西安光学精密机械研究所研制①。

对月球的成像首先集中在 75°N～75°S 之间的区域，然后聚焦极地地区。嫦娥一号任务正值太阳活动极小期（solar minimum），太阳 X 射线谱仪直到 12 月 5 日才监测到太阳黑子活动。随后在 12 月 31 日，监测到了一次持续 2 小时 50 分钟的太阳耀斑。12 月 8 日，当太阳、月球和地球在一条直线上时，太阳风离子探测仪（solar wind ion detector）首先探测到太阳等离子体，并测量了氦、锂和钙的含量。太阳风以 2 000 km/s 的速度吹向地月系。2008 年 8 月 1 日发表了一份进度报告，宣布接收到了 3 024 圈轨道飞行中产生的超过 700 h 的数据（276 TB），这些数据下传到了云南昆明和北京密云的两个主要数据接收地面站。

2008 年 2 月，嫦娥一号在进行了 3 次轨道调整之后仍然有 270 kg 的可用推进剂。2008 年 12 月 6 日，嫦娥一号进行了两次点火（burn），将运行轨道从 200 km 降至 100 km。三天后，它继续下降至距离月球表面 15 km 的高度，12 月 20 日又返回 100 km 轨道。中国一直计划嫦娥一号完成科学任务后撞月。2009 年 1 月，嫦娥一号执行了一次点火，减速至 1.627 km/s，将轨道降至 100 km。2009 年 3 月 1 日，在发射 495 天之后，嫦娥一号撞月，中国的探测器最终到达月球表面，撞月点位于塔伦修斯（Taruntius）陨石坑附近（1.5°S，52.36°E），该陨石坑位于丰富海（Sea of Fertility）的赤道附近，就在（苏联）月球 16 号探测器撞月点的西侧。在最后 59 km 的下降过程中，相机一直处于开机状态。

嫦娥一号任务在中国引起了很大的兴趣。这次任务之后，中国的探月计划（China Lunar Exploration Program，CLEP）采用了新月形的徽标，并搭建了专门的网站②。

8.2.1　嫦娥一号的探测结果

嫦娥一号任务取得了巨大的科学成果，使中国开始建立起自己的月球科学知识宝库。

---

① 嫦娥一号电荷耦合元件（Charge Coupled Device，CCD）立体相机在200 km 的环月轨道上，获得的地元分辨率为 120 m、成像宽度为 60 km 的立体影像，实际获取了包含南北极在内的全月面图像，是当时最齐全、最清晰的全月图像（2008 年 11 月 12 日发布全月二维平面图像，2009 年 9 月 28 日发布全月数字高程图像），为科学家研究全月地形地貌与地质学纲要图提供了中国自己的数据源。

② 嫦娥一号是中国研制和发射的第一个月球探测器，主要对月球进行全球性、整体性与综合性的探测，对月球表面的地貌、地形、地质构造、环境与物理场进行首次探测，对有开发利用前景的月球能源与资源的分布与规律开展研究。

嫦娥一号首个科学目标是绘制中国的月球地形图，这对随后的月表巡视任务和取样返回任务至关重要。月球地形图结合了成像系统和高度计，其目的是获得精确的地形数据。为了实现这一点，成像系统完成了589轨数据获取（或完整的拍摄通道），并与平均9.16 km① 的高度计测量数据相匹配。

2009年12月，嫦娥一号任务的最终版地形图发表在《中国科学》（*Science in China*）和《科学通报》英文版（*Chinese science bulletin*）上。这使中国成为继苏联和美国之后第三个发布月球地形图的国家。这张地形图的比例尺为1∶250万，等高线（contour）为500 m。地形图提供了完整的带有海拔信息的地形；此外，它还揭示了月球不为人知的细节，比如就像地球的构造板块（tectonic plates）一样，亚平宁山脉（Apennine chain）可能存在断层结构（fault structure）。分析人士提出，亚平宁山脉是一条断层线，类似于地球上的喜马拉雅山脉。另外，还有五幅构造图（tectonic maps）正准备出版。2010年出版了中英双语影像图集，如图8-2所示。

图8-2 嫦娥一号全月球影像图集

该地形图改进了现有的月球地形图，并发现了新的月球地貌特征。嫦娥一号发现了一

① 《嫦娥一号图像数据处理与全月球影像制图》一文中给出的平均高度为179.19 km。

个新的撞击盆地：470 km 宽的广寒宫，以及一个 190 km 宽的新环形山/陨石坑——吴刚。发现了位于风暴洋（Ocean of Storms）的一座新火山：玉兔；以及附近的另一座火山：桂树。新的撞击坑被命名为蔡伦（公元前 1 世纪发明了造纸术的中国著名科学家）、毕昇（11 世纪发明了活字印刷术）和张钰哲（1902—1986 年，天文学家）。中国做完相关报告后，国际宇航联合会批准了以中国科学家的名字命名月球上的 14 个地理实体，虽然这些命名只占到已有的 1 993 个命名中很少的部分，但是中国的命名正在不断增加。

如图 8－3 所示为根据嫦娥一号图像制作的月球仪。

图 8－3　根据嫦娥一号图像制作的月球仪

高度计累计进行了 9 m 的测量，精度达到了 17 m，其测量数据进一步完善了人类关于月球地形的知识[1]。数据显示月球比地球更圆（1/963.725 6 VS 1/298.257）。重新测量得到的月球半径为 1 737.013 km，而智海（Mare Ingenii）被认定为最大的质量密集区（mascon）①。同时，发布了月球表面特征的个体概况，如莫斯科海（Mare Moscoviense）。

伽马射线谱仪（gamma ray spectrometer）使中国科学家绘制出月球的化学地图（chemical map）。2007 年 11 月 27 日至 2008 年 7 月 25 日期间，该仪器每 3 秒钟对月球进行一次扫描，并向地面站发回了 240 多万张光谱图（spectra）。此外，绘制了铀、铁、钛全月地图；KREEP [KREEP 是阿波罗时代发现的一种特殊岩石，由钾（K）、稀土元素（REE）和磷（P）组成] 丰度也非常明显。嫦娥一号还绘制了自 1994 年美国克莱门汀探测器以来最详细的铁和钛的分布图。这些地图对再现月球的地质历史极其重要。嫦娥一号发现铁元素一般集中在熔岩流（lava flow）的顶部，铁的存在揭示了月海被熔岩覆盖的次序。成像干涉仪（imaging interferometer）编制了一份 84% 的月球铁和钛的丰度图（abundance map）（70°N～70°S 之间），并发布了危海（Mare Crisium）的截面图。进一步数据分析显示了在高原和月海地区的正摆线素（orthopyroxines）、斜摆线素（clinopyroxenes）、橄榄石（olivine）、鸽子石（pigeonite）和斜长石（plagioclase）的分布，并对哥白尼（Copernicus）、祖基乌斯（Zucchius）、东方海（Mare Orientale）、阿利亚斯塔古斯（Ariastarchus）、齐奥尔科夫斯基（Tsiolkovsky）和第谷（Tycho）等地貌进行了更加详细的研究。

经过重新测算，氦-3 的总量从预计的 500 万吨下调到了约 100 万吨，其中月球正面约 65.8 万吨，月球背面约 28.6 万吨。氦-3 存量的多少与太阳风的水平、月球表面的年龄和钛的存在密切相关。随后，中国科学家开始研究月球上是否还有水冰（water ice）的老问题；嫦娥一号的四通道微波辐射计（four - channel microwave radiometer）首先绘制了南极地区的温度分布图。然后，开始聚焦凯布斯陨石坑（Cabeus crater），这也是美国 LCROSS 卫星②撞月的地点，为研究的开展提供了比较数据。结果发现凯布斯陨石坑底部和永久阴影部分的温度为 70K，这表明此处的水冰含量为 2.8%。

微波探测仪带来了关于月壤的详细信息。月球与行星科学研究中心发表了月球土壤厚度测量的方法与进展（Methods and advances on lunar soil thickness）。基于微波测深仪的温度测量数据，设计了一种算法，可以计算出月壤的深度，并将月壤划分为灰尘层、表层和基岩（bedrock）。结果显示，月壤比之前的假设数据要浅得多，月球背面的月壤更深一些。月海月壤厚度从 1.2～11 m 不等，平均厚度为 4.5 m，最浅的地方在雨海（Mare Imbrium），最深的地方在丰富海（Sea of Fertility）和酒海（Mare Nectaris）。高地

---

① mascon＝mass concentration，质量密集区，指月球表面下层高密度物质的集中。

② 月球陨坑观测和遥感卫星（LCROSS）于 2009 年 6 月 19 日与月球勘测轨道器（LRO）一同从佛罗里达州卡纳维拉尔角搭乘宇宙神 5 号火箭发射升空。发射后月球勘测轨道器将与月球陨坑观测和遥感卫星分离，各自继续飞往月球。较小的牧羊航天器（shepherding）将留在宇宙神 5 号火箭的半人马座（Centaur）上面级，并把半人马座作为该任务的主撞击航天器。

(highland) 的月壤深度为 1～15 m，平均 7.6 m，月球背面高地的月壤更深，平均超过 8 m。

利用微波探测仪数据生成的月球亮度温度图（temperature brightness map）也予以公布。赤道地区呈现出明亮的红色，更远的地方呈现出绿色，在两极有阴影的陨石坑则会呈现出蓝色。月海的温度亮度高于丘陵，赤道的温度亮度高于极地地区，月球正面的温度亮度高于月球背面。

中国科学家将嫦娥一号的观测结果与美国早期的月球探测结果［特别是克莱门汀 (Clementine) 和阿波罗］、俄罗斯的探月发现（月球号任务）以及近期的探月任务结果（印度的月船一号和日本的月亮女神号）进行了比较，重点解释了由于仪器定标或数据解析而产生的差异。数据对比的重点放在了与阿波罗登月点采集数据的比较，并以阿波罗 16 号为基准。在发现存在 145 m 的误差后，对高度计的数据进行了修正。此外，嫦娥一号还重新拍摄了阿波罗 12 号、14 号和 15 号的登月点。最后，太阳风探测器（solar wind detector）发现，除了月球穿过地球磁尾的时候，太阳风很少出现扰动和低温现象。关于月球环境，两个太阳翼离子探测器（solar wing ion detectors）发现在太阳平静期，太阳风温度更高（10^3 K）[2]。

嫦娥一号实现了预期的四项总体目标：绘制月球地形图，分析月球表面的化学物质和月球表面厚度，探测月球环境，以及攻克了到达月球轨道的技术挑战。中国科学家应该对探测结果非常满意，因为现在中国掌握了可以与世界分享的重要数据和分析结果。

8.3　嫦娥二号

按照原计划，嫦娥一号任务数年后将发射月球巡视器（月球车），并最终进行月球采样返回任务，这一后续任务计划于 2008 年 10 月 16 日获得政府批准。然而，第二年，中国宣布将发射第二个月球探测环绕器/轨道器（嫦娥二号），主要目的是进一步研究月球的化学组成，并将拍摄更详细的图像，以助力后续的月面巡视和采样返回任务。为了提升通信质量，任务将携带一个能够以更快的速度传输高速数据的 X 波段天线（X－band antenna），并使用位于智利圣地亚哥的一个新的地面站进行接收。既定探月任务结束后，探测器要么最终撞月，要么返回到地月系的高轨道，要么转移到太阳轨道。探测器（轨道器）是嫦娥一号的备份，具有相同的重量，但是根据更加宏伟的任务目标进行了改进。备份探测器大约 85%的部分被保留了下来，对另外 10%进行了技术改进，并增加了 5%的新研仪器[3]。嫦娥二号的主发动机（推力器）的推力为 490 N，并拥有 12 个 10 N 推力器，这些推力器配备 MMH 燃料和 MON 推进剂，并由氦气进行加压。按照最初设计，推力器可以可靠运行 3 个月，而 2008 年 10 月有了新的额外任务要求时，再重新设计推力器已经太晚了，所以只能对现有设备进行重新检查和测试[4]。卫星的发射质量为 2 480 kg，干重

1 169 kg，其中包括 166 kg 的有效载荷①。

嫦娥二号数据存储能力从嫦娥一号的 48 GB 提高到了 128 GB，传输速率从 2 MB/s 提高到 6 MB/s。嫦娥二号拆除了光谱仪，对伽马射线谱仪、X 射线谱仪、校准天线和激光高度计进行了技术改进。搭载灵敏度更高（15 km 分辨率为 1 m；100 km 分辨率为 10 m）的相机，包括 1 台下降相机，1 台广角相机和 4 台小相机，相机的视野范围可以覆盖到发动机和太阳翼。18 个月后，相关测试完成，嫦娥二号于 2010 年 7 月 10 日运往发射基地。

嫦娥二号于 2010 年 10 月 1 日 18 时 59 分（当地时间）从西昌卫星发射基地按计划发射升空。火箭没有采用嫦娥一号的长征三号甲火箭（CZ-3A），而是采用了运力更大的长征三号乙火箭（CZ-3B）。2008 年加入长征系列的长征三号乙火箭被用于此次发射，这是该火箭的第五次发射。这次的发射窗口（launch window）只有一秒钟，可能是最小的发射窗口了，被称为"零窗口"，更精确的发射窗口为 18 时 59 分 57.345 秒。推力更大的火箭使嫦娥二号直接上升到一个大椭圆轨道成为可能（延伸到距地球 356 996 km 的高度），这样就将地月轨道转移时间（transit time）从 12 天缩短到了 5 天。嫦娥二号实施了一次 70 s 的轨道修正，通过 490 N 发动机将速度提高了 16 m/s。5 天后，通过 1 940 s 的月球轨道切入点火（orbit insertion burn），嫦娥二号被月球捕获，并于 10 月 5 日进入 120～800 00 km 的 12 h 月球轨道。嫦娥二号首次实现了轨道切入时发动机点火拍摄。为了在 10 月 9 日前进入周期为 118 min 的 100 km 运行轨道，还需要进行两次轨道机动。据称，这台 50 kg 的发动机实现了 1 cm/s 的精确推力。10 月 15 日以后全部有效载荷陆续开机。

图 8-4 所示为展出的嫦娥二号探测器。

10 月 26 日，嫦娥二号开始向月球表面进行两次下降，10 月 27 日下降至距离月球表面 15 km 的高度，并 8 次在虹湾（Sinus Iridum）上拍摄了 1.2 m 分辨率的照片。这次下降采用了苏联在其月球摄影计划的月球 22 号（Luna 22）中使用的机动下降策略。四台推力器点火 18 分 31 秒。下降相机（decent camera）在点火过程中再次开机，预计嫦娥三号登月时会采用该相机。尽管这台相机质量很小，每秒一帧，但像素为 1 280×1 024。相机拥有立体系统，可以同时向前 17.2°和向后 7.98°。同样地，发动机附近的相机拍下了陨石坑表面壮观的图像，图像中可以看到前面的钟形发动机，而太阳翼上的相机拍下了远处蓝白色地球的图像。10 月 29 日，嫦娥二号在虹湾区上空运行了 16 圈后，又返回到了正常轨道。

第一批图像发布于 11 月 11 日，既有广角（broad view）也有近距离特写（close-

---

① 嫦娥二号属于中国探月工程的第二步任务。嫦娥二号的科学目标是获取月表高分辨率的立体图像为后续着陆任务进行月表形貌的研究；进行月表有用元素丰度和分布的研究；探测月壤特征，评估月壤厚度和氦-3 资源；探测月球空间环境。探测器利用嫦娥一号的备份星进行适度改造以满足新的需求。嫦娥二号的有效载荷包括新研制的高分辨率立体相机，其他载荷如激光高度计、X 射线谱仪、伽马射线谱仪、微波探测器、高能粒子探测器、太阳风离子探测器与嫦娥一号基本相同，仅做少量的适应性改造。嫦娥二号的轨道设计为 100 km×100 km 的圆轨道和 100 km×15 km 的椭圆轨道，前者用于正常探测，后者着重对后续任务可能的着陆区进行详细探测。

图 8-4　展出的嫦娥二号探测器（模型）

ups）；第二年春天发表了第一批图像分析结果。其中最有趣的图像是拍摄的梦湖（Lacus Somniorum）的丹尼尔陨石坑（crater Daniell）。与美国 LRO 任务的图像相对比，嫦娥二号揭示了陨石坑坑壁崩塌的新证据：在陨石坑坑壁 17°～20°斜坡内发生了崩塌（avalanches），岩屑流出和新月壤暴露在外。嫦娥二号携带了一台由紫金山天文台制造的新型伽马射线谱仪，其性能与嫦娥一号相比提高了 3 倍，该仪器在到达月球轨道后 24 小时内检测出了钾、钍、镁、硅、铝、氧、钛和钙。

2011 年 4 月 14 日和 15 日进行了两次轨道机动，消耗了 35 kg 推进剂，解决了嫦娥一号对月球极地成像的两个缺口，补偿了月球表面 0.4%的成像缺失。两次轨道机动涉及将轨道从 92°改为 90°。5 月 23 日，嫦娥二号进行了第二次下降，消耗了 26 kg 推进剂，俯冲至距离虹湾仅 15 km 的高度，对嫦娥三号探测器的计划登陆点以及月球两极进行了拍摄，获得了更高分辨率的图像。取得了虹湾更详细的数据。

虹湾位于月球西北部，高山和海岬（promontories）环绕四周。虹湾地形平坦（坡度为 2°），有许多有趣的特征（feature），如铁含量高、年代久远［超过 4 个宙（eon，地质年代）］、部分地区被火山喷出物覆盖、多层地形（terrace）和磁异常（magnetic anomalies）。嫦娥二号发现虹湾月壤平均厚度为 3 m，但是在虹湾地形和坡度上升的周围区域，月壤厚度高达 15 m。虹湾的重力异常是负的，邻近的雨海是正的。与雨海相比，虹湾的月壤更薄，铁含量更高，但是钛含量更低。中国科学家根据虹湾不同区域的化学组成、撞击情况和原始湾区撞击坑覆盖的情况（可以追溯到 26.2 亿年到 40.6 亿年），发布了虹湾四个地区的地形图。此外，还编制了一份虹湾温度图（根据探测记录，白天的温度在 253～300 K 之间）。吉林大学地质勘查学院的程胜波经过分析认为虹湾代表了月球演化的关键时期，是适合未来采样的丰富地区。第二年 2 月，发布了嫦娥二号月球地形图（lunar map），月球正面和月球背面精确到 7 m。地形图基于 746 张图像，共 800 GB。中国在 2018 年宣布，正在编制一幅新的 1∶2.5 m 的月球地质图（lunar geological map），并且已经完成第一幅 2.2 m×4.36 m 草图。

图 8－5 所示为嫦娥二号高分辨率月球影像图集。

图 8－5　嫦娥二号高分辨率月球影像图集

8.3.1　飞往 L2 点

在月球轨道上运行 6 个月后，嫦娥二号还有 520 kg 剩余推进剂。随着主探测任务的完成，卫星任务团队决定将航天器移到拉格朗日 L2 点，这项任务建议由清华大学的科学家提出。2011 年 5 月，这项拓展试验任务正式对外宣布。L 点是拉格朗日（Joseph Louis

Lagrange）测出的引力稳定点，其中 L2 点距离地球 150 万千米，位于日-地-月的连线上。根据探月工程总设计师吴伟仁的解释，飞往 L2 点的目的是测试从未到达过的深空测控网络，观测太阳风，以及为无人火星探测任务铺平道路。嫦娥二号不是第一个到达 L2 点的航天器。1995 年，美国探索者 80 号任务（美国微波 Anistropy 探测器）到达过 L2 点。嫦娥二号的状态非常好，适合这一拓展性试验任务。这一阶段，数据总量已经达到 2.4 TB。

嫦娥二号新征程始于 2011 年 6 月 8 日，探测器将远月点（lunar apogee）提高到 3 583 km，周期为 5 小时 3 分钟。6 月 10 日，为了离开月球轨道，490 N 发动机持续点火 18 分钟。6 月 20 日，进行了轨道机动，8 月 25 日，再次进行了轨道机动，嫦娥二号到达 L2 点。这是迄今为止中国航天器到达过的离开地球最远的距离。太阳风离子探测器、X 射线谱仪、太阳高能粒子探测器和伽马射线谱仪开始收集数据，以 750 kbit/s 的速率在每天 4 小时的数据下行窗口期内传回数据。2012 年 4 月，嫦娥二号完成了一个完整的 L2 点 halo 轨道运行。

8.3.2　继续飞往小行星

嫦娥二号的后续任务（拓展试验）有若干选项，比如撞月、进入地球共振轨道（resonant Earth Orbit），或前往拉格朗日 L1 点，这些选项可能需要也可能不需要月球引力辅助（lunar gravity assists）。小行星是天文上最有趣的目标，例如 2005NZ6，2002AW 和 2010CL19 等小行星都曾被考虑过，但是这些都是阿波罗型小行星（Apollo - type asteroid）。这几颗小行星所需的速度增量分别为 55 m/s、367 m/s 和 37 m/s；相比之下，小行星图塔蒂斯（Toutatis）的速度增量高达 90 m/s，而嫦娥二号的剩余推进剂是充足的。

小行星图塔蒂斯（见图 8 - 6）长 4.75 km，宽 1.95 km。这是一颗在 1989 年发现的 S 型与火星轨道交叉（Mars - orbit crossing）的近地球粒小行星（near - Earth chondrite asteroid），绕日轨道周期为 4.02 年，与木星和地球共振，轨道最远达 2.5 个天文单位，自转周期为 5.38 天。2004 年，它与地球的距离接近 89.7 万千米。阿雷西博（Arecibo）和戈德斯通（Goldstone）的 Hazy 雷达观测台的观测数据显示这颗小卫星呈现不规则的哑铃形状。

事实上，2012 年 6 月宣布嫦娥二号的新拓展任务时，嫦娥二号已经在前往小行星的路上了，敏锐的业余天文学家注意到嫦娥二号似乎已经离开了拉格朗日 L2 点。嫦娥二号的剩余推进剂足以实现 120 m/s 的速度增量，嫦娥二号分别在 4 月 15 日、4 月 16 日、5 月 31 日和 9 月 24 日进行二轮四次轨道机动，实现了 6.2 m/s、22 m/s、32.9 m/s 和 46.5 m/s 的速度增量。此时，嫦娥二号只有 5 kg 的剩余推进剂，预计将于 12 月 13 日到达目的地。

当时并没有引起很多人的注意。在预定的小卫星拦截（interception）日期之后两天仍然没有相关消息，因此有人猜测任务失败了。事实上，在进入 1.205 AU 太阳轨道之前，嫦娥二号曾以 10.73 km/s 的速度，在距地球约 700 万千米的地方高速飞越（zoom past）

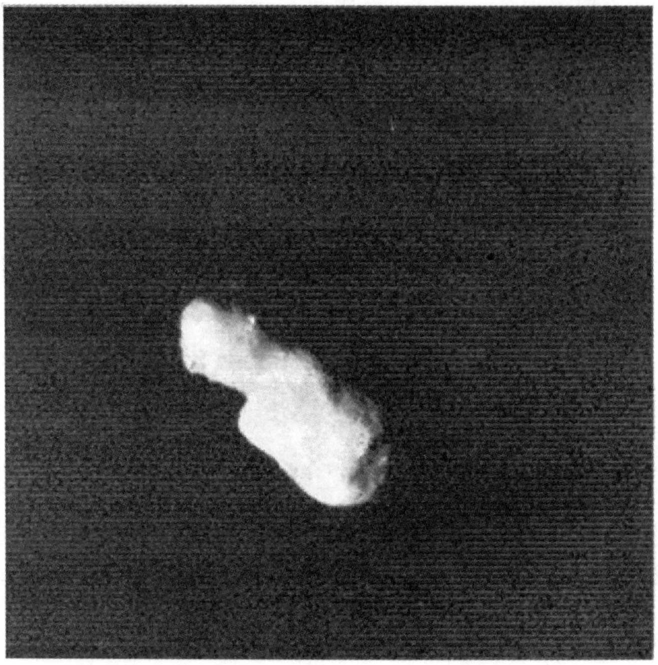

图 8-6　小行星图塔蒂斯［图片来源：HU Songjie］

这颗小行星，飞越时离小行星 770 m。到 1 月底，嫦娥二号距离地球有 1 000 万千米。以这样的速度飞越小行星对拍摄相机来说是个挑战，尤其考虑到航天器没有旋转扫描平台（swiveling scan platform）。信号发射器必须指向地球，同时相机必须对准小行星。用于月球测绘（lunar mapping）的高分辨率照相机只能拍到远距离图像。幸运的是，嫦娥二号携带了 4 个微型相机（miniature camera）：2 个位于太阳电池板上，1 个位于发动机附近，1 个位于定向天线（directional antenna）上。要拍摄小行星照片的唯一方法是使用两个太阳电池板上的微型相机（358 g，1 024×1 024 像素），每秒拍摄 5 张照片，功耗为2.45 W。相机开机持续 25 min，但是这颗小行星出现在相机镜头中的时间只有大约 100 s。在最近的飞越距离进行拍照是不可能的，拍到第一张图像时航天器距离小行星38 km，这张照片部分被太阳电池板挡住了。尽管如此，照片的分辨率还是达到了 3 m。第一张视场不受遮挡的图像拍摄距离为 85 km，分辨率为 10 m，图像显示小行星形状像狗的骨头，在太阳光的照射下，轮廓清晰可见，还能看到小行星上的陨石坑、土丘、石块和大石——这是一张完美的照片。300 张镜头照片随后被组合拼接并发表。这些照片暗示了小行星的碰撞、旋转、离散和重组的历史[5]。

到 2013 年 6 月底，嫦娥二号距离地球 5 000 万千米并且地面仍然可以对其进行测控，位于新疆和黑龙江的两个地面站投入使用，位于上海佘山的 65 m 天线天马（Pegasus）射电望远镜也提供了助力。到 2014 年 2 月，嫦娥二号距离地球 7 000 万千米，根据其运行轨迹，嫦娥二号将在 2029 年回归距离地球 700 万千米的位置。2 月 23 日，根据指令，嫦娥二号进入休眠状态（dormant）。到该阶段，下传的总数据量达到 3.5 TB。嫦娥二号存在被重新激活的可能，剩余推进剂可以实现探测器被地球重新捕获[6]。这一点是有先例的，1978 年发射的美国彗星探测器 ISEE 3（探索者 59 号）在 2014 年再次接近地球时差一点就被一群爱好者重新捕获。

如图 8－7 所示为佘山测控天线。

图 8－7　佘山测控天线［图片来源：GO TAIKONAUTS］（见彩插）

嫦娥二号取得了重大成就。嫦娥二号的月球地形图分辨率为 1.5 m，相比之下嫦娥一号月球地形图的总分辨率为 120 m。嫦娥二号月球地形图的数据为 800 GB，是有史以来最详细的月球地形图之一，仅次于美国月球勘测轨道器（Lunar Reconnaissance Orbiter，LRO）。嫦娥二号发现了铬元素和一个微磁层（micro－magnetosphere），并探测了月球上太阳风的加速和减速。嫦娥二号制作了一张高分辨率月球微波亮度地图（lunar microwave brightness map），地形图显示了寒冷区域，这些区域可能是年轻的陨石坑，其中最大的是阿里斯塔克斯（Aristarchus）、朗茨（Lents）、金（King）和布鲁诺（Bruno）。根据嫦娥二号的探测数据，月壤的厚度预计为 4～6 m，中纬度地区为 7.6 m；氦-3 的储量预计在 103 万～129 万吨之间；绘制了一张新的月球化学地图。

嫦娥二号发现小行星图塔蒂斯是一个满布碎石堆的小行星，由两个天体聚合而成，后来又被一个直径为 50 m 的天体撞击，形成了一个 800 m 的陨石坑[7]。嫦娥二号通过指令在计划的相遇时刻靠近预计的小行星位置，这是小行星拦截的最显著的特点之一，而嫦娥二号的精确位置是通过 X 波段信号获取的。1971 年，随着火星 2 号和 3 号探测器的发射，苏联研制出了自主导航系统（autonomous navigation），因此航天器可以在接近目标天体时进行自主调整。中国目前还没有开发出自主导航系统，所以地面控制需要根据预测的位置来调整航天器。毫无疑问，这是一个更困难的命题。770 m 拦截绝对是精确定位领域了不起的壮举①。

8.4 嫦娥三号和玉兔

嫦娥三号从一开始就被宣布为中国首次尝试登陆月球任务，并且将携带一辆月球车。与苏联在 20 世纪 70 年代登月的汽车大小的 Lunokhods 月球车不同，中国的月球车并不大，更像 1997 年 7 月抵达火星的美国火星探路者任务（America's Pathfinder on Mars）的旅居者号火星车（Sojourner rover）。嫦娥四号质量为 3 780 kg，航天器登月质量为 1 200 kg，其中巡视器（月球车）质量为 140 kg。

2008 年 2 月政府批准了嫦娥三号任务的实施，并由孙泽洲负责。各阶段耗时如下：任务设计 21 个月，初样（prototype）26 个月，正样（flight model）20 个月。2011 年年初进行了着陆器热点火测试（Lander hot-firing tests），2011 年下半年进行了着陆器场地测试。2012 年进行了发射场演练，2013 年 5 月在 KM-6 进行了为期 40 天的航天器热真空测试（spacecraft thermal vacuum test）。

嫦娥三号任务最具挑战性的部件是中国研发的首个 7 500 kN 可调推力发动机，其工作时间长达 1 200 s。一共进行了 100 多次点火试车（test firing），总时长超过 6 万秒。着陆是嫦娥三号面临的第二个挑战，需要研发自主避障系统（autonomous hazard-avoidance system），包括微波测距雷达（microwave ranging radar）、激光测距仪（laser range finders）、激光扫描成像仪（laser scanning imagers）和一个伽马射线高度计（gamma ray altimeter）。着陆容许的最高速度为 4 m/s，最高倾斜角度为 15°。如此设计的

① 嫦娥二号的拓展实验和再拓展实验验证了中国深空探测的能力，从距地球 38 万千米外的月球，到 150 万千米远的日地拉格朗日 L2 点，再到 700 万千米外的小行星，中国深空探测能力不断刷新。嫦娥二号卫星突破并验证了我国卫星对小天体探测的轨道设计与飞行控制技术，实现了我国航天飞行从 40 万千米到 700 万千米远的大跨越。嫦娥二号以 10.73 km/s 的相对速度与图塔蒂斯的深空交会，最近相距 3.2 km，这是我国首次开展小行星飞越探测。再拓展实验成功获取了图塔蒂斯宝贵的高分辨率图像数据，验证了小天体探测的轨道设计和逼近/飞越控制能力，为我国深空数据接收和测控跟踪积累了经验。我国继美国、欧洲空间局和日本之后成为第 4 个探测小行星的国家（组织）。

目的是可以应用到嫦娥五号上（尽管一个更大的返回舱将取代顶部的月球车，并增加一个钻头）。嫦娥三号的下一个挑战是月夜航天器保温所用的能源，中国开发了钚-238 放射性同位素加热器（plutonium 238 radio isotope heaterst），以确保航天器温度处在－20～＋55 ℃ 的范围内。中国在这方面的工作起步于 1971 年，经验相对欠缺[8]。

嫦娥三号月球车是由航天科技集团联合哈尔滨工业大学和香港理工大学共同研制的。中国在最早的核试验地点罗布泊模拟了月球表面，月球车的测试就是在那里进行的。月球车长 1.5 m，宽 1 m，高 1.1 m，可以爬升 20°，越过 20 cm 的障碍，行驶速度为 200 m/h，可以不间断行驶 10 km。计划勘测区域为 3 km^2。月球车由上海宇航系统工程研究所（Shanghai Aerospace System Engineering Institute）和北京航天器系统工程研究所（Beijing Institute for Spacecraft System Engineering，BISSE）共同制造。

如图 8－8 所示为设计中的月球车。

图 8－8　设计中的月球车（见彩插）

2013 年 9 月 11 日，嫦娥三号被运往西昌卫星发射基地。因为嫦娥三号比之前的探月航天器重了 1 300 kg，所以这次发射采用了运力更大的长征三号乙火箭（CZ－3B）。更大的运载能力也意味着更长的发射窗口，每天两次，持续 4 天[9]。

2013 年 12 月 1 日 16 时 30 分，中国的电视台播出了嫦娥三号发射的特别节目。西昌已经进入黑夜，长征三号乙火箭点火后即刻升空。后视摄像头（Look－back camera）拍摄到的壮观画面显示，火箭下面级正在下落，火箭飞往月球方向，边上的推力器正在点火，以保持完美的方向，而地球已经后退，融入背景中。可以看到航天器与火箭分离，并挡住了太阳，这个镜头呈现出了壮观的电影风格。航天器迅速展开了太阳电池板和着陆支架。嫦娥三号没有经过停泊轨道（parking orbit）直接进入 112 h 的转移轨道。12 月 2 日和 3 日，航天器执行了两次在途修正，并取消了不必要的第三次修正。测控服务由位于佳木斯和喀什的两个新测控站提供，而位于乌鲁木齐、上海、北京和昆明的其他测控站提供支持。

图 8－9 所示为嫦娥三号着陆器和月球车。

图 8－9　嫦娥三号着陆器和月球车

12 月 6 日 9 时 47 分，嫦娥三号进入 100 km 的圆形极月轨道（circular polar lunar orbit），7 500 kN 发动机点火 360 s。4 天后，也就是 12 月 10 日，嫦娥三号位于月球背面，并点火 240 s，将其轨道降至 100 ～15 km，最低点位于预定着陆地点上方。12 月 14 日，中国的电视对嫦娥三号着陆月球进行了直播，节目从 687 s 的动力下降（powered descent）开始。着陆器使用了主发动机和 28 个 10～150 N 的推力器，在整个下降过程中传输了 4 673 张图像。

嫦娥三号着陆器被命名为“玉兔”。玉兔号向着陆器的北边方向行驶了 10 m，然后拍摄了着陆器的照片；着陆器也拍下了玉兔号月球车和留在月面的车辙印。两器互拍也在电视台上播放，相机每秒钟拍摄十幅图像。月球车围绕着陆器按照半圆形轨迹行驶，三次行驶累计 21 m，并且一边行驶一边对载荷进行测试，最终停在出发点以南 180°的地方。

12 月 22 日，玉兔号在为期两周的月夜之前，完成了它在月球上的第一阶段工作。12 月 16 日至 20 日期间，玉兔号执行了一次休眠测试（test hibernation），并被成功唤醒。就在进入月夜之前，美国月球勘测轨道器（LRO）的高分辨率相机在距 150 km 的月球上空发现了嫦娥三号着陆器和距着陆器 40 m 处的玉兔号月球车。LRO 任务也通过寻找和拍摄早期美国阿波罗和俄罗斯 Luna 任务的着陆点而成名（achieve distinction）。嫦娥三号的落月点的东边 60 m 就是直径 450 m、深 40 m 的陨石坑（要么是运气好，要么是技术好），后来这个陨石坑被命名为紫薇。嫦娥三号着陆器和月球车所处的地区挨着一条 100 km 长的山脊，这条山脊将颜色较浅和较深的月海区分开来。

玉兔号的设计能力是能够越过高达 200 mm 的障碍，并具备 20°的爬坡能力。搭载了两台导航相机和两台避障相机。控制人员已经设定好了行程路线，玉兔号按计划出发，在感兴趣的地方停下来，用携带的仪器进行探测，将数据传回地面后继续行驶[10]。月夜之后，当太阳在月球地平线上超过 15°时，玉兔号就会被唤醒。

中国宣布玉兔号在 1 月 11 日 05：09 被唤醒，着陆器在 08：21 被唤醒。玉兔号向西行驶，开启了首次为期两周的完整月昼之旅，并按顺时针方向返回到着陆器［LRO 随后拍摄到了玉兔号的轨迹（tread marks）］。据了解，玉兔号的车轮在 1 月 15 日卡住了，距离着陆器大概 15 m。Lunokhod 月球车运行了 11 个月，Lunokhod 2 号月球车运行了 5 个月，这也是对玉兔号的运行时间预期。

最后，确定是电子问题：控制电路（control circuit）出了故障。出现电路不通的确切原因还不得而知，失效的元件的尺寸非常小[11]。玉兔号的行驶总距离为 119 m，与旅居者号 100 m 的行驶距离相近。表 8－2 展示了地球以外无人巡视器的行驶距离对比。

表 8－2　月球和火星上的无人巡视器（月球车、火星车）行驶距离对比

着陆时间	巡视器名称	距离
1970－11－17	Lunokhod	10.54 km
1973－1－1	Lunokhod 2	42 km
1997－7－4	旅居者号(Sojourner)	100 m

续表

着陆时间	巡视器名称	距离
2004	火星探测漫游者任务的勇气号(MER Spirit)	7.73 km
	火星探测漫游者任务的机遇号(MER Oportunity)	45.2 km
2012-8-1	好奇号(Curiosity)*	20.3 km
2013-12-5	玉兔号	118.9 m
2019-1-3	玉兔二号*	120 m

注：* 表示截止到 2019 年 2 月，仍然在运行中。

到 2014 年年底，玉兔号的电压下降，但各种功能仍然正常。到 2015 年 12 月，也就是登月两年后，玉兔号仍然能够向地球发送信号，这使得玉兔号成为月球上能够持续发送信号的寿命最长的月球车。玉兔号仍然可以拍摄照片，测月雷达和光谱仪仍然正常工作（虽然只能在同一固定地点工作）。2016 年 8 月 3 日，中国宣布玉兔号月球车任务结束，但着陆器仍然继续传回数据，并且在经历了 44 个月夜后，到 2017 年仍在正常工作。目前还不确定嫦娥三号能持续运行多久，但它的电源可以持续供电 30 年。第二年，中国探月工作又登上了头条，利用亚平山脉的阿波罗 15 号激光反射器，反射回了激光信号，（通过测距实验）云南天文台李语强团队测量出到月球的距离为 385 823.433 km。阿波罗 15 号激光器是目前月球上仍在运行的 4 个激光器之一，其他 3 个分别是阿波罗 11 号、14 号和 Lunokhod 2。此前只有俄罗斯、美国、法国和意大利进行过月球激光成像，但中国打算在未来的某个阶段在月球上部署一个激光反射器[12]。

2018 年 12 月，嫦娥三号在登月 5 年后，根据指令进入休眠状态，这样它的信号就不会干扰嫦娥四号在月球背面的着陆计划。当时是嫦娥三号的第 63 个月夜，放射性同位素热源（RHU）为其保温。

8.4.1 嫦娥三号的科学①

尽管玉兔号遭遇了意想不到的搁浅，但是玉兔号和嫦娥三号着陆器仍然完成了令人赞叹的科学探测。仅在前 4 个月，着陆器就传回了 118 GB 的数据，玉兔号月球车传回了 32 GB 的数据，到 2015 年年底，数据总量已达到 2.86 TB。嫦娥三号搭载了 8 种科学仪器，见表 8-3。

① 2013 年 12 月 2 日，嫦娥三号探测器发射升空，12 月 14 日嫦娥三号着陆月面，着陆器和巡视器（玉兔号月球车，如图 8-10 所示）实现分离，中国首次实现月面软着陆和巡视勘察；12 月 15 日，着陆器和巡视器互拍成像，标志着嫦娥三号任务圆满成功。嫦娥三号着陆器携带了地形地貌相机、降落相机、月基光学望远镜、极紫外相机 4 种科学仪器。巡视器（玉兔号月球车）携带了全景相机、测月雷达、红外成像光谱仪、粒子激发 X 射线谱仪 4 种科学仪器。

图 8－10　嫦娥三号巡视器：玉兔号（见彩插）

表 8－3　嫦娥三号科学仪器

探测器	载荷	作用
着陆器	360°地形地貌相机(360° mast－mounted topography camera)	研究地形地貌特征
	降落相机(landing camera)	着陆时拍照
	极紫外相机(Extreme Ultraviolet Camera，EUC)	拍摄地球白天的极紫外图像
	150 mm 月基紫外望远镜(150 mm Lunar－based Ultraviolet Telescope,LUT)	月基光学观测
玉兔号月球车	全景相机(Panoramic mast－mounted camera)	获得巡视区域的月表图像
	测月雷达(Lunar Penetrating Radar,LPR)	测量月壤、分层，测量深度可达 30 m
	可见光近红外成像光谱仪(Visible and Near Infrared Imaging Spectrometer,VNIIS)	研究物质组成
	粒子激发 X 射线谱仪(Alpha Particle X－ray Spectrometer,APXS)	研究月表物质

资料来源：中国国家航天局在 2015 年 6 月在维也纳举办的第 58 届 COPUOS 大会上的报告：《嫦娥四号国际合作初步建议》。

在玉兔号（因为电子线路问题）不能继续行走之前，玉兔号上的粒子X射线谱仪和红外成像光谱仪进行了四组测量，测月雷达开机并执行了8次测量。粒子X射线谱仪通电后下降到距离月球表面2 cm处，并识别出岩石中8种主要化学元素（Mg，Al，Si，K，Ti，Ca，Cr，Fe）和3种次要化学元素（Sr，Y和Zr）。粒子X射线谱仪由紫金山天文台研制。测月雷达测量了月球表面以下土壤并给出了10～140 m深度的次表层土壤（subsurface soil）图像，探测频率为500 MHz，分辨率为30 cm，低频通道为60 MHz。探测结果显示月壤的深度在1～2 m之间，而且根据雷达数据，有可能绘制出深度至360 m的7个次表层（subsurface layers）横截面，有5个明显不同的熔岩充填期。因此，科学家们有理由认为着陆点是年轻的、多层的地形[13]。嫦娥三号着陆区（见图8-11）的熔岩流比较年轻，大概有30亿年历史，月壤很薄，土壤富含铁，但钛含量水平中等，有多种玄武岩。

紫薇陨石坑代表了最主要的地形特征，大部分着陆区域覆盖的是紫薇陨石坑的溅射物。年龄估计在2 700万～8 000万年之间，属于哥白尼晚期。除了北面有断裂的地方，陨石坑有一圈明显的边缘。附近有一块名为龙岩（Loong rock）的大石，相邻区域还分布着四个小陨石坑：玉井、天门、天坛、天谷。有非常明显的外界撞击产生的击穿原始岩石的痕迹。根据凌宗成及其同事的研究，与其他月海地点不同，着陆区域属于新型月海橄榄玄武岩，易变辉石和辉石的氧化亚铁含量高，这些都是形成于岩浆海洋晚期，这一阶段致密的钛铁矿石（ferropyrosene ilmenite）陷入到了铁橄榄石（ferroan olivine）和斜方辉石（orthopyroxene）[14]。与美国的阿波罗计划和苏联的Luna计划的月球采样进行对比，这些详细数据使中国科学家得出如下结论：嫦娥三号着陆区域的玄武岩为新型月海玄武岩（mare basalt），这种玄武岩此前从来没有被取过样，代表了月球上一些年轻的火山作用，富含橄榄石和钛铁矿，但是分层模糊。嫦娥三号对不少于582块超过5 cm的岩石进行了分类和分析。

根据在着陆点探测所获取的信息外推（extrapolated）出了关于月球演化的更适用的结论。月球的外表面是深度大约5 m的月壤，由溅射物、岩石和土壤组成，月尘厚度大约为70 cm。对月球历史的重新解读有可能得出这样的结论：这些盆地形成于39亿年前的轰炸期（bombardment）。从那时起直到31亿年前，这些盆地里都充满了玄武岩岩浆，这时磁性趋于消亡，尽管一些火山活动一直持续到25亿年前。地下有四层：重塑层（$<$1 m）；溅射物层（$<$6 m）；古月壤（paleo-regolith）（$<$11 m）和下面的月海玄武岩。低频雷达探测出了玄武岩、火山岩和火山碎屑岩这些更深的结构，以及至少三次400 m深的雨海火山活动（Imbrium volcanic events）。嫦娥三号使得绘制反映哥白尼（Copernican）、厄拉托尼（Erastothenian）和雨海（Imbrium）事件的横截面图成为可能。对月球历史的修正，尤其是月球最近地质阶段的修正，引起了整个国际月球界的注意，尤其是美国。

嫦娥三号着陆器仍在运行，知名度最高的要数天文望远镜了。当然，在月球上部署望远镜已有先例，阿波罗16号曾经于1972年将望远镜带到了月球。极紫外线相机（EUV）一直工作到2014年6月，传回了388张地球等离子层的图像（超过230 h）。月基天文望

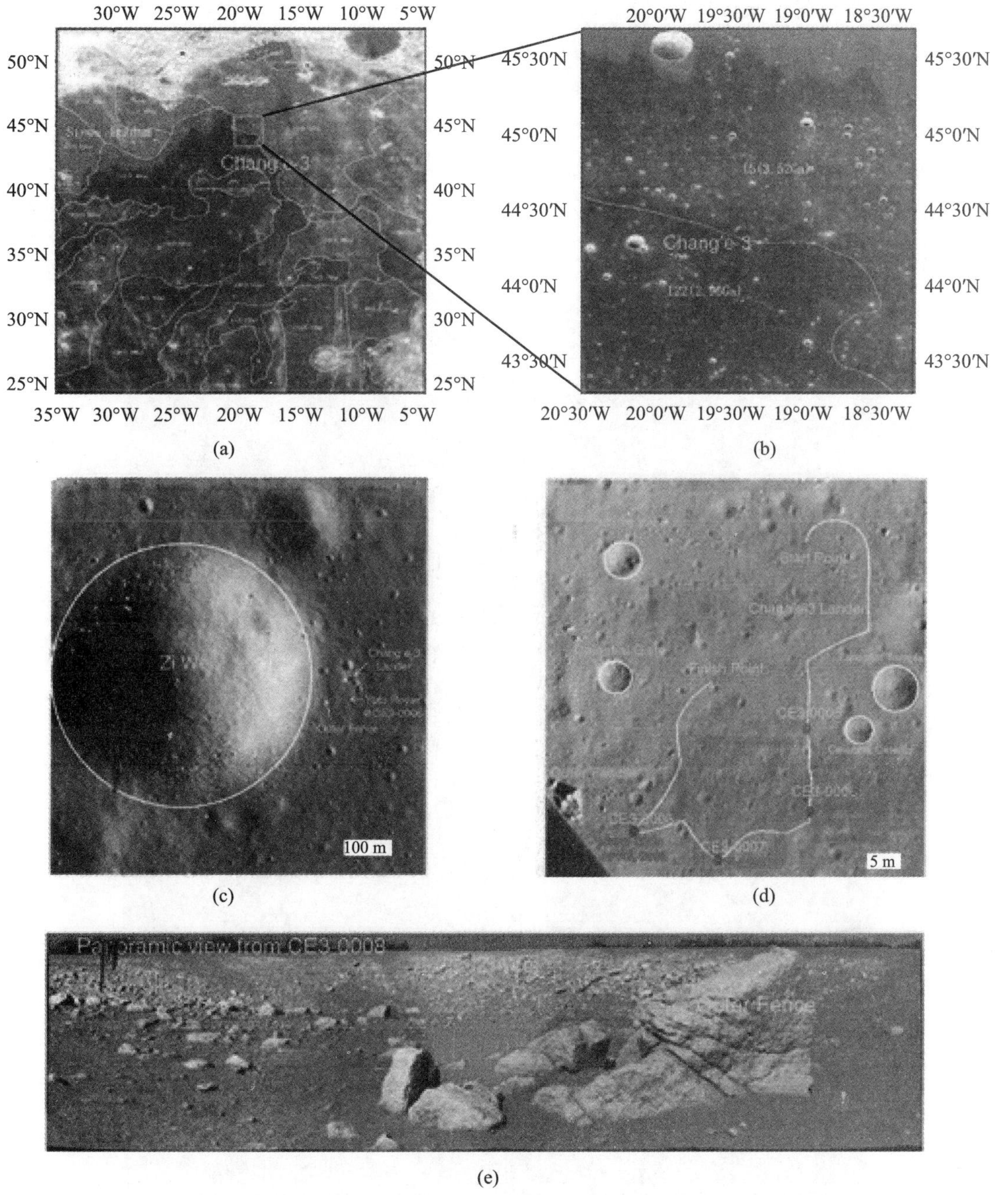

图 8-11　嫦娥三号着陆点：《施普林格自然》& 凌宗成

远镜（LUT）传回了 32 000 张恒星场（star field）图像，天文望远镜每天工作 18 个小时，具备在没有任何干扰的情况下观测 14 星等恒星的能力。首先，天文望远镜开始绘制基于月球的星图（star map）（天龙星座的 23 个天体），同时将对双星 TW-Draconis 的观测结果与 589 个早期数据点进行比对，从而使识别出三个周期性变化成为可能，并且观测发现该双星系统有两个环绕双星伴星（circumbinary companion）[15]。2015 年 4 月，该望远镜拍摄了 246 张地球造成的日食（正常情况下，望远镜在月夜停止运行）；到 2015 年 9 月，该望远镜进行了 2 144 小时的天文测量，并对 36 颗恒星进行了 945 h 的观测。2016 年 2 月，望远镜拍摄到了一张非常出名的 M101 风车星系（Pinwheel galaxy）图片。搭载仪器还测量了月球外大气层中 OH 自由基（radicals）的密度，并发现了低水平的羟基（hydroxyl），表明月球非常干燥——这对那些希望在月球找到地下水的人来说是一条不好的消息。该仪器还测量了月球外大气层的含水量。

图 8－12 所示为轨道上看嫦娥三号。

图 8－12　轨道上看嫦娥三号［图片来源：美国国家航空航天局］

嫦娥三号拍摄的地球的照片清楚地显示了等离子层。美国的探索者任务 IMAG 和日本的月球轨道飞行器 Kaguya 已经发现了地球等离子层，但是却没有做到从月球表面进行持续观察。2014 年 4 月 20 日至 22 日期间，嫦娥三号探测到等离子层中的三个凸起（bulge），这与亚暴同时发生，并追踪到极光的椭圆形扩张、沉降和放射。

8.5　嫦娥五号 T1 试验器

在中国探月计划的早期，嫦娥五号被定为第一个采样返回任务，最初计划发射日期是2017 年。但是 2014 年 8 月，中国宣布在采样返回任务之前要发射一次先导试验任务（precursor mission），卫星 8 月份抵达西昌卫星发射基地，很快被命名为嫦娥五号 T1 试验器。T1 试验器是基于嫦娥二号，也就是 DFH－3 平台建造。质量为 330 kg 的返回舱“小飞”位于航天器顶部（类似于神舟）。T1 试验器携带了 1 065 kg 的推进剂，总质量为 2 450 kg。

2014 年 10 月 24 日，嫦娥五号 T1 试验器在西昌卫星发射基地由长征三号丙改二型运载火箭（CZ－3G2）发射升空。T1 试验器将在自由返回轨道（free－return trajectory）上进行简单的绕月飞行，然后高速返回地球，类似于苏联于 1968 年发射的 Zond 5 任务和随后的三次 Zond 任务。从技术上讲，这个轨道是延伸到月球的地球轨道。火箭的最后一级和 T1 试验器飞越月球，最后进入一个大椭圆地月轨道。10 月 27 日，嫦娥五号 T1 试验器在11 300 km 处飞越月球，并返回地球，拍摄了地月系统的彩色照片。T1 试验器中途做了 6 次轨道修正，最终达到完美的位置，准备再入，此时返回舱“小飞”与 T1 试验器分离。这是一次复杂的机动，必须仔细计算并达到相当高的精度[16]。虽然这是一次技术验证任务，但也搭载了少量“乘客”：种子和乳酸菌（lactic acid bacteria）。

27 日，T1 试验器返回地球时，尝试采用弹跳式（double－dip skip）再入返回轨道，这和苏联 Zond 任务类似。就像用鹅卵石打水漂一样，探测器（高速）进入大气后，又被弹起，然后再入大气层，这时速度就会降低。与此同时，T1 试验器执行规避机动（avoidance maneuver）以阻止 T1 试验器进入地球大气层。此时，“小飞”进入到了任务最关键的阶段：如果跳跃操作失败，它将沿着高速高温的弹道返回，并最终落入印度洋（如果隔热层能够承受住高温的考验）。如果跳跃成功，返回舱的速度会降低并将以更安全的速度降落到预定着陆点。当嫦娥五号 T1 试验器高速飞向地球时，发回了一张包含四分之三地球的图像，照片是蓝白基色，唯一可见的陆地是澳大利亚及其黄褐色的中西部沙漠地带。

红外地面相机捕捉到了“小飞”正在进行大气再入，11 月 1 日凌晨，返回舱降落在预定返回区域。在着陆 14 分钟后，返回舱很快被回收，照片显示它确实是小型的神舟号设计（苏联的 Zond 返回舱也和联盟号一致）。返回舱的底部和一侧灼烧严重。“小飞”返回再入时间表见表 8－4。

表 8－4　“小飞”返回再入时间表

05:53	5 000 km 高空释放返回舱，返回速度为 10.8 km/s
05:56	T1 试验器进行规避机动(Evasive maneuver)
06:10	再入定向
06:12	120 km 处地球交互
06:15	跳跃

续表

06:22	二次大气再入
06:26	出黑障区
06:32	降落伞展开
06:42	着陆
06:46	回收

注:信息来源 Wallonie Espace。

尽管已经取得成功,但这并不是这次任务的终点。主 T1 试验器还有 800 kg 推进剂,释放“小飞”后,试验器进行了 2 次点火,以进入远地点 600 km,近地点 54 万千米的椭圆地球轨道。11 月 9 日,T1 试验器到达了远地点,并转身拍摄了一张地月合影(Earth and the Moon in the same frame),照片中,地球在前面,月球在远处。11 月 23 日,嫦娥五号 T1 试验器再次飞越月球,执行了重力辅助机动(gravity - assist maneuver)以飞往拉格朗日 L2 点,这是中国第二颗到达 L2 点的航天器。12 月,中国宣布两次发动机点火后,嫦娥五号 T1 试验器已达到 L2 点,并进入距离地球 421 000 km,距离月球 63 000 km,周期为 14 天的 halo 轨道。

这仍然不是此次任务的终结。2015 年 1 月 4 日和 11 日,嫦娥五号 T1 试验器发动机点火,离开 L2 点并制动进入月球轨道。T1 试验器的初始月球轨道是近月点 200 km,远月点 5 300 km,周期 8 h,倾角 43.7°。1 月 13 日 T1 试验器进行轨道机动,进入到周期为 2 小时 7 分的 200 km 圆轨道(circular orbit)。2 月 6 日至 8 日,T1 试验器进行了三次机动,以测试在月球轨道与假想目标(phantom target)的交会,T1 试验器于 3 月 7 日至 9 日期间扮演上升器(asend stage)角色,在 18~180 km 的轨道上追赶主航天器。之后,卫星继续执行对未来的着陆点进行测绘摄影任务,以及绘制重力场(the gravitational field)任务。

2015 年 5 月,嫦娥五号 T1 试验器在月球轨道上录制了一段两分钟长的地球视频。6 月,对月球表面进行了三次拍摄,获得了 3 000 张分辨率为 2.5 m 的照片。在 2015 年 8 月 30 日至 9 月 2 日期间,嫦娥五号 T1 试验器将轨道降低到 20~80 km,以获得未来嫦娥五号着陆点的 1 m 分辨率图像。自此之后就没有进一步关于嫦娥五号 T1 试验器的报告了,也没有宣布任务终止,但是在 2018 年 12 月嫦娥四号的业余卫星追踪爱好者最终发现了试验器的信号,这表明嫦娥五号 T1 试验器仍然在运行。这次飞行试验任务使用小型航天器测试了地月系统中的轨道、路径、轨迹和机动,是一次非常了不起的任务①。

① 嫦娥五号 T1 飞行试验器,是中国探月工程第三阶段的月球探测器嫦娥五号发射前用于技术工程试验的一颗探路星,主要承担探月工程三期的绕月高速返回地球技术的实践验证等任务,为优化完善嫦娥五号任务设计提供技术支撑。自 2014 年 10 月 24 日发射升空至 11 月 1 日如约返回地球,8 天时间,嫦娥五号的探路者“小飞”成功实现地月往返。这次回收试验飞行,为未来中国成功实现月球表面样品的采样返回奠定了坚实的基础。

8.6　嫦娥五号

月球采样返回任务是中国探月工程“绕、落、回”三步走的第三步。这是嫦娥五号和嫦娥六号的既定目标。这也有先例可循，苏联在 20 世纪 70 年代利用其强大的质子火箭（Proton）发射了 Luna 16 号、20 号和 24 号，成功地进行了 3 次采样返回任务。这次中国的探月航天器质量为 8 200 kg，比以往任何探月航天器都要大，几乎是 Luna 系列卫星的两倍，嫦娥五号需要新的长征五号运载火箭。嫦娥五号任务于 2011 年 1 月 1 日获得正式批准。

本来嫦娥五号可以采取 Luna 任务一样的设计架构（profile），直接从月面起飞上升。苏联人已经巧妙地设计出了返回轨道，要求分秒不差地精确执行月面点火。这样，返回舱就可以被地球的引力捕获，而不需要进行返回途中的轨道修正。这种设计减小了航天器的质量，但缺点是限制了着陆点的范围，因为着陆点要满足卫星轨迹苛刻的数学参数。相反，中国决定采用更复杂的月球轨道交会方法（lunar orbit rendezvous method），这也是美国和苏联在载人登月计划中采用的技术。这种技术的好处是，航天器可以在月球表面的任何地点着陆，带回更重的采样，同时可以对以后可能应用在火星轨道上的技术进行验证。2014 年发布的任务架构（mission profile）介绍了嫦娥五号的任务：5 天的月球轨道滑行，轨道分别为 200 km 的圆形月球轨道，15～200 km 的下降轨道，15 km×180 km 的上升轨道；10 天的月球轨道运行；5 天的返回；返回器分离高度为 5 000 km，从 60 km 跃升至 140 km 的高度，第二次再入后降落伞在 10 km 的高度展开[17]。预计任务成本为 190 亿元（25 亿欧元）。任务将在月球表面以下 2 m 处提取 2 kg 的岩芯样本。2017 年，欧洲空间局（ESA）同意使用其在库鲁（Kourou）和加那利群岛马斯帕洛马斯（Maspalomas）的天线提供任务测控。

嫦娥五号发动机为新研制的 3 000 N 发动机，轨道器和上升器都配备该发动机。2013 年 12 月，进行了首次发动机试车。截至 2014 年 11 月底，该发动机已成功进行了 37 次试车。2015 年 1 月，9 天内又进行了一系列试车，3 月底下降器/上升器获得批复。2015 年夏，在真空舱内进行了姿态控制推力器（attitude control thrusters）测试，对着陆器进行了六分之一重力条件的模拟测试，此外进行了从长征五号分离出来的试验。夏天进行的着陆器和轨道器推进系统的可靠性测试都很成功。用于月球轨道交会的雷达和神舟飞船上用于轨道交会的微波和激光测距雷达一样，只是尺寸更小。2015 年 12 月，雷达系统也通过了定标试验。2013 年 11 月开始了再入返回舱的测试，首先进行的是五次下降试验；采样机械臂于 2014 年交付。对需返回的采样进行检测的月球接收实验室（lunar receiving laboratory）的相关工作启动，开始对一些岩石进行测试，探索生成氧气的可能性。

采样钻头是嫦娥五号任务最重要的组成部分之一，模拟测试主要针对 5 种高密度玄武岩、砂岩和黏土砖，这些模型覆盖了可能遇到的月海多孔玄武岩和角砾岩[18]。需要特别注意的一点是钻头不能过热、不能断裂，这个问题也困扰了苏联的探测器。在真空实验室进行的测试（不能通过空气散热）表明钻头温度可以在 4 min 内达到 250 ℃，面临断裂的风险。因此，建议将转速控制在 120 r/min 并要暂停 5 min。

2017 年 6 月，中国宣布已选定月球吕姆克山脉（Mons Rümker）（见图 8 - 13）东北方向 150 km 处作为嫦娥五号的着陆点，这是一片独立的高地，由 22 个直径为 70 km 的火

图 8 - 13　阿波罗 15 号拍摄的吕姆克山脉［图片来源：NASA］

山圆顶组成，位于月球西北方，比风暴洋（Ocean of Storms）高出 1 300 m。着陆点与镰刀状风暴洋和露湾（Bay of Dew）北端接壤，后者通向月球极地地区和侏罗山西部（Jura Mountains）。那里可能有比阿波罗或 Luna 任务返回的岩石样本年轻得多的火山岩，着陆地点的选址受到了海外月球地质学家/月球学家的欢迎。印度的月船 1 号（Chandrayan 1）

的矿物探测仪的数据显示其地质年龄是 13.3 亿年，而阿波罗任务的样本年龄是 300 万年①。

表 8 - 5 列出了目前的嫦娥系列任务。

表 8 - 5　目前的嫦娥系列任务

探测器	时间	运载火箭
嫦娥一号	2007 - 10 - 24	CZ - 3A
嫦娥二号	2010 - 10 - 1	CZ - 3C
嫦娥三号	2013 - 12 - 1	CZ - 3B
嫦娥五号 T1 试验器	2014 - 10 - 24	CZ - 3CE
鹊桥	2018 - 5 - 21	CZ - 4C
嫦娥四号	2018 - 12 - 7	CZ - 3B

注：全部从西昌卫星发射基地发射。

8.7　火星探测：萤火计划

在中国的深空探测计划中，火星探测紧随探月工程之后，这其实并不奇怪。2003 年夏天，中国科学院空间科学与应用研究中心专家刘振兴的报告称已经在 863 计划行星探测研究项目的支持下开展了对火星的研究。这项研究的第一阶段主要调研了迄今为止其他国家对火星的探测活动和取得的成果，这有助于研究人员为火星探测草拟初步的科学目标并勾勒出航天器的设计概要。刘振兴大胆地提出中国现在应该研究无人火星探测关键技术，如轨道计算、合适的发射系统和深空测控网络。这也和新探月工程的方法类似：首先进行理论研究，然后就各种可能的卫星任务的范围和规模进行论证，最后将决策落实为具体的项目。从 20 世纪 90 年代末开始，高校开始发表一系列关于火星探测的科学论文。2005 年 5 月，《上海日报》刊登了一颗小型航天器环绕火星飞行模型。

俄罗斯为中国提供了一次尽早发射小卫星对火星进行探测的机会。自从 1996 年火星 8 号坠入太平洋以来，俄罗斯一直试图重返火星探索。由于财政问题，俄罗斯多次重返任务都有始无终，正在准备的一项火星探测任务是福布斯取样返回任务（Phobos Sample Return，即福布斯土壤探测器），计划从火星的小卫星火卫一（Phobos）采样并返回。对俄罗斯人来说，中国加入该任务将具有巨大的吸引力，因为中国将带来资金投入，这样就解决了俄罗斯火星任务的财政问题，并使任务最终发射变得更加板上钉钉。尽管中国的参

① 嫦娥五号探测器原本计划于 2017 年 11 月发射，但因故推迟。它全重 8.2 t，由轨道器、返回器、着陆器、上升器 4 个部分组成。嫦娥五号发射的困难主要在于 4 个方面：月球轨道的交会对接、月面采样、月面起飞和高速返回。成功落月后，它将在月球表面采集约 2 kg 重的月面土壤等样本，然后封装放进着陆器的上升段——该段从月面点火升空进入月球轨道，并与轨道器和返回器的联合体交会对接，将样品转移至返回器内。随后，轨道器携带返回器点火飞向地球，在进入大气层前分离，轨道器脱离于太空中，返回器将降落在内蒙古的草原上。

与使任务变得更加复杂，但与科学上的回报和带来的资金相比，这些都不那么重要了。在任务后期，中国香港理工大学的专家们还提供了一台 400 g 重的仪器用来磨碎火卫一岩石，以服务于俄罗斯着陆器进行原位探测。

双方于 2007 年 3 月 26 日签署了协议。福布斯取样返回任务将搭载一颗重 115 kg 的萤火一号卫星（中国古代的天文观测称火星为“荧惑”）。萤火一号的主要功能是经过精心挑选的。其科学目标包括：探究火星的磁层、等离子体分布、太阳风与火星的相互作用、重力场，并确定火星水消失的确切原因。据时任国家空间科学中心主任吴季介绍，最近大多数火星任务都侧重于“发现水源来寻找生命”的方法，这意味着火星大气被忽视了。这项计划中的任务将在时间上远远领先于美国的小型火星大气与挥发性演化（Mars Atmosphere and Volatile Evolution，MAVEN）探测器，后者原定于 2013 年发射。萤火一号对火星大气的探测可以为了解火星的气候历史和水从火星表面消失提供重要的线索。

福布斯土壤探测器（见图 8 - 14）到达初始火星椭圆赤道轨道（800 km×80 000 km，周期 72.8 h，倾角 0.7°）后，将运行三圈，然后将萤火一号释放入轨，分离速度为 2 m/s。之后，福布斯采样返回任务将进行机动，在 9 700 km 的高度进入火卫一轨道。俄罗斯和中国将进行同步仪器定标，并将同步收到在完全不同轨道上两个航天器的电离层报告，这是科学上的额外回报。萤火一号的预期轨道是椭圆轨道，穿过火星尾部的等离子层（plasma sheet），绕火星侧面运行，并穿过位于火星正面（面向太阳一侧的）弓形激波（bow shock）和磁鞘（magnetosheath）。这项中俄联合任务将持续 2 年。萤火一号将保持在分离时的轨道上运行（800～80 000 km），但随着时间的推移，它可能会受到太阳辐射和火星非球面形状（non - spherical shape）的干扰，倾角落入 21.7°～36°的范围。位于上海、北京、昆明和乌鲁木齐的地面站将监测萤火一号轨道，精度可以达到 100 m。中国也得到了欧洲空间局和俄罗斯深空测控网络的支持。中国以通信卫星平台为基础进行了嫦娥一号的研制，而萤火一号是海洋卫星的缩小版本，这颗小航天器的尺寸为 75 cm×75 cm×60 cm。卫星搭载了一个 950 mm X 波段天线用于通信，搭载了一台 12 W 的发射机，频率分别为 8.4 GHz 和 7.17 GHz，数据速率为 8 bit/s～16 kbit/s，还搭载了 2 个太阳能电池阵列，每个阵列包含 3 个部分，宽为 5.6 m，功率为 90～180 W。有效载荷包括 200 m 分辨率的宽视场相机（1.3 kg），星对星无线电掩星探测器（3 kg），256nT 的磁通门磁强计（2.5 kg），和含有离子分析仪（20 eV～ 15 keV）和电子分析仪（20 eV～15 keV）的等离子探测装置。

萤火一号搭载的相机已经在地面进行了大量测试，并拍摄了月球图像来验证相机性能。在距离火星 80 000 km 的地方拍摄火星，火星将占据大部分相机视场，但是相机变焦后将能够对 525 km×729 km 的火星地形进行成像。这台照相机不是用来测绘的，萤火一号也不具备这项能力，而是用来监测火星沙尘暴和公众科普（public outreach）。磁强计位于太阳能电池板的末端，距离萤火一号探测器的中心 3.2 m，两个传感器相距 45 cm。等离子体探测包（plasma instruments）包括两个相同的离子分析仪，用来测量即时等离子水平和逃逸率。与福布斯土壤探测器联合进行的掩星试验是最不寻常的试验之一。福布斯

图 8－14　福布斯采样返回卫星的最后阶段准备工作（见彩插）

土壤探测器将在 416.5 MHz 和 833 MHz 的频率上向萤火一号接收器发送信号。当信号穿透火星电离层时会发生频偏（frequency shift），这就使探测电离层特征和测量其电子密度成为可能。通常情况下，信号传送的时机是两个航天器处于火星背后各自轨道的两端时，这样可以获得火星大气最平的角度。另一项试验是为了验证苏联探测器福布斯 2 号的一项发现而设计的，即火星外层有尘埃环紧跟着火卫一，如果得到确认，那么其原理是什么？

萤火一号及时抵达莫斯科，为 2009 年 10 月的发射做好准备。搭载萤火一号给福布斯土壤任务带来了更多的资源，但是科学家们也变得更加紧张，因为他们要努力在不到两个月的时间内将两个航天器总装到一起，以及时赶上发射。在发射前一个月，最后一次团队任务评审决定将任务推迟到两年后的下一个发射窗口。这不是唯一一个推迟的任务，已经做好了更充足准备的美国火星科学实验室（Mars Science Laboratory）——好奇号也同样被推迟到2011年。

2011年11月8日晚，福布斯土壤探测器最终由天顶2SB运载火箭发射升空，进入206～341 km，倾角51.4°的停泊轨道（parking orbit）。推进剂占主要部分的13 500 kg火箭上面级（upper stage）没有成功点火，结果困在了地球轨道上。接下来的两周里，航天器计算机每天发出指令，在南美上空进行火星轨道插入点火（Mars insertion burn），对航天器进行定向，并进行点火前的机动（pre - firing maneuver）。出错的控制系统在每一次点火前就关闭系统，造成点火始终没有成功。点火前机动（pre - burn maneuver）虽然逐步提高了轨道，但是同时也消耗了推进剂。有一段时间，欧洲空间局通过澳大利亚的测控站和福布斯土壤探测器取得了联系，但是俄罗斯地面控制人员没能成功和探测器取得联系，以补救系统故障。航天器最终于2012年1月在智利附近的太平洋坠毁。一项调查将事故归咎于设计糟糕的计算机控制系统，采用了不合格的器件，此外通信系统只能在深空工作，无法在低地球轨道工作，而缺乏海上测控系统（在南美上空进行的关键火星轨道插入点火时需要测控）更助长了这次事故。这是对早期火星8号失败的一次令人懊恼的重复。

这么一项巧妙的探测任务却功败垂成，中国没有表露对这个结果的失望，虽然这使中国丧失了从火星获取数据的第一次机会。在重新考虑火星探测计划时，中国曾表露了和探月工程一样，尝试火星探测三步走：先后发射轨道器、着陆器/巡视器和取样返回任务，即“绕、落、回”。863计划支持了轨道、导航、传感器、天线和远程通信研究。对于着陆系统，北京空间机电研究所（BISME）测试了倾向于实际使用的包含6个气囊的系统，雷达方面的工作也开始展开，这些表明未来火星任务倾向于选择更加精确，同时也更加复杂、更加困难的动力下降着陆方法。

随后，越来越多的任务规划论文发表，如关于最佳卫星轨道和在途轨道修正等。上海宇航系统工程研究所的袁勇对测火雷达的概念进行了概述；钱学森实验室的陈颖介绍了她的用气球携带仪器来研究火星的组成、结构和大气特征的概念[19]。南京航空航天大学的姚克明和他的同事们提出了一种可以在火星的稀薄大气中飞行的飞行器[20]。美国工程师早在20世纪70年代就开始推动这样一项卫星任务，却一直没有吸引到资金，但最终实现了在2020年发射的第二项火星科学实验室任务（Mars Science Laboratory mission）上搭载了一架直升机。

后来形成了一份提交给政府的关于2015年发射中国火星任务的建议书，建议使用DFH卫星平台，通过气动减速（aerobraking）进入预定的着陆前轨道。该任务建议包括，研制一个2 000 kg的轨道器和一个小型验证着陆器，运载火箭是长征三号乙，发射窗口为2016年年初，并在当年晚些时候到达火星。在气动减速后，轨道器进入的计划路径是椭圆极轨道，最低点为300 km。其目的是探测火星的环境和分析火星表面的化学物质组成。计划搭载的有效载荷包括，相机、测火雷达、红外光谱仪、伽马射线谱仪、高能粒子探测仪、太阳风粒子探测仪，和负责信息传回的2个X波段天线。

8.8　中国火星 2020 任务

最终，获得批准的任务建议是一项更加雄心勃勃的任务，任务发射也更晚。2014 年 12 月，中国宣布已经完成火星任务的可行性研究，中国的火星任务将包括 1 台环绕器（也作为中继卫星）、1 台着陆器和 1 台火星车（见图 8 – 15），总质量为 4 920 kg，运载火箭为新研制的更强大的长征五号。2015 年 11 月，中国空间技术研究院在上海工业博览会上展示了火星任务，2016 年 1 月，火星任务得到了政府的正式批准①。2016 年 8 月 25 日，中国宣布着陆器上搭载 1 台火星车；整个任务还将搭载 13 台有效载荷。任务原计划于 2018 年发射，但很快就推迟到 2020 年 7 月，并于 7 个月后，也就是 2021 年春季到达火星。火星任务将持续一个火星年，火星车设计运行 3 个火星月。环绕器（见图 8 – 16）将收集火星大气、电磁场、温度和地貌的数据。鉴于通信间隔可能长达 22 min，火星车将学会自主巡视。着陆器的质量为 1 285 kg，火星车为 240 kg。环绕器将在 90 天内承担数据中继任务，之后它将转移到更高的遥感轨道（remote sensing orbit），并继续提供数据中继服务。表 8 – 6 为已宣布的 13 台载荷。

表 8 – 6　中国 2020 年火星任务有效载荷

环绕器	中分辨率相机(100 m)和高分辨率相机(2.5 m)	Medium resolution and high – resolution cameras
	环绕器次表层探测雷达(探测深度 100 m,频率 10～20 MHz, 30～50 MHz)	Subsurface exploration radar
	矿物光谱分析仪(可见光和红外)	Mineral spectrometer
	火星磁强计	Magnetometer
	火星离子与中性粒子分析仪	Energetic ion and particle analyzer
	中性粒子分析仪	Energetic Particles Analyzer
着陆器和火星车	地形地貌相机	Topography cameras
	多光谱相机	Multispectral camera
	次表层雷达(土壤探测深度 10 m,冰 100 m,频率 55 MHz 和 1 300 MHz)	Subsurface radar
	表层组成成分探测包(激光诱导击穿光谱 LIBS – 巡视器)	Surface composition detection package (Laser Induced Breakdown Spectroscopy (LIBS) instrument (rover))
	温度、压力、风和声音气候站	Climate station for temperature, pressure, wind and sound
	磁场观测站	Magnetic field observation station

2020 年必定将是进军火星年，已经推迟的欧空局-俄罗斯联合“探索火星生命”（Exomars）任务和美国第二个火星科学实验室任务也将于 2020 年发射（注：Exomars 已再次延期，推迟至 2022 年发射窗口）。中国的火星着陆器将通过气动、降落伞和推力器的

① 2020 年 4 月 24 日，适逢第五个中国航天日和中国发射第一颗人造地球卫星 50 周年之际，中国国家航天局宣布 2020 年中国火星探测任务命名为天问一号。该名称源于屈原长诗《天问》，表达了中华民族对真理追求的坚韧与执着，体现了对自然和宇宙空间探索的文化传承，寓意探求科学真理征途漫漫，追求科技创新永无止境。

组合实施火星软着陆，类似于苏联在1972年首次实现软着陆的火星3号。2015年，对可能用于火星任务的低密度大气超声速降落伞（low - density atmosphere supersonic parachute）进行了大约30次测试。火星车将采用为玉兔号研制的探月雷达。

图8-15 中国2020火星巡视器/火星车（见彩插）

对于落火，中国决定采用一种已经经过检验的钝头空气动力舱大气进入方式，之后为节流发动机点火（throttleable engine firings）降落伞降落。落火的关键问题是如何最好地避开岩石、陨石坑和可能使着陆器翻车的障碍物。惯导（Inertial guidance）无法实现精确着陆，以前的做法是尽可能地对准没有障碍物的地点，然后期待最好的结果。中国的火星2020任务将采用嫦娥三号和嫦娥四号的办法，将着陆地点的图像与航天器自己的雷达成像进行比对，这也是为什么高分辨率图像如此重要的原因。基于地形特征和陨石坑辨识模拟，融合算法（Fusion algorithms）将快速计算出安全着陆区域[21]。火星着陆的另一个关键是自主导航（autonomous navigation），该技术是苏联在1971年为火星着陆器开发的。中国认识到这是一个必须填补的空白[22]。探测器的目标着陆点在北纬5°到30°之间。首选着陆点为西经50°，北纬30°，是介于海盗1号（Viking 1）和火星探路者（Mars Pathfinder）着陆点之间的低地；第二个计划着陆点为东经90°，北纬20°，介于好奇号（Curiosity）和海盗2号（Viking 2）之间。

火星2020任务被广泛宣传为火星探测工程两阶段任务中的第一个阶段，第二阶段任务为2030年的取样返回[23]。取样返回任务需要一个5 000 kg的环绕器，一个2 500 kg的着陆器和上升器，以及一个再入返回器。2020年火星任务和2030年的火星取样返回任务之间隔了很长时间，原因是后者需要新的长征九号运载火箭，而长征九号运载火箭最早要到2028年才能研制完成。

图 8-16　中国火星 2020 环绕器（顶部装有大型相机）（见彩插）

8.9　未来的深空探测任务

2020 年发射火星任务的决策尘埃落定后，就该考虑未来的太阳系任务的规划了。2014 年，中国勾勒出了初步的设想[24]。2020 年火星任务之后将安排一项主带小行星取样返回任务，一项金星轨道器任务，一项木星轨道器任务，随后是火星取样返回任务。

尽管小行星取样返回已经实现，但小行星取样返回任务热度不减，日本的隼鸟号（Hayabusa）已经从糸川（Itokawa）小行星采集了微量样本并返回，隼鸟 2 号已经到达了第二颗小行星：龙宫（Ryugu）。可选择的目标小行星有很多——截至 2019 年，已经确认的小行星有 921 865 颗，其中 17 032 颗属于近地小行星。2014 年 10 月，上海航天技术研究院建议了一项小行星计划，用电推进到达小行星 Tukmit、Apophis 和 1996FG3。紫金山天文台和中国空间技术研究院曾经展示了一台小行星采样装置。小行星探测任务的特别关注点是确定小行星内部结构、空间风化（space weathering）的影响和地表下是否存在或曾经存在有机物。在 2025 年前后发射小行星取样返回任务将对 2030 年火星取样返回任务所需的技术进行重要的验证。2018 年，叶培建认为，着陆器应该在小行星上停留足够长的时间以实现彻底采样，而不是像日本的隼鸟号那样蜻蜓点水，并且主航天器把样本送回地球后，应该返回再对小行星带进行探测。2018 年夏，国家空间科学中心李明涛公开的一项任务概念研究体现了创造性思维，该研究计划捕获小尺寸小行星，把小行星装进一张“口袋”，并带回地球的无人地带，同时李明涛也承认充分降低速度以实现“软着陆”是“最硬的骨头”。

2016 年，中国国家自然基金委资助了一项深空探测任务研究，对 21 世纪 30 年代造访木星系统和 40 年代造访天王星的前景进行了概述。2017 年 7 月，在北京举行的全球探索大会（GLEX）上，来自中国国家航天局的张荣桥简要介绍了《2030 年发展路线图》中的外太阳系的任务，如以木卫三（Ganymede）为重点的木星轨道器（抵达时间：2036 年）和天王星轨道器（抵达时间：2040 年）。李春来解释说，对木卫三的兴趣在于研究其大气、地形、构造、冰壳和矿物组成。近年来，国际科学界越来越希望在木星的天然卫星地下海洋中发现地外生命。长征五号具备将 1 000 kg 有效载荷送往木星的能力，而长征九号研制成功后，将具备更强大的运载能力[25]。2018 年，叶培建提出一份木星任务改进建议：木星探测器可以分为两个部分，到达木星后分离，一部分探测木星和木卫三，另一部分飞往天王星。

对更远的未来，《至 2050 年路线图》（见第 4、9 章）展望了 2035 年发射第一批飞往水星、土星的 2 个无人探测器，并分别到达日球层的边界，也就是 150 亿千米或 100 个天文单位的地方。

2018 年 4 月，中国国家航天局探月与航天工程中心副主任裴兆宇给出的日期是：2022 年小行星探测任务、2028 年火星取样返回任务、2029 年至 2030 年木星探测任务。行星科学家对木星的兴趣越来越浓，木卫二（Europa）也越来越热门，成为寻找地外生命的目的地。2017 年，吴季谈到木星探测任务时，设想探测器围绕木卫二运行，以研究木卫二的大气、地表、冰和地形[26]。预计借助金星引力，等离子探测仪将绘制一张从金星到木星的太阳风地图。“桃园计划”的探测项目将研制载荷探测木卫二和土卫二大气、海水和冰壳中的生命形态。吴季还提出将一个太阳遥感观测平台（solar remote sensing observation platform）运送到距离地球面向太阳一侧 300 万千米的地方，并在水星上部署一个内日光层太阳风监测平台（inner heliosphere solar wind monitoring platform）。

8.10 结语：月球和火星探测

探月工程是受益于 863 计划的项目之一，这使得探月任务的预先研究成为可能。邓小平早在 1986 年就批准了这样一项横向科学计划，该计划使得在航天计划内自行确立科学目标成为可能，而且 863 计划允许在政府决策之前（2003 年）就开展详细的基础研究。早期神舟飞船任务的成功给了中国最强的信心，而这种信心是继续开展探月工程所必需的，这种信心促成了中国于 2007 年发射了中国第一次探月任务嫦娥一号，和 2010 年发射了后续探月任务嫦娥二号。中国有能力通过使用原本为其他任务设计的航天器平台（如采用

DFH－3 卫星平台），并采用和适应性修改地球资源卫星的仪器来降低成本。嫦娥一号和嫦娥二号任务的轨道都充满了困难，但又是雄心勃勃的。嫦娥一号飞向月球的椭圆轨道、嫦娥二号飞抵拉格朗日 L2 点，以及令人称奇的近距离飞越小行星图塔蒂斯都要求相当高的精度、导航能力、计算能力和测控能力。这些任务的执行很显然比较轻松，足以证明中国航天计划内部日益提高的标准和任务准备工作的落实到位。嫦娥一号和二号的成果是中国贡献的大量科学知识，包括新的精确的月球地形和化学地图，认定了新的月球特征和形成了对月壤的新认识。尽管玉兔号出现了故障，嫦娥三号还是取得了令人瞩目的成功，验证了计算机引导软着陆的先进技术（computer guided soft－landings），并带来了雨海（Mare Imbrium）着陆区域的大量科学成果。嫦娥五号 T1 试验器是一项技术巡天任务，对高速再入、"小飞"返回舱的回收、返回拉格朗日 L2 点和月球轨道进行了验证，同时验证了更多月球轨道机动来对计划中的嫦娥五号取样返回任务进行预演。中国的探月任务在相对较短的时间内取得了巨大进步。

尽管萤火一号任务失败了，但中国随后打造了显示深空抱负的中国火星 2020 计划。过去两年的各种宣告使中国未来的太阳系探索任务计划更加清晰，如火星取样返回、小行星取样返回、探测木星及其卫星的任务，以及木星以远至天王星的任务。将理论与实践相结合，中国已经在研发建造月球基地和火星基地所需的技术，这一点可以从"月宫"和"火星 500"试验中看出端倪。在深空探测领域，中国现在已经成为一个航天大国。

参考文献

[1] Cao, Jianfeng; Hu, Songjie; Liu, Lei: New lunar topographic model based on Chang e 1 laser altimeter data. Paper presented to International Astronautical Congress, Toronto, 2014. For the Chang e impact story, see Faust, Jeff: The Challenges to Chinese space cooperation. Space News, 22 October 2018.

[2] Wang, Xinue et al: In flight experiment of solar wind detectors on Chang e 1 and the solar wind near the Moon. Chinese Journal of Space Science, vol 33, #2, 2013.

[3] Chen, Dave: Deep space adventure of Chang e 2. Go Taikonauts! #7, 2013.

[4] Liang, Junqiang & BaiJianjun, Song Tao: Performance analyses for propulsion system of CE - 2 satellite with extra missions. Paper presented to International Astronautical Congress, Beijing, 2013.

[5] Zou, Xiaoduan: Preliminary analysis of the 4179 Toutatis snapshots of the Chang e 2 flyby. Icarus, November 2013.

[6] Yang Gao; Shengmao He & Chao Peng: An option for Chang e 2's extended flight—near Earth asteroid flyby trajectories from the Sun Earth L2 via lunar gravity assist. Paper presented to International Astronautical Congress, Beijing, 2013.

[7] Xu, Lin & Ouyang, Ziyuan: Scientific progress in China's lunar exploration program. Space activities in China, 2016 (report to COSPAR).

[8] Zhang, Hong Hua et al: Autonomous hazard avoidance control for Chang e 3 soft landing. Science China Press, vol 44, #6, 2014.

[9] Bao, Di & Liu, Bo: Long March launch vehicles support Moon exploration. Paper presented to International astronautical Congress, Toronto, 2014.

[10] Li, Qunzhi; Jia, Yang; Peng, Song; & Wu, Ke: Priority method of cruise direction for the lunar rover. Paper presented to International Astronautical Congress, Toronto, 2014.

[11] Last - ditch efforts to salvage mission of China's stricken Jade Rabbit lunar rover. South China Morning Post, 26 April 2014.

[12] Jones, Andrew: China just bounced a laser off reflectors on the Moon placed by NASA's Apollo 15 mission. GB Times, 24 January 2018.

[13] Long, Xiao: A young multilayered terrain of the northern Mare Imbrium revealed by Chang e 3 mission. Science, vol 347, #6227, 13 March 2015; Zongcheng Ling et al: Correlated compositional and mineralogical investigations at the Chang e 3 landing site. Nature Communications, 22 December 2015.

[14] Zongchen Ling et al: Correlated compositional and mineralogical investigations at the Chang e 3 landing site. Nature, 22 December 2015; Zou, Yongliao, Xu Lin & Wang, Qin: New progress in China's lunar exploration program. China National COSPAR report, 2016.

[15] Chinese Academy of Sciences: Some preliminary results of the Chang e 3 mission, COSPAR,

Moscow, 2014.

[16] Sing - Yik Yim & Hexi Baoyin: High - accuracy asymmetric circumlunar free return trajectory design with high - latitude landing for China. Paper presented to International Astronautical Congress, Naples, 2012.

[17] Li, Ming et al: Overview of China Chang e 3 mission and development of follow - on mission. Paper presented to International Astronautical Congress, Toronto, 2014.

[18] Yin, Shen; Zong, Wenbo & Jiang, Shengyuan: Development of automatic lunar soil sampling driller. Paper presented to International Astronautical Congress, Beijing, 2013; Zhao, Zeng et al: Research of thermal characteristics in core sampler in lunar soil with vacuum environment. Paper presented to International Astronautical Congress, Beijing, 2013.

[19] Yuan Yong et al: Concept research of Mars penetrator. Shanghai Academy of Spaceflight Technology, 31 August 2011; Ying Chen et al: Design for Mars plural mode combination exploration mission. Paper presented to International Astronautical Congress, Beijing, 2013.

[20] Ming, Xu: Deimos encounter trajectories design for piggyback spacecraft launched for Martian surface reconnaissance. Paper presented to International Astronautical Congress, Beijing, 2013; Yao Keming et al: Mission planning and modeling analysis for unmanned aerial exploration vehicle on Mars. Chinese Journal of Space Science, vol 32, #1, 2012.

[21] Zeng, Qingyu; Zhu, Shenying; Gao, Ai & Pingyuan, Cui: Terrain - relative navigation for precise planetary landing. Paper presented to International Astronautical Congress, Toronto, 2014.

[22] Dong, Yuanyan & Cui, Hutao: Autonomous navigation system by optical information for planet's surface landing. do.

[23] Zou, Yongliao & Wang, Qin: Vision and voyages for deep space exploration. China National COSPAR report, 2016.

[24] Zou, Yongliao; Li, Wei & Ouyang, Ziyuan: China's deep space exploration to 2030. China National COSPAR report, 2014.

[25] Guoai Li et al: Long March family of launch vehicles for deep space exploration. Paper presented to International Astronautical Congress, Beijing, 2013.

[26] Wu, Ji: Calling Taikong—a strategy report and study of China's space science missions. Springer and Science Press Beijing, Singapore, 2017.

第9章　读懂中国

如果我们以能够自主发射卫星入轨作为航天强国（组织）的定义，那么世界上的航天强国（组织）有12个：俄罗斯、美国、法国、英国、欧洲、中国、日本、印度、以色列、伊朗、朝鲜和韩国。其中，英国和法国已经取消了国家卫星发射计划，所以目前具备自主航天能力的国家（组织）实际上是10个（英国在还没有成功发射之前就取消了发射计划，而法国的发射计划后来与欧洲合并了）。表9-1将中国的航天计划与国际航天计划做了对比，第一阶段是从1957年至2011年，然后是最近7年间的对比，而正是在这7年中国最终登上了排行榜首位（top of the leaderboard）。

表9-1　截至2018年年底的世界航天发射量

国家＼时间	1957—2011	2012	2013	2014	2015	2016	2017	2018	2012—2018
俄罗斯	2 942	27	33	36	27	18	20	19	180
美国	1 407	12	19	22	18	22	29	34	156
中国	154	19	14	16	19	21	17	38	144
欧洲	204	8	5	7	9	9	9	8	55
日本	79	2	3	4	4	4	6	6	29
印度	28	2	3	4	5	7	4	7	32
以色列	6	1				1			2
伊朗	2	1			1				2
朝鲜				1		1			2
韩国				1					1
总数	4 822	72	78	90	83	83	85	112	603

从1957年至2011年，中国的发射数量仅占世界航天发射总数量的3.19%，但自2012年至2018年，这一比例上升至23.9%。而就在2018年，中国成为世界上航天发射次数最多的国家（head the scoreboard）。2007年，中国取代欧洲，航天发射数量排名第三，这一位置一直保持到了2018年，这一年中国在航天发射数量上超过美国和俄罗斯。从1966年到2016年，俄罗斯几乎每年都领衔世界航天发射数量，但随着商业发射逐渐转移到美国的猎鹰九号火箭（Falcon 9），俄罗斯的发射数量就相应下降了。由此可见，猎鹰九号火箭成功地分走了俄罗斯商业发射的蛋糕。

目前，航天强国（组织）中有6个已经发射了深空探测任务（探测月球、金星、火星以及更远的深空任务），分别是：美国、俄罗斯、欧洲、日本、中国和印度，也只有这6个国家的运载火箭具备到达24小时轨道能力。中国现在一直处于航天国家前列。

9.1　中国航天发射的节奏

分析中国航天计划的规律和自身的特点有几种方法。以下是基本的统计数据。截至 2018 年年底，中国累计成功发射 298 次，详见附录和图 9－1。从 1970 年到 2010 年平均每年 3.4 次，其中包括发射较少或没有发射的年份（例如，2001 年发射次数为 1 次）。

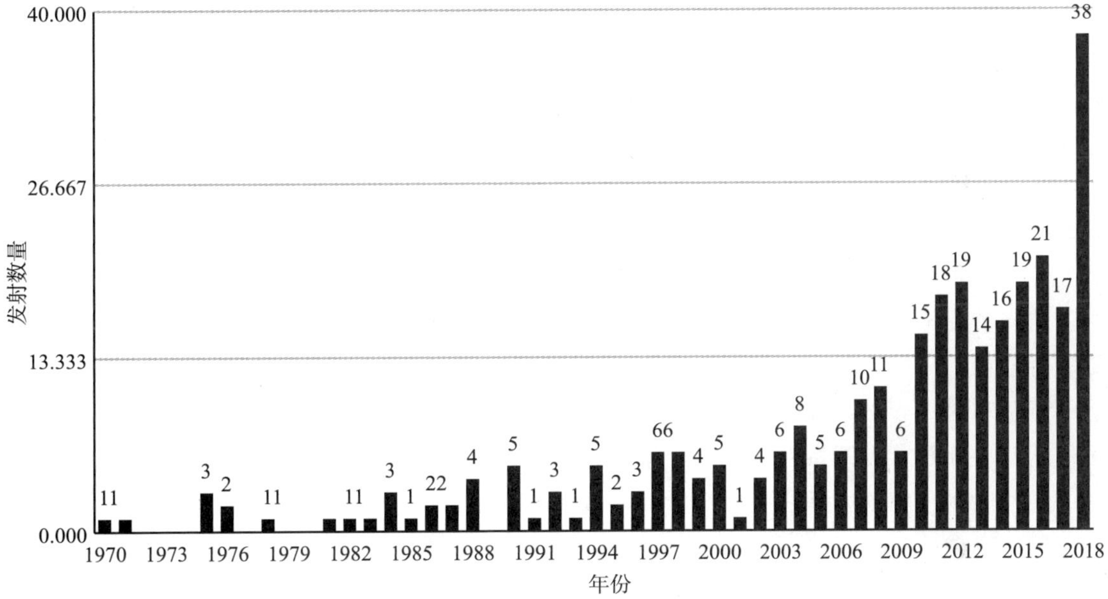

图 9－1　中国年度发射数量（1970 — 2018 年）

中国航天发射的规律最明显的特征是季节性。在阳历新年前和新年伊始会有一连串的发射，之后可能会有几个月的间隔，直到三月甚至四月份才会恢复发射。这可能与中国春节有关。在重大节日前做好项目收尾，春节后继续进行。

直到 20 世纪 90 年代末，中国的年度发射数量最多 6 次；直到 21 世纪第一个 10 年末，年度发射数量才突破两位数。自 2010 年以来，中国年度发射数量的增长开始明显加速，并在 2018 年实现了巨大的跨越（big leap forward）。

9.2　目的

中国空间探索活动背后的哲学是什么？多年来，中国对航天目标的阐述都包含在一系列的经济、国防和规划的相关政府声明、文件和政策文件中。美国尤其关注中国的政策声明，因为美国高度关注中国航天计划中的军事目的。

过去，中国的空间政策都体现在范围更大的经济和科学发展规划中，比如自 1949 年开始的五年计划和长期发展计划，这也是早期计划经济国家的典型做法。举个例子，航天作为863项目的一个重要组成部分，也是1996年发布的国家中长期科学和技术发展规划（2000—2020年）中的突出元素，该规划涉及通信卫星、气象卫星、遥感卫星和其他应用卫星，以及以有竞争力的价格提供国际发射服务和研制具备20 t轨道发射能力的运载火箭。

2000年11月22日，《中国的航天》白皮书（现代化阶段）发布，这份标题简短的白皮书专门针对航天发展。自此，中国航天发展单独成为一份国家政策文件。白皮书中并没有出现发射时间表、重大重组或新航天任务。像全世界大多数政府白皮书一样，只涉及总体目标。白皮书中也有自我批评的部分，谈到了中国面临的基础设施薄弱和科技水平相对落后的困难。篇幅为13页的这份白皮书语言精炼，逻辑清楚，要言不烦，思路清晰。

这份白皮书是已发布的四份白皮书中的第一份，此后保持每五年的时间间隔发布一份，其重要性体现在白皮书制定的发展大方向在此后20年中都得到了落实。中国航天计划的三大目标是空间探索、空间应用和促进经济发展，并与环境保护和国际合作相关。国际上，中国重视与亚太地区其他国家的密切合作。

白皮书提出要选择若干重点发展领域，重点突破，而不是一味求全，这是白皮书最重要的特征之一。第一份白皮书筛选出的领域包括：地球观测（大气和海洋）、气象预报、通信卫星和独立导航系统。白皮书公开的长期优先发展领域为：载人航天、可持续发展空间科学卫星计划、火箭系列升级、国家遥感系统，以及深空探测任务预先研究（如月球）。对一些发展概念的阐述是白皮书的另一个显著特征，其中包括鼓励航天工业面向国内和国际广泛地将产品推向市场，集中资源解决关键的核心技术问题，着眼于造就一支高水平的、年轻的航天科技队伍（a contingent of young, highly qualified scientists and engineers）来加速航天科技队伍建设，并一如既往地强调中国航天项目的质量控制、风险降低和专业管理。虽然通常政府白皮书会让人觉得枯燥乏味，但这份特别的白皮书值得关注，因为它非常准确地勾勒出了中国的方针、目标和优先领域，所有这些都在随后的五年及更长的时间里得到了很好的落实。

2006年发布的《中国的航天》白皮书（加速阶段）是中国航天第二份白皮书，强调了航天计划在支持经济建设、自主创新（indigenous innovation）、科学发展、维护国家权益、增强综合国力和空间探索方面的作用。白皮书的一条关键词重申了之前的主题：有所为、有所不为，选择有限目标，集中力量，重点突破，实现跨越式发展（leapfrogging development）。第二份白皮书涉及航天员出舱活动、航天器交会对接、空间实验室、即将发射的月球探测器、北斗卫星导航系统的研制、直接广播通信卫星的研制，以及一种新型的返回式卫星。本次白皮书的关键词是跨越式发展，指出在关键领域要实现实质性的弯道超车。白皮书还承诺对基础设施进行重大投资。

第三份《中国的航天》白皮书（全速前进阶段）于2011年12月29日发布。主要内容涉及完成新的长征系列火箭（5号、6号和7号）的研制、海南航天发射场的建设、2020年建成北斗卫星导航系统、东方红5号系列研制、航天员中期驻留、空间站的准备工作、月球着陆和样品返回任务的准备工作（包括载人登月任务重型火箭的预先研究），以及减少空间碎片。

最近一份《中国的航天》白皮书发布于 2016 年 12 月 27 日，这里我们简单地称之为第四份白皮书，并没有给它起一个精练的激励性标题[1]。这份白皮书意义重大，因为它是习近平主席时代发布的第一份航天白皮书。在此之前，他已经提出了中国发展的一系列愿景：到 2020 年成为世界上最具创新力的国家之一；到 2030 年成为领先的创新国家；到 2049 年中华人民共和国成立 100 周年时，成为世界领先的科技强国。第四份白皮书沿用了前几份白皮书的结构：原则和战略、目前的进展、未来五年的计划和措施，以及国际合作。新一代和未来运载火箭研制、空间站建设、空间科学、深空探测、基础设施建设和新技术验证等被列为未来主要任务。白皮书提到的主要任务有北斗导航系统、嫦娥四号、火星 2020 任务、实践 13 号、17 号和 18 号，以及正在进行的空间科学卫星计划。其中一项引人注目的建议是：中国与巴西、俄罗斯、印度、南非等金砖国家的航天机构共同发起并积极推进金砖国家遥感卫星星座合作，这也是 2017 年 7 月在中国海口举行的一次会议的主题。2016 年 6 月，北斗导航卫星系统白皮书单独发布，强调了北斗系统作为中国航天计划的一部分的重要性。

21 世纪关于中国航天计划最重要的一份材料也许来自别的地方：中国科学院于 2009 年出版的《中国至 2050 科技发展路线图：中国科学院战略总体报告》（路甬祥主编）。路线图涉及的科学问题比较广泛，不仅涉及空间领域。空间科技是路线图比较突出的部分（空间科学见本书第 4 章）。

这是一份里程碑式的报告，涵盖了能源、信息技术、合成生物学、大脑功能、生态农业、健康预测、安全和遗传学。当欧美西方经济正深陷金融危机时，中国却在思考未来 40 年的经济前景，那时的中国人口数量将达到 15 亿。报告一开始就反思了过去中国没能够利用好历史机遇期，在这一点上不能重蹈覆辙。纵观中国历史，中国“从一个世界经济强国沦为贫困国家，饱受列强的侮辱和羞辱”。科学技术提供了一条实现伟大复兴（the Great Rejuvenation）的道路，而中国既有远见又有资金来引领这一过程。报告列举了 22 个需要攻关的技术领域，如光合作用（photosynthesis）、地热能（geothermal energy）、纳米技术、再生医学（regenerative medicine）、合成生物学（synthetic biology）和数学。这份综合报告是 18 个独立工作组的研究成果，这些工作组研究了中国将如何发展不同的技术领域，而空间科学就是其中之一。该路线图对中国将成为世界科学的领导者进行了展望，正如 18、19 世纪的欧洲和 20 世纪的美国一样。中国计划到 21 世纪中叶实现发表科学论文数和申请发明数量全球第一，实现从“中国制造”到“中国发明”的转变。

这份路线图是一份基础性、开创性的报告，西方国家和媒体都没有进行过多评论。值得注意的是施普林格出版社出版了路线图的英文版。对此，比利时航天作家西奥·皮卡德（Theo Pirard）写道“传递给世界的信息很清楚：开始习惯普通话和汉字吧”[2]。实际上，对于科学论文的数量目标而言，中国已经于 2016 年实现了全球第一，而不是设定的 2050 年，当年中国的论文数为 426 000 篇，占全球的 18.6%，超过了美国的 409 000 篇[3]。到了 2019 年，2009 年路线图中公布的一些试验已经得到了验证，比如量子通信（墨子号）

和封闭生命支持系统（月宫）。

《中国至2050科技发展路线图》设定的一些目标非常吸引人。例如，使用激光和量子通信，以及加密和密钥分发技术（cryptography and key distribution），可以使通信速度在2020年达到25 Gbit/s，到2030年达到40 Gbit/s，到2050年达到100 Gbit/s。深空探测任务的自主定位精度（autonomous positioning accuracy）的导航目标是到2015年达到100 m，到2025年达到30 m。有些目标异乎寻常，比如到2023年掌握喷泉原子钟技术。路线图承诺研发先进推进系统［如电力、核能、太阳风、放射同位素（radio isotopes）、光催化燃料生产（photocatalytic fuel production）和反物质］，但是更让读者感兴趣的是一些项目的时间表：2030年实现载人登月，2040年建立月球基地，2050年实现载人登陆火星。关于空间天文，路线图的目标是“一黑”（黑洞）、“两暗”（暗能量和暗物质）和“三源”（宇宙起源、天体起源、生命起源）。

有些国家对中国航天雄心壮志的解读是扭曲的，至少西方国家是这样，他们的解读充满了“太空竞赛”和野心勃勃这样的宣传辞藻。首先，中国被描绘成一个与其他国家“竞赛”的国家，一副处于试图主导世界航天的大国形象。当然，印度、日本和中国都在几个月内相继发射了月球探测器，这种情况下，采用“竞赛”这个词对新闻界来说是无法抗拒的（例如，Morris Jones：《新探月竞赛》）。很明显，这场发生在亚洲的竞相发射探月任务是一系列独立因素共同作用的结果，而中国航天计划的时间安排在很大程度上是根据自身情况而采取合适的节奏，而不取决于其他国家的航天项目时间表。

和质疑苏联早期航天计划一样，西方同样也质疑中国航天计划的宣传目的（propagandistic objectives）[4]。这种判断是非常主观的，因为世界各国都在利用航天计划来充分展示国家力量和政府工作，比如庆祝第一颗人造地球卫星的发射和实现人类登月等，这些国家有理由为此感到自豪。一份白皮书提到了航天计划在激发崇高的思想方面的价值，江泽民、胡锦涛和现任国家主席习近平等前任和现任国家领导人经常访问航天场所，参加重要航天活动也经常见诸报道，但这也表明中国的航天计划和其他国家并没有什么不同。

一系列作家通过努力写作来增加我们对中国航天的了解，并剥丝抽茧地介绍了中国航天计划的主要驱动力（disentangle the multiple drivers），比如民族抱负、技术、创新、军事、科学和历史使命，这些作家包括 Johnson - Freese，Handberg & Li，Kulacki & Lewis，Jones，Oberg，Clark，Sourbès - Verger，Seedhouse，Thomas，以及 Lardier & Pirard[5]。Kulacki 和 Lewis 于2009年出版的《一席之地》（*A place for one's mat*）对中国的航天雄心进行了解读，这也是最近介绍中国航天的作品之一。该书的分析结果是，在空间探索上，中国积极寻求对自身作用的认同、尊重和平等，而不是为了去“赢”。他们遇到的一个典型短语是“一席之地”（在古代，中国人坐在铺在地上的席子上）。他们强调第二种说法，即中国早先是世界科学的领导者，但是在过去几个世纪中让位于欧洲和“西方”，丧失了这种领先，但是这种荣誉应该挽回。而航天成就可能是最受公认的科学能力的衡量标准（metric of scientific capability）。他们的结论是，中国寻求加入世界航天共同体，但既不与之竞争，也不与之脱离。这样的结论有很好的证据来源，因为长期以来中国一直在寻求跟其他国家一样参与国际空间站的建设，但是美国不断拒绝中国的加入，所以中国只好建设自己的空间站。同样，菲尔·克拉克（Phil Clark）也强调过，中国将在自己设定的时间内（无论多么漫长）完成自己的航天目标，并且是以自己的节奏和方式，而不是由其他国家的航天目标或者所谓的“竞赛”驱动的。

9.3 结语：读懂中国

对很多中国人来说，发展自主航天计划是一件值得自豪的事，如上文所述，能激发崇高的思想。中国人意识到中国航天计划基本上是完全自力更生的，面对美国不同程度的封锁，中国航天利用的是自己的人力资源和工业资源。早在 1970 年 4 月，周恩来就宣告“我们要自力更生”，从那以后，中国航天计划一直是最自主的计划。

中国实现了第一次载人航天，并建立了天宫实验室，中国成为继俄罗斯和美国之后世界第三航天大国。从 2011 年开始，地球轨道上有了两个载人空间站：一个是国际空间站，由美国、俄罗斯、欧洲、加拿大和日本主导，另一个就是天宫，中国的空间实验室。2019 年，中国的航天器实现了在月球背面着陆。要知道实现这些成就的中国，在 50 多年前，最高技术水平还停留在自行车、拖拉机和卡车上，但是中国人的想象力却没有被限制住。中国的航天成就更令人惊叹。如今，中国的航天发射基地、航天中心和卫星工厂忙得热火朝天。中国的科研机构在不断扩大，员工年轻并且充满热情。到 21 世纪头一个十年的中期，中国已经建成了一个新的大型航天发射基地，并研发出了全新的火箭型谱（CZ－5，6，7 和 11)。《中国至 2050 科技发展路线图》描绘了真正宏伟的中国航天计划。

西方关于未来空间任务的文字作品中，如着眼于不久将来的科幻小说中，几乎没有中国的角色。亚瑟·克拉克（Arthur C. Clarke）是个值得尊敬的例外。其所著的著名小说《2010：奥德赛Ⅱ》中，描绘了一艘中国的载人星际飞船，并命名为“钱学森号”，这艘飞船的目的地是木星和孕育生命的木卫二。但是，在电影版中，中国的木星探索部分被删掉了，这真是令人失望。这原本该是多棒的一个故事啊。幻想？也许吧。但是当周恩来和钱学森在 1956 年 10 月 8 日开启中国航天计划时，谁能想象中国的航天员将在不到 50 年的时间内实现绕地球飞行呢？或者想象中国航天员会在不到 60 年的时间内实现常驻在自己国家的空间站里？或者想象中国探测器会在月球背面着陆？

钱学森和他的同事们的想象力、梦想、耐心和矢志不移的决心保证了中国的航天成就能够与中国古代科技成就相媲美。如果有一天，一艘名为“钱学森号”的星际飞船去了月球基地、火星、木星或太阳系的边缘，你会感到惊讶吗？看看中国航天如今的发展吧，如果到时候没有这么一艘中国的星际飞船，那才更令人吃惊呢！

参考文献

[1] China's space activities in 2016—the fourth version of the white paper. Presentation at the COPUOS 60th session in Vienna, June 2017.

[2] Pirard, Théo: Les ambitions de la Chine en science spatiale—publication de la feuille reroute officielle jusqu'en 2050. Wallonie Espace Infos 54, janvier - février 2011.

[3] Tollefson, Jeff: China declared largest source of research articles. Nature, 25 January 2018. 7. Ball, Philip: China's great leap forward in Science. The Observer, 18 February 2018.

[4] For example, see the discussion in China—is it all propaganda? Spaceflight, vol 54, # 8, August 2012.

[5] Handberg, Roger & Li, Zhen: Chinese space policy—a study in domestic and international politics. Routledge, Abingdon, 2007; Johnson - Freese, Joan: The Chinese space program—a mystery within a maze. Florida, Krieger, 1998; Jones, Morris: The new Moon race. Rosenberg, 2009; Kulacki, Gregory & Lewis, Jeffrey: A place for one's mat—China's space program, 1956 - 2003. Cambridge MA, American Academy of Arts & Sciences, 2009; Sourbès - Verger, Isabelle: La Chine etl' espace. Monograph, undated; (&Borel, D) : Un empire trèscéleste—la Chine *à* la conquête de l' espace. Paris, Dunod, 2008. ThéoPirard and Christian Lardier contributed to the French weekly Air & Cosmos, while Jim Oberg is a well - known American commentator on space programs (www.jamesoberg.com) . For details of Phil Clark's commentaries, see bibliography. Andrew Thomas is an expert on the iconography and cultural impact of the program.

附录1　中国航天相关单位中英文对照表

AAPT	Academy of Aerospace Propulsion Technology	航天推进技术研究院
AALPT	Academy of Aerospace Liquid Propulsion Technology	航天液体推进技术研究院
AASPT	Academy of Aerospace Solid Propulsion Technology	航天固体推进技术研究院
ARMT	Academy for Solid Rocket Motors	固体火箭发动机研究院
BACC	Beijing Aerospace Control Center	北京航天飞行控制中心
BICE	Beijing Institute of Control Engineering	北京控制工程研究所
BISEE	Beijing Institute for Spacecraft Environment Engineering	北京卫星环境工程研究所
BISME	Beijing Institute for Space Mechanics and Electricity (institute 508)	北京空间机电研究所
CAASSE	China Aerospace Academy of Systems Science and Engineering	中国航空航天系统科学与工程研究院
CASC	China Aero Space Corporation	中国航天科技集团有限公司
CASIC	China Aerospace Science and Industry Corporation	中国航天科工集团有限公司
CASET	China Academy for Space Electronics Technology	中国航天电子技术研究院
CALT	Chinese Academy for Launch Vehicle Technology	中国运载火箭技术研究院
CAST	China Academy for Space Technology	中国空间技术研究院
CCF	China Academy of Mechanical and Electrical Engineering	中国长峰机电技术研究设计院
CEODE	Center for Earth Observation and Digital Earth	中国科学院对地观测与数字地球科学中心
CHEOS	China High-resolution Earth Observation System	中国高分辨率对地观测系统
CHETA	China Electro-mechanic Academy	中国航天科工飞航技术研究院(海鹰机电技术研究院)
CLEP	China Lunar Exploration Program	中国探月工程
CLTC	China Satellite Launch & Tracking General Control	中国卫星发射测控系统部
CMSE	China Manned Space Engineering	中国载人航天工程
CNSA	China National Space Administration	中国国家航天局
COSTIND	State Commission for Science, Technology and the National Defense	中华人民共和国国防科学技术工业委员会(简称:国防科工委)
CRESDA	China Resources Satellite Application Center	中国资源卫星应用中心
CSS	China Space Station	中国空间站
Fifth Academy	—	国防部第五研究院,1956—1964年负责组织中国航天项目
GWIC	ChinaGreat Wall Industries Corp	中国长城工业总公司

续表

NSSC	National Space Science Center	中国科学院国家空间科学中心
PALACE	Permanent Astrobase Life support Artificial Closed Ecosystem (Yuegong,qv)	生命保障人工密闭生态系统地基综合实验装置(月宫)——旨在研究深空密闭空间生物再生生命保障技术
SAST	Shanghai Academy for Space flight and Technology	上海航天技术研究院
SECM	Shanghai Engineering Center for Microsatellites	上海微小卫星工程中心
Seventh Ministry	—	第七机械工业部，负责 1964—1982 年中国航天事业的主要组织机构
SIMED	Shanghai Institute of Machine and Electrical Design	上海机电设计研究院
XIRT	Xian Institute of Radio Technology	西安无线电技术研究所

附录 2 术语表

Apogee	远地点	卫星在轨道上距地心最远的一点
Cubesats	立方星	结构形状呈立方体的微小卫星
ΔV	速度增量	读作“Delta V”
Geosynchronous orbit	地球同步轨道	高度为 36 000 km 的轨道，卫星在赤道轨道上绕地球一圈需要 24 h。对地面观测者而言，每天相同时刻卫星出现在相同的方向上。对通信卫星来说，这是理想的轨道高度。也称为 24 h 轨道，或者宽泛地称为同步轨道①
Inclination	倾角	轨道倾角是指卫星轨道面与地球赤道面之间的夹角②
Perigee	近地点	卫星在轨道上距地心最近的一点
Period	周期	卫星绕地球一周所需的时间，通常以分钟/小时计
Specific impulse	比冲	发动机/推进器的重要衡量指标，即在单位时间内消耗单位推进剂所产生的推力
Sun - Synchronous Orbit (SSO)	太阳同步轨道	太阳同步轨道基本上要在极地附近通过，卫星每次都在同一当地时间经过该地，卫星的轨道平面和太阳始终保持相对固定的取向，因此可以实现每次对某地拍摄的照片都是在同一照度下取得的③
Super - synchronous orbit	超同步(转移)轨道	由长征三号乙火箭实施轨道机动，为了节省卫星变轨所需的推进剂，选择飞向更远的 50 000 km 轨道，最终机动至地球同步轨道④
Synthetic Aperture Radar (SAR)	合成孔径雷达	一种成像雷达系统，它根据雷达反射成像，并形成多幅叠加图像(superimposed images)，比第二次世界大战时接收简单信号(simpler blip)的雷达更复杂⑤
UDMH	偏二甲肼	应用于火箭的非对称二甲基肼燃料(Unsymmetrical Dimethyl Hydrazine)⑥

① 不考虑轨道摄动时，在地球同步轨道上运行的卫星每天相同时刻经过地球上相同地点的上空

② 倾角决定了轨道面与赤道面或与地轴之间的关系。倾角为 58°的卫星将直接飞越北纬 58°和南纬 58°之间的地球陆地和海洋

③ 太阳同步轨道是指航天器轨道面转动角速度与地球公转角速度相同的轨道，即航天器轨道平面法线和太阳方向在赤道平面上的投影之间的夹角保持不变

④ 超同步转移轨道是指远地点远大于 35 786 km 的椭圆形轨道。超同步转移轨道的优点是可以节省卫星转移到地球同步轨道时所需的推进剂，以延长航天器的使用寿命，但需要运载火箭给航天器更大的速度

⑤ 合成孔径雷达是利用一个小天线沿着长线阵的轨迹等速移动并辐射相参信号，把在不同位置接收的回波进行相干处理，从而获得较高分辨率的成像雷达，也称综合孔径雷达，可分为聚焦型和非聚焦型两类

⑥ 偏二甲肼，无色易燃液体，是导弹、卫星、飞船等发射试验和运载火箭的主体燃料，具有较高比冲，与氧化剂接触即自动着火

附录 3　中国航天大事记

时间	事件
970	中国人发明了火箭——冯继升①
1911	钱学森出生于杭州
1945	钱学森赴德国调查战时德国的火箭基地
1955	钱学森回国
1956－10－8	中国航天计划诞生日期
1958	成立 581 组实施卫星计划，酒泉卫星发射基地开始建设
1960－2－19	中国首次发射探空火箭 T－7M
1960－11－5	中国发射苏制 R－2 导弹(基于德国的 A－4，V－2)
1966－7－15	中国第一只太空狗：小豹
1970－4－24	中国发射第一颗人造卫星东方红一号
1970－10－5	成立第一支航天员大队，项目于 1971 年终止
1975－11－26	发射第一颗返回式卫星，在轨工作 3 天，中国成为继美国和苏联后第三个掌握返回式卫星技术的大国
1984－1－29	长征三号火箭首次发射，使中国成为继美国和欧洲之后第三个掌握液氢燃料技术的国家。这也是西昌卫星发射基地的首次发射
1990－4－7	第一颗商业卫星亚洲一号(Asiasat 1)发射
1992－9－21	载人航天工程立项(921 工程)
1996	第一批航天员选拔
1999－11－20	中国第一艘载人航天实验飞船神舟一号发射
2000－11－22	第一份《中国的航天》白皮书发布
2003－2－28	探月工程批复
2003－10－15	杨利伟乘神舟五号载人飞船，完成环绕地球飞行
2005－4－12	Apstar 6 号发射，打破了“国际武器贸易条例”(ITAR)的封锁
2005－10－12	第二次载人飞行：神舟六号实现 6 天飞行
2006－10－29	第一个 DFH－4 系列通信卫星“鑫诺二号”(Sinosat 2)在轨失效②
2007－10－24	中国第一颗月球探测器：嫦娥一号发射成功；11 月 5 日进入月球轨道
2008－9－25	神舟七号载人飞船发射，航天员翟志刚完成出舱活动，实现中国历史上首次太空行走
2009－3－1	嫦娥一号探测器接近图塔蒂斯小行星
2010－5－10	完成第三批航天员遴选，包括 5 名男航天员和 2 名女航天员
2010－10－1	嫦娥二号探测器对月球进行测绘 中国高分辨率对地观测系统(China High Resolution Earth Observation System，CHEOS)获得批准

续表

时间	事件
2011-2-12	王跃进行模拟火星行走(火星 500 项目)
2011-9-29	中国第一个空间实验室天宫一号发射
2011-11-2	神舟八号和天宫一号实现首次空间交会对接
2012-6-16	中国首位女航天员执行任务(神舟九号)
2012-6-18	第一批航天员登上天宫一号
2013-12-14	嫦娥三号实现月球软着陆,并部署玉兔号月球车
2015-9-20	长征六号火箭首次发射成功
2015-9-25	长征十一号火箭首次发射成功
2016-6-25	长征七号火箭首次发射成功,这也是文昌卫星发射基地的首次发射任务
2016-11-3	新一代运载火箭长征五号首次发射成功
2016-11-18	航天员景海鹏和陈冬结束 33 天太空之旅,安全返回
2018	中国航天发射量位居全球第一
2019-1-3	嫦娥四号实现人类首次月球背面软着陆

注:部分时间为格林尼治时间。

①北宋时期的冯继升于开宝三年(公元 970 年)向朝廷献上了自己改进的火箭技术,并进行了试验,得到宋太祖赵匡胤的肯定。《宋史·兵志》上所记:"时兵部令史冯继升等进火箭法,命试验,且赐衣物、束帛。"需要说明的是,冯继升是在前人基础上改进了火箭技术。

②"鑫诺二号"卫星在轨失效。卫星在定点过程中,出现技术故障,致使太阳帆板二次展开和通信天线展开未能完成,卫星无法提供通信广播传输服务。

附录4 参考文献材料

图书、专著和论文

Aliberti，Marco：

When China goes to the Moon. Springer，2005.

Chang，Iris：

The thread of the silkworm. Basic Books，New York，1995.

Chen，Heyi：

Into outer space. China Pictorial Publications，Beijing，1989.

Chen，Yanping：

China's space commercialization effort—organization，planning and strategies. Space policy，#1，February 1993.

Chinese Academy of Sciences：

Guide to institutes. Beijing，author，undated.

Clark，Phillip S：

The Chinese space year，1984. Journal of the British Interplanetary Society (JBIS)，vol 39，#1，Jan. 1986.

Chinese space activity，1987－8. Astro Info Services，London，1989.

China's recoverable satellite program. Molniya Space Consultancy (Molniya henceforth)，Heston，1994.

Chinese launch vehicles. Molniya，Heston，1996.

The Chinese space program—an overview. Molniya，Heston，1996.

Review of the Chinese space program. JBIS，1998.

China's DFH－2 and DFH－2A communications satellites. JBIS，Vol 54，2001.

Chinese space activity，1996－2000. Molniya，Hastings，2001.

The Feng Bao I launch vehicle program. JBIS，vol 55，#7/8，2002.

Orbital manoeuvres of China's Ziyuan satellites. JBIS，vol 55，#7/8，2002.

Chinese satellites—status report at the end of 2001. JBIS，vol 55，#7/8，2002

The development of China's piloted space program. Molniya，2003.

The first flights of China's Shenzhou spacecraft. Three－part monograph，2003.

Shenzhou missions and the flight of Tiangong 1. Space Chronicle，vol 70，#1，2017.

China's Shiyan Weixing satellite program，2004－17. Presentation，BIS，4June 2017.

Operations with Tiangong 2. Presentation, BIS, 2 - 3 June 2018.

Futron Corporation:

China and the second space age. Bethesda, Maryland, 2008.

Space competitiveness index. Bethesda, Maryland, 2008.

Gatland, Kenneth:

Missiles & rockets. Blandford Press, London, 1975.

(Ed): Illustrated encyclopedia of space technology. Salamander, London, 1989 (2nd ed) .

Guo, Huadong & Wu, Ji (eds):

Science and technology in China—roadmap to 2050. China Academy of Sciences, 2009.

Handberg, Roger & Li, Zhen:

Chinese space policy—a study in domestic and international politics. Routledge, Abingdon, 2007.

Hansen, James:

The great leap forward—China's human space program and Chinese national identity in Steven Dick (Ed): Remembering the space age - proceedings of a 50th anniversary conference. NASA, Washington DC, 2008. SP 2008 - 4703.

Harford, Jim & Pritchard, Wilbur:

China space report. New York, AIAI, 1980.

Hu, Wen - Rui (ed):

Space science in China. Amsteldijk, Gordon & Breach, 1997.

Johnson - Freese, Joan:

The Chinese space program—a mystery within a maze. Florida, Krieger, 1998.

Jones, Morris:

The new Moon race. Rosenberg, 2009.

Kulacki, Gregory & Lewis, Jeffrey:

A place for one's mat—China's space program, 1956 - 2003. Cambridge MA, American Academy of Arts & Sciences, 2009.

Marble, Frank:

Tsien revisited. Caltech News, volume 36, 2002.

Needham, Joseph:

Science and civilization in China. Cambridge, Cambridge University Press,

1954 (in three vols) .

Office of the Secretary of Defense:

The military power of the People's Republic of China—annual report to Congress. Washington, DC, 2005, 2007, 2009, 2010, 2011, 2015, 2016, 2017, 2018.

Oliviera, Fabiola de:

Brasil - China: 20 anos de cooperação espacial. São Carlos, 2009.

Sourbès - Verger, Isabelle:

La Chine et l' espace. Monograph, undated. (& Borel, D) : Un empire trèscéleste - la Chine à la conquête de l' espace. Paris, Dunod, 2008.

Turnill, Reginald:

Observer's book of unmanned spaceflight. Frederick Warne & Co, London1976

Wu, Ji:

Calling Taikong—a strategy report and study of China's space science missions.

Springer and Science Press Beijing, Singapore, 2017.

Yilin, Zhu:

Introduction to Chinese space endeavor (collected works) . CAST, Beijing, 1995.

Development of Earth satellites under Prof. Tsien. JBIS, vol 50, #5, 1997.

Some results of space microgravity life science experiments. Monograph.

Yongxian Lu (ed):

Science and technology in China—a roadmap to 2050: strategic generalreport of the China Academy of Sciences. China, Academy of Sciences, 2009.

Yun, Zhang (Ed):

The Chinese space industry today. China Social Sciences Publishing Co, Beijing, 1986 (vols 1 - 4) .

期刊

Aerospace China

Air & Cosmos

Aviation Week and Space Technology

Chinese Journal of Space Science

GB Times

Go Taikonauts!

Journal of the British Interplanetary Society (JBIS)

Spaceflight (British Interplanetary Society)

Space Chronicle (British Interplanetary Society)

Space Policy

Space Research Today (COSPAR)

Wallonie Espace Infos

网站

中国相关网站

中科院国家空间科学中心	http：//english. nssc. cas. cn/au/ac
中国国家航天局	www. cnsa. gov. cn
月球和行星科学研究中心	http：//english. gyig. cas
资源卫星数据和应用中心	www. cresda. com
中国空间科学学报	www. cjss. ac. ac. en/EN
中国载人航天工程	http：//en. cmse. gov. cn
鑫诺卫星	www. sinosat. com. cn/english
亚洲卫星	www. asiasat. com
中国长城工业集团有限公司	www. cgwic. com
遥感和数字地球研究所	http：//english. ceode. cas. cn
钱学森博物馆和图书馆	http：//www. qianxslib. sjtu. edu. cn/en/
北斗卫星	http：//www. beidou. gov. cn/

其他网站

太空百科全书（Mark Wade）	
Go Taikonauts!	www. astronautix. com
Gunter's Space Page	www. go－taikonauts. com
Sven's place	www. skyrocket. de
Jim Oberg	http：//www. svengrahn. pp. se
Jonathan's space report	www. jamesoberg. com
NASASpaceflight	http：//www. planet4589. org.
GB Times	https：//www. nasaspaceflight. com
	https：//gbtimes. com

图 5 - 1　为发射新型通信卫星而研制的长征三号运载火箭［图片来源：Cindy Liu］（P215）

图 5 - 3　第一颗通信卫星的纪念邮票（P217）

图 5 - 4　测试中的东方红二号：圆柱形结构是早期通信卫星的典型特征（P219）

图 6-1　风云二号发射前测试（P252）

图 6-4　龙计划启动会（欧空局供图，P258）

图 6－6　中巴资源卫星-中巴合作（P261）

图 6－8　CBERS 1 发射（P262）

图 6 - 18　北斗三号 [图片来源：Jacqueline Myrrhe]（P285）

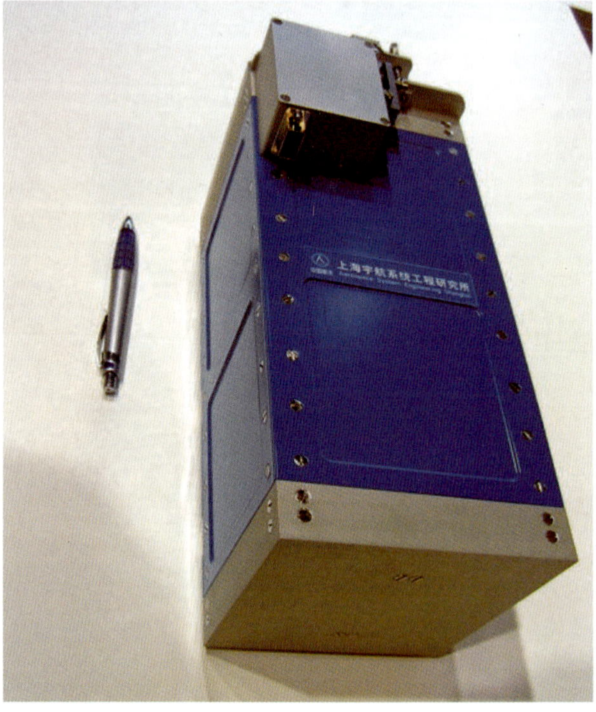

图 6 - 22　皮卫星分离装置（P292）

图 6－28　GomX 微小卫星（ESA 供图，P299）

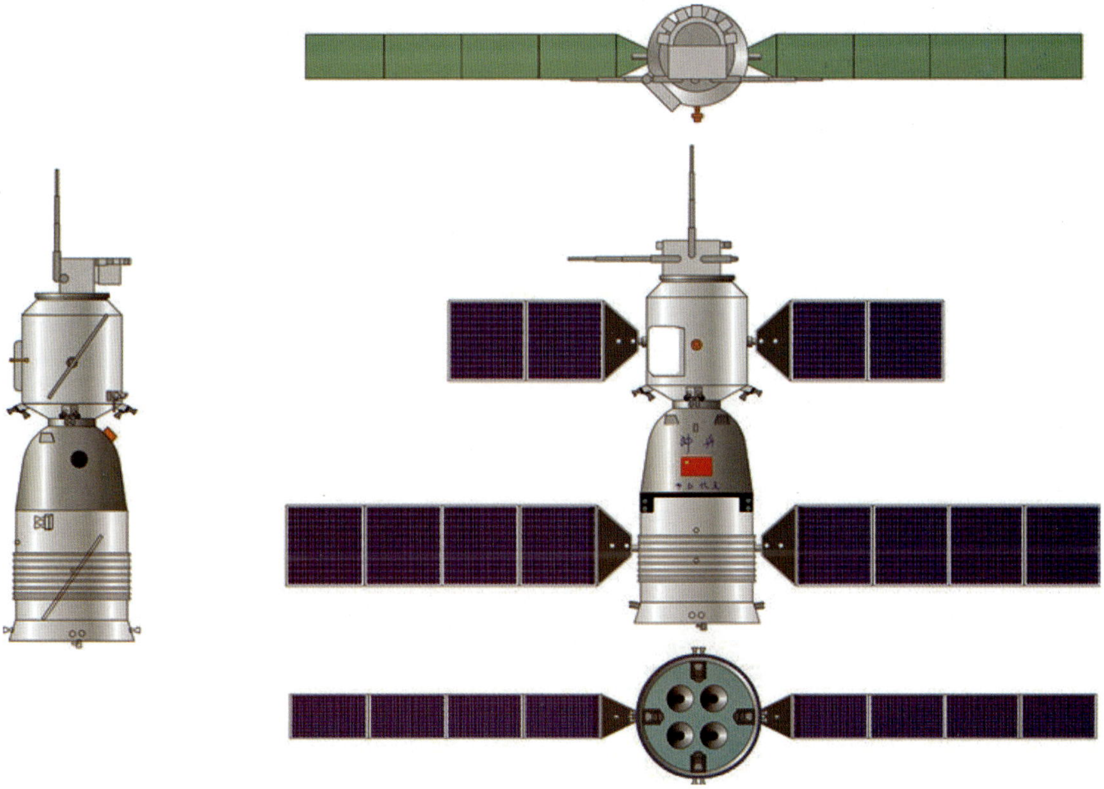

图 7－6　与联盟号不同，神舟飞船设计有两套电池板［图片来源：Mark Wade］（P316）

图 7－7　搭载神舟一号的火箭在转运中［图片来源：Paolo Ulivi & Hang Heng Rong］（P319）

图 7－12　展示中的早期神舟飞船模型（P326）

图 7－13　展览中的神舟飞船返回舱，再入留下的痕迹清晰可见（P327）

图 7 - 15　神舟五号发射，该系列第一次白天发射，火箭在湛蓝的天空中上升［图片来源：AP］（P332）

图 7-24　神舟七号乘组人员［图片来源：Reuters］（P348）

图 7-28　神舟八号发射。大多数神舟任务都在夜间发射，图中生动地展示了火箭燃料的颜色
［图片来源：德国宇航中心］（P354）

图 7-33　神舟九号乘组人员离开更衣室，乘坐巴士前往发射塔。从左到右：刘洋、景海鹏、刘旺［图片来源：美联社］（P361）

图 7-35　运载神舟九号飞船的长征二号 F 火箭，背景是装配厂房［图片来源：德国宇航中心］（P362）

图 7-37　神舟九号和天宫一号对接模型［图片来源：美联社］（P365）

图 7-43　神舟十号返回舱展出［图片来源：Go Taikonauts］（P372）

图 8 - 1　嫦娥一号月球探测器［图片来源：Paolo Ulivi］(P379)

图 8 - 7　佘山测控天线［图片来源：GO TAIKONAUTS］(P391)

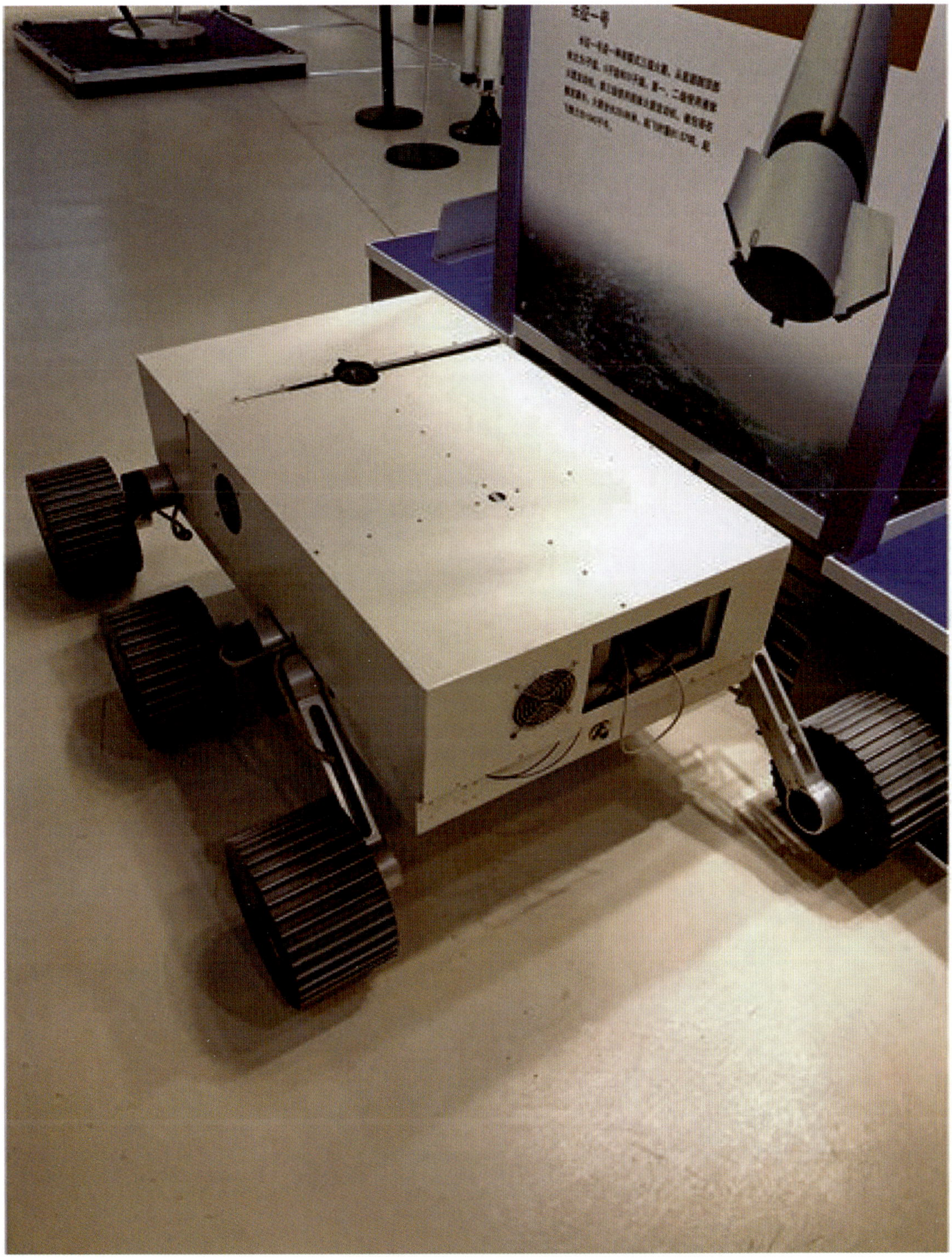

图 8－8　设计中的月球车（P393）

图 8-10　嫦娥三号巡视器：玉兔号（P397）

图 8 - 14　福布斯采样返回卫星的最后阶段准备工作（P407）

图 8－15　中国 2020 火星巡视器/火星车（P410）

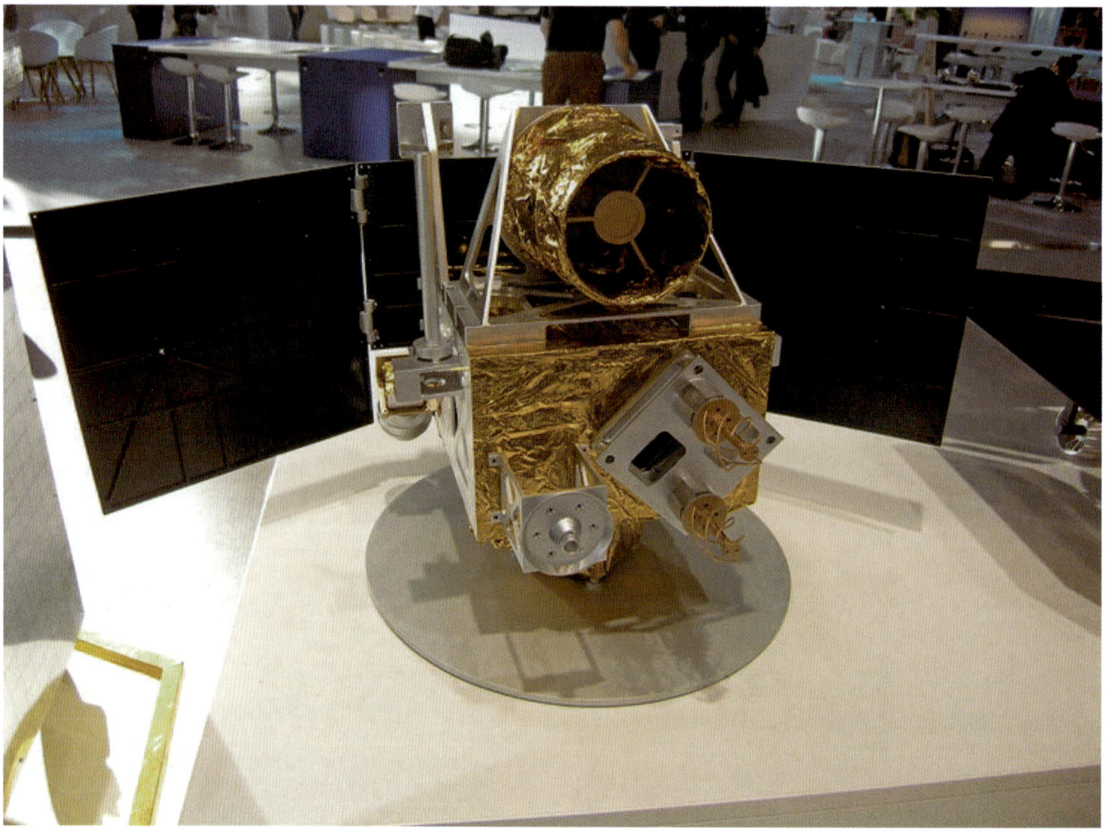

图 8－16　中国火星 2020 环绕器（顶部装有大型相机）（P411）